"十二五"高等教育精品课程系列教材

纺织品检验学

（第 2 版）

霍　红　陈化飞　主编

中国财富出版社

图书在版编目(CIP)数据

纺织品检验学/霍红,陈化飞主编.—2版.—北京:中国财富出版社,2014.6
("十二五"高等教育精品课程系列教材)
ISBN 978 - 7 - 5047 - 5132 - 4

Ⅰ.①纺… Ⅱ.①霍…②陈… Ⅲ.①纺织品—检验—高等学校—教材 Ⅳ.①TS107

中国版本图书馆 CIP 数据核字(2014)第 033432 号

策划编辑 张 茜		**责任印制** 方朋远	
责任编辑 韦 京 禹 冰		**责任校对** 饶莉莉	

出版发行	中国财富出版社(原中国物资出版社)		
社 址	北京市丰台区南四环西路 188 号 5 区 20 楼	**邮政编码**	100070
电 话	010 - 52227568(发行部)	010 - 52227588 转 307(总编室)	
	010 - 68589540(读者服务部)	010 - 52227588 转 305(质检部)	
网 址	http://www.cfpress.com.cn		
经 销	新华书店		
印 刷	三河市西华印务有限公司		
书 号	ISBN 978 - 7 - 5047 - 5132 - 4/TS · 0080		
开 本	710mm×1000mm 1/16	**版 次**	2014 年 6 月第 2 版
印 张	24.5	**印 次**	2014 年 6 月第 1 次印刷
字 数	508 千字	**定 价**	43.00 元

序　言

改革开放三十余年，我国经济已与世界接轨，并在世界经济格局中占据越来越重要的地位。我国经济的高速发展对经济管理人才提出了越来越高的要求，也对培养经济管理人才的高等教育提出了更高的要求。为配合当前经济发展水平对高等教育提出的要求，我们组织编写了"'十二五'高等教育精品课程系列教材"。此套系列教材以出版精品课程教材为已任，以市场需求与实际教学为出发点，精选经受市场检验的教材为主要出版品种，同时紧跟前沿学科发展开发新品教材。

中国财富出版社（原中国物资出版社）2005 年起出版的"21 世纪商品学专业核心教材"系列由于教学内容丰富、体系安排合理得到了各院校商品学专业及相关专业师生的好评，已累计销售 2 万余册。鉴于近年来科学技术的飞速发展和教学要求的更新变化，中国财富出版社根据市场需求与教学要求对"21 世纪商品学专业核心教材"进行增删，形成了"'十二五'高等教育精品课程系列教材商品学系列"。此套商品学系列教材包括《基础商品学》《海关商品学（3 版）》《食品商品学（2 版）》《纺织商品学（2 版）》《工业品商品学（2 版）》《电子电器商品学（2 版）》《冷链食品商品学》《纺织品检验学（2 版）》《商品包装学（2 版）》。

感谢全国各院校商品学专业及相关专业师生在第一版使用期间提出的建议与意见，是他们的建议与期望促使我们修订此套商品学系列教材，也感谢中国财富出版社一直以来在商品学教材建设方面所做的努力与探索。我们相信，此套教材的修订出版会进一步推动我国商品学专业教育的蓬勃发展，也将为我国经济人才的培养贡献力量。

"十二五"高等教育精品课程系列教材编委会

2014 年 5 月

前　言

近年来，纺织产品的质量和安全问题越来越受到各方面的关注，特别是随着欧美发达国家新的技术贸易壁垒的不断推出和中国国家强制标准 GB 18401《国家纺织产品基本安全技术规范》的出台和实施，无论是进出口产品还是内销产品，对纺织产品在生产、加工、流通和消费使用等各个环节的质量监管也达到了空前重视的程度。

本教材在传统的工学学科基础上，结合应用数学、现代物理、分析化学、统计学、仪器学、计算机技术和信息技术等学科，阐述纺织品表征和检测分析等相关知识，旨在培养学生的纺织材料检测分析、纺织品设计开发、纺织工艺设计、纺织生产质量控制、生产技术改造、纺织品质量检验能力。

本教材在第 1 版的基础上，调整了章节的顺序，使教材的逻辑性更强。增加了常见纺织纤维、纱线、服装的品质评定、生态纺织品及检测、进出口纺织品质量检验等知识，丰富了教材的知识体系。

本书由霍红、陈化飞主编，全书由霍红统审，第一章至第六章由陈化飞编写，第七章由陶晓明编写，参加前期收集资料和后期整理工作的有于丽、王微双、段铁剑等。

由于纺织测试技术发展迅速，本书在编写中如有不当之处，望读者批评指正。

编　者

2013 年 12 月

前 言

目 录

第一章 绪 论

第一节 纺织品及其分类

一、纺织品

纺织品泛指经过纺织、印染或复制等加工，可供直接使用，或需进一步加工的纺织工业产品的总称，如纱、线、绳、织物、毛巾、被单、毯子、袜子、台布等。

纺织品根据其纤维原料品种，纱线和织物的结构、成型方法，印染或复制加工方法，最终产品的用途等不同，形成了多种纺织品分类体系，各种不同类型纺织品的质量考核项目和试验方法往往存在一定差异。因此，掌握纺织品分类方法对于准确掌握纺织标准，科学地对纺织品质量特性进行测试、分析、评定都具有十分重要的意义。

二、纺织品的分类

（一）按生产方式分类

纺织品按生产方式及特点可分为线类、带类、绳类、机织物、针织物、非织造布（无纺布）和编结物等门类。

1. 线类纺织品

纺织纤维经成纱工艺制成"纱"，两根或两根以上的纱经合并加捻而制成"线"。线可以作为半制品供织造用，也可以作为成品直接进入市场，如缝纫线、绒线、绣花线、麻线等。

2. 带类纺织品

带类纺织品是指宽度为 0.3～30cm 的狭条状织物或管状织物。其产品有日常生活用的松紧带、罗纹带、花边、袜带、饰带、鞋带等，工业上用的商标带、色带、传送带、水龙带、安全带、背包带等，医学上用的人造韧带、绷带等。

3. 绳类纺织品

绳类纺织品由多股纱线捻合而成，直径较粗，如果把两股以上的绳进一步复捻，则制成"索"，直径更粗的则称为"缆"。这类产品在日常生活、工业部门或其他行业有着十分广泛的用途，如拉灯绳、捆扎绳、降落伞绳、攀登绳、船舶缆绳、救生索等。

4. 机织物

机织物也称"梭织物"，它以纱线为原料，用织机将相互垂直排列的经纱和纬纱，按一定的组织规律交织而成。由织厂织制的机织物坯布通常要进一步做印染加工，制得漂白布、本白布、色布、印花布等不同类型的织物，根据产品的最终使用要求，还可以进行轧花、涂层、防缩、防水、阻燃、防污、烂花、水洗等加工，形成多种不同门类的纺织产品，供服装、装饰和其他工业部门使用。

5. 针织物

针织物成形方法是用针织机将纱线弯曲为线圈状，并纵串横联制成织物，针织物也包括直接成形的衣着用品。针织物根据其线圈的连接特征可分为纬编针织物和经编针织物两大门类，产品主要用于内衣、外衣、袜子、手套、帽子、床罩、窗帘、蚊帐、地毯、花边等服装和装饰领域。针织物在其他产业领域也有较为广泛的用途，如人造血管、人造心脏瓣膜、除尘滤布、输油高压管、渔网等。

6. 非织造物

非织造物俗称"无纺布""不织布"等，通常指用机械的、化学的、物理的方法或这些方法的联合方法，将定向排列或随机排列的纤维网加固制成的纤维片、絮状或片状结构物。非织造物作为一种新型的片状材料，已部分替代了传统的机织和针织产品，形成了相对独立的市场，其产品根据使用时间长短和耐用性的不同分为两大类型：一类是用即弃产品，即产品只使用一次或几次就不再继续使用的非织造物，如擦布、卫生和医学用布、过滤布等；另一类是耐久型产品，这类产品要求维持一段较长的重复使用时间，如土工布、抛光布、服装衬里、地毯等。

7. 编结物

编结物是纱线（短纤维纱线或长丝纱）编结而成的制品。编结物中的纱线相互交叉成"人"字形或"心"形，这类产品既可以手工编织，也可以用机器编织，常见的产品有网罟、花边、手提包、渔网等。

（二）按纺织品的最终用途分类

纺织品按最终用途不同可分为衣着用纺织品、装饰用纺织品和产业用纺织品三大门类。

1. 衣着用纺织品

衣着用纺织品包括制作服装的各种纺织面料，如外衣料（西服、大衣、运动衫、毛衫、裙类、坎肩等用料）和内衣料（衬衫、汗衫、紧身衣等用料），以及衬料、里料、垫料、填充料、花边、缝纫线、松紧带等纺织辅料，也包括针织成衣、手套、帽子、袜子等产品。衣着用纺织品必须具备实用、经济、美观、舒适、卫生、安全、装饰等基本功能，以满足人们工作、休息、运动等多方面的需要，并能适应环境、气候条件的变化。

2. 装饰用纺织品

（1）室内用纺织品

室内用纺织品包括家具用布和餐厅、盥洗室用品，如窗帘、门帘、贴墙布、地毯、像景、绣品、台布、餐巾、茶巾、毛巾、浴巾、垫毯、沙发套、椅套等用品。

（2）床上用纺织品

床上用纺织品有床罩、被面、床单、被套、枕套、枕巾、毛毯、线毯、蚊帐等。

（3）户外用纺织品

户外用纺织品有人造草坪、帐篷、太阳伞、太阳椅等。装饰用纺织品在强调其装饰性的同时，对产品的功能性、安全性、经济性也有着不同程度的要求，如阻燃隔热、耐光、遮光等性能。随着人们生活水平的不断提高，对装饰用纺织品的性能要求越来越高，装饰用纺织品的应用领域也越来越广，旅馆、疗养院、影剧院、宾馆、歌厅、饭店、汽车、轮船、飞机等场合均要求配置美观、实用、经济、安全的纺织装饰用品。

3. 产业用纺织品

各式各样的产业用纺织品所涉及的应用领域十分广泛，产业用纺织品以功能性为主，产品供其他工业部门专用（包括医用、军用），如枪炮衣、篷盖布、帐篷、土工布、船帆、滤布、筛网、渔网、轮胎帘子布、水龙袋、麻袋、造纸毛毯、打字色带、人造器官等。

（三）按织物的纤维原料组成分类

1. 机织物

机织物根据其纤维原料组成情况不同而分为纯纺织物、混纺织物和交织织物。纯纺织物由同一种纯纺纱线交织而成（用同一种纤维制成的纱线称为"纯纺纱线"），如纯棉织物、全毛织物、纯涤纶织物等；混纺织物由同种混纺纱线交织而成（用两种或两种以上不同纤维制成的纱线称"混纺纱线"），如涤/棉混纺织物、毛/涤混纺织物、棉/麻混纺织物等。交织织物是由不同的经纱和纬纱交织而成，如棉线与人造丝交织而成的线绨被面。

2. 针织物

针织物根据其纱线原料的使用特点可分为纯纺针织物、混纺针织物和交织针织物三类。纯纺针织物有纯棉针织物、纯毛针织物、纯麻针织物、纯涤纶针织物等；混纺针织物有涤/棉混纺针织物、毛/腈混纺针织物、腈/棉混纺针织物等；交织针织物有棉纱与涤纶低弹丝交织物、丙纶丝与棉纱交织物等。

（四）根据纱线的成纱工艺特点分类

纯纺或混纺棉型纱线有精梳和普梳之分，以精梳棉型纱线织制的织物称"精梳棉型织物"，以普梳棉型纱线织制的织物称"普梳棉型织物"。这两种织物的品质差异十分明显，精梳棉织物的品质明显优于普梳棉织物。

纯纺或混纺毛型纱线有精纺和粗纺之分，这两种纱线的用途是不同的，精纺毛型纱线用以织制精纺毛织物，粗纺毛型纱线用以织制粗纺毛织物，这两种织物的风格、用途和品质差异也十分明显。

第二节　纺织品检验

一、纺织品检验学研究的主要内容

纺织品检验学是关于确定或证明纺织品质量是否符合标准和交易条件的专门学科。作为检验对象的纺织品（包括原料和半制品），其质量优劣与纺织生产的各个环节都有着十分密切的关系，纺织品的质量与纺织品的使用价值又是密切相关的。纺织品检验学作为研究纺织品质量的科学方法和检验技术的专业性学科，它所研究的内容可归纳为以下几个方面。

（1）以纺织品的最终用途和使用条件为基础，分析和研究纺织品的成分、结构、外形、化学性能、物理性质、机械性质等质量属性，以及这些性质对纺织品质量的影响，为拟定纺织品质量指标打下基础。

（2）确定纺织品质量指标和检验方法，科学地运用各种检测手段，确定纺织品质量是否符合规定标准或交易合同的要求，对纺织品质量做出全面、客观、公正和科学的评价。

（3）研究纺织品检验的科学方法和条件，不断采用新技术，努力提高纺织品检验的先进性、准确性、可靠性和科学性，并提高纺织品检验的工作效率。

（4）提供适宜的纺织品包装、保管、运输条件，减少意外损耗，增进效益，保护纺织品的使用价值。

（5）探讨提高纺织品质量的途径和方法，及时为纺织品生产部门提供关于纺织品质量的科研成果和市场信息，指导纺织品生产和贸易部门向质量效益型方向组织生产和经营，提高纺织品的国内、国际市场竞争能力，满足日益增长的消费需求。

二、纺织品检验的基本要素

检验又称"检查"。我国质量管理协会所制订的名词术语将它定义为:"用一定方法测定产品的质量特性,与规定要求进行比较,且做出判断的过程。"美国质量管理专家 J. M. Juran 认为:"所谓检验,就是决定产品能否符合下道工序要求,或者能否出厂的业务活动。"对于产品质量检验,有着不同的认识和理解,其检验工作的侧重点是有所差异的。事实上,纺织品检验是依据有关法律、行政法规、标准或其他规定,对纺织品质量进行检验和鉴定的工作,其检验要素包括以下几方面。

(一)定标

根据具体的纺织品检验对象,明确技术要求,执行质量标准,制定检验方法,在定标过程中不应出现模棱两可的情况。

(二)抽样

多数纺织品质量检验属于"抽样检验",采用抽样检验方式,必须按照标准进行抽样,使样组对总体具有充分代表性。全数检验则不存在抽样问题。

(三)度量

根据纺织品的质量属性,采用试验、测量、测试、化验、分析和感官检验等检测方法,度量纺织品的质量特性。

(四)比较

将测试结果同规定的要求,如质量标准进行比较。

(五)判定

根据比较的结果,判定纺织品各检验项目是否符合规定的要求,即"符合性判定"。

(六)处理

对于不合格产品要做出明确的处理意见,其中也包括适用性判定。适用性判定时需要考虑的因素有:①纺织品的使用对象、使用目的和使用场合;②产品使用时是否会对人身健康安全造成不利影响;③对企业和整个社会经济的影响程度;④企业和商业的信誉;⑤产品的市场供需情况;⑥有无触犯有关产品责任方面的法律法规等。对于合格的纺织品则不必做适用性判定,因为在制定有关的纺织标准时已经考虑到这些因素,但要考虑到不同国家或地区对同类产品的质量标准的差别。

(七)记录

记录数据和检验结果,以反馈质量信息,评价产品,改进工作。

第二章　纺织品标准

第一节　标准及标准分类

一、标准和标准化

标准是对重复性事物和概念所做的统一规定。纺织标准是以纺织科学技术和纺织生产实践的综合成果为基础，经有关方面协商一致，由主管机构批准，以特定形式发布，作为纺织生产、纺织品流通领域共同遵守的准则和依据。

现代化生产和科学管理的重要手段之一就是要实行标准化，而标准化是通过标准来实施的。标准化是在经济、技术、科学及管理等社会实践中，对重复性的事物和概念通过制定、发布和实施标准达到统一，以获得最佳秩序和社会效益。

标准化的原理是统一、简化、协调、选优。其工作任务是制定标准、组织实施和对实施标准进行监督。

标准化是一个活动过程。标准往往是标准化活动的产物，标准化的效果是在标准的运用、贯彻执行等实践活动中表现出来的，标准应在实践中不断修改完善。

(一) 标准的内容

标准的内容是根据标准化对象和制定标准的目的来确定的。下面以产品标准为例简要介绍其主要构成。

产品标准主要由概述部分、标准的一般部分、标准的技术部分、补充部分四方面组成。

概述部分包括封面或首页、目次、前言、引言等内容。封面或首页主要说明编号、名称、批准和发布部门、批准和发布及实施日期。目次主要说明条文主要划分单元、附录编号、标题、所在页码。前言主要说明提供技术标准的信息、采用国际标准的程度、废除和代替的其他文件等。引言主要说明提供有关技术标准内容、制定原因等四个要素。

完整的标准编号包括标准代号、顺序号和年代号。

标准的一般部分由标准名称、范围、引用标准三部分组成。标准名称主要说明标准化对象名称、技术特征。范围主要说明内容范围、适用领域。引用标准主要说明引用的其他标准文件的编号和名称。

标准的技术部分包括定义、符号和缩略语、要求、抽样、试验方法、分类与命名、标志、包装、运输、储存、标准附录等几方面。

补充部分主要由提示的附录、脚注、正文中的注释、表注和图注四部分组成。

（二）质量管理标准化

如今，产品的国际竞争日益激烈，人们的质量意识越来越强，企业的质量管理工作也纳入了标准化轨道。尤其是国际标准化组织在 1994 年颁布改版的 ISO 9000 族标准以来，全世界出现了以 ISO 9000 族标准为依据的质量管理体系认证的高潮，形成了 ISO 9000 认证热潮。以 ISO 9000、ISO 14000 标准为准则，实施质量认证，已经成为当今世界各国对企业管理及产品质量进行评价、监督的通行做法。为了尽快与国际接轨，我国除实施等同于 ISO 9000、ISO 14000 的 GB/T 19000、GB/T 24000 标准外，质量管理体系认证工作也得到迅速发展，通过 ISO 9000、ISO 14000 认证注册的组织越来越多，质量管理工作得到了有效开展和保证，将全面质量管理工作推向了一个新的高度。

（三）产品质量标准化

产品质量监督和质量认证是标准化活动的一个重要组成部分，它是国际上普遍实行的一种科学的质量管理制度。

（1）产品质量监督：质量监督是根据政府法令或规定，对产品、服务质量和企业保证质量所具备的条件进行监督的活动。

（2）产品质量认证：国际标准化组织对产品质量认证的定义是："由可以充分信任的第三方证实某一经鉴定的产品或服务符合特定标准或其他技术规范的活动"。按照认证的性质，我国主要采取的三种认证方式是：安全认证、合格认证、质量保证能力认证。

通过产品质量认证，可以让消费者放心地购买符合要求的产品，同时，获得认证许可也会增强产品的市场竞争能力。目前，产品质量认证已成为国际上通行的、保证产品质量符合标准、维护消费者和用户利益的一种有效办法，国际标准化组织成员国中的绝大多数国家都采用了质量认证制度。

二、标准的分类

标准主要可从标准的级别、标准的执行方式、标准的性质等几方面来进行分类。

（一）按标准的级别分类

按照标准制定和发布机构的级别、适用范围，可分为国际标准、区域标准、国家标准、行业标准、地方标准和企业标准等不同级别。

1. 国际标准

国际标准是由众多具有共同利益的独立主权国参加组成的世界性标准化组织，通过有组织的合作和协商，制定、发布的标准。国际标准是指国际标准化组织（ISO）和国际电工委员会（IEC）所制定的标准，以及国际标准化组织为促进关税及贸易总协定《关于贸易中技术壁垒的协定草案》的贯彻实施，所出版的国际标准题内关键词索引（KWIC Index）中收录的 27 个国际组织制定的标准。

2. 区域标准

区域标准是由区域性国家集团或标准化团体，为其共同利益而制定、发布的标准。如欧洲标准化委员会（CEN）、泛美标准化委员会（COPANT）、太平洋区域标准大会（PASC）、亚洲标准化咨询委员会（ASAC）、非洲标准化组织（ARSO）等制定的标准。区域标准中，有部分标准被收录为国际标准。

3. 国家标准

国家标准是由国家标准化组织，经过法定程序制定、发布的标准，在该国范围内适用。如中国国家标准（GB）、美国国家标准（ANSI）、英国国家标准（BS）、澳大利亚国家标准（AS）、日本国家标准（JIS）、德国国家标准（DIN）、法国国家标准（NF）等。

4. 行业标准

行业标准是由行业标准化组织制定，由国家主管部门批准、发布的标准，以达到全国各行业范围内的统一。对某些需要制定国家标准，但条件尚不具备的，可以先制定行业标准，等条件成熟后再制定国家标准。

5. 企业标准

企业标准是企业在生产经营活动中为协调统一的技术要求、管理要求和工作要求所制定的标准。

（二）按标准执行方式分类

标准的实施就是要将标准所规定的各项要求，通过一系列措施贯彻到生产实践中去。标准按执行方式分为强制性标准和推荐性标准。

1. 强制性标准

强制性标准是指为保障人体健康、人身财产安全所制定的标准，以法律、行政法规规定强制执行的标准。在国家标准中以 GB 开头的属强制性标准。

2. 推荐性标准

除强制性标准外的其他标准是推荐性标准。在国家标准中以 GB/T 开头的属推荐性标准。

（三）按标准的性质分类

就标准的性质来讲可分为三大类，即技术标准、管理标准和工作标准。

1. 技术标准

技术标准是对标准化领域中需要协调统一的技术事项所制定的标准。纺织标准大多为技术标准，按其内容可分为纺织基础标准和纺织产品标准。

2. 管理标准

管理标准是对标准化领域中需要协调统一的管理事项所制定的标准。旨在利用管理标准的要求来规范企业的质量管理行为、环境管理行为及职业健康安全管理行为，以持续地改进企业的管理，促进企业的发展。

3. 工作标准

工作标准是对工作的责任、权利、范围、质量要求、程序、效果、检查和考核办法等所制定的标准。企业组织经营管理的主要战略是不断提高质量，而要实现这一战略必须以工作标准的实施来保障。

除以上这些分类外，对于纺织标准，按其表现形式又可分为两种：一种是仅以文字形式表达的标准，即"标准文件"；另一种是以实物标准为主，并附有文字说明的标准，即"标准样品"，简称"标样"。标样由指定机构按一定技术要求制作成"实物样品"或"样照"，如棉花分级标样、棉纱黑板条干样照、织物起毛起球样照、色牢度评定用变色和沾色分级样卡等。这些"实物样品"和"样照"可供检验外观、规格等对照判别之用。其结果与检验者的经验、综合技术素质关系密切，随着检测技术的进步，某些用目光检验、对照"标样"评定其优劣的方法，已逐渐向先进的计算机视觉检验的方向发展。

三、国际标准化组织（ISO）

（一）ISO 简介

国际标准化组织（ISO）正式成立于 1947 年 2 月，是世界上最大和最具权威的标准化机构。它是一个非政府性的国际组织，总部设在日内瓦。其主要任务是制定国际标准，协调世界范围内的标准化工作，组织各成员国和技术委员会进行信息交流。ISO 的工作领域很广泛，除电工电子以外涉及其他所有学科。ISO 的技术工作由各技术组织承担，按专业性质设立技术委员会（TC），各技术委员会又可以根据需要设立若干分技术委员会（SC），TC 和 SC 的成员分参加成员（P 成员）和观察成员（O 成员）两种。在 ISO 下设的 167 个技术委员会中，明确活动范围，属于纺织行业的有三个。

1. 第 38 技术委员会

纺织品技术委员会，简称 ISO/TC 38，其工作范围主要是制定纤维、纱线、绳索、织物及其他纺织材料、纺织产品的试验方法标准及有关术语和定义。

2. 第 72 技术委员会

纺织机械及附件技术委员会，简称 ISO/TC 72，其工作范围主要是制定纺织机械及有关设备器材配件等纺织附件的有关标准。

3. 第133技术委员会

服装尺寸系列和代号技术委员会,简称ISO/TC 133。其工作范围主要是在人体测量的基础上,通过规定一种或多种服装尺寸系列,实现服装尺寸的标准化。

(二) ISO 9000 族标准

ISO 9000 系列标准是国际标准化组织为适应国际间贸易发展的需要而制定的质量管理和质量保证标准。该系列标准自1987年正式发布,2000年重新改版为 ISO 9000 族标准。世界上已有五十多个国家将此标准转化为本国的国家标准加以实施。我国等同于 ISO 9000 族标准的国家标准是 GB/T 19000。

ISO 9000 族标准主要由五部分构成。

(1) 术语标准——ISO 8402:定义与质量概念有关的基本术语。

(2) 应用指南——ISO 9000 及其分标准:提供质量管理和质量保证标准的选择和使用指南。

ISO 9000——1:选择和使用指南;

ISO 9000——2:实施通用指南;

ISO 9000——3:软件指南;

ISO 9000——4:可信性指南。

(3) 管理指南——ISO 9004 及其分标准:提供质量管理目的的应用指南。

ISO 9004——1:通用指南;

ISO 9004——2:服务指南;

ISO 9004——3:流程性材料指南;

ISO 9004——4:质量改进指南。

(4) 质量保证模式(质量体系)——ISO 9001~ISO 9003:提供三种质量保证模式。

ISO 9001:设计、开发、生产、安装和服务的质量保证模式;

ISO 9002:生产、安装和服务的质量保证模式;

ISO 9003:最终检验和试验的质量保证模式。

(5) 质量技术指南——ISO 10000 系列标准:提供有关质量技术方面的指南。

ISO 10005:质量计划指南;

ISO 10006:项目管理质量指南;

ISO 10007:技术状态指南;

ISO 10011——1:审核指南;

ISO 10011——2:审核员评定;

ISO 10011——3：审核工作管理；

ISO 10012——1：测量设备确认体系；

ISO 10012——2：测量过程控制；

ISO 10013：质量手册编写指南；

ISO 10014：全面质量管理经济效果指南。

（三）ISO 14000 标准

ISO 14000 环境管理系列标准，是国际标准化组织于 1996 年颁布的。这一标准虽然颁布的时间不长，但发展迅猛，不仅是由于环境问题本身的特殊性，保护和改善生活环境和生态环境已成为全人类共同的呼声和追求的目标，而且也是由于许多发达国家，如美国、日本为改变实施 ISO 9000 族标准滞后的局面而大力推广的结果。ISO 14000 环境管理系列标准在国际正式颁布后，日本政府是第一个宣布实施"等同采用"国际标准的国家，是目前国际上采用 ISO 14001 环境管理体系标准取得认证注册最多的国家。我国自 1996 年国际标准化组织颁布了 ISO 14000 环境管理系列标准以后，已宣布"等同采用"。我国等同于 ISO 14000 环境管理系列标准的国家标准是 GB/T 24000。

ISO 14000 环境管理系列标准是标准号为 ISO 14001～14100 标准的统称，这 100 个标准号是 ISO 秘书处为环境管理技术委员会（ISO/TC 207）预留的。ISO 14000 环境管理标准由评价与企业及其产品和工艺相关的系列环境管理标准组成。对企业的评价标准包括环境管理系统（ISO 14001～14009）、环境审查（ISO 14010～14019）、环境保护评价（ISO 14030～14039），对产品和工艺的评价标准包括环境标签（ISO 14020～14029）、生命周期评定（ISO 14040～14049）及产品标准中的环境部分（ISO 14060～14069）。

第二节 纺织标准

一、纺织标准的定义

标准是对重复性事物和概念所做的统一规定，它以科学、技术和实践经验的综合成果为基础，经有关方面协商一致，由主管机构批准，以特定形式发布，作为共同遵守的准则和依据。

标准化是指在经济、技术、科学及管理等社会实践中，对重复性事物和概念通过制订、发布和实施标准，达到统一，以获得最佳秩序和社会效益。标准化不能被理解为一个孤立的事物，它是一个活动过程，且主要是制定标准、贯彻标准进而修订标准的过程。标准往往是标准化活动的产物，标准化的效果是在标准的运用、贯彻执行等社会实践中表现出来的，标准在实践中要不断修改、不断完善。

从专业角度看，纺织标准是以纺织科学技术和纺织生产实践为基础制定的，由公认机构发布的关于纺织生产技术的各项统一规定。然而，各种专业之间又存在着诸多方面的联系，它们也不是截然分开的，在专业化的基础上，又必须解决配合与接口问题。

二、纺织标准的表现形式

纺织标准的表现形式主要有两种：一种是仅以文字形式表达的标准，即"标准文件"；另一种是以实物标准为主，并附有文字说明的标准，即"标准样品"（简称"标样"）。标准样品是由指定机构，按一定技术要求制作的实物样品或样照，它同样是重要的纺织品质量检验依据，可供检验外观、规格等对照、判别之用。例如，生丝均匀、清洁和洁净样照，棉花分级标样，羊毛标样，蓝色羊毛标准，起毛起球评级样照，色牢度评定用变色和沾色分级卡等都是评定纺织品质量的客观标准，是重要的检验依据。

三、纺织标准的种类

就标准的性质来讲，可以分为三大类，即技术标准，管理标准和工作标准。技术标准，即对标准化领域中需要协调统一的技术事项所制定的标准。管理标准，即对标准化领域中需要协调统一的管理事项所制定的标准。工作标准，即对工作的责任、权利、范围、质量要求、程序、效果、检查方法、考核方法等所制定的标准。

（一）基础性技术标准

基础性技术标准是对一定范围内的标准化对象的共性因素，如概念、数系、通则所做的统一规定。它在一定范围内作为制定其他技术标准的依据和基础，具有普遍的指导意义。纺织基础标准的范围包括各类纺织品及纺织制品的有关名词术语、图形、符号、代号及通用性法则等内容。例如，GB/T 3291—1997纺织材料性能和试验术语；GB/T 8685—88纺织品和服装使用说明的图形符号；GB 9994—88纺织材料公定回潮率等。我国纺织标准中基础性技术标准较少，多数为产品标准和检测、试验方法标准。

（二）产品标准

产品标准是对产品的结构、规格、性能、质量和检验方法所做的技术规定，是产品生产、检验、验收、使用、维修和洽谈贸易的技术依据。为了保证产品的适用性，必须对产品要达到的某些或全部要求做出技术性的规定。我国纺织产品标准主要涉及纺织产品的品种、规格、技术性能、试验方法、检验规则、包装、储藏、运输等各项技术规定。例如，GB/T 15551—1995 桑蚕丝织物，GB/T 15552—1995 丝织物试验方法，GB/T 15553—1995 丝织物验收规则，GB/T 15554—1995 丝织物包装和标志等。

（三）检测和试验方法标准

检测和试验方法标准是对产品性能、质量的检测和试验方法所做的规定。其内容包括检测和试验的类别、原理、抽样、取样、操作、精度要求等方面的规定；对使用的仪器、设备、条件、方法、步骤、数据分析、结果的计算、评定、合格标准、复验规则等所做的规定。例如，GB/T 4666—1995 机织物长度的测定，GB/T 4667—1995 机织物幅宽的测定，GB/T 4802—1997 织物起毛起球试验马丁代尔（Martindale）法等。检测和试验方法标准可以专门单列为一项标准，也可以包含在产品标准中，作为技术内容的一部分。

四、纺织标准的级别

按照纺织标准制定和发布机构的级别，以及标准适用的范围，可将其分为国际标准、区域标准、国家标准、行业标准、地方标准和企业标准等不同级别。我国《标准化法》规定：我国标准分为国家标准、行业标准、地方标准和企业标准四级。

（一）国际标准

国际标准是由众多具有共同利益的独立主权国参加组成的世界性标准化组织，通过有组织的合作和协商，制定、发布的标准。例如，国际标准化组织（ISO）和国际电工委员会（IEC）所制定发布的标准，以及国际标准化组织为促进关税及贸易总协定（GATT）《关于贸易中技术壁垒的协定草案》，即标准守则的贯彻实施所出版的国际标准题内关键词索引（KWIC Index）中收录的 27 个国际组织制定的标准。

（二）区域标准

区域标准是由区域性国家集团或标准化团体为其共同利益而制定、发布的标准。一些国家由于其独特的地理位置或民族、政治、经济因素而联系在一起，形成国家集团，以协调国家集团内的标准化工作，组成了区域性的标准化组织，例如：欧洲标准化委员会（CEN）、欧洲电工标准化委员会（CENEL）、泛美标准化委员会（COPANT）、经互会标准化常设委员会（CMEA）、亚洲标准化咨询委员会（ASAC）、太平洋区域标准大会（PASC）、非洲标准化组织（ARSO）等，其中有部分标准被收录为国际标准。

（三）国家标准

国家标准是由合法的国家标准化组织，经过法定程序制定、发布的标准，在该国范围内适用。就世界范围来看，英国、法国、德国、日本、前苏联、美国等国家的工业化发展较早，标准化历史较长，这些国家的标准化组织，如英国 BS、法国 NF、德国 DIN、日本 JIS、前苏联 ГОСТ、美国 ANSI 等制定发布的标准比较先进。我国的标准化活动历史较短，但新中国成立五十多年来，尤其是改革开放以来，我国的标准化工作取得了巨大成就，建立了一个较为完善的标准化组织系统。

我国《标准化法》规定："对需要在全国范围内统一的技术要求，应当制定国家标准"。关于纺织工业技术的国家标准主要包括以下几方面。

（1）在国民经济中有重大技术经济意义的纺织原料和纺织品标准。

（2）有关纺织品及纺织制品的综合性、通用性的基础标准和检测、试验方法标准。

（3）涉及人民生活的、量大面广的纺织工业产品标准，特别是一些必要的出口产品标准。

（4）有关安全、卫生、劳动保护、环境等方面的标准。

（5）被我国等效采用的国际标准等。

（四）行业标准

行业标准是指全国性的各行业范围内统一的标准，它由行业标准化组织制定颁布。关于纺织工业技术的行业标准由国家纺织工业局批准、发布，在全国范围的纺织行业内适用，即在全国纺织工业各专业范围内统一执行的标准。对那些需要制定国家标准，但条件尚不具备的，可以先制定行业标准进行过渡，条件成熟之后再升格为国家标准。

（五）地方标准

地方标准是由地方标准化组织制定、发布的标准，它在该地方范围内适用。我国地方标准是指在某个省、自治区、直辖市范围内需要统一的标准。我国制定地方标准的对象应具备三个条件。

（1）没有相应的国家或行业标准。

（2）需要在省、自治区、直辖市范围内统一的事或物。

（3）工业产品的安全卫生要求。

（六）企业标准

企业标准是指企业制定的产品标准和为企业内需要协调统一的技术要求和管理工作要求所制定的标准。由企业自行制定、审批和发布的标准在企业内部适用，是企业组织生产经营活动的依据。企业标准的主要特点有以下几方面。

（1）企业标准由企业自行制定、审批和发布。产品标准必须报当地政府标准化主管部门和有关行政主管部门备案。

（2）对于已有国家标准或行业标准的产品，企业制定的标准要严于有关的国家标准或行业标准。

（3）对于没有国家标准或行业标准的产品，企业应当制定标准，作为组织生产的依据。

（4）企业标准只能在本企业内部适用。由于企业标准具有一定的专有性和保密性，故不宜公开。企业标准不能直接作为合法的交货依据，只有在供需双方经过磋商并订入买卖合同时，企业标准才可以作为交货依据。

第三节　纺织品质量监督与质量认证制度

产品质量监督和质量认证是标准化活动的一个重要组成部分，它是国际上普遍实行的一种科学的质量管理制度。

一、纺织品质量监督的基本概念

产品质量监督是指根据政府法令或规定，对产品、服务质量和企业保证质量所具备的条件进行监督的活动。作为宏观经济管理范畴内的质量监督不同于企业内部的质量管理，它是国民经济监督的一个重要组成部分，是国家政府机构管理经济的职能之一。质量监督的主要依据是国家的法律、法令、指示、计划以及政府机构发布的技术标准和技术条件。质量监督由代表国家的权威检验机构，用科学的方法实施产品检验和企业检查，从而获得明确、科学的监督检验结论，并根据质量监督检验和检查的结论，采取法律的、经济的和行政的处理措施，奖优罚劣，保证国民经济计划中质量目标的实现。

二、纺织品质量监督机构及其主要任务

我国纺织产品质量监督机构的主要任务有以下几方面。

（1）根据国家对纺织品质量工作的要求，以技术标准和用户、消费者意见为依据，通过各种形式的监督检验，考核有关部门质量计划的完成情况，并进行监督。

（2）帮助和督促纺织品生产企业建立、健全技术检验机构和制度，统一检验方法、协助培训检验力量，对企业中的质量检验部门进行业务指导。

（3）当有关部门对纺织品质量发生争议时，进行公证和仲裁。

（4）对纺织产品的商标注册、优质产品和名牌产品的评选、部分新产品（包括更新换代产品）进行质量鉴定。

（5）承担部分进出口纺织品的质量检验与验收工作。

（6）接受委托检验。

三、质量监督的基本形式

（一）抽查型产品质量监督

抽查型产品质量监督是指国家（政府）质量监督机构通过对市场或企业抽取的样品，按照技术标准进行监督检验，判定其质量是否合格，从而采取强制措施，责成企业改进不合格产品，直至达到技术标准要求，并将这种形式的检验结果和分析报告通过电台、电视、报纸和杂志等媒介公布于众。其主要特征为：①监督抽查的目的是为弄清一个时期产品质量的状况，为政府加强对产品质量的宏观控制提供依据；②监督抽查一般采用突然性的随机抽样方法，事先不通知受验企业，这样可以保证抽取的样品具有代表性，防止弄虚作假情况发生；③监督抽查讲究实效，抓好质量监督的事后处理工作，对于抽查不合格产品，责令商业部门停止销售，生产企业进行质量改进，限期达到标准要求，并对有关企业和责任人做出必要的处罚。

（二）评价型产品质量监督

评价型产品质量监督是指国家（政府）质量监督机构通过对企业生产条件、产品质量考核，颁发某种产品质量证书，确认和证明该产品已达到的质量水平。对于考核合格、获得证书的产品要加强事后监督，考查其质量是否保持应有的水平，评选优质产品、发放生产许可证、新产品鉴定等均属于这种形式的质量监督。其主要特征表现为：①按照国家规定的条例、细则和标准对产品进行检验，同时对企业质量保证条件进行审查、评定；②直接由政府主管部门颁发相应内容的证书；③允许在产品及合格证上使用相应的标志；④实行有一定内容的事后监督和处理，稳定提高产品质量。

（三）仲裁型产品质量监督

仲裁型产品质量监督是指国家质量监督管理部门站在第三方立场，公正处理质量争议中的问题、实施对质量不法行为的监督、促进产品质量的提高。其主要特征为：①监督的对象仅限于有质量争议的产品范围内；②只对有质量争议的一批或一个产品进行监督检验，并按照标准或有关规定做出科学判定；③由受理仲裁的质量监督管理部门进行调解和裁决；④具有较强的法制性，由败诉方承担质量责任。

四、产品质量认证制度

纺织品质量认证的初期形式是制造者关于纺织品的特性能够符合消费者和用户要求的简要保证或声明，世界上实行质量认证的第一个国家是英国。国际标准化组织在 1970 年成立了认证委员会（CERTICO），以此来指导国家、地区和国际认证制的建立和发展。

国际标准化组织曾对产品质量认证作过如下定义："由可以充分信任的第三方证实某一经鉴定的产品或服务符合特定标准或其他技术规范的活动。"事实上，纺织品质量认证就是依据产品标准和相应的技术要求，经认证机构确认，并通过颁发认证证书和认证标志，以证明纺织品符合相应标准和技术要求的活动。建立第三方质量认证制度可以让消费者放心地购买符合要求的纺织品，同时，获得认证许可的纺织品也具有很强的市场竞争力，这对于生产企业是有利的。目前，纺织品质量认证已经成为国际通行的、保证产品质量符合标准、维护消费者和用户利益的一种有效办法，ISO 成员国中的绝大多数国家都采用了质量认证制度。纺织品质量认证的主要作用归纳如下。

（1）实行纺织品质量认证制能够更加有效地维护消费者的利益，是保护消费者人身安全和健康的有效手段。依照质量认证标志，消费者可放心购置满意的纺织品，一旦发现质量问题，也可以依法保护自己的权益。对于与人身安全和健康有关的纺织品则更显重要。

（2）实行纺织品质量认证制是促进和发展国际贸易、消除技术壁垒、扩大出口、提高纺织品国际市场竞争力的重要措施和途径。实行国际认证的纺织品可以得到有关条约国的认可，获得国际认证的纺织品也就获得了国际市场的质量通行证，与国际市场接轨。

（3）实行纺织品质量认证制可以促进生产企业提高纺织品质量，建立健全有效的质量保证体系，是贯彻标准、监督纺织品质量的有力措施。

（4）质量认证是经过了第三方认证机构的认证，其认证过程是严格、公正和科学的，用户不必再进行不必要的重复性检验，这不仅可以节约人力、物力和财力，也大大加快了商品流通，纺织品认证可以给生产企业带来质量信誉和更多的经济利益。

五、纺织品质量认证的形式

我国现阶段主要采用两种认证形式，即安全认证与合格认证，这是按照认证的性质来划分的。

（一）安 全 认 证

安全认证依据安全标准和纺织品标准中的安全性能项目进行认证，经批准认证的产品方可使用"安全认证标志"。实行安全认证的纺织品，必须符合《标准化法》中有关强制性标准的要求，对于关系国计民生的和有关人身安全健康的纺织品，必须实行安全认证。

(二) 合格认证

合格认证是以纺织品标准为依据，当要求认证的纺织品质量符合纺织品标准的全部要求时，方可批准认证的纺织品使用"合格认证标志"。实行合格认证的纺织品，必须符合《标准化法》规定的国家标准或行业标准的要求。

六、质量认证标志

产品质量认证标志（即认证标志）是作为说明产品全部或部分项目符合规定标准的一种记号，它是对经过认证产品的一种表示方法。认证标志往往是注册的商标，其使用必须获得特别许可，凡是使用认证标志的产品必须经过有关机构的认证。实行产品质量标志制度，既维护了消费者的利益，又便于消费者选购商品。对生产企业来说，获得产品质量标志，既是一种荣誉和信任，又可获得经济上的利益，世界上很多国家都实行了产品质量标志制度。

第三章　纺织品检验基础知识

第一节　纺织品质量检验基础

一、纺织品质量的概念

2000 年版 ISO 9000 族国际标准中对质量的描述为"质量是指产品、体系或过程的一组固有的特性满足顾客和其他相关方要求的能力"。质量可以用"好"、"差"或"优秀"来修饰。

通常条件下，狭义的产品质量称为品质，指的是产品本身所具有的特性。一般表现为产品的可靠性、美观性、适用性、安全性和使用寿命等。广义的产品质量则是指产品能够完成其使用价值的性能，即产品能够满足用户和社会要求的性能。广义的产品质量不仅仅是指产品本身的质量特性，同时也包括原材料的质量、产品设计的质量、计量仪器的质量、对用户服务的质量等质量要求，这些都统称为"综合质量"。

纺织品的质量是指纺织品根据其用途能够满足人们穿着，使用或进一步加工需要的各种性能的总和。纺织品质量是衡量纺织品使用价值的尺度，是用来评价纺织品优劣程度的多种有用属性的总和。

二、纺织品质量检验和抽样方法

纺织品质量检测主要是关于有害化学物质方面的检测：有害物质检测、甲醛含量测定、铅含量检测、pH 值检测等。

（一）纺织品质量检验

纺织品质量检验是纺织品全面质量管理的一个重要环节。质量检验是借助一定方法和手段，通过对质量指标项目的测试并将测试结果同规定要求进行比较，由此做出合格与否的判断过程。根据不同的目的和任务，纺织品质量检验可以有各种不同的形式和种类。

（1）根据检验主体及其目的的不同，质量检验可分为出厂检验、验收检验和第三方检验。出厂检验是生产厂为控制产品质量，维护信誉所进行的自我约束检验。验收检验是购货方为杜绝不合格品进入流通、消费领域，防止自己和消费者利益受到侵害所进行的质量检验。第三方检验是由上级行政主管部门、质量监督与认证部门以及消费者协会等第三方，为维护消费者或买卖双方利益所做的质量检验。

（2）根据检验数量的不同，批产品检验还可分为全数检验和抽样检验。全数检验是对受检批中的所有单位产品逐个地进行检验，可以称为100％检验或全面检验。全数检验可以提供较多的质量信息，适用于批量小、质量特性单一、精密、贵重、重型的关键产品，但不适用于批量很大、价廉、质量特性复杂、需要进行破坏性检验的产品。纺织品本身批量大，是连续体，价值不高，内在质量指标较多，且破坏性试验较多或检验后对产品质量有较大影响，因此，除外观质量检验有时采用此方法外，一般多采用抽样检验方法。抽样检验是根据预先确定的抽样方案，从受检的批次中随机抽取少量单位产品组成样本，再根据对样本中单位产品逐一测试的结果，与标准或合同规定比较，最后从样本质量状况统计推断整批产品质量状况的检验方法。抽样检验由于检验批量小，避免了过多的人力、物力、财力和时间消耗，因而比较经济，有利于及时交货，刺激供货方保证产品质量，并可以防止全数检验中由于工作单调和疲劳所产生的漏检和错检。抽样检验适用于批量大、价值低、质量要求不高、检验项目多以及本身为连续体的产品。但是抽样检验也存在着提供的质量信息少，有可能误判和不适用于质量差异程度较大的产品批等缺点。

（3）根据受检对象的不同，质量检验可分为单位产品检验和批产品检验，单位产品检验是批产品检验的基础。单位产品是组成受检产品总体的基本单位，如纺织品的匹、绞、双、件等自然划分的单位产品或一组、一定长度、一定面积、一定量等按需要而非自然划分的单位产品。单位产品的质量是用质量特性值来表示的。批产品是在一定条件下生产、购入或入库的特征相同的若干单位产品组成的总体。批中所含的单位产品数称为批量。

（二）抽样方法

实际上对于纺织品的各种检测只能限于全部产品中的极小一部分。检测大多数是破坏性的，一般情况下被测对象的总体总是比较大的，不可能对它的全部进行检测。因此，通常都是从被测对象总体中抽取子样进行检测。

具体来说，抽样方法主要有以下四种。

（1）纯随机取样：从总体中抽取若干个样品，使总体中每个单位产品被抽到的机会相等，这种取样就称为纯随机取样，也称简单随机取样。

（2）等距取样：等距取样是先把总体按一定的标志进行排队，然后按相等的距离抽取。

（3）代表性取样：代表性取样是运用统计分组法，把总体划分成若干个代表性类型组，然后在组内用纯随机取样或等距取样，分别从各组中取样，再把各部分子样合并成一个子样。

（4）阶段性随机取样：阶段性随机取样是从总体中取出一部分子样，再从这部分子样中抽取试样。从一批货物中取得试样可分为三个阶段，即批样、样品、试样。进行相关检测的纺织品，首先要取成批样或试验室样品，进而再制成试样。

三、试样准备和测试环境

（一）标准大气

纺织材料大多具有一定的吸湿性，纤维的内部结构决定了吸湿量的大小，同时大气条件对吸湿量也有一定影响。在不同大气条件下，特别是在不同相对湿度下，纺织材料的平衡回潮率不同。环境相对湿度增高会使材料吸湿量增加而引起一系列性能变化，如质量增加，织物厚度增加、长度缩短，纤维截面积膨胀加大，纱线变粗，纤维绝缘性能下降，静电现象减弱等。为了使纺织材料在不同时间、不同地点测得的结果具有可比性，必须统一规定测试时的大气条件，即标准大气条件。

标准大气亦称大气的标准状态，有三个基本参数：温度、相对湿度和大气压力。国际标准中规定的标准大气条件为温度（T）20℃（热带地域为27℃），相对湿度（RH）为65%，大气压力规定在86～106 kPa范围内，视各国地理环境而定（温带标准大气与热带标准大气的差异在于温度，其他条件均相同）。我国规定大气压力为1个标准大气压，即101.3 kPa。在温湿度的规定上，考虑要保持温湿度无波动是不现实的，故标准规定了允许波动的范围。

（1）一级标准：温度20±2℃，相对湿度65%±2%。

（2）二级标准：温度20±2℃，相对湿度65%±3%。

（3）三级标准：温度20±2℃，相对湿度65%±5%。

仲裁检验应采用一级标准大气条件，常规检验用二级标准大气条件，要求不高的检验可用三级标准大气条件。

（二）调湿

纺织材料的吸湿或放湿平衡需要一定时间，同样条件下，由放湿达到平衡相比由吸湿达到平衡时的平衡回潮率要高，这种因吸湿滞后现象带来的平衡回潮率误差会影响纺织材料性能的测试结果。所以需要进行调湿处理，在测定纺织品的物理力学性能之前，检测样品必须在标准大气下放置一定时间，并使其由吸湿达到平衡回潮率。

（三）预调湿

为了确保样品能在吸湿状态下达到调湿平衡，样品在调湿前比较潮湿时，需要进行预调湿。预调湿的目的是降低样品的实际回潮率，通常规定预调湿的大气条件为：温度不超过 50℃，相对湿度为 10%～25%。

（四）试样剪取

对于织物来说，试样的剪取关系到检测结果的准确程度。试验室样品的剪取应避开布端，一般要求在距布端 2m 以上的部位取样，所取样品应平整、无皱、无明显疵点，其长度能保证试样的合理排列。

在样品上剪取试样时，试样距布边应在 1/10 幅宽以上，幅宽超过 100cm 时，距布边 10cm 以上即可。为了在有限的样品上取得尽可能多的信息，通常试样的排列要呈阶梯形，即经向或纬向的各试样均不含有相同的经纬纱线，至少保证其试验方向不得含有相同经纬纱线，而非试验方向不含完全相同的经纬纱线。在试验要求不太高的情况下，也要保证试验方向不含相同经纬纱线，而另一方向可以相同，这称为平行排列法。但应注意试样横向为试验方向时（如单舌撕破强力），不能采用竖向的平行排列法。由于吸湿会导致纱线变粗，织物变形，为了保证试样的尺寸精度，织物要在调湿平衡后才能剪取试样。

第二节 纺织品检验方法的分类

纺织品质量亦称"品质"，它是用来评价纺织品质量优劣程度的多种有用属性的综合，是衡量纺织品使用价值的尺度。纺织品检验主要是运用各种检验手段，如感官检验、化学检验、仪器分析、物理测试、微生物学检验等，对纺织品的品质、规格、等级等检验内容进行检验，确定其是否符合标准或贸易合同的规定。纺织品检验所涉及的范围很广，其检验方法的分类情况归纳如下。

一、按纺织品检验内容分类

纺织品检验按其检验内容可分为品质检验、规格检验、包装检验和数量检验等。

（一）品质检验

影响纺织品品质的因素概括起来可以分为外观质量和内在质量两个方面，用户在选择纺织品时主要也是从这两个方面加以考虑的。因此，纺织品品质检验大体上也可以划分为外观质量检验和内在质量检验两个方面。

1.外观质量检验

检验纺织品的外观质量优劣程度不仅影响到它的外观美学特性，而且对纺织品内在质量也有一定程度的影响。纺织品外观质量特性主要通过各种形式的外观质量检验进行检验分析，如纱线的匀度、杂质、疵点、光泽、毛羽、手感、成形等检验，织物的经向疵点、纬向疵点、纬档、纬斜、厚薄、破洞、裂伤、色泽等检验。纺织品外观质量检验大多采用感官检验法，评定时，首先对试样做必要的预处理（如调温、调湿、制样等），然后再在规定的观察条件下（灯光、观察位置等）对试样做感官评价，而且这一类感官检验往往是在对照标样情形下进行的。目前，也有一些外观质量检验项目已经用仪器检验替代了人的感官检验，如纱线的匀度检验、纱疵分级、光泽检验、颜色测量、毛羽检验、白度检验等。

2. 内在质量检验

纺织品的内在质量是决定其使用价值的一个重要因素，纺织品内在质量检验俗称"理化检验"，它是指借助仪器对物理量的测定和化学性质的分析。随着科学技术的迅猛发展，用户对纺织品质量要求越来越高，纺织品检验的方法和手段不断增多，涉及的范围也更加广泛，尤其是在织物的色牢度、舒适性、卫生性、安全性方面的检验方法和标准问题日益受到人们的普遍重视。

（二）规格检验

纺织品的规格一般是指按各类纺织品的外形、尺寸（如织物的匹长、幅宽）、花色（如织物的组织、图案、配色）、式样（如服装造型、形态）和标准量（如织物平方米质量）等属性划分。

纺织品的规格及其检验方法在有关的纺织产品标准中都有明确的规定，生产企业应当按照规定的规格要求组织生产，检验部门则根据规定的检验方法和要求对纺织品规格做全面检查，以确定纺织品的规格是否符合有关标准所做的规定，以此作为对纺织品质量考核的一个重要方面。

（三）包装检验

纺织品包装检验是根据贸易合同、标准或其他有关规定，对纺织品的外包装、内包装以及包装标志进行检验。纺织品包装不仅是保证纺织品质量和数量完好无损的必要条件，而且也应该使用户和消费者便于识别，这有利于生产企业提高纺织品的市场竞争能力，促进销售。包装的重要性日益突出，它已被看作是商品的一个组成部分，有些商品如服装，其商品包装不仅起到保护作用，而且具有美化、宣传作用。良好的包装可以吸引消费、促进销售，并在一定程度上增加出口创汇。不良的包装则会影响运输中产品的安全，造成浪费，引起索赔等恶果。纺织品包装检验的主要内容是核对纺织品的商品标记、运输包装（俗称大包装或外包装）和销售包装（俗称小包装或内包装）是否符合贸易合同、标准，以及其他有关规定。正确的包装还应具有防伪功能。

（四）数量检验

各种不同类型纺织品的计量方法和计量单位是不同的，机织物通常按长度计量，纺织纤维原料和纱线按重量计量，服装按数量计量。由于各国采用的度量衡制度上有差异，从而导致同一计量单位所表示的数量有差异，这在具体的检验工作中应注意区别。例如，棉花国际上习惯用"包"作为计量单位，但每包的含量各国解释不一，美国棉花规定每包净重为 480 磅，巴西棉花每包净重为 396.8 磅，埃及棉花每包净重为 730 磅。

如果按长度计量，必须考虑到大气温湿度对纺织品长度的影响，检验时应加以修正。如果按重量计量，则必须要考虑到包装材料重量和水分等其他非纤维物质对重量的影响，常用的计算重量方法有以下几种情况。

毛重：指纺织品本身重量加上包装重量。

净重：指纺织品本身重量，即除去包装物重量后的纺织品实际重量。

公量：由于纺织品具有一定吸湿能力，其所含水分重量又受到环境条件的影响，故其重量很不稳定。为了准确计算重量，国际上采用"按公量计算"的方法，即用科学的方法除去纺织品所含的水分，再加上贸易合同或标准规定的水分所求得的重量，计算公式为：

$$公量＝净重 \times \frac{1＋公定回潮率}{1＋实际回潮率}$$

二、按纺织品的生产工艺流程分类

根据纺织品的生产工艺流程，纺织品检验可分为预先检验、工序检验、最后检验、出厂检验、库存检验、监督检验和第三者检验，其具体情况如下。

（一）预先检验

预先检验是指加工投产前对投入原料、坯料、半成品等进行的检验。例如，棉纺厂的原棉检验、单唛试纺，丝织厂的试化验和三级试样等。

（二）工序检验

工序检验又称"中间检验"，它是在一道工序加工完毕，并准备制品交接时进行的检验。例如，棉纺织厂纺部试验室对条子、粗纱等制品进行的质量检验就属于"工序检验"。

（三）最后检验

最后检验又称"成品检验"，它是对完工后的产品质量做全面检查，以判定其合格与否或质量等级。成品检验是质量信息反馈的一个重要来源，检验时要对成品质量缺陷做全面记录，并加以分类整理，及时向有关部门汇报，对可以修复但又不影响产品使用价值的不合格产品，应及时交有关部门修复，同时也要防止具有严重缺陷的产品流入市场，做好产品质量把关工作。

（四）出厂检验

出厂检验是对立即出厂的产品进行的检验，成品检验亦即出厂检验。而对经成品检验后尚需入库储存较长时间的产品，出厂前应对产品的质量再做一次全面的检查，尤其是对色泽、虫蛀霉变、强力方面的质量检验。

（五）库存检验

库存检验是指纺织品储存期间，由于热、湿、光照、鼠咬等外界因素的作用使纺织品的质量发生变异，而对库存纺织品质量做定期或不定期的检验。可以防止质量变异情况出现。

（六）监督检验

监督检验又称"质量审查"，一般由诊断人员负责诊断企业的产品质量、质量检验职能和质量保证体系的效能。

（七）第三者检验

第三者检验一般是由上级行政主管部门或消费团体为维护用户和消费者利益而对产品进行的检验，如商检机构、质量技术监督机构所进行的检验均属于这种性质的检验。生产企业为了表明其生产的产品质量是否符合规定的要求，也可以申请第三方检验，以示公正。

三、按纺织品检验的数量分类

从被检验产品的数量来看，纺织品检验又分为全数检验和抽样检验两种情况。全数检验是对批中的所有个体或材料进行全部检验。抽样检验则是按照规定的抽样方案，随机地从一批或一个过程中抽取少量的个体或材料进行检验，并以抽样检验的结果来推断总体的质量。纺织检验中，织物外观疵点一般采用全数检验方式，而纺织品内在质量检验大多采用抽样检验方式。

第三节　纺织品检验的大气条件

一、大气条件对纺织品试验结果的影响

纺织品试验用大气条件主要考虑温度、相对湿度和大气压力三个参数。由于温度和相对湿度对纺织品的物理性质和机械性质有着十分显著的影响，例如，试验环境的相对湿度增高会使纤维的重量增大，纤维和纱线的直径增粗，织物的尺寸变小、厚度增大，纤维和纱线的强力下降（少数纤维如麻纤维的强力有所增大）、伸长率增大，纺织品的静电现象减弱等。所以，试验用大气条件的变化将对纺织品检验结果的准确性、可比性造成不利影响。

由于纺织品存在吸湿滞后现象，即使将试样置于同一大气条件下，也会因吸

湿或放湿途径不同而造成平衡回潮率的差异，为此纺织品的调湿平衡通常规定为"吸湿平衡"。这样，为避免吸湿滞后现象对实验结果的影响，有些试样要进行"预调湿处理"，即把较湿的试样置于相对湿度为 $10\%\sim25\%$，温度不超过 $50℃$ 的大气（如烘箱）中，经过一定时间，使试样含湿降至公定回潮率以下的处理过程。

二、纺织品检验用标准大气条件

为了克服大气条件变化对纺织品检验结果的不利影响，使得在不同时间、不同地点的检验结果具有可比性和统一性，必须对纺织品检验用的大气条件做出统一规定。我国国家标准《纺织品调湿和试验用标准大气》（GB 6529—86）（参照采用国际标准 ISO 139—1973）对纺织品检验用的标准大气状态做出明确规定，见下表，我国规定大气压力为 1 标准大气压，即 101.3kPa（760mmHg 柱），国际标准规定为 86～106kPa。

纺织品试验用标准大气状态

项目	标准级别	标准温度（℃）	允差（℃）	标准相对湿度（%）	允差（%）
温带标准大气	一级	20	±2	65	±2
	二级	20	±2	65	±3
	三级	20	±2	65	±5
热带标准大气	一级	27	±2	65	±2
	二级	27	±2	65	±3
	三级	27	±2	65	±5

第四节　测试数据的处理

一、测量误差

测量误差即测得值减去被测量的真值所得的代数差。若真值为 μ，测得值为 x，测量误差为 Δ，则 $\Delta = x - \mu$。

由上式所定义的测量误差又称为绝对误差。而绝对误差与被测量的真值之比，称为相对误差，常用百分数表示。即相对误差为：

$$\Delta r = \frac{\Delta}{\mu} \times 100\% \approx \frac{\Delta}{x} \times 100\%$$

当被测量值相等（或很接近）时，$|\Delta|$ 的大小可反映测量准确度；当被测量值不相等（尤其是它们相差悬殊）时，$|\Delta r|$ 可反映测量准确度。

测量误差按原因可分为三类——方法误差、测量器具误差、与主观因素有关的误差。按其性质可分为三类—— 系统误差、随机误差、粗大误差。

（一）系统误差

在相同观测条件下进行的一系列观测中，数值和符号或保持不变或按一定规律变化着的误差。系统误差对观测成果的影响具有积累性，故对成果质量影响显著。但它可以通过对仪器和自然条件的影响进行校验和测定，以及选择适当的测量方法和程序等予以消除和改正。

（二）随机误差

亦称"抽样误差"，是一种代表性误差，是由于大量的且每个单独作用微不足道的偶然因素的影响所产生的误差。随机误差取值具有随机性，其符号是不确定的，多次观测或调查结果加总时，随机误差可以相互抵消或补偿，使其总和接近零。

（三）粗大误差

明显超出统计规律预期值的误差称为粗大误差，又称为疏忽误差、过失误差。

如果测量数据中包含有可疑数据，不恰当地剔除含粗大误差的正常数据，会造成测量重复性偏好的假象；如果未加剔除，必然会造成测量重复性偏低的后果。应当按照一定的方法合理地剔除粗大误差。

二、异常值处理

（一）异常值产生的原因

异常值产生的原因较多，归结起来主要有如下几个方面的原因。

（1）操作和记录时的过失，以及数据复制和计算处理时所出现的过失性错误。

（2）采样环境的变化。如取样母体的突然改变使得部分数据与原先样本的模型不符合。

（3）实际采样数据中也可能出现另一类异常数据，它既不是来自操作和处理的过失，也不是由突发性强影响因素导致的，而是某些服从长尾分布的随机变量（例如，服从 t 分布的随机变量）作用的结果。

（二）异常值的处理方式

在试验结果数据中，有时会发现个别数据比其他数据明显过大或过小，这种数据称为异常值。异常值的出现可能是被试验总体固有随机变异性的极端表现，它属于总体的一部分，也可能是由于试验条件和试验方法的偏离所产生的后果，或是由于观测、计算、记录中的失误而造成的，它不属于总体。

异常值的处理一般有以下几种方式。

（1）异常值保留在样本中，参加其后的数据分析。

（2）剔除异常值，即把异常值从样本中排除。

（3）剔除异常值，并追加适宜的测试值计入。

（4）找到实际原因后修正异常值。

三、数字修约

数字修约是指在进行具体的数字运算前，通过省略原数值的最后若干位数字调整保留的末位数字，使最后所得到的值最接近原数值的过程。

数字修约的基本规则如下。

（1）紧靠保留数字的一个数≤4者，舍去拟舍数，保留数字不变。

（2）紧靠保留数字的一个数≥6者，舍去拟舍数，保留数字的末位进1。

（3）紧靠保留数字的一个数为5且5后不为0者，舍去拟舍数，保留数字的末位进1。

（4）紧靠保留数字的一个数为5且5后全为0者，视保留数的末位数而定。末位为奇数者，舍去拟舍数后，保留数字的末位进1；末位为偶数者，舍去拟舍数，保留数字不变。

例：将下列数字修约到小数点后第三位。

4.261493，根据规则（1），可修约为4.261；

2.825617，根据规则（2），可修约为2.826；

3.743501，根据规则（3），可修约为3.744；

6.379500，根据规则（4），因保留数字的末位为奇数，应修约为6.380；

5.642500，根据规则（4），因保留数字的末位为偶数，应修约为5.642。

（5）不许连续修约。拟修约数字应在确定修约位数后一次修约获得结果，不得多次连续修约。例如：8.267483，如果先修约到小数点后第四位得8.2675，再修约到小数点后第三位则变为8.268。根据规则（1），该数应修约为8.267。

上述法则可做如下概括：四舍六入五考虑，五后非零应进一，五后皆零视奇偶，五前为偶应舍去，五前为奇则进一。

第四章　纺织纤维检验

第一节　概　述

一、纺织纤维

纤维是一种直径为数微米到数十微米或略粗一些，而长度比直径大许多倍（上千倍甚至更多）的纤细物质的统称。在纺织工业中，并不是所有的纤维都可以用于纺纱、织布。纤维中长度达数十毫米以上，具有一定强度、一定可挠曲性、互相纠缠抱合性能和其他服用性能并可生产纺织制品（如纱线、绳带、机织物、针织物、非织造布等）的纤维称为纺织纤维。纺织纤维种类很多，主要可分为两大类，一类是从自然界中可以直接取得的，称为天然纤维，如棉（白棉和彩色棉）、麻（苎麻、亚麻、黄麻、大麻、罗布麻、洋麻、苘麻等）、丝（桑蚕丝、柞蚕丝、天蚕丝等）、毛（绵羊毛、山羊绒、牦牛绒、驼绒、兔毛、马海毛、羊驼毛等）等。另一类是化学纤维，又可分为再生纤维和合成纤维。再生纤维是由天然高分子化合物经物理或化学方法加工制得的，它与天然高分子化合物在化学组成上基本相同，如粘胶纤维、大豆蛋白纤维、Tencel 纤维、Modal 纤维、聚乳酸纤维、牛奶蛋白纤维、铜氨纤维、醋酯纤维等；合成纤维是把简单的化学物质通过有机合成制得高分子化合物，再经纺丝加工而制得的，如聚酯纤维、聚酰胺纤维、聚丙烯腈纤维等。

二、纺织纤维的分类

纺织纤维的种类很多，一般按其来源可分为天然纤维和化学纤维两大类。

（一）天然纤维

天然纤维是指凡在自然界中生长形成或与其他自然界物质共生在一起，直接可用于纺织加工的纤维。天然纤维包括自然界原有的，或从人工种植的植物体中、人工饲养的动物体中或从矿物质中获得的纤维。

1. 植物纤维

植物纤维是从植物的种子、茎、叶、果实上获取的纤维。主要成分是纤维素，并含有少量木质素、半纤维素等。因此它又称为天然纤维素纤维。根据纤维在植物上的生长部位不同，又分为以下几类。

种子纤维，即植物种子表面的绒毛纤维。如棉花、木棉纤维。

韧皮纤维，又称茎纤维，由植物茎部韧皮部分形成的纤维。如亚麻、苎麻、黄麻、大麻等纤维。

叶纤维，从植物叶子获得的纤维。如剑麻（西沙尔麻）、蕉麻（马尼拉麻）等纤维。

果实纤维，从植物果实获得的纤维。如椰子纤维等。

2. 动物纤维

动物纤维是从动物体上获取的纤维。主要成分是蛋白质，又称天然蛋白质纤维。分为毛发和腺体分泌物两类。

毛发类，从动物身上获得的毛发纤维，由角质细胞组成。如绵羊毛、山羊绒、兔毛、骆驼毛等。

腺体分泌物类，由蚕的腺体分泌液在体外凝成的丝状纤维，又称天然长丝。如桑蚕丝、柞蚕丝。

3. 矿物纤维

矿物纤维是从纤维状结构的矿物岩石中获得的纤维，如石棉纤维。它的主要成分是二氧化硅、氧化铁、氧化镁等无机物，所以又称天然无机纤维。石棉纤维具有耐酸、耐碱、耐高温的性能，是热和电的不良导体，用来织制防火织物，在工业上常将石棉用于防火、保温和绝热等材料。

（二）化学纤维

以天然或合成的高分子物质为原料，经化学制造和机械加工而得到的纤维称为化学纤维。根据原料来源，可分为人造纤维、合成纤维和无机纤维。

1. 人造纤维

人造纤维是以天然高分子物质为原料，如木材、棉短绒、蔗渣、花生、大豆、酪素等，经化学处理与机械加工而制成的纤维。按照原料、化学成分和结构的不同又可分为以下三类。

（1）人造纤维素纤维。以天然纤维素为原料再生加工而成的纤维，主要品种有粘胶纤维、铜氨纤维等。这类纤维经一系列化学变化以后，与原始高分子物质在物理结构上不同，但在化学组成上基本相同。

（2）人造蛋白质纤维。以天然蛋白质为原料再生加工而成的纤维，主要品种有酪素、大豆、花生等纤维。

（3）纤维素酯纤维。纤维素酯纤维是纤维素酯化形成的纤维，主要是醋酯纤维和硝酸酯纤维。这类纤维属纤维素的衍生物，故又名"半合成纤维"。

2. 合成纤维

合成纤维是以简单化合物为原料（从石油、煤、天然气中提炼得到），经一系列繁复的化学反应，合成为高聚物，再喷丝制成。

合成纤维品种有聚酯纤维（涤纶）、聚酰胺纤维（锦纶）、聚丙烯腈纤维（腈纶）、聚丙烯纤维（丙纶）、聚氯乙烯纤维（氯纶）和聚乙烯酸纤维（维纶）。此外，还有许多特种合成纤维，如高弹性纤维氨纶、高强力纤维芳纶、耐腐蚀纤维氟纶及耐辐射、防火、光导等纤维。

3. 无机纤维

无机纤维是以无机物为原料制成的纤维。如玻璃纤维、硼纤维、陶瓷纤维、石英纤维、硅氧纤维、金属纤维等。这类纤维具有耐高温、耐腐蚀、高强度和高绝缘等特性。玻璃纤维可用做防火焰、防腐蚀、防辐射及塑料增强材料，也是优良的电绝缘材料。

第二节　纺织纤维种类鉴别

一、纺织纤维种类鉴别的意义

早在七千年前的新石器时代，我们的祖先就已采集天然纤维进行手工纺纱织布了。数千年来，人们用于纺织的只有棉、毛、麻、丝四种天然纤维，这几种纤维通过目测便可很容易地区分开来，即使由它们加工成的纺织品，通过手感、目测的方法也容易加以区别。因此，在漫长的历史长河中，人们无须进行纤维的鉴别，更没有专门的检测机构和鉴别人员。

随着社会的不断进步和科学技术的不断发展，棉、麻、丝、毛的产量满足不了人口增长的需求，加之纺织进入大工业化生产时期以后，规模迅速扩大，迫使人们不得不去探索新的纺织原料。碳纤维于1880年研制成功，成为最早问世的化学纤维。从此以后，各种化学纤维不断出现，纤维品种日益繁多，除了人造纤维和普通合成纤维外，还出现了高性能合成纤维、功能性合成纤维、差别化合成纤维和无机纤维等。为了便于生产管理和产品分析，特别是在市场经济条件下，为防止以次充好、以假乱真，辨别真伪，需要对纺织纤维及其制品进行科学鉴别，于是在20世纪前半期各国开始设立纺织纤维的检测机构，对纺织纤维及其制品开展检测鉴别工作。我国也于1902年由商人联合组建成立了上海棉花检验局，开始对棉花的含水和含杂进行检测，这是中国最早成立的棉花检验机构。随着纺织工业的发展壮大，以及纺织原料品种的扩大，全国各省、市、自治区以及纺织工业基地都相继成立了纺织纤维检测机构，除了对纺织纤维及其制品进行一些常规的检测之外，还开展了面对社会的纤维鉴别业务，这不仅促进了纺织工业的健康发展，规范了市场，而且还为我国加入 WTO 后与国际市场接轨、推动国际贸易的发展做出了重要贡献。因此，正常开展纺织纤维及其制品的鉴别工作具有十分重要的社会效益和巨大的经济意义。

二、纤维种类鉴别的步骤

纤维种类鉴别的一般步骤是先确定大类，然后分出品种，接下来再做进一步的验证。如运用燃烧法鉴别天然纤维和化学纤维，运用显微镜法鉴别各类植物纤维和动物纤维。对于化学纤维，运用含氯和含氮分析法区别出不含氯、不含氮、含氯不含氮、不含氯含氮、含氯含氮五种情况，然后根据化学纤维的熔点、相对密度、双折射率、溶解性等方面的差异，逐一区别出各类合成纤维和再生纤维。对于一些特种纤维，可用红外吸收光谱法进行鉴别。

在鉴别混合纤维和混纺纱时，一般可先用显微镜观察，确认其中含有几种纤维，然后再用其他适当方法逐一鉴别。对于经过染色或整理的纤维，一般先进行染色剥离或其他适当的预处理，才可能保证鉴别结果准确可靠。对双组分纤维或复合纤维，一般先用显微镜观察，然后用溶解法和红外吸收光谱法逐一鉴别。

对混纺材料的定量分析，就是在对混纺材料定性鉴别之后，再根据纤维的化学性能不同，选用适当的化学试剂，按一定的溶解方法把混纺产品中的某一个或几个组分纤维溶解，从溶解失重或不溶纤维的重量计算出各组分纤维的百分含量。

三、感官鉴别法

各种纺织纤维都具有一定的外观形态，如光泽、长短、粗细、曲直、软硬、弹性、强度等特征。从纤维到纱线和织物，经过一系列的纺织染整加工过程，会赋予纱线或织物一定的组织结构、内在性能和外观风格。因此，感官法鉴别纤维时采用眼看、手摸，有时辅以耳听、鼻闻等。

(一) 概述

1. 试样的准备

使用感官法鉴别纺织纤维时，需要准备一定数量的试样。对散纤维而言，试样数量应多一些，以提高鉴别的准确度。鉴别纱线或织物中的纤维类别时，试样数量可略少于散纤维。在鉴别织物中的纤维类别时，应分别抽出经纱和纬纱各若干根，然后将纱线解捻，使纱线中的纤维呈平行无捻状态，以便于感官鉴别。

2. 鉴别步骤

(1) 眼观。这是鉴别纺织纤维的第一步。运用眼睛的视觉效应，观看纤维的形态特征，如纤维的长短、粗细、有无转曲、光泽等。

（2）手感。手感是利用皮肤的感触来鉴别纤维的方法之一，人的手部皮肤布满了大量的神经末梢，要比其他部位的敏感性强，因此，手感是运用手的触觉效应来感觉纤维的软硬、弹性、光滑粗糙、细致洁净、冷暖等。用手还可感知纤维及纱线的强度和伸长度。

（3）耳闻。听觉是运用耳朵的听觉效应，根据纤维、纱线或织物产生的某种声响来鉴别纤维，如蚕丝和丝绸具有丝鸣声，各类纤维的织物在撕裂时会发出不同的声响等。

（4）鼻嗅。鼻子也常用来鉴别某些纤维或织物，如腈纶虽常被人称作合成羊毛，但腈纶和羊毛（或其他特种动物毛绒）及其织物在气味上有一定的差别，鼻嗅不失为利用嗅觉效应来鉴别某些纤维的一种方法。

（二）鉴别方法

1.纤维的鉴别

进行纤维鉴别时，首先应确定纤维所属大类，是天然纤维还是化学纤维。对于化学纤维而言，是再生纤维还是合成纤维。在确定纤维所属大类后，再来确定具体品种。一般而言，天然纤维是在自然界生长形成的，其形态与性能往往受气温、日照等环境影响较大；化学纤维是在工厂里采用化学和机械的方法制造出来的，不受气候和环境的影响，外观形态特征比较相似。

天然纤维的共同特征是纤维长短不齐（蚕丝除外），具有自然光泽和天然卷（转）曲，手感比较柔软，除蚕丝以外，棉、麻、毛纤维比较细短，并含有一定的细小杂质。

（1）棉纤维。纤维细短，长度在28mm左右，长度整齐度较差，有天然转曲，光泽暗淡，有棉结杂质。手感柔软，有温暖感，弹性较差。纤维强力稍大，湿水后强力还会增加，伸长度较小。

（2）麻纤维。纤维较粗硬，常因存在胶质而呈小束状（非单纤维状）。纤维比棉纤维长，但短于羊毛，纤维间长度差异大于棉纤维。纤维较平直，几乎无转曲，弹性和光泽较差，拉伸时伸长度小，但强度比棉纤维高，湿水后强力还会增大，有凉爽感，在长度方向上有结节。

（3）毛纤维。各种毛纤维的感官特征如表4-1所示。

表 4 - 1　　　　　　　　　　各种毛纤维的感官特征

毛纤维品种	感官特征
羊毛	纤维长度较棉、麻长，有明显的天然卷曲，光泽柔和；手感柔软、滑糯、温暖、蓬松、极富弹性；强力较低，拉伸时伸长度较大；纤维长度细毛为 60～120mm，半细毛为 70～180mm，粗毛为 60～400mm；纤维中含有植物性杂质
山羊绒	纤维极细软，长度较羊毛短，白羊绒为 34～58mm，青羊绒为 33～41mm，紫羊绒为 30～41mm；手感轻、暖、软、滑，光泽柔和，卷曲率低于羊毛，但强度、弹性和伸长度均优于羊毛
牦牛绒	绒毛细短，长度为 26～60mm，平均长度为 36mm，手感柔软、蓬松、温暖，保暖性与羊绒相当，优于绵羊毛；颜色多为黑色、褐色、黄色、灰色，纯白色极少，光泽暗淡，在特种动物毛中是最差的；强力较羊绒高，卷曲率高于山羊绒，含有植物性杂质
马海毛	纤维长而硬，长度一般在 120～150mm，表面平滑，对光的反射较强，具有蚕丝般的光泽；纤维卷曲，形状呈大弯曲波形，很少小弯曲；断裂强度高于羊毛，而伸长度低于羊毛
驼绒	纤维细而匀，卷曲较多，但不如羊毛那样有规则；平均长度 28mm，优质驼绒平均长度在 42mm 以上；手感柔软、蓬松、温暖，富有光泽，颜色有乳白、浅黄、黄褐、棕褐等，品质优良的驼绒呈浅色；其断裂强力略低于马海毛，而伸长度略优于马海毛
兔毛	纤维长、松、白、净；长度一般在 35～100mm，纤维松散不结块，比较干净，含水含杂少，色泽洁白光亮；手感柔软、蓬松、温暖，表面光滑，卷曲少，强度小
羊驼毛	纤维细长，细度相当于羊毛品质支数的 50～70 支，毛丛长度一般为 200～300mm，少数为 100～400mm；颜色由浅至深分为白色、浅褐黄、灰、浅棕、棕色、深棕、黑色及杂色 8 种；霍加耶种羊驼毛纤维多卷曲，有银色光泽，而苏力种羊驼毛纤维顺直，卷曲少，有强烈的丝光光泽

(4) 丝纤维。包括长丝和短丝，短丝又有绢丝和细丝之分。丝的质量差于绢，纤维相对较短而含杂较高。丝纤维纤细、光滑、平直，手感柔软，富有弹性，光泽明亮柔和。有凉爽感，强度较好，伸长度适中。

(5) 粘胶纤维。手感柔软、滑爽、弹性较差。有长丝和短纤维两类，短纤维长度整齐，其光泽根据有光丝还是无光丝而有很大的差别，有光丝光泽明亮，稍有刺目感，消光后的无光丝光泽较柔和。纤维外观有平直光滑的，也有卷曲蓬松的。强度较低，特别是湿水后强力下降较多，其伸长度适中。

(6) 合成纤维。合成纤维品种较多，纤维的粗细和长短根据用途的不同而略有变化，它们的共同特点是强力较高、弹性较好、手感光滑，但不够柔软，采用感官法有时很难准确地加以鉴别，通常可采用熔点法来加以鉴别。

采用感官法只能进行初步鉴别，纺织上几种常用的合成纤维的特点如表 4-2 所示。

表 4-2　　　　　　　　　几种常见的合成纤维的感官特征

纤维种类	感官特征
涤纶	纤维强力高，弹性好，吸湿性极差；手感爽挺，有金属光泽，拉伸时伸长小
锦纶	纤维强力较其他合成纤维高，弹性较好；手感较涤纶软塌，光滑接近于蚕丝，有凉爽感，色泽鲜艳
腈纶	较为蓬松，温暖，手感与羊毛类似，光滑而干爽，人造毛感强；用手揉搓时会产生"丝鸣"的响声
维纶	形态与棉纤维类似，但不如棉纤维柔软；弹性差，有凉爽感
丙纶	相对密度很小，完全不吸湿，强力较好，手感生硬、光滑，有蜡状感，浅色光泽较差
氯纶	手感温暖，摩擦易产生静电，弹性和色泽较差
氨纶	弹性和伸长度在合成纤维中是最大的，其伸长率可达到 400%～700%

根据上述所介绍的各种常用纺织纤维的形态特征，利用感觉器官的感觉便可做如下的简易鉴别。在天然纤维中，棉纤维天然转曲，纤维纤细柔软，长度较短，纤维上附有各种杂质和疵点；麻纤维手感粗硬，常因胶质而聚成小束（苎麻纤维即使经脱胶成单纤维状态，也可从长度、粗细及长短变异等情况而与棉、毛相区别）；羊毛纤维较长，通常呈卷曲状态，柔软而富有弹性，手感有温暖感，羊毛与特种动物毛从纤维的粗细、长度、卷曲度、伸长度、手感及色泽上也较容易加以区别；蚕丝手感柔软，富有光泽，纤维细长，手触有微寒之感，很容易与其他天然纤维相区别。对于化学纤维而言，再生纤维素纤维（如粘胶纤维、醋酯纤维等）和合成纤维很容易区分，因为再生纤维素纤维湿强力特别低，可以根据手拉干、湿强力的变化而加以确定。如粘胶纤维的外表与蚕丝极为相似，可将粘胶纤维和蚕丝适当调湿，然后进行拉伸，粘胶纤维不能充分延伸而极易拉断，而蚕丝的断裂强力在干、湿时没有明显的差别，其断裂伸长率高于粘胶纤维，蚕丝在断裂处参差不齐，而粘胶纤维的断裂处较为整齐。合成纤维各品种在形态特征方面差别很小，需要借助其他鉴别方法才能做出比较准确的鉴别。

2. 常见织物的感官特征

（1）纯棉织物。纯棉织物光泽较暗、柔和自然，经丝光整理的产品光泽较亮；织物手感较软，无身骨，手摸有温暖感；布面有杂质，用手捏布料后放开，布面有明显的折痕且不易恢复；同样规格的织物比蚕丝织物重，垂感差。纱中纤维纤细柔软，长度很短，附有各种杂质和疵点，并且纤维长短不一，纤维伸长度较小，干、湿状态强力变化不大。普梳棉织物纱线有一些粗细节，常为中厚织物。精梳棉织物外观平整、均匀细腻，多为细薄织物。

（2）化纤仿棉织物。涤/棉混纺布多为涤 65％、棉 35％的混纺比，织物表面光洁平整，光泽明亮，色泽淡雅，手感滑爽挺括，抽出纱线粗细均匀无杂质，单纱拉断强力很高；粘纤/棉和富纤/棉混纺布色泽鲜艳，光泽柔和，手感平滑、柔软、光洁；维/棉混纺布色泽较暗，光泽有不均匀感，手感粗糙且不柔和。当用手攥紧布料后迅速放开时，这几种织物表现不一：涤/棉布折皱最少，且较快恢复原状；富纤/棉布和粘纤/棉布皱迹最多，恢复也慢，特别是粘纤/棉布折皱最为明显；维/棉布折痕没有粘纤/棉多，但布面留有明显的折痕。

（3）人造棉织物。人造棉布是纯粘胶短纤维织物。织物颜色鲜艳，有光粘胶类似金属光泽，不自然，手感柔软、光滑、无身骨，有飘逸下垂的感觉，重量比蚕丝织物重，用手捏布料后放开，布面有明显的折痕且不易恢复，织物下水后明显变厚、变硬。抽出单纱拉断，强力很低，纱中纤维长度、整齐度好，伸长度适中，湿态强力明显比干态强力低。

（4）纯毛织物。织物光泽柔和，色泽纯正，手感柔润、温暖、丰满且有弹性。用手捏布料后放开，布面的折痕不明显且迅速恢复原状。抽出单纱拉断强力很低，纱中纤维为短纤维，长度较长且有卷曲，整齐度较差。精纺毛织物纹路清晰，外观精致细腻，织物中纱线多为股线。粗纺毛织物表面毛绒厚实丰满，织物中纱线多为单纱。

（5）化纤仿毛织物。涤/毛混纺织物大多是涤 50％（或 55％）、毛 50％（或 45％）的混纺比，主要是精纺织物，光泽较亮，纹理清晰，手感滑爽挺括，弹性好于纯毛织物，但是柔润、悬垂性能不如纯毛织物，攥紧放松后几乎不产生折痕，抽出单纱拉断强力较高；毛/粘混纺织物主要是粗纺织物，一般光泽较暗，薄型织物看上去类似棉的感觉，手感松粘无身骨，弹性差，用手捏布料后放开，布面有明显的折痕，抽出单纱拉断强力较低，织物价格便宜；毛/腈混纺织物的光泽类似人造毛织物，织纹平坦不突出，色泽鲜艳，质轻蓬松，弹性好，手感温暖，毛型感较强，但柔润性和悬垂性不如毛织物，用手捏布料后放开，布面折皱少、恢复快。

（6）蚕丝织物。丝织物光泽华丽、优雅柔和，手感柔软滑润，有身骨，有凉感，织物悬垂性好，飘柔舒适。用手捏布料后放开，布面折皱较少，但折皱恢复较毛织物慢。抽出单纱拉断强力较高。

揉搓织物时有独特的响声，织物下水柔软易皱。柞蚕丝织物光泽、手感都不如桑蚕丝织物。

(7) 化纤仿丝织物。粘胶丝织物光泽耀眼、明亮不柔和，色泽鲜艳，手感滑爽、柔软但不挺括，悬垂性好，但不如丝织物，手捏易皱并且不易恢复，抽出单纱拉断强力较低，尤其是湿强力很低，织物下水后变硬；涤丝织物是主要的仿真丝绸产品，其光泽明亮不柔和，色泽艳丽，手感光滑硬挺，弹性好，柔润性和悬垂性不如丝织物，手捏后放开无折痕，织物下水发滑不皱，抽出单纱拉断强力很高；锦丝织物光泽较差，表面有似涂了一层蜡的感觉，手感较硬挺，垂感一般，手捏布料后放开，布面虽有折痕，但尚能缓慢恢复原状。

(8) 麻织物。麻织物光泽自然柔和，手感挺硬、爽利、有凉感，布面粗糙，有的有刺痒感，有随机分布的粗细节，弹性差，比蚕丝织物重，垂感差，手捏布料后放开，布面有明显的折痕且不易恢复。抽出单纱拉断强力很高，解捻抽出纤维观察，纤维硬直、长短不齐，且因含有胶质而聚成小束。麻织物色泽多为本色或浅淡颜色。

(9) 化纤仿麻织物。化纤仿麻织物外观多疙瘩、结子，高低不平，风格粗犷，组织以平纹和透孔组织为主，色彩以本色和浅色为主，但比麻织物鲜亮。手感挺爽，弹性好，织物紧捏不皱，且有较好的悬垂性。涤纶仿麻织物，一般采用涤纶或涤/粘混纺强捻（90捻/10厘米）纱、花式（色）线以平纹和凸条组织织成，手感干爽。薄型仿麻织物一般用50％改性涤纶与50％普通涤纶加强捻，利用捻线的喂入速度不同而形成捻度不匀、成纱条干有粗有细的特殊结构，织成织物后手感既爽又柔，穿着舒适、麻感较强。

(10) 合成纤维织物。合成纤维织物一般具有类似金属光泽，不自然，有的有蜡状光泽，手感滑腻，除维纶外，用手捏布料后放开，布面折皱少，恢复快，一般轻于棉、麻、粘胶纤维织物，垂感较好。抽出单纱拉断强力较高，纱中纤维长度、整齐度较好。

四、燃烧鉴别法

燃烧法是鉴别纺织纤维常用的方法之一。此方法简单易行，不需要任何仪器设备，随时随地就可顺利地进行，但需要有一定的经验。燃烧法只适用于纯纺的纱线、织物或交织产品，而对混纺产品、包芯纱产品及经过树脂整理、防火阻燃整理的产品不适用。在燃烧鉴别时，必须注意周围环境和人身的安全，最好用镊子夹住一小束纤维或纱线，慢慢移近火焰，以防手指被烧伤。

该鉴别法除工厂使用外，在工商贸易、服装店、裁缝铺及家庭里也常用，虽是一种比较粗糙的方法，但简单实用。为了准确区分纤维品种，有时还要借助其他的鉴别方法以做进一步鉴别。

（一）基本原理

纺织纤维品种很多，大多数是有机高分子聚合物，也有一些是无机纤维。纤维的组成成分只有少数是相同的，大多数存在相当大的差异，正是由于这些差异，它们对燃烧所产生的化学反应及燃烧特征是不同的，据此可对纤维进行鉴别。在观察纤维燃烧特征时应主要观察以下几点。

1. 纤维靠近火焰时的状态

仔细观察试样慢慢靠近火焰时，试样在火焰热带中的反应，有无发生收缩及熔融现象。

2. 纤维进入火焰中的状态

观察纤维在火焰中燃烧的难易程度以及火焰的颜色、火焰的大小、纤维燃烧速度、是否产生烟雾、烟雾的浓淡和颜色以及燃烧时有无爆鸣声。

3. 燃烧时的气味

闻一闻纤维在燃烧时散发出的气味。

4. 纤维离开火焰时的状态

纤维燃烧后从火焰中取出，观察其是否有延燃或阴燃的情况。

5. 燃烧后纤维生成灰分的状态

观察纤维燃烧后灰烬的颜色和性状，用食指和拇指搓捻一下灰烬，是否易被捻碎。

燃烧法鉴别纤维的实质是纤维遇到火源后发生热裂解并产生可燃气体，与空气中的氧气发生化学反应，产生可燃性气体、挥发物及难挥发的裂解产物和固体含碳残渣，同时也会产生一些不燃性气体。燃烧时产生的大量热量又使纤维进一步裂解。因此，燃烧的过程就是纤维、热、氧气三个要素构成的循环过程。图4-1为纤维燃烧过程示意。

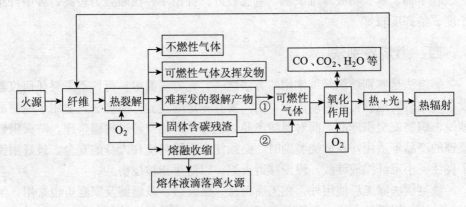

图4-1　纤维燃烧过程示意

注：①表示火源有焰燃烧。②表示火源无焰燃烧。

由图 4-1 可看出，纤维燃烧的全过程主要有四个循环过程，即纤维吸热；纤维产生热裂解；热裂解物的扩散与对流；热裂解物与空气中的氧气发生化学反应，产生热和光。燃烧时产生的热量再提供给纤维，促使纤维继续热裂解，继续燃烧。

由此可见，热源、纤维（高聚物）裂解产物的可燃性气体和氧气（氧化剂）的存在是纤维燃烧的必要条件。

（二）纤维的燃烧性及其影响因素

1. 纤维的燃烧性分类

由于各种纤维的化学结构不同，其燃烧性存在较大的差异，如表 4-3 所示。根据纤维燃烧时引燃的难易程度、燃烧速度、自熄性等燃烧特征可定性地将纤维分成不燃纤维、难燃纤维、可燃纤维和易燃纤维四类。

表 4-3 各种纤维燃烧性的分类

分类	燃烧特性	极限需氧指数（%）	常见纤维品种
不燃纤维	不能点燃	＞35	玻璃纤维、金属纤维、硼纤维、石棉纤维、碳纤维等
难燃纤维	接触火焰能燃烧或碳化，离开火焰后则自熄	26～34	聚四氟乙烯纤维（氟纶）、氨纶、改性腈纶、氯纶、偏氯纶、芳纶、芳砜纶、酚醛纤维等
可燃纤维	容易点燃，在火焰中能燃烧，但燃烧速度较缓慢	20～25	蚕丝、羊毛、醋酯纤维、大豆蛋白纤维、牛奶蛋白纤维、涤纶、锦纶、维纶
易燃纤维	容易点燃，在火焰中燃烧速度很快，且迅速蔓延	＜20	棉、麻、竹原纤维、粘胶纤维、Tencel 纤维、Model 纤维、铜氨纤维、腈纶、丙纶等

为了表征纤维的燃烧性，在研究工作中还常用极限需氧指数（Limiting Oxygen Index，LOI）来定量地区分纤维的燃烧性。所谓极限需氧指数是指试样在氧气和氮气的混合气体中，能够维持纤维完全燃烧状态所需要的最低氧气体积浓度的百分数，以下式表示：

$$LOI = \frac{[O_2]}{[N_2] + [O_2]} \times 100\%$$

该式表明，极限需氧指数（LOI）越大，则维持纤维燃烧所需要的氧气浓度越高，即越难燃烧。在空气中，氧气的体积百分浓度为 21，从理论上讲，纤维的 LOI 只要超过 21，在空气中就有自熄的作用，但由于存在空气的对流、相对湿度等环境因素的影响，达到自熄的 LOI 值有时必须超过 27。一般认为，LOI值低于 20 者为易燃纤维；在 20～25 者为可燃纤维；在 26～34 为难燃纤维；在 35 以上者为不燃纤维。采用 LOI 来区分纤维的燃烧性具有可定量、分辨率高、可直接比较、重现性好等优点，但在测定纤维制品时，其结果往往随着纤维制品的形状、结构、厚度和有无熔滴现象而有所差异。

极限需氧指数的测试原理如图 4-2 所示。测试时必须在密封的燃烧室内进行，通过减压阀与流量计来控制维持燃烧的最低气体比值。

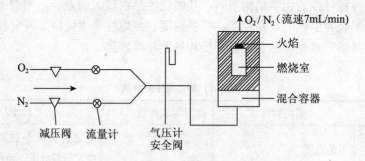

图 4-2　极限需氧指数测试原理

现将几种常用纺织纤维的燃烧性能列于表 4-4 中。

表 4-4　　　　　　　　　　几种常用纺织纤维的燃烧性能

纤维名称	闪点 (℃)	点燃温度 (℃)	燃烧热 (kJ/g)	火焰最高温度 (℃)	LOI 值 (%)
棉	361	400	18.8	880	17～19
羊毛	＞650	600	20.7	680	24～26
蚕丝	622	—	—		23～24
粘胶纤维	327	420	16.3	850	17～19
醋酯纤维	363	475	—	960	17～19
三醋酯纤维	—	540	—	885	18.4
涤纶	448	450	23.8	697	20～22
锦纶 6	459	530	33.0	875	20～21.5
锦纶 66		532			
腈纶	331	560	35.9	855	17～18.5

纤维名称	闪点 (℃)	点燃温度 (℃)	燃烧热 (kJ/g)	火焰最高温度 (℃)	LOI值 (％)
丙纶	448	570	43.9	839	17～18.5
氯纶	＞650	—	20.3	—	37～38
改性腈纶	＞650	—	—	—	29～30
芳纶1313	＞650	—	—	—	28.5～30
氟纶	不燃	—	4.2	—	95
酚醛纤维	—	—	—	—	35

2. 表征纤维燃烧性的参数

纤维及其制品的燃烧性可从引燃、火焰的蔓延及持续性、能量和燃烧产物四个方面的具体评定项目来表征，如表4-5所示。

表 4-5　　　　　　　表征纤维及其制品燃烧性的参数

参数	评定项目
引燃	火源的性质 引燃的难易程度
火焰的蔓延及持续性	各方向的蔓延速度 引燃方式的影响 引燃程度 试样消耗速率 火焰熄灭速率 余辉性质
能量	放出的总能量 能量释放速率 质量损耗速率 能量转移到相邻表面（如皮肤）的速率 能量穿越试样的转移速率
燃烧产物	气味产物组成和浓度 发烟性 气味的毒性 燃着残骸的性质 焦炭的性质

表4-5中所列的各种参数的具体评定项目受到纤维、纱线、织物结构、密度、尺寸、几何形态以及织物上的染料、印染助剂、污染物和环境条件（如周围的温度、湿度、空气流速等）等因素的影响。显然，要测定这些参数是一项非常繁杂的工作，一般仅用于对某些纤维及其制品用途特别重要的参数或对新纤维、未知纤维鉴别时才进行测定。

(三) 试样准备与测试器具

1. 试样准备

试样应能代表抽样单位中的纤维。纤维包里的散纤维取出后，制成小纤维束，如是纱线需先解捻，使之成为平行的纤维束，若是织物，则应从织物中抽取数根经纱和纬纱分别解捻成为纤维束。如果发现试样存在不均性，则应按每个不同的部分取样，做成均匀的试样，以提高鉴别的准确性。

2. 测试鉴别器具

主要有酒精灯、镊子、放大镜、培养皿、剪刀、火柴或打火机等。酒精灯中的酒精要求纯度高，点燃后火焰本身不能有特殊的气味，否则会掩盖试样燃烧时散发的气味，容易造成判断上的错误。镊子和剪刀应清洁无污染，否则会带入试样，影响试样的正常燃烧而使燃烧现象失真，同样会造成判断上的错误。放大镜和培养皿同样要求清洁，以提高测试鉴别的准确性。

(四) 测试程序

测试程序包括以下四步。

(1) 将10mg纤维用手捻成细束，如是纯纺纱线或织物，也可取一小段纱或是一小块织物，用镊子夹住试样，徐徐靠近燃烧器（酒精灯），仔细观察试样对热的反应情况，有无发生收缩及熔融现象。

(2) 再将纤维束移入火焰中，观察纤维在火焰中的燃烧情况，然后将试样离开火焰，注意观察燃烧情况，是继续燃烧，还是阴燃或是自熄。同时用鼻子闻试样燃烧刚熄灭的气味。

(3) 待试样熄灭冷却后，观察残留物灰分的状态，用拇指与食指搓捻一下残留物灰烬是硬块还是可捏成松软粉末，并看一下灰烬的颜色。

(4) 将试样在燃烧过程中发生的详细情况记录在燃烧性能表格中。

以上是正规测试程序，在日常生活中，有时针对一个试样来大致判断是用何种纤维纺的纱线或织物，则测试方法就更为简单，一般用于鉴别是纯天然纤维还是化学纤维制品，或是混纺纱线或织物，也可大致了解天然纤维含量的高低。大多是根据气味和灰烬的情况，进行相对比较粗糙的鉴别，但也需要有一定的知识和经验。

(五) 纤维的燃烧特性

纤维的燃烧状态如表4-6所示。

表 4 - 6　　　　　　　　　　纤维的燃烧状态

纤维名称	燃烧性	燃烧状态			燃烧时的气味	灰烬残留物特征
		接近火焰时	在火焰中时	离开火焰时		
棉纤维	易燃	软化，不熔、不缩	立即快速燃烧、不熔融	继续迅速燃烧	烧纸臭味	灰烬很少，呈细而柔软灰黑絮状
麻纤维	易燃	软化，不熔、不缩	立即快速燃烧、不熔融	继续迅速燃烧	烧纸臭味	灰烬少、灰粉末状，呈灰或灰白色絮状
毛纤维	可燃	熔并卷曲，软化、收缩	一边徐徐冒烟，一边微熔、卷缩、燃烧	燃烧缓慢，有时自灭	烧毛发臭味	灰烬多，呈松脆而有光泽的黑色块状，一压就碎
丝纤维	可燃	熔并卷曲，软化、收缩	卷曲，部分熔融（略熔），燃烧缓慢	略带闪光，缓慢燃烧，有时自灭	烧毛发臭味	灰烬呈松而脆的黑色颗粒状，用手指压即碎
粘胶纤维	易燃	软化，不熔、不缩	立即燃烧，不熔融	继续迅速燃烧	烧纸臭味	灰烬少，呈浅灰色或灰白色
醋酯纤维三醋酯纤维	可燃	软化，不熔、不缩	熔融燃烧，燃烧速度快，并产生火花	边熔边燃	醋酸味	灰烬有光泽，呈硬而脆的不规则黑块，可用手指压即碎
铜氨纤维	易燃	软化，不熔、不缩	立即快速燃烧，不熔融	继续迅速燃烧	燃纸臭味	灰烬少，呈灰白色
Tencel纤维	易燃	软化，不熔、不缩	不熔融，迅速燃烧	继续迅速燃烧	燃纸臭味	灰烬少，呈浅灰色或灰白色
Modal纤维	易燃	软化，不熔、不缩	立即燃烧，不熔融	继续快速燃烧	燃纸臭味	灰烬少，呈浅灰色或灰白色
大豆蛋白纤维	可燃	软化，熔并卷缩	熔融燃烧	继续燃烧	烧毛发的臭味	灰烬呈松而脆硬块，用手指可压碎
涤纶	可燃	软化，熔融卷缩	熔融，缓慢燃烧，有黄色火焰，焰边呈蓝色,焰顶冒黑烟	继续燃烧，有时停止燃烧而自灭	略带芳香味或甜味	灰烬呈硬而黑的圆球状，用手指不易压碎

续　表

纤维名称	燃烧性	燃烧状态			燃烧时的气味	灰烬残留物特征
		接近火焰时	在火焰中时	离开火焰时		
锦纶	可燃	软化、收缩	卷缩，熔融，燃烧缓慢，产生小气泡，火焰很小，呈蓝色	停止燃烧而自熄	氨基味或芹菜味	灰烬呈浅褐色透明圆珠状，坚硬不易压碎
腈纶	易燃	软化、收缩，微熔发焦	边软边熔融，边燃烧，燃烧速度快，火焰呈白色，明亮有力，有时略冒黑烟	继续燃烧，但燃烧速度缓慢	类似烧煤焦油的鱼腥（辛辣）味	灰烬呈脆性不规则的黑褐色块状或球状，用手指易压碎
维纶	可燃	软化并迅速收缩，颜色由白色变黄，再变为褐色	迅速收缩，缓慢燃烧，火焰很小，无烟，当纤维大量熔融时，产生较大的深黄色火焰，有小气泡	继续燃烧，缓慢地停燃，有时会熄灭	带有电石气的刺鼻臭味	灰烬呈松而脆的不规则黑灰色硬块，用手指可压碎
丙纶	可燃	软化，卷缩、缓慢熔融呈蜡状	熔融，燃烧缓慢，冒黑色浓烟，有胶状熔融物滴落	能继续燃烧，有时会熄灭	有类似烧石蜡的气味	灰烬呈不定形硬块状，略透明，似蜡状颜色，不易压碎
氯纶	难燃	软化、收缩	一边熔融，一边燃烧，燃烧困难，冒黑浓烟	立即熄灭，不能延燃	有刺激的氯气味	灰烬呈不定形的黑褐色硬球状，不易压碎
氨纶	难燃	先膨胀呈圆形，而后收缩熔融	熔融燃烧，但燃烧速度缓慢，火焰呈黄色或蓝色	边熔边融边燃烧，缓慢地自然熄灭	特殊的刺激性石蜡味	灰烬呈白色橡胶块状
乙纶	可燃	软化、收缩	边熔融，边燃烧，燃烧速度缓慢，冒黑色浓烟，有胶状熔融物滴落	能继续燃烧，有时会自熄	类似烧石蜡的气味	灰烬呈鲜艳的黄褐色不定形硬块状，不易压碎

续　表

纤维名称	燃烧性	燃烧状态			燃烧时的气味	灰烬残留物特征
		接近火焰时	在火焰中时	离开火焰时		
聚四氟乙烯纤维	难燃	软化、熔融、不收缩	熔融能燃烧	立即熄灭	有刺激性HF气味	—
聚偏氯乙烯纤维	难燃	软化、熔融、不收缩	熔融燃烧冒烟，燃烧速度缓慢	立即熄火	有刺鼻辛辣药味	灰烬呈黑色不规则硬球状，不易压碎
聚烯烃纤维	可燃	熔融收缩	熔融燃烧，燃烧缓慢	继续燃烧，有时会自熄	有类似烧石蜡气味	灰烬呈灰白色不定形蜡片状，不易压碎
聚苯乙烯纤维	可燃	熔融收缩	熔融、收缩、燃烧，但燃烧速度缓慢	继续燃烧，冒浓黑烟	略带芳香味	灰烬呈黑色而硬的小球状，不易压碎
芳砜纶（聚砜酰胺纤维）	难燃	不熔、不缩	卷曲燃烧，燃烧速度缓慢	自熄	带有浆料味	灰烬呈不规则硬而脆的粒状，可压碎
酚醛纤维	不燃	不熔、不缩	像烧铁丝一样发红	不燃烧	稍有刺激性焦味	灰烬呈黑色絮状，可压碎
碳纤维	不燃	不熔、不缩	像烧铁丝一样发红	不燃烧	略有辛辣味	呈原来纤维束状
石棉纤维	不燃	不熔、不缩	在火焰中发光，不燃烧	不燃烧，不变形	无味	无灰烬，纤维颜色略变深
玻璃纤维	不燃	不熔、不缩	变软，发红光	不燃烧，变硬	无味	变形，呈硬珠状，不能压碎
不锈钢纤维	不燃	不熔、不缩	像烧铁丝一样发红	不燃烧	无味	变形，呈硬珠状，不能压碎

五、显微镜法鉴别纺织纤维

采用光学投影显微镜法观察、鉴别纺织纤维是一种最直观的方法，它可以根据纤维的纵向形态和横截面形态特征综合鉴别纤维。采用投影显微镜法观察、鉴别纤维，要求检验者熟悉各类纤维的纵向和横截面形态特征，才能进行准确鉴别。

由于纤维类型、品种的不同以及纤维在加工过程中经过的特殊处理，使纤维的纵向、横截面有其各自的特征。本章将介绍常用的天然纤维和化学纤维在投影显微镜下的形态特征。

（一）测试原理

将纤维样片在投影显微镜下放大 500 倍，依据不同纤维纵向和横截面的特征进行纤维鉴别。投影显微镜的光学系统如图 4-3 所示。

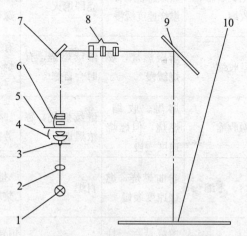

1—光源；2—聚光镜；3—可变孔径光阑；4—聚光镜组；5—标本；
6—物镜；7—反射镜 A；8—投影物镜；9—反射镜 B；10—投影屏

图 4-3　投影显微镜的光学系统示意

光源发出的光线经聚光镜、可变孔径光阑及聚光镜组，会聚在被观察的标本上，使标本获得均匀而明亮的照明。可变孔径光阑可用手控制照明光源的张角，以适应不同物镜的各种数值孔径。由标本物体发出的光线经物镜、反射镜 A、投影物镜和反射镜 B，成像在投影屏上。

（二）纤维样片的制作

使用哈氏切片器或双刀切片器将纤维切成 0.4mm 左右的短段，将这些纤维短段放置在滴有适量的、符合标准要求的黏性介质（液体石蜡）的载玻片上，用镊子搅拌使之充分混合，然后盖上盖玻片，并使纤维均匀分布。

盖上盖玻片时应注意：先将盖玻片的一边接触载玻片，再将另一边轻轻放下，以避免样片内产生气泡。制好的样片应保证纤维均匀分布，纤维数量满足测试要求，纤维长短适宜，没有气泡，介质不溢出。

（三）测试程序

1. 光学投影显微镜的调试

仪器在操作使用中，正确的照明调节能保证仪器的最佳效果，能取得清晰明亮的成像，充分发挥仪器的测量精度。投影显微镜的结构如图 4－4 所示，投影显微镜的调试步骤如下。

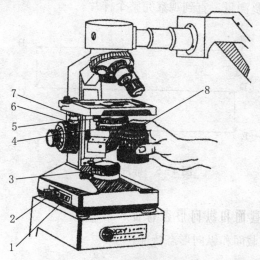

1—电源开关；2—调压器滑钮；3—聚光镜；4—光阑拨杆；5—聚光镜组；
6—横向步进推程装置；7—纵向步进推程装置；8—托架

图 4－4 投影显微镜结构

（1）将电源插头与 220V 交流电源接通，打开显微镜座上的开关，同时将电压调节器的滑钮调拨到适当的位置。

（2）先将粗动手轮向后旋转，使工作台下降，将被检样片放在工作台上，并用弹性夹头夹住。

（3）转动转换器将 25 倍物镜转入工作系统。

（4）慢慢旋转粗微动调焦手轮进行调焦，使投影屏上的被检纤维像越来越清晰。

（5）扳动孔杆，调节孔径光阑大小，控制照明度使亮度均匀。

（6）旋转聚光镜手轮，使聚光镜组上下移动到适当的位置，此时成像的清晰度和亮度最佳。注意：在同样条件下，聚光镜组往上升，成像光亮度趋亮，但成像清晰度趋差，反之，聚光镜组往下降，成像清晰度趋好，但成像光亮度趋差，因此要根据需要调整到适当的位置。

上述步骤中特别是（3）、（4）、（5）、（6）反复仔细调整后，即可进行观察测量，以后使用时（5）、（6）无须变动。使用完毕即关闭电源开关。

2. 测试

把样片放在投影显微镜的载物台上，盖玻片面对物镜，固定好样片，选择样片的一个角作为起点，按照图4-5的样片观察顺序先聚焦于盖玻片上的 A 点取得第一个视野，观察投影圈内的纤维。观察完第一个视野内的全部纤维，按 A→B→C→D→E→F 的顺序移动载玻片，每次移动距离至少为 0.5mm，保证移动一个投影圈，避免重复测量，直到观察完整个样片。

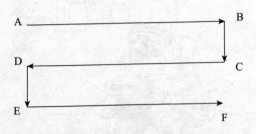

图 4-5　样片观察顺序

(四) 纤维横截面和纵向形态特征

1. 天然纤维横截面和纵向形态特征

(1) 植物纤维

①棉纤维。

a. 普通棉纤维。普通棉纤维的截面由外向内主要由初生层、次生层、中腔三个部分组成。初生层很薄，纤维素含量不多；次生层是棉纤维胞壁的主要成分；中腔是棉纤维生长停止后遗留下来的内部空隙。由于受到棉纤维生长条件的影响，棉纤维分为成熟棉、未成熟棉和过成熟棉。

棉纤维纵向具有天然转曲，它的转曲沿纤维的长度呈不规则状，而且是不断改变转向的螺旋形扭转，其横截面为腰圆形。成熟正常的棉纤维天然转曲数目多且规律性好，纤维截面是不规则的腰圆形，胞壁与中腔的宽度基本一致；未成熟的棉纤维呈薄壁扁带状，转曲少且纤维截面形态呈极扁的腰圆形，中腔宽度大于纤维胞壁的宽度；过成熟的棉纤维呈棒状，转曲少，纤维截面接近圆形，中腔很小，胞壁宽度大于中腔的宽度。

由于棉纤维中腔在显微镜下呈黑色不透明状，在鉴别时如果制片时间较长，棉纤维中腔易进入介质，充满了介质的中腔在显微镜下观察则为透明的。棉纤维形态见图4-6。

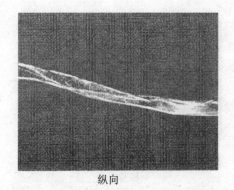
纵向

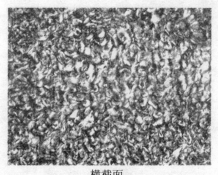
横截面

图 4 - 6　棉纤维形态

　　b. 丝光棉。由于棉纤维有天然转曲、横截面呈不规则的腰圆形，因而对光线反射无规律，使棉纤维制品光泽暗淡。为了加强棉纤维对光线的有规律反射，具有光泽，棉纤维需经丝光处理。

　　经过丝光处理的棉纤维，其纤维形态发生了物理变化，这是因为棉纤维的主要成分是纤维素，由于棉纤维大分子上羟基（—OH）的存在，钠离子和氢氧根离子不仅能进入纤维非结晶区，而且还会进入结晶区，由于钠离子吸引水分子的能力很强，它进入非结晶区和结晶区的同时棉纤维分子间的空隙被水分子充满，引起纤维胞壁的膨胀，膨胀后的纤维就会发生形态的变化。所以，当棉纤维纱线在紧张状态下浸入氢氧化钠溶液中，再洗去碱液后棉纤维的天然转曲消失，纤维直径加大，横截面近似圆形，增加了对光线的有规律反射，使棉纤维制品表面呈现丝一般的亮丽光泽。

　　显微镜观察丝光处理后的棉纤维，其纵向形态转曲完全消失，纤维两壁变得丰厚，中腔变窄甚至仅存很小的缝隙。每根纤维呈顺直状态，较细的棉纤维由于膨胀后中腔消失，加之没有了转曲，在显微镜下很容易误判成桑蚕丝，所以对于丝光处理后的棉纤维，要认真分析以便准确鉴别。

　　c. 天然彩色棉纤维。过去棉纤维只有经过纺织加工印染后，才具有人们需要的颜色，但是，棉纤维在加工印染过程中使用了多种化学物质，这不仅存在着工业污染，而且许多染料对人体的健康也有危害。天然彩色棉的培育和加工实现了人们对颜色的呼唤和追求。观察染色棉纤维的整个样片，其纵向和横截面颜色在整个样片中分布均匀一致。而天然彩色棉纤维由于颜色的深与浅受到遗传基因、生长环境的影响，会出现颜色深浅不一致的现象，即便生长在一个棉桃上的棉纤维的颜色也会深浅不一，对于一根棉纤维，其颜色分布也不一致，一般为沿横截面从里往外颜色由深到浅。根据以上特征来进行染色棉纤维与天然彩色棉纤维的鉴别。天然彩色棉纤维形态见图 4 - 7。

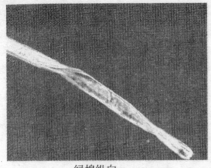

绿棉纵向   棕棉纵向

图4-7 天然彩色棉纤维形态

②麻纤维。用于纺织的麻纤维多为茎纤维，即韧皮纤维。韧皮纤维的单纤维都是一个植物单细胞，纤维细长，两端封闭，有胞腔，胞壁的薄、厚、长、短视不同品种和成熟程度而异。

a. 苎麻。苎麻纤维纵向有竹节，有的光滑，有的呈明显的束状条纹。苎麻纤维横截面大多呈椭圆形或扁平形，中腔也呈椭圆形或不规则形，胞壁厚度均匀有裂纹，直径较大。苎麻纤维形态见图4-8。

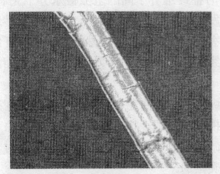
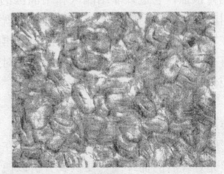

纵向   横截面

图4-8 苎麻纤维形态

b. 亚麻。亚麻纤维纵向有竹节，较平直，纤维直径较小并且均匀，纤维截面呈不规则三角形，胞壁较厚，有中腔且中腔较小，呈线形、点形或圆形。亚麻纤维形态见图4-9。

— 50 —

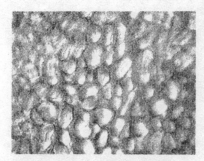

纵向 横截面

图 4 - 9 亚麻纤维形态

c. 大麻。大麻纤维纵向有竹节，较平直且纤维直径较大，细度差异较大，呈明显的束状条纹。大麻纤维横截面大多呈扁平长形，有中腔，胞壁厚度较均匀有裂纹。大麻纤维形态见图 4 - 10。

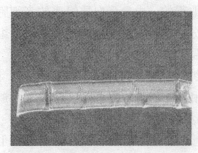

纵向 横截面

图 4 - 10 大麻纤维形态

③竹纤维。竹纤维的制取分为两种，一种是利用机械、物理的方法将竹壁直接制成的纤维称为竹原纤维；另一种是以竹作为纤维素原料，利用水解——碱法及多段漂白将竹纤维精制成纺丝溶液，然后进行纺丝制成的纤维称为竹浆纤维。不同的制取方法使纤维形态截然不同。

竹原纤维纵向有竹节，近似竹壁上的竹节，向外突起而不同于麻纤维的竹节。纤维横截面大多呈椭圆形或扁平形，中腔呈椭圆形或不规则形，胞壁厚度均匀，直径较大。竹原纤维形态见图 4 - 11。

纵向

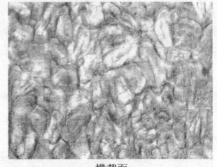
横截面

图 4‑11 竹原纤维形态

竹浆纤维纵向和横截面的形态同粘胶纤维。

（2）动物纤维

由动物的毛或昆虫的腺分泌物中得到的纤维。

①毛绒纤维。毛绒纤维指从动物身上取得的、由角蛋白质组成的多细胞结构的纤维。每一根纤维可以分成三个组成部分：包覆在毛干外侧的鳞片层；组成毛干实体的皮质层；毛干中心不透明的髓质层。

显微镜法鉴别毛绒纤维，主要依据毛绒纤维品种的不同，其鳞片结构（鳞片高度、鳞片密度、鳞片厚度、鳞片形态）和纤维直径等方面存在的差异，通过显微镜的放大观察，找出它们之间的差异，达到鉴别纤维的目的。

a. 山羊绒。山羊绒是生长在山羊身上的底绒，其纤维横截面接近圆形，纤维直径离散系数较小，且每根纤维自身的直径离散系数小于细羊毛纤维。在显微镜下观察到山羊绒纤维有如下特点。

圆：由于皮质层呈双侧结构（但正皮质层与偏皮质层的分界不如细羊毛那样明显），横截面一般为圆形，在显微镜下观察到山羊绒纤维有凸起的立体感。

匀：由于每根纤维自身的直径离散系数小，在显微镜下纤维前后端包括各个部位的直径基本一致。

滑：由于其鳞片的特点，在显微镜下纤维的边缘光滑，几乎没有因鳞片翘起而形成边缘小锯齿形翘角。

亮：由于鳞片紧紧包裹毛干，鳞片薄（$0.3\sim0.5\mu m$），可见高度高（$10\sim17\mu m$），在显微镜下山羊绒纤维比细羊毛纤维要光亮透明。

直：山羊绒纤维的卷曲不很规则，且卷曲数小于细羊毛（3～4 个/厘米），在显微镜下纤维均呈顺直的状态，一般投影长度在 20cm 左右的山羊绒纤维为顺直形态，极少有弯曲。

我们常见的山羊绒的颜色有白色、青色和紫色，紫色山羊绒除有以上特征外，部分纤维有沿轴向排列的条纹或点状紫色色素，颜色有浅有深。

山羊绒与细羊毛有时很难鉴别。鉴别时，要综合判断样品，从样片的总体情况分析，注意观察山羊绒纤维在显微镜下所具有的圆、匀、滑、直、亮的特征。山羊绒纤维形态见图 4－12。

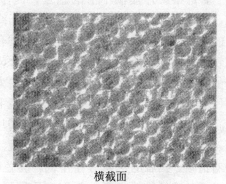

纵向　　　　　　　　　　　　　　　　横截面

图 4－12　山羊绒纤维形态

b. 兔毛。兔毛纤维有无髓腔和有髓腔两种。无髓腔的兔毛纤维以直径较小的为多，但直径较大的兔毛纤维也偶有无髓腔的，无髓腔的兔毛纤维其鳞片呈人字形紧密排列。有髓腔的兔毛纤维因兔毛直径的不同，髓腔又分为单列、双列和多列。单列纤维，髓腔如同算盘珠形，一个个均匀叠落，这些髓腔间是封闭的，里面充满了静止的空气。双列毛髓为单列与单列相互并列，髓腔呈两组算盘珠形并列。多列毛髓则有多组并列，有时多达六组甚至更多。

由于兔毛纤维髓腔有自己独特的特征，故兔毛纤维较之其他几种特种动物纤维容易鉴别。兔毛纤维形态见图 4－13。

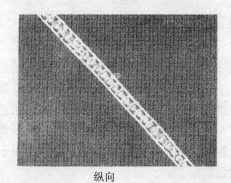
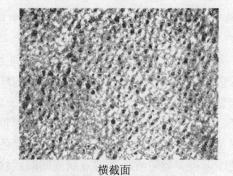

纵向　　　　　　　　　　　　　　　　横截面

图 4－13　兔毛纤维形态

c. 牦牛绒。牦牛绒纤维一般分为有色牦牛绒和白色牦牛绒，有色牦牛绒一般为咖啡色。由于牦牛绒的鳞片呈不规则环状且紧贴毛干，鳞片结构不如羊毛纤维的鳞片规则清晰，鳞片可见高度一般为 $5\sim23\mu m$，鳞片厚度一般为 $0.3\sim0.5\mu m$，与山羊绒纤维鳞片厚度接近。所以，在刚开始观察白色牦牛绒纤维时给人一种纤维鳞片模糊不清的感觉，但仔细观察则呈现出绒类纤维所具有的滑、直、匀、圆的特征。咖啡色牦牛绒由于纤维充满颜色，不易在显微镜下观察到纤维的鳞片形态，但无论纤维细与粗都具有颜色，在显微镜下可清楚地看到平行纤维轴向的咖啡色条纹色素。在显微镜下观察有色牦牛绒，其纤维也具有滑、直、匀的特征。牦牛绒纤维直径离散程度要大于山羊绒纤维而小于驼绒纤维。

有色牦牛绒与有色细羊毛在显微镜下不太容易区分，一般色毛纤维虽然有色素存在，但其鳞片有明显的羊毛纤维鳞片形态特征，且纤维边缘有明显锯齿形翘角。而有色牦牛绒纤维由于色素存在且鳞片薄而高，故其鳞片形态在显微镜下不易看清晰。两者的色素分布不同，有色牦牛绒纤维的色素均匀分布在纤维轴向上，而色毛纤维的色素按正副皮质层形成沿纤维轴向一半色浅、一半色深的形态。牦牛绒纤维形态见图 4-14。

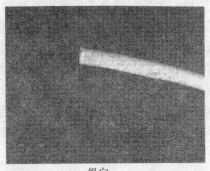
纵向

横截面

图 4-14　牦牛绒纤维形态

d. 驼绒。驼绒纤维，无论是单峰驼绒还是双峰驼绒，无论是浅色驼绒还是深色驼绒，在显微镜下观察，其较细的纤维一般都少有色素而呈白色，鳞片易看清楚，其鳞片呈环状或斜条状紧贴毛干，鳞片结构不如羊毛纤维的鳞片规则清晰，鳞片可见高度为 $8\sim20\mu m$，鳞片厚度与山羊绒鳞片厚度接近。多数驼绒纤维呈黄褐色或棕褐色，直径越粗的纤维颜色越深，有色的驼绒纤维鳞片结构不易看清晰，极少数驼绒纤维有点状或间断线状髓腔。

在显微镜下观察，驼绒纤维无论有色与无色均具有滑、直、匀的特征。驼绒纤维直径离散系数要大于山羊绒纤维与牦牛绒纤维，其纤维的粗细差异较大，故驼绒纤维的绒与毛直径的分界线大于山羊绒与牦牛绒纤维。驼绒纤维形态见图4-15。

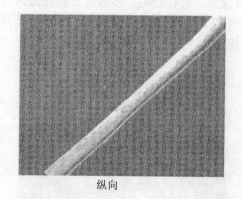
纵向

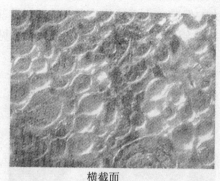
横截面

图 4-15　驼绒纤维形态

　　e. 马海毛。马海毛为安哥拉山羊绒。我国的中卫山羊两型毛类似马海毛。在显微镜下观察马海毛纤维鳞片平阔呈瓦状覆盖，排列整齐，紧贴毛干，很少重叠，鳞片边缘光滑，每根纤维自身的直径离散系数较小。马海毛纤维无论直径粗与细都具有匀、直、亮、滑的特征。但由于马海毛为异质毛，所以马海毛纤维直径离散系数较大。直径较细的马海毛纤维其外观形态如同山羊绒，而较粗的马海毛纤维直径可达到 90μm，但很少有髓腔，优质的马海毛纤维有髓毛含量一般不超过 1‰。马海毛纤维形态见图 4-16。

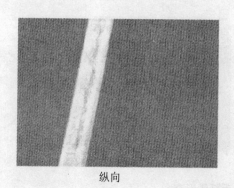
纵向

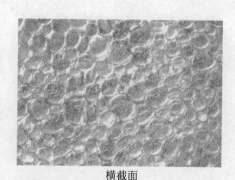
横截面

图 4-16　马海毛纤维形态

　　f. 羊驼毛。羊驼属骆驼族，主要产于秘鲁。羊驼毛是近几年我国服装业比较流行的冬季面料，由于其纤维手感光滑、柔软，具有多种天然颜色，且纤维长度较长、整齐度较好，使织造出的服装面料有独特的风格。

在显微镜下观察羊驼毛较容易与其他几种特种动物纤维区别开来。其鳞片呈环状，鳞片高度均匀，鳞片较薄并且紧紧包裹毛干。细的无髓绒毛纤维与细驼绒纤维形态接近，而羊驼毛纤维一般都具有髓腔，直径较粗，多数纤维髓腔通体且宽大，但髓腔小于纤维直径的1/3。羊驼毛纤维直径离散系数较大，纤维直径范围一般在10~50μm。羊驼毛纤维形态见图4-17。

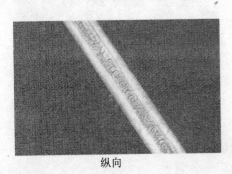

纵向 　　　　　　　　　　　　　　横截面

图4-17　羊驼毛纤维形态

g. 羊毛。羊毛是生长在绵羊身上的毛被。可分为细绒毛、粗绒毛、粗毛、两型毛等，羊毛纤维与绒类纤维比较，其纵向形态的鳞片密度较大，高度较小，厚度较厚，鳞片形态有环状覆盖、瓦状覆盖和龟裂状覆盖。细羊毛一般为环状覆盖，羊毛纤维鳞片表面不是完全光滑的，存在着一些平行于纤维轴的纵向辉纹，有的鳞片有时还会出现缺损。羊毛纤维形态见图4-18。

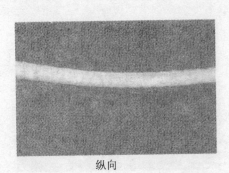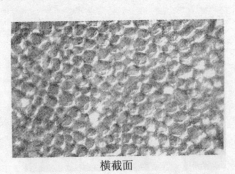

纵向 　　　　　　　　　　　　　　横截面

图4-18　羊毛纤维形态

h. OPTIM羊毛。OPTIM羊毛是纤维技术的一种新形式，该技术已获得澳大利亚发明专利，同时在意大利、德国、英国、美国、日本等国也有专利。OP-TIM羊毛是将澳大利亚优质羊毛经过物理拉伸后再经化学处理，以较细的形式固定下来。经过拉伸后的羊毛比原来的纤维细3~3.5μm，可以达到13~

15.5μm；长度比原来长 40%～50%。OPTIM 羊毛与羊绒混纺，既利用了 OP-TIM 羊毛的优良特性，又发挥了钻石纤维——羊绒固有的品质风格，弥补了 OPTIM 羊毛纤维缺少弹性及丰满感不足，充分发挥了羊绒纤维的细腻、柔软、滑糯等特性。

由于羊毛纤维纵向受力被拉伸变长，其纵向形态有扭转，羊毛鳞片的高度增大，厚度变薄，密度减少，横截面形态出现不规则的椭圆形。OPTIM 羊毛纤维形态见图 4－19。

纵向　　　　　　　　　　　　　　横截面

图 4－19　OPTIM 羊毛纤维形态

i. 绵羊绒。生长在土种绵羊身上为抵御寒冷的、接近皮肤的底绒，被人们称作绵羊绒。在显微镜下观察其形态特征，较粗的纤维同羊毛，较细的纤维鳞片密度较小，高度较大，厚度较羊绒鳞片厚，鳞片形态为不规则环状覆盖，鳞片表面不是完全光滑的。纤维纵向粗细存在明显差异，横截面形态为圆形和椭圆形。绵羊绒纤维形态见图 4－20。

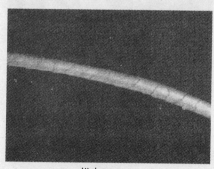
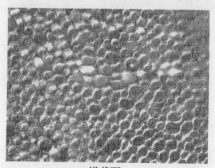

纵向　　　　　　　　　　　　　　横截面

图 4－20　绵羊绒纤维形态

j. 藏羚羊绒。显微镜下观察藏羚羊绒，其纵向形态明显特征是鳞片高度大于其他特种动物纤维，约为羊绒纤维鳞片高度的两倍，鳞片厚度较薄，密度小，纵向直径较细且均匀一致。横截面形态为较均匀的圆形。藏羚羊绒纤维形态见图4 - 21。

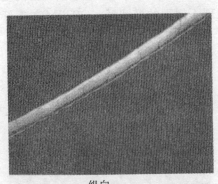
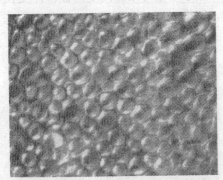

纵向   横截面

图 4 - 21　藏羚羊绒纤维形态

k. 貂毛。显微镜下观察貂毛纤维，其纵向形态接近兔毛纤维，多为有髓腔纤维。髓腔以单列为主，髓腔如同算盘珠形，一个个均匀叠落，这些髓腔间是封闭的，里面充满了静止的空气。与兔毛纤维的区别主要是鳞片的高度大于兔毛纤维，鳞片密度小于兔毛纤维，鳞片厚度大于兔毛纤维，其纵向鳞片规则排列，有明显的翘角。横截面为不规则的椭圆形，中间带有髓腔。貂毛纤维形态见图4 - 22。

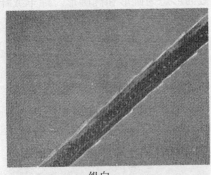
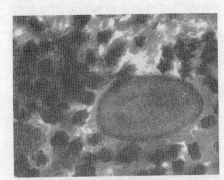

纵向   横截面

图 4 - 22　貂毛纤维形态

l. 羽绒。羽绒分为鸭绒和鹅绒，在显微镜下观察羽绒的纵向形态是在绒朵的绒核上对称放射出绒丝，如同蒲公英的种子，每一个绒丝上有如同倒三角的节，鸭绒的节与节之间的节距大于鹅绒的节距。横截面能够明显看出绒核周围绕着较细的绒丝。羽绒纤维形态见图4-23。

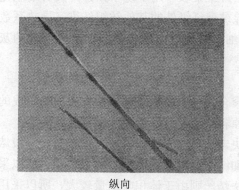
纵向
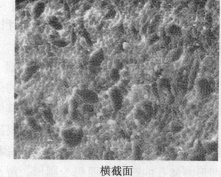
横截面

图4-23　羽绒纤维形态

②蚕丝。蚕丝是熟蚕结茧时分泌丝液凝固而成的连续长纤维，也称"天然丝"。它与羊毛一样，是人类最早利用的动物纤维之一。蚕根据食物的不同，又分桑蚕、柞蚕、木薯蚕、蓖麻蚕、樟蚕、柳蚕和天蚕等，因此蚕丝也就有桑蚕丝、柞蚕丝等不同品种。

a. 桑蚕丝。以桑蚕的丝为原料，将若干根茧丝抱合胶着缫制而成的长丝，又称真丝。蚕丝纤维由两根呈三角形或半椭圆形的丝素外包丝胶组成。茧丝纤维纵向光滑，纤维较细，粗细有差异，横截面形状呈半椭圆形或不规则的三角形。桑蚕丝纤维形态见图4-24。

纵向
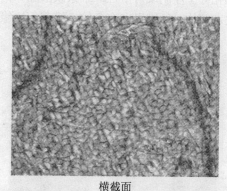
横截面

图4-24　桑蚕丝纤维形态

b. 柞蚕丝。以柞蚕所吐之丝为原料缫制的长丝，称为柞蚕丝。其纤维纵向

— 59 —

光滑，有明显的纵向条纹，粗细差异较大，横截面呈长扁平形。

(3) 矿物纤维

石棉纤维是一种天然无机矿物纤维。纤维柔软，用手易于撕开，具有绢丝光泽，有一定强度和韧度，相对密度大于除玻璃纤维外的其他纺织纤维，导热系数很小，熔点在 1000～1600℃。纵向呈粗细不均匀纤维状，横截面为不均匀的灰黑糊状。

2. 化学纤维横截面和纵向形态特征

化学纤维是人们用天然的或合成的聚合物为原料，经过化学方法加工制成的纤维。一般用于纺织的化学纤维依据其原料来源分为人造纤维和合成纤维。

化学纤维的纵向及横截面形状主要决定于纺丝方法和喷丝孔的形态，一般熔纺纤维在形成过程中，因熔体温度下降和结晶所引起的体积收缩量很小，所以采用圆形喷丝孔的纤维截面仍为圆形。湿法纺丝则由于体积收缩量较大，所以采用圆形喷丝孔纺制出的纤维截面为非圆形，如粘胶纤维截面边缘为小锯齿形。采用异形喷丝孔纺制出的纤维其截面与喷丝孔形状相应，一般有腰形、三角形、哑铃形、中空形、多孔形等，还有为了特殊工艺要求的左右复合形、皮芯复合形等。

采用湿法纺丝工艺的纤维一般存在着微孔，截面为不规则形，具有皮芯层差异，如粘胶纤维等。采用熔体纺丝工艺的纤维表面形态光滑，截面一般为圆形，微孔较少，皮芯差异小，如涤纶、锦纶、丙纶等。

由于化学纤维的纵向及截面形状主要决定于纺丝方法和喷丝孔的形态，采用显微镜观察、鉴别化学纤维时，应与化验法相互配合鉴别，更为准确。

(1) 再生纤维

①粘胶纤维。粘胶纤维属于再生纤维素纤维，它是以天然原料经碱化、老化、磺化等工序制成可溶性纤维素磺酸酯，再溶于稀碱制成粘胶纤维。粘胶纤维主要是皮芯结构，纤维纵向有条纹，横截面边缘呈锯齿形。粘胶纤维形态见图 4-25。

纵向　　　　　　　　　　横截面

图 4-25　粘胶纤维形态

②铜氨纤维。氨纤维是以松散的纤维素溶解在氢氧化铜或碱性铜盐的浓氨溶液内，经纺丝工艺而再生出纤维素纤维。纤维纵向表面光滑，粗细均匀一致，横截面为圆形。铜氨纤维形态见图 4 - 26。

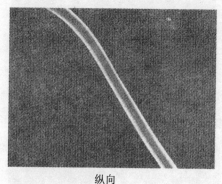

纵向   横截面

图 4 - 26 铜氨纤维形态

（2）合成纤维

①涤纶。由于涤纶采用熔体纺丝，所以截面的皮芯差异不大，当采用圆形喷丝孔纺丝时，纤维截面为圆形。纤维纵向光滑平直，粗细均匀一致。涤纶形态见图 4 - 27。

纵向   横截面

图 4 - 27 涤纶形态

为改进染色性能，提高模量，目前常采用复合纺丝来改变纤维截面的结构，如以涤纶为芯，锦纶为皮，纺成皮芯复合纤维（见图 4 - 28）。或以左右形式复合，使纤维性能能够相互取长补短，左右复合纤维形态如图 4 - 29 所示。

| 纵向 | 横截面 |

图 4 - 28　皮芯复合纤维形态

| 纵向 | 横截面 |

图 4 - 29　左右复合纤维形态

②锦纶。锦纶是采用熔体纺丝，但采用圆形喷丝孔纺丝时，纤维截面为圆形。纤维纵向光滑平直，粗细均匀一致。锦纶形态见图 4 - 30。

 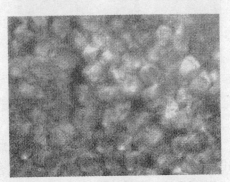

| 纵向 | 横截面 |

图 4 - 30　锦纶形态

③腈纶。腈纶短纤维是采用湿法纺丝，腈纶长丝是采用干法纺丝而制成的。腈纶的截面一般为圆形，纵向光滑平直，粗细均匀一致。但干法纺丝的截面是哑铃形，在纤维内部有孔洞和细小裂隙存在，纵向有很多沟槽。腈纶形态见图4-31。

纵向　　　　　　　　　　　　横截面

图 4-31　腈纶形态

④维纶。维纶短纤维是采用湿法纺丝，维纶长丝是采用干法纺丝而制成的。湿法纺丝的维纶存在微孔和微纤，纤维形成和热处理工艺越好，微孔就越少，纤维的透明度越好，所以湿法纺丝纤维的纵向表面光滑，粗细一致，带有纵向条纹，截面呈腰子形，形成过程越快，截面形状越不规整。维纶形态见图4-32。

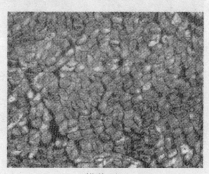

纵向　　　　　　　　　　　　横截面

图 4-32　维纶形态

⑤丙纶。丙纶是熔体纺丝，当采用圆形喷丝孔纺丝时，纤维截面为圆形。纤维纵向光滑平直，粗细均匀一致。丙纶形态见图4-33。

纵向 横截面

图 4-33 丙纶形态

⑥氯纶。氯纶可用干法、湿法和热挤压法三种方法来纺丝，干法和湿法生产的氯纶供纺织用。氯纶的纵向表面光滑，粗细一致，带有纵向条纹。湿法纺丝的氯纶截面呈腰子形。氯纶形态见图 4-34。

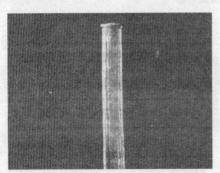
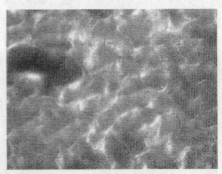

纵向 横截面

图 4-34 氯纶形态

⑦芳纶。芳纶是指芳香族聚酰胺纤维，纤维纵向光滑，粗细一致。横截面呈均匀的圆形。芳纶形态见图 4-35。

纵向

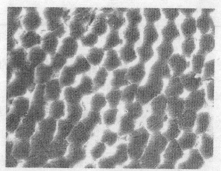
横截面

图 4 - 35　芳纶形态

各种纤维纵向和横截面形态特征归纳于表 4 - 7 中。

表 4 - 7　　　　　　　　　各种纤维纵向和横截面形态特征

纤维名称	纵向形态	横截面形态
棉	有天然转曲，粗细有差异	不规则腰圆形，带有中腔
丝光棉	顺直，粗细有差异	接近圆形
彩色棉	同棉但颜色深浅不一致	不规则腰圆形，带有中腔
苎麻	有竹节，带有束状条纹，粗细有差异	椭圆形，有中腔，胞壁有裂纹
亚麻	有竹节，粗细较均匀	不规则三角形，有圆形中腔
大麻	有竹节，带有束状条纹，较粗	扁平长形，有中腔，胞壁有裂纹
黄麻	有竹节，带有束状条纹，粗细有差异	多角形，有圆形或卵圆形中腔
竹原纤维	有外突形竹节，带有束状条纹，粗细差异较大	扁平长形，有中腔，胞壁均匀
羊毛	有鳞片，有卷曲	椭圆形
山羊绒	有鳞片，纤维顺直，较细，鳞片边缘光滑	接近圆形
牦牛绒	有鳞片，纤维顺直，鳞片边缘光滑	接近圆形
驼绒	有鳞片，纤维顺直，粗细差异大，鳞片边缘光滑	接近圆形和椭圆形

纤维名称	纵向形态	横截面形态
马海毛	有鳞片，纤维顺直，粗细差异大，鳞片边缘光滑	接近圆形
兔毛	有鳞片且密度大，纤维顺直，较细，有髓腔	圆形及腰圆形，髓腔有单列和多列
羊驼毛	有鳞片，纤维顺直，粗细差异大，鳞片边缘光滑，有通体髓腔	接近圆形和椭圆形，圆形髓腔
桑蚕丝	表面光亮顺直，纤维较细	接近圆形
柞蚕丝	表面有纵向条纹，粗细差异大	扁长形
石棉	粗细不匀纤维状	不均匀的灰黑糊状
粘胶纤维	表面光滑，纵向纹路整齐，粗细一致	多锯齿形
富强纤维	表面光滑，粗细一致，纤维顺直	多为圆形
Tencel 纤维	表面光滑，较细，粗细一致，纤维顺直	多为圆形
Modal 纤维	粗细一致，纤维顺直，表面带有斑点	圆形
大豆蛋白纤维	有不规则裂纹，纤维顺直，粗细一致	哑铃形
牛奶蛋白纤维	有较浅的条纹，纤维顺直，粗细一致	圆形或腰形
铜氨纤维	表面光滑，较细，粗细一致，纤维顺直	圆形
醋酯纤维	表面纵向条纹	三叶形或不规则锯齿形
维纶	有较浅且均匀的条纹，纤维顺直，粗细一致	多为腰形
涤纶	表面带有斑点，纤维光滑顺直，粗细一致	圆形或异形
锦纶	纤维光滑顺直，粗细一致，也有表面带斑点	圆形或异形

续　表

纤维名称	纵向形态	横截面形态
腈纶	纤维光滑顺直，粗细一致	圆形或异形
改性锦纶	长形条纹	不规则哑铃形、蚕形、土豆形等
乙纶	表面光滑，有的带有疤痕	圆形或近似圆形
丙纶	纤维光滑顺直，粗细一致	圆形或异形
氯纶	不规则条纹	哑铃形
偏氯纶	表面光滑	圆形
氨纶	较粗且粗细一致，纤维光滑	不规则的形状，有圆形、土豆形
芳纶	纤维光滑顺直，粗细一致，较细	圆形
氟纶（聚四氟乙烯纤维）	表面光滑	圆形或近似圆形
聚砜酰胺纤维	表面似树枝状	似土豆形
碳纤维	黑而匀的长杆状	不规则的炭末状
玻璃纤维	表面平滑、透明	透明圆珠形
酚醛纤维	表面有纵向条纹，类似中腔	马蹄形
不锈钢纤维	边线不直，黑色长杆状	大小不一的长方圆形

六、溶剂溶解鉴别法

溶解法是用于鉴别纺织纤维常用的一种方法，该方法的特点是简单易行、过程快速、实验准确性较高、结果的判定不受纤维后处理（染色、防缩、防皱、阻燃等各种整理）的影响。对于混纺纤维，利用其在某种化学溶剂中的溶解性能不同，可以溶解出一种成分，而其他成分保持不变，这就是利用溶解法做纤维定量分析的原理。

（一）基本原理

纤维的溶解可简单地理解为由于溶质分子和溶剂分子间的引力导致分子链间的距离增大。由于各种纤维的分子组成不同、结构不同，所以在各种不同的有机、无机溶剂中其溶解性能表现各不相同。正因如此，才可根据经验利用纤维在不同的化学溶剂中的溶解性能来初步判断纤维的种类。

（二）试验仪器与工具

1. 试剂

一般采用符合国家标准、化工部标准以及上海化工方面的企业标准的标准试剂，均为分析纯和化学纯。主要应用的试剂有硫酸、盐酸、硝酸、甲酸、氢氧化钠、N-N二甲基甲酰胺、氯化锌、次氯酸钠、冰乙酸、氢氟酸、硫酸铜、氨水、苯胺、二甲亚砜、乙腈、丙酮、环己酮、二氯甲烷、三氯甲烷、乙酸乙酯、苯酚四氯乙烷、硝基苯、四氯化碳、二甲苯、间二甲苯、四氢呋喃、硫氰酸钾、吡啶、苯甲醇、二硫化碳。

2. 仪器与工具

使用的仪器及工具主要有温度计（10～100℃）、电热恒温水浴锅（20～100℃）、电炉、天平、玻璃抽气滤瓶、比重计、量筒、烧杯、木夹、镊子、玻璃棒、坩埚钳、烘箱等。

（三）鉴别方法与程序

溶解法鉴别纤维依据所用仪器的不同可细分为试管法、小烧杯法和显微镜法三种。

1. 试管法

将少量纤维试样放入试管中，加入所需试剂，试剂用量以完全浸没纤维为宜，不需要很多，但是太少则影响对结果的观察。

2. 小烧杯法

同试管法类似，将少量纤维试样放入小烧杯中，加入所需试剂，试剂用量以完全浸没纤维为宜。若需要在沸腾的试剂中鉴别纤维则先把盛有所需试剂的小烧杯在通风橱中加热，调节加热温度，使试剂保持微微沸腾，然后把纤维试样放入沸腾的试剂中，用玻璃棒轻轻搅动，观察实验结果。需要注意的是，不能用直接火焰（如酒精灯）加热盛有所需溶剂的小烧杯，因为纤维鉴别所用溶剂很多是高度易燃（如丙酮、二甲苯等）或是具有强腐蚀性（如硫酸、盐酸、硝酸等）的物质。若实验要在某一特定温度下进行，则应把盛有所需试剂的小烧杯放入水浴中，加热至所需的温度，把纤维试样放入试剂中，用玻璃棒轻轻搅动，观察实验结果。这一过程也需在通风橱中进行。

3. 显微镜法

将所需鉴定的纺织品拆成纤维状，取数根纤维放在载玻片上，用吸管吸取所需溶剂滴在纤维上，溶剂用量以完全浸润纤维为宜。在室温下放置几分钟，然后盖上盖玻片，在显微镜下观察其溶解情况。

4. 三种方法的比较

试管法、小烧杯法、显微镜法的原理均相同，只是所用仪器不同，各有其特点，各有其针对性。试管法易于观察；小烧杯法易于操作，可用范围广，各个温度均可以；显微镜法针对那些有微溶、溶胀、部分溶解等肉眼不好观察的溶解现象具有优势。在对某种未知纤维进行系统鉴别时，由于一种溶剂常常能溶解多种纤维，因此，必须连续用几种溶剂进行溶解实验，并用不同种溶解方法进行对比，方能将纤维鉴别出来。纤维的溶解性还受其本身结构（如相对分子质量、规整度、结晶度等）的影响，而实验结果的正确判断在很大程度上取决于工作人员的经验和技巧，因此不能单凭溶解性这一种观察结果来做鉴别的结论，一定要同燃烧法、显微镜法、熔点法、着色法等其他方法结合做鉴别实验，经多方验证才能最终确定纤维种类。

（四）试验结果

常见纤维在常用溶剂中的溶解性能如表4-8所示。

表4-8　　　　　　　各种纤维溶解性能

溶剂 浓度 温度 性能 纤维	盐酸 20% 25℃	盐酸 37% 25℃	硫酸 60% 25℃	硫酸 70% 25℃	硫酸 98% 25℃	氢氧化钠 5% 沸	甲酸 85% 沸	冰醋酸 98% 25℃	二甲苯 沸	间甲酚 浓 沸	苯酚 40℃	丙酮 25℃	铜氨溶液 25℃	四氢呋喃 	二酰甲基甲胺 45℃
棉	I	I	I	S	S	I	I	I	I	I	I	I	S	I	I
毛	I	I	I	I	I	S	I	I	I	I	I	I	I	S	I
蚕丝	SS	S	S	S	S	I	S	I	I	I	I	I	S	I	I
麻	I	I	I	S	S	I	I	I	I	I	I	I	S	I	I
粘胶纤维	I	S	S	S	S	I	I	I	I	I	I	I	S	I	I
醋酸纤维	I	S	S	S	S	CS	S	S	I	S	S	S	I	I	S
涤纶	I	I	I	I	I	SS	I	I	I	S	I	I	I	I	S
锦纶	S	S	S	S	S	I	S	I	I	S	I	I	I	I	I
腈纶	I	I	I	SS	S	I	I	I	I	I	I	I	I	I	I
维纶	S	S	S	S	S	I	I	I	I	I	I	I	S	I	I
丙纶	I	I	I	I	I	I	I	I	I	I	I	I	I	I	S
氯纶	I	I	I	I	I	I	I	I	I	I	I	I	I	S	I
氨纶	I	I	SS	CS	S	I	I	CS	I	I	I	I	I	I	S

注：S——溶剂；I——不溶解；SS——微溶；CS——大部分溶解。

七、药品着色法

药品着色法是利用纺织纤维在各种试剂中所产生的显色反应，或是放入染液中着色，根据纤维或织物所形成的颜色来鉴别纤维的种类的方法。

(一) 基本原理

根据各种纤维对不同染料的着色性能和在各种试剂中显色反应的差别来鉴别纤维，只适用于未染色的产品。常用的着色剂有通用和专用两种。通用着色剂是由各种染料混合而成，可对各种纤维着色，再根据所着颜色来鉴别纤维；专用着色剂是用来鉴别某一类特定的纤维。

(二) 着色剂和显色剂

1. 着色剂

(1) 鉴别专用染料着色法

锡拉着色剂 A（Shirlastain A）（英国帝国化学工业公司（ICI））、杜邦 4 号（美国杜邦公司）、日本纺检 1 号（日本纺织检验协会的纺检着色剂）、着色剂 1 号、着色剂 4 号（纺织鉴别试验方法标准草案所推荐的两种着色剂）。

(2) 组合染料着色法

氯冉亭（Chlorantine）坚固绿 BLL 染料/森明诺尔（Suminol）红 OG 染料。

氯冉亭（Chlorantine）坚固绿 BLL 染料/兰尼尔（Ianyl）红 GG 染料。

(3) 试剂着色法

德雷珀试剂（碱性醋酸铅试剂）、兹堡试剂（Heraberg Stain）、间苯三酚—盐酸液、醋酸铅—烧碱液、皮考啉酸、迪维斯拉液、赫恩试剂、赫恩着色剂 I、赫恩着色剂 II、新洋红 W 试剂、孔雀石绿/羟基胺红液。

2. 显色剂

显色剂主要有 I_2—甘油—硫酸试剂（简称 IGS）、$ZnCl_2$—I_2 试剂、I_2—KI 试剂、米隆氏试剂、浓硝酸试剂、茚满三酮试剂、钌红试剂、爱氏试剂。

(三) 着色剂的使用方法

着色试验法有鉴别专用染料染色法、组合性染料染色法及试剂着色法等之分。

着色试验是鉴别纤维的有效方法。但是，已染有中色以上的试样或经树脂加工整理过的试样，不能直接进行着色试验，必须预先脱色及除去整理加工剂，而且如不按规定的处理条件（温度、浴比、时间、浓度等）正确进行，则难以正确着色。

1. 锡拉着色剂 A（Shirlastain A）

首先将纤维浸水，使其湿透。再把纤维浸入染液冷浴中，充分搅拌，并放置

1min。最后用水冲净、干燥。各种纤维着色情况如表4-9所示。

表4-9　　　　　　　　　　　　　锡拉着色剂A着色情况

纤维	着色	纤维	着色	
原棉	浅紫色	羊毛	低温	亮金黄色
			沸腾	亮褐色
精炼棉	紫色	氯处理羊毛	低温	橙色
			沸腾	黑色
丝光棉	浅紫色	生丝	略带褐橙深褐色	
醋酸化棉	不着色	蚕丝	栗色	
漂白亚麻	群青色	粘胶纤维	亮粉红色	
煮炼亚麻	深灰紫色	铜氨纤维	亮蓝色	
原大麻	深灰紫色（较亚麻色明）	聚酯纤维	低温	亮绿黄色
			沸腾	亮绿黄色
漂白大麻	群青色（带红色）	涤纶	低温	浅紫色
			沸腾	浅黄茶色
原苎麻	浅紫色	锦纶	低温	浅黄色
			沸腾	黄褐色
漂白苎麻	深紫色	腈纶	低温	浅暗红色
			沸腾	浅暗黄色
原黄麻	金茶色	维纶	低温	亮褐色
			沸腾	褐色
漂白黄麻	青铜色	氯纶	低温	浅粉红色
			沸腾	浅黄粉红色

2. 杜邦4号

首先配制成1%的水溶液，按照纤维质量的10倍，用试管取配制的水溶液，加热使之沸腾。将浸透的纤维放入沸腾溶液中，沸煮1min，然后取出纤维，将其用水冲净、干燥。各种纤维着色情况如表4-10所示。

表 4-10　　　　　　　　　　　　杜邦 4 号着色情况

纤维	染着色（未经硫酸处理）	染着色（经硫酸处理）
棉	深绿色	—
麻	深绿色	—
羊毛	紫色	—
马海毛	紫色	—
丝	紫红色	—
粘胶纤维	深蓝色	—
醋酯纤维	橙色	—
涤纶	黄褐色	—
锦纶	红色	—
腈纶（可耐可龙 K，Kaneklon K）	黄褐色	浅褐色
腈纶（可耐可龙 N，Kaneklon K）	黄褐色	浅茶色
腈纶（毛丽龙，Vonnel）	暗橙色	带橙灰色
腈纶（奥纶，Orlon）	黄橙色	红橙色
维纶	茶色	暗金黄色
丙纶	不着色	

　　涤纶与腈纶比较难以区别，如要区别二者，则应再做如下处理：试管内放入少量硫酸煮沸，将已染好的纤维放入，再煮沸 5min，充分水洗。根据纤维着色及硫酸处理后的色泽变化加以鉴别。

　　3. 氯冉亭（Chlorantine）坚固绿 BLL 染料/森明诺尔（Snminol）红 OG 染料（普通粘胶纤维与强力粘胶纤维的区别）

　　将试样用 4％烧碱在常温条件下处理 3min，再用含有 1％芒硝的 3％氯冉亭（Chlorantine）坚固绿 BLL 染料溶液煮沸 3min，用水清洗。然后用含 0.5％醋酸的 4％森明诺尔（Suminol）红 OG 染料溶液煮沸 5min，用水冲净、干燥。

　　色相：普通粘胶纤维为茶色，强力粘胶纤维为绿色。

　　4. 氯冉亭（Chlorantine）坚固绿 BLL 染料/兰尼尔（Lanyl）红 GG 染料（铜氨纤维与强力粘胶纤维的区别）

　　将试样用 4％氯冉亭坚固绿 BLL 溶液，在 85℃温度条件下处理 10min 后水洗，再用 12％兰尼尔（Lanyl）红色 GG 溶液，在 85℃温度条件下处理 10min 后水洗。

　　色相：铜氨纤维为绿色，强力粘胶纤维为茶色。

5. I₂—KI 溶液着色剂

碘—碘化钾溶液是将 20g 碘溶解于 100mL 的碘化钾饱和溶液中，把试样浸入溶液中 0.5～1min，取出后水洗、干燥，根据着色不同，鉴别纤维。

6. HI 纤维鉴别着色剂

将试样放入微沸的着色溶液中，沸染 1min，时间从放入试样后染液微沸开始计算。染完后倒去染液，冷水清洗、晾干。对羊毛、丝和锦纶可采用沸染 3s 的方法，扩大色相差异。染好后与标准样对照，根据色相确定纤维类别。几种纺织纤维的着色反应如表 4-11 所示。

表 4-11 几种纺织纤维的着色反应

纤维种类	HI 纤维鉴别着色剂	碘—碘化钾着色剂
棉	灰色	不染色
麻	青莲色	不染色
羊毛	红莲色	浅黄色
蚕丝	深紫色	浅黄色
粘胶纤维	绿色	黑蓝青色
铜氨纤维	—	黑蓝青色
醋酯纤维	橘红色	黄褐色
涤纶	红玉色	不染色
锦纶	绛红色	黑褐色
腈纶	桃红色	褐色
维纶	玫瑰红色	蓝灰色
氯纶	—	不染色
丙纶	鹅黄色	不染色
氨纶	姜黄色	—

（四）试剂色相法

1. 德雷珀试剂（碱性醋酸铅试剂）

烧碱 2g 溶解于 30mL 水中，在此溶液中加入溶有 2g 醋酸铅的水溶液 50mL，煮沸后冷却至 60℃，再加入溶有 0.3g 品红的乙二醇溶液 5mL，再加水至全量为 100mL。试样在此溶液中煮沸 2min，洗净，于 70℃的稀乙酸或稀醋酸中处理，并水洗。

2. 兹堡试剂（Heraberg Stain）

将碘化钾 2.1g、碘 0.1g 溶解于 5mL 水中，另将氯化锌 20g 溶解于 10mL 水中，两溶液混合后使用。试样预先用水润湿，用滤纸吸去多余水分，在试剂中浸渍 3min，取出后用滤纸吸去试剂，并水洗。

3. 间苯三酚—盐酸液

将 2%～10%的间苯三酚酒精溶液与同量的浓盐酸（密度为 1.18g/cm³）混合，配成试剂，在常温状态下将试样浸渍在试剂中。

4. 醋酸铅—烧碱液

将氢氧化钠 2g 溶解于 30mL 水中，另将醋酸铅 2g 溶解于 50mL 水中，两液混合后使用。

5. 皮考啉酸

将 0.5g 皮考啉酸溶解于 100mL 水中。试样浸于试剂中，煮沸 5min，充分水洗，并干燥。

6. 迪维斯拉液

将酸性品红 6g、皮考啉酸 10g、单宁酸 10g、耐兴纳尔（National）可溶性蓝 2B 5g 溶解于 1L 水中。试样在常温下处理 2min。

7. 赫恩试剂

皮考啉酸的酸性溶液、可溶性蓝及曙红的混合液，试样在常温条件下浸渍 3min。

8. 赫恩着色剂 I

将可溶性蓝 0.2g、曙红 1g、单宁酸 1g 溶解于 100mL 温水中，冷却后加入 10%盐酸 0.2mL。把试样在常温条件下置于此液中染色处理 5min，再用冷水洗净。

9. 赫恩着色剂 II

将试样放在 1%皮考啉酸、可溶性蓝 2B 水溶液中，微温状态下染色处理 5min，再用冷水洗净。

10. 新洋红 W 试剂

将试样用酒精湿润，洗净，在常温状态下用试剂浸渍 3～5min，再次清洗。

11. 孔雀石绿/羟基胺红液

先煮沸 0.1%孔雀石绿中性液，将试样在其中浸渍 15～20s，用温水洗净，接着煮沸 0.1%羟基胺红液，再将经以上处理过的试样在此液内浸渍 15～20s，并用温水洗净。

纤维对各试剂的色相反应如表 4-12 所示。

表4-12　纤维对试剂的色相反应

试剂 \ 纤维	棉	大麻亚麻(漂白)	苎麻(漂白)	亚麻(未漂白)	大麻(未漂白)	羊毛	羊毛(氯化)	丝	黏胶纤维	铜氨纤维	醋酯纤维	锦纶	维纶
德雷珀试剂	粉红色	粉红色	粉红色	红色	红色	暗褐黑色	暗褐色	黑红色	青紫色	—	—	—	粉红色
兹堡试剂	紫红色	紫红色	紫红色	紫红色	紫色	黄色	暗黄色	黄色	青紫色	青紫色	黄色	黄褐色	—
同苯三酚-盐酸液	—	—	—	粉红色	粉红色	不染	暗褐色	不染	—	—	黄色	—	—
醋酸铅-烧碱液	不染	不染	不染	不染	不染	暗褐色	—	不染	不染	蓝黑色	淡黄色	黄色	淡黄色
皮考啉酸	不染	—	—	—	—	黄色	黄色	黄色	—	不染	绿黄色	黄色	淡黄色
迪维斯拉液	浅蓝色	浅蓝色	—	黄色	—	—	—	—	—	蓝色	绿色	绿黄色	—
赫恩试剂	—	—	—	—	—	不染	—	黑褐色	浅蓝色	蓝色	浅紫色	—	—
赫恩着色剂Ⅰ	—	—	—	—	—	—	—	—	不染	蓝色	黄色	—	—
赫恩着色剂Ⅱ	紫蓝色	蓝色	紫蓝色	蓝灰色	紫色	黄色	绿褐色	暗绿色	红紫色	深蓝色	褐黄色	黄绿色	绿色
新洋红W试剂	紫红色	褐紫色	褐色	暗灰褐色	暗灰褐色	绿色	绿色	绿色	不染	—	浅绿色	淡红褐色	绿蓝色
孔雀石绿/羟基胺红液	不染	不染	不染	不染	不染	红褐色	红褐色	红褐色	红紫色	黑	黄褐色	—	—
米隆试剂	褐色	褐色	褐色	—	—	浅黄色	浅黄色	浅黄	黑	黑	黄褐色	黑色	黑色
碘-氯化锌-碘液	暗蓝色	—	—	—	—	黄色	黄色	黄色	红紫色	—	黄色	黄褐色	—
碘-硫酸-甘油液	暗蓝色	—	—	—	—	黄色	褐色	黄色	暗蓝色	暗蓝色	深黄色	暗蓝色	蓝色

（五）红、黄、蓝三原色拼混染色法

由于不同纤维对不同染料的染色性能不同，得色量也有深有浅，应用物体色的减色配色原理选用红、黄、蓝三原色拼混制成两种纤维鉴别着色剂，对未知本色纤维（如纤维素纤维、蛋白质纤维、聚酯纤维、聚丙烯腈纤维、聚酰胺纤维、醋酯纤维等）着色后的试验结果与已知纤维标准色卡比较，即可鉴别纤维类别。

1. 取样

试样应能代表抽样单位中的纤维。如果发现试样存在不均匀性，则应按每个不同部分分别取样。

（1）试样是散纤维，应不少于 0.5g。

（2）试样是纱线，应不小于 10cm。

（3）试样是织物，应不小于 1cm×1cm。

2. 试剂

主要试剂有蒸馏水，分散黄 SE—6GFL，阳离子红 X—GRI、蓝 X—GRRL、直接桃红 12B、耐晒蓝 B2RL。

（1）着色剂 1 号配方

分散黄	SE—6GFL	3.0g
阳离子红	X—GRL	2.0g
直接耐晒蓝	B2RL	8.0g
蒸馏水		1000g

使用时稀释 5 倍。

（2）着色剂 4 号配方

分散黄	SE—6GFL	3.0g
阳离子蓝	X—GRRL	2.0g
直接桃红	12B	8.0g
蒸馏水		1000g

使用时稀释 5 倍。

为了使纤维能均匀地着色，要求着色剂与纤维质量之比为 20：1。

3. 试验程序

（1）将纤维试样浸入热水浴中，轻轻搅拌 10min，使纤维充分浸透。

（2）将浸透的纤维试样移至煮沸的着色剂中煮沸 1min 后，立即将试样取出，并用自来水充分冲洗，待晾干后观察试样的着色情况。

（3）将着色后的试样与已知纤维卡进行比较，以鉴别纤维的类别。

几种纺织纤维的着色反应情况如表 4-13 所示。

表4-13   几种纤维着色反应

纤维种类	着色剂1号	着色剂4号	杜邦4号	日本纺检1号
纤维素纤维	蓝色	红青莲色	蓝灰色	蓝色
蛋白质纤维	棕色	灰棕色	棕色	灰棕色
涤纶	黄色	红玉色	红玉色	灰色
锦纶	绿色	棕色	红棕色	深绿色
腈纶	红色	蓝色	粉玉色	红莲色
醋酯纤维	橘色	绿色	橘色	橘色

注：如把两种着色剂进行交叉使用，则可以取长补短，提高纤维鉴别的准确性和可靠程度。

（六）显色剂的配制与使用方法

1. I_2—甘油—硫酸试剂（简称IGS）

将3gKI溶于60mL水中，加入1gI_2配成A溶液。然后把60g浓H_2SO_4慢慢加到20mL水中，待冷却后加入60mL甘油配成B溶液。在使用时，把A溶液加入到4倍的水中进行稀释，试样浸渍数分钟后将其取出，并用滤纸吸去剩余水分后放入B溶液中浸渍10～30s，最后用清水洗涤干净。

2. $ZnCl_2$—I_2试剂

取20g $ZnCl_2$溶解在10mL水中配成A溶液。然后将2.1gKI溶解在5mL的水中，并加入0.1g I_2配置成B溶液。将A、B溶液混合后静置12h，取出上面的澄清液，再加入0.3g I_2，将其装入棕色瓶中，保存于阴凉黑暗处。使用时将试样在此溶液中浸渍2～3min后，充分水洗。

3. I_2—KI试剂

取5～6gKI溶解于100mL水中，再将2gI_2溶解于其中。试样在该溶液中浸渍1min后，经充分水洗后即可进行鉴定。取用的试样必须完全去除糊料，以提高鉴别的准确性。

4. 米隆氏试剂（Millon's Reagent）

在浓硝酸中溶解等量的水银，再用等量的水稀释。溶液的主要成分$HgNO_3$和$HgNO_2$。在使用中随着存在的亚硝酸量的减少而失去作用。因此，每次鉴别都必须重新配制。使用时浸渍试样，并用热水温热，观察有无显色。配制范例：2g Hg溶解于2mL HNO_3中，并用2mL的H_2O稀释后使用。

5. 浓硝酸

蛋白质遇到浓硝酸后即显黄色，故用于鉴定蛋白质纤维。

6. 茚满三酮试剂（$C_9H_6O_4$）

把0.1g试剂溶解于30～40mL水中，浸渍试样，加热约1min后，如为蛋白质类纤维则呈蓝—紫色。生丝能显色，而精练丝织物则不显色。这主要是由于此试剂与游离的氨基酸或胺类结合呈蓝色，与脯氨酸结合呈现红色。在生丝或羊毛分子中分别含有 1%～5% 的脯氨酸，它们的混合色就成为蓝紫色。另外，此溶液在配制片刻后即会生成深的紫色，故在使用时应需特别注意。

7. 钌红试剂

把钌红指示剂 0.03g 溶于 100mL 水中。取出必要量，加入少量氨水，将试样放入其中并煮沸 1min，如果试样显色，则将试样水洗并烘干。此试剂一般用于鉴别有无原棉、黏胶、丝光棉或蛋白质类纤维。其缺点是试剂价格昂贵，如果在中性情况下加热，也容易产生分解沉淀，故每次鉴别时都应配制新溶液。

8. 爱氏试剂

把 2mg $FeCl_3$ 溶于 250mL 浓 H_2SO_4 中，将其溶液滴在试样上，观察色泽的变化。主要用于蛋白质类纤维的鉴别。

9. 氯的鉴定

（1）Beilsetein 铜线反应

先把铜线制成圆轮，放在煤气灯的黄色火焰以外灼烧。待冷却后，把少量试样附着在圆轮上，再用氧化焰加热，如呈现绿色，则表示有氯存在。

（2）Player 反应

将试样剪碎约 5～10mg，加入到刚蒸馏的吡啶约 3mL 中，煮沸 1min，待冷却后加入 1mL 的饱和氢氧化钠甲醇溶液（10g/100mL）。如产生红棕色（氯纶）或暗棕色（偏氯纶），则表示有氯存在，同时可区分这两种纤维。

10. 氮的鉴定

（1）在试管内装入少量碱石灰和少量试样，在试管底部加热而产生气体，将用水润湿的红色石蕊试纸放在试管上口部检验。如果变成蓝色，则表示有氮存在。

（2）把少量试样装入试管底部，在管底加热干馏，将放出的气体吸收在预先放在中间的脱脂棉中，取出脱脂棉，滴上 4～5 滴 3% 对二甲基氨基苯醛的甲醇溶液，再滴 20% 盐酸溶液。含有氨基的试样呈玫瑰色。再滴 30%NaOH 溶液，如含有活性甲基或亚甲基，则呈现黄—黄橙色。

11. 硫的鉴定

把少量试样放入试管底部，在管底加热放出气体，在管口放置用碱性醋酸锌润湿的滤纸。如变为黑棕色，则表示有硫存在。

12. 苦味酸

用 0.2% 苦味酸水溶液煮沸试样 1min，使水变成黄色。然后将试样水洗干净，晾干后观察其颜色。

13. 杜邦公司鉴定染料#4

用 0.5% 染料#4 的水溶液与上述苦味酸相同的方法处理。

各种显色剂对纺织纤维的显色反应情况如表 4-14 所示。

表4－14　各种显色剂对纺织纤维的显色反应

显色剂 ＼ 纤维	棉	麻	毛	丝	黏胶纤维	富强纤维	铜氨纤维	醋酯纤维	三醋酯纤维	涤纶	锦纶
IGS	浅紫色	暗绿色	黄橘色	黄橘色	深蓝色	蓝色	亮紫色	深黄色	浅黄色	—	紫褐色
ZnCl₂—I₂	紫色	紫色	浅黄色	深黄色	紫红色	蓝紫色	紫红色	黄色	黄色	—	紫色
I₂—KI	—	—	浅黄色	浅黄色	蓝绿色	蓝灰色	蓝绿色	黄棕色	黄棕色	—	黑褐色
钌红	—	—	妃色	妃色	浅粉色	浅粉色	浅粉色	—	—	—	—
爱氏	红茶色	红茶色	暗棕色	红色	红棕色	红棕色	红棕色	—	—	—	—
碱性（爱氏）	亮棕色	亮棕色	黄色	黄色	浅咖啡色	浅咖啡色	浅咖啡色	—	—	黄色	鹅黄色
酸性（爱氏）	—	—	玫瑰色	玫瑰色	—	—	—	—	—	—	玫瑰色
米隆氏	—	—	红色	亮黄色	—	—	—	—	—	—	—
苦味酸	—	—	柠檬色	黄色	—	—	—	浅黄色	浅黄色	—	亮黄色
浓硝酸	不溶	溶解（淡黄色）	黄色	黄色	—	—	—	溶解	溶解	—	—
茚满三酮	—	—	暗蓝紫色	—	—	—	—	—	—	—	暗蓝紫色
氯的鉴定	无	无	无	无	—	—	—	—	—	—	无
氮的鉴定	—	—	有	有	—	—	—	—	—	—	有
硫的鉴定	—	—	有	无	—	—	—	—	—	—	无
杜邦公司鉴定染料#4	橄榄绿色	橄榄绿色	黄棕色	深棕色	—	—	—	榇华色	鹅黄色	蛋黄色	红色

续　表

显色剂＼纤维	腈纶	改性腈纶	维纶	丙纶	氯纶	偏氯纶	氨纶	乙纶
IGS	—	—	浅蓝色	—	—	—	—	—
ZnCl₂—I₂	—	—	暗蓝色	—	—	—	—	—
I₂—KI	黑褐色	浅黄色	浅蓝色	—	—	—	黄褐色	—
钌红	—	—	—	—	—	—	—	—
爱氏 碱性	—	—	鹅黄色	黄色	—	—	鹅黄色	鹅黄色
爱氏 酸性	—	—	浅红色	浅紫红色	—	—	黄色	浅灰色
米隆氏	—	—	—	—	—	—	柠檬色	—
苦味酸	—	—	—	—	—	—	膨润	—
浓硝酸	—	—	—	—	—	—	—	—
茚满三酮	—	—	—	—	—	—	—	—
氯的鉴定	无	有	无	—	有(红棕色)	有(暗棕色)	无	—
氨的鉴定	有	有	无	—	无	有	有	—
硫的鉴定	无	无	有	—	—	—	无	—
杜邦公司鉴定染料＃4	蛋黄色	红色	亮紫色	浅紫色	蛋黄色	浅黄橘色	暗橘色	—

八、其他鉴别方法

（一）密度法鉴别纺织纤维

1. 概述

密度法是利用各种纤维的密度不同，通过检测纤维的密度来鉴别纤维。测定纤维密度的方法很多，如沉浮法、韦氏天平法、气体容积法、液体浮力法、比重瓶法等，但采用这些方法测定纤维密度的准确度较差，并且要求有特殊装置，因此限制了这些方法的使用范围。而密度梯度法只要将密度梯度管制备以后，就能够对纺织纤维进行相对密度的测定。该测试方法的特点是方法简便、精确度较高。

2. 密度梯度管法的测定原理

密度梯度管法是将密度不同而能互相混溶的液体适当混合，在两种液体界面重液分子与轻液分子互相扩散，重液分子一方面受到向上扩散力的作用，又受到地心引力的作用，最后达到不同沉浮平衡状态，形成重液在混合溶液中密度梯度分布。同理，轻液最后也形成在混合溶液中密度梯度分布，此时，在容器中某一混合平面的密度将等于该平面所包含轻重两溶液密度按体积的加和，这样，液体从上部到下部密度逐渐变大，且呈连续分布，从而形成密度梯度管。将纤维试样投入密度梯度管后，根据悬浮原理，纤维达到平衡位置后，该位置平面液体密度即为该试样的密度，将标准密度小球投入密度梯度管内，平衡后，借助标准密度小球的已知密度值来标定密度梯度管高度与密度的关系曲线。根据纤维试样平衡位置的高度点在曲线上，按相对高度求得纤维试样的密度值。

（二）色谱法鉴别纺织纤维

色谱法鉴别纺织纤维的基本原理是利用两种互相矛盾的物质作用于纤维试样，其中一种是吸附试样的，另一种是溶解试样的。纤维试样中混合物的每一种成分对这一吸附剂和溶解剂的作用能力的比例不同，平衡条件也不相同，从而可将试样中的各个组分离开来。通常将作用于试样的吸附物质称为固定相，其作用是使试样固定在固定相上，力图不被溶剂带走；而作用于试样上的溶解性物质（溶剂）称为流动相，其作用是力图使试样从固定相上剥落下来被流动相带走。

在色谱技术中用的固定相可以是固体，也可以是液体，而流动相可以是液体，也可以是气体。因而，随着固定相和流动相的相态不同，色谱技术可以分为液固色谱技术、液液色谱技术、气固色谱技术和气液色谱技术，前两种色谱技术采用的是液相色谱仪，后两种色谱技术采用的是气相色谱仪。

色谱法鉴别纺织纤维可以分为裂解气相色谱法、高效液相色谱法、纸色谱法、薄层色谱法和凝胶渗透色谱法等。

（三）红外吸收光谱法鉴别纺织纤维

红外吸收光谱法是定性鉴定化合物及其结构的重要方法之一。当一束红外光照射到被测试样上时，试样将吸收一部分光能并转变为分子的振动能和转动能。借助于仪器将吸收值与相应的波数做图，即可获得该试样的红外吸收光谱。光谱中每一个特征吸收谱带都包含了试样分子中基团和键的信息。不同物质有不同的红外光谱图，对纤维的鉴别就是利用这种原理，将未知纤维的光谱与已知纤维的标准红外光谱进行比较来区别纤维的类别。

（四）双折射法鉴别纺织纤维

利用偏振光显微镜可以分别测得平面偏振光方向的平行于纤维长轴的折射率和垂直于纤维长轴方向的折射率，把这两种折射率相减，即可得到双折射率。由于纺织纤维具有双折射性质，其折射率也不同，因此纺织纤维鉴别中常用双折射率法来鉴别纺织纤维。

1. 折射率鉴别纤维原理

光与物质相互作用可以产生各种光学现象（如光的折射、反射、散射、透射、吸收、旋光以及物质受激辐射等），通过分析研究这些光学现象，可以提供原子、分子及晶体结构等方面的大量信息。所以，不论在物质的成分分析、结构测定及光化学反应等方面，都离不开光学测量。

当一束单色光从介质 I 进入介质 II （两种介质的密度不同）时，光线在通过界面时改变了方向，这一现象称为光的折射，如图 4-36 所示。

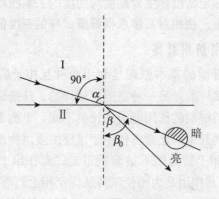

图 4-36 光的折射

光的折射现象遵从折射定律：

$$\frac{\sin\alpha}{\sin\beta} = \frac{n_{II}}{n_{I}} = n_{III}$$

式中：α——入射角；

β——折射角；

n_I、n_{II}——交界面两侧两种介质的折射率；

n_{III}——介质 II 对介质 I 的相对折射率。

折射率指光线在空气中传播速度与试样中传播速度的比值，它随介质的性质和密度、光线的波长、温度的不同而变化。当光的波长和温度一定时，折射率是物质的固有常数。

2. 利用偏振光显微镜测纤维的折射率

（1）测试程序

①偏振光显微镜中心校正。旋转载物台 90°，观察试样位置是否变动，如有变动，应调节物镜镜筒上方的两只中心校正螺丝。

②起偏振片的振动面校正。纤维放置位置以目镜十字线为准，必须使起偏振片的振动面与十字线任一线一致，检偏振片与起偏振片成正交位置时视野最暗，说明起偏振片、检偏振片的振动面与目镜十字线任一线一致，反之则需要进行调整。浸没法测双折射在校好起偏振片方向（十字线平行）后，将检偏振片移去。

③将单根纤维放在载玻片上，再加一滴浸油（一系列浸油，每种油的折射率递差 0.01），覆以盖玻片，放置载物台上。先用 80～100 倍显微镜观察，找出纤维，并转动载物台，再用 400～500 倍显微镜观察。

④调节焦距，同时观察贝克线变化情况，视野中移贝克线向纤维外向移动，则浸液折射率高于纤维折射率，应更换折射率低的浸液，反之，移贝克线向纤维内向移动，则改用折射率高的浸液，并重复以上实验，直至贝克线看不见为止，此时测出纤维的折射率与浸液折射率相等。由于浸油的折射率为已知，也就可以得出纤维的折射率。

⑤旋转载物台 90°，用上述方法同时测出 $n_{/\!/}$ 和 $n_{\perp}$ 的纤维折射率。纤维双折射率 $\Delta n = n_{/\!/} - n_{\perp}$

⑥$n_{/\!/}$、$n_{\perp}$ 分别以 5 根纤维折射率的平均数计算。

（五）黑光灯法鉴别纺织纤维

黑光灯法是荧光法的俗称，在纺织厂生产过程中常用来检测车间在制品中是否混入其他不该混入的纤维，做到及早发现，以免造成产品质量事故，预防由此而造成的损失。这是一种简捷快速的鉴别方法，所用仪器只需一支紫外光灯管，但要求检验人员具有一定的分辨颜色的能力和经验。

1. 基本原理

纺织纤维有许多品种，每一种纤维的化学组成、分子结构、结晶度和取向度又是千差万别的。因此，黑光灯的检测原理就是利用紫外光灯产生的紫外线照射到纤维上，使纤维产生不同的荧光，以此来鉴别纤维的种类。黑光灯只能透过紫外线而不能透过可见光，它所透过紫外线的波长在 300～400hm（3000～4000 °A）。

采用黑光灯来鉴别天然纤维和某些化学纤维的混淆情况很有效,而且方便快速。但有些纤维的荧光颜色不易区别,即使是同类化学纤维,由于制造厂不同,光泽不同,同一制造厂生产的纤维有时也因批号不同,其荧光也会产生一些差异,因此必须进行摸索并积累大量经验后,才能正确鉴别。此种方法一般用于纺织厂常用纤维品种的鉴别。

2. 常用纺织纤维的荧光色泽特征

黑光灯法常在生产中用于检查棉卷、棉网、毛网、棉条、毛条等半制品及纱(如管纱、筒子纱、经轴等)、布中是否混有异纤维及其纱线。纺织纤维荧光色泽如表 4 - 15 所示。

表 4 - 15　　　　　　　　　　纺织纤维荧光色泽

纤维名称	荧光色泽	纤维名称	荧光色泽
棉	黄色—带绿黄色	涤纶	深紫白色
羊毛	浅青白色	锦纶	浅青白色
蚕丝	浅青色	腈纶	浅紫色—浅青白色
黏胶纤维	带浅黄的青色	维纶	浅青黄色
醋酯纤维	深紫蓝色—青色	丙纶	深青白色
铜氨纤维	浅肉色或带青紫色	—	—

(六) 热分析法鉴别纺织纤维

热分析技术是指在温度程序控制下,全过程连续测试样品的某种物理性质随温度而变化的一种技术。热分析的方法有多种,常见的有差热分析 (DTA)、差示扫描量热分析 (DSC)、热重分析 (TG/TGA)、微分热重分析 (DTG) 等方法,可用来测定纺织纤维的比热容、玻璃化温度、熔点、热分解温度、热稳定性、结晶度等。由热分析方法得到的曲线能够反映出纤维各自的物理作用及化学反应的特征,因而可以用来鉴别纺织纤维。

1. 差热分析法

差热分析法是根据升温(或降温)过程中纤维吸热或放热情况来判断纤维结构及其热性能的,即在等速升温(或降温)的条件下,连续测定试样与参比物的温度差 ΔT,以 ΔT 对系统温度 T 作图,得到差热分析 (DTA) 曲线,如图 4 - 37 所示。

在差热分析试验中,纤维和参比物在同一个加热器内加热,参比物在升温过程中比热容不变,温度保持等速上升。若纤维不发生吸热或放热反应,则纤维温度与参比物温度相同,两者温差为零,曲线保持在基线位置。当纤维内部因物理或化学变化而出现吸热或放热状态时，纤维与参比物之间就产生了温度差异，曲线上就出现了吸热峰或放热峰。图 4 - 37 中，横坐标为测量系统的温度 T（℃），纵坐标为纤维与参比物的温度差 ΔT（℃）。基线位于 $\Delta T = 0$ 处，$\Delta T > 0$ 时，表示纤维出现放热反应，曲线上形成放热峰；$\Delta T < 0$ 时，表示纤维出现吸热反应，曲线上形成吸热峰。图中吸（放）热峰的位置及其面积，曲线的斜率及形状表示出了纤维的物理与化学反应特征。

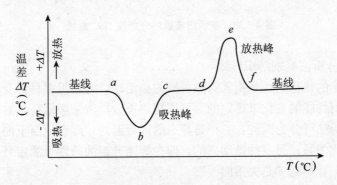

图 4 - 37　差热分析 DTA 曲线

2. 差示扫描量热分析法

差示扫描量热分析法（DSC）是在 DTA 基础上发展起来的另一种热分析方法，它是在温度程序控制下，测量试样相对于参比物的热流速度随温度变化的一种技术。在热分析法中，参比物为不发生放热或吸热反应，即比热不发生变化的热惰性物质，常用氧化铝或玻璃球等作为参比物。差示扫描量热分析法（DSC）的原理与差热分析法（DTA）基本相同，不同之处在于，DSC 所测的是为了维持纤维与参比物温度一致而必须给试样增加或减少的热量。DSC 是在 DTA 的基础上增加一个补偿加热器，当纤维与参比物存在温度差时，补加热器便在纤维或参比物一侧加热，消除温差。纤维放热度就是补偿给纤维和参比热功率之差。如图 4 - 38 所示，DSC 曲线的横坐标为系统温度 T（℃），纵坐标为纤维吸热（或放热）的速度，即热流速度（J/s）。

DTA 测量的是试样与参比物之间的温度差，不易计算热量的变化。而 DSC 克服了这一缺点，它通过热量的补偿，直接反映了试样的热量变化，易于定量测定。DTA 曲线与 DSC 曲线在形状上基本相同。

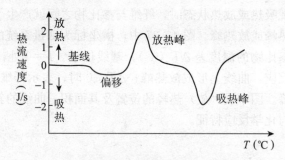

图 4 - 38　差示扫描量热分析法 DSC 曲线

3. 热重分析法鉴别纺织纤维

纺织纤维的热稳定性是指其对热裂解的稳定性，它是根据材料受热前后在正常大气条件下性能的变化来评定的。可以用热重分析法来衡量纤维的热稳定性。

热重分析法可分为两种：一种是静态的或等温的，即在恒温下测定纤维质量随时间的变化关系；另一种是动态的，即在等速升温的条件下测定纤维质量随温度变化的情况，得到"热失重曲线"。

热重分析的仪器一般为热天平，其装置如图 4 - 39 所示。天平的一端是样品，另一端与差动变压器相连，样品坩埚置于自动等速升温的加热炉中，并可通过惰性气体保护。温度测量采用铂—铂铑热电偶，并连接自动记录仪。在加热过程中，样品质量的变化通过差动变压器由记录仪记录。

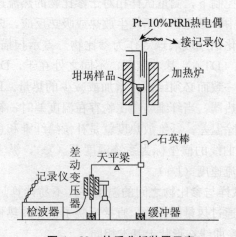

图 4 - 39　热重分析装置示意

第三节　纤维长度检验

一、纤维长度的基本概念

纤维长度是决定纺纱性能的重要因素，它与纺纱工艺密切相关，是确定纤维品质所必须检验的项目。

纤维在充分伸直状态下的长度，称为伸直长度，也即一般所指的纤维长度。各种纤维在自然伸展状态都有不同程度的弯曲或卷缩，它的投影长度为自然长度。

如图 4 - 40 所示，图中 L 为纤维伸直后两端间的距离，即为纤维伸直长度；L_1 为未伸直纤维两端间的距离，即纤维自然长度。

图 4 - 40　纤维的自然长度与伸直长度

纤维自然长度 L_1 与纤维伸直长度 L 之比，称为纤维的伸直度。羊毛和化学纤维的卷曲率也由它的自然长度与伸直长度计算。纤维网或纱条中纤维的伸直度，对产品均匀性有较大影响。

各种纺织纤维由于品种和来源不同，长度分布是非常复杂的。例如，天然纤维的长度受品种和生长条件的影响。棉纤维长度较短，细绒棉一般在 33mm 以下，长绒棉一般小于 50mm。长度超过 50mm 为超长绒棉，羊毛长度较长，一般长度在 50mm 以上，最长可达 300mm。

二、影响纤维长度的因素

影响纤维长度的因素很多，主要有纤维品种、纤维的生长条件和纤维的初加工条件。

（一）纤维品种

纤维品种是决定纤维长度的最重要的因素，例如，海岛棉的长度较陆地棉长，陆地棉中不同栽培品种棉花的长度也不一样。纤维长度是反映纤维品种优劣的一项重要指标。

（二）纤维的生长条件

纤维的生长条件对纤维的长度有很大影响。同一品种纤维在不同地区或不同条件下种植时，长度可差 2~4mm 以上。例如，盐碱地生长的棉花长度偏短；棉纤维伸长阶段水分不足时，棉纤维长度偏短。在一棵棉株的不同部位生长的棉花，纤维长度也有差异。

（三）纤维的初加工条件

棉纤维由于在初加工的过程中，棉纤维的梳理方式不同，造成棉纤维长度也有所不同，一般来说，锯齿棉的长度要小于皮辊棉的长度。

三、纤维长度与纱线质量的影响

纤维长度与纱线质量的关系十分密切，在其他条件相同时，纤维越长，成纱质量越高。

（一）纤维的长度对纱线强度的影响

在细纱中，如果纤维与纤维的接触长度长，当纱线受外力作用时，纤维就不易滑脱。这时使纱线拉断的因素是以纤维的断裂根数为主，滑脱次之，故成纱强度得到提高。当纤维的长度较短时，长度对成纱强度的影响较大；如果纤维长度达到一定数值，则长度对成纱强度的影响相对较小。棉纤维长度一般较短，因此长度对成纱强度的影响更为显著。

（二）纤维的长度对纱线细度的影响

在保证成纱具有一定强度的前提下，纤维长度越长，纺出纱的极限细度越细；纤维长度越短，纺出纱的极限细度越粗。各种长度纤维的纺纱细度有一个极限值。例如，长度在 25mm 以下的细绒棉，一般只能纺 30 号（特克斯）以上的中、粗号纱；长度在 29mm 左右的细绒棉，可纺 10 号纱。如果要纺 10 号以下的细纱，必须采用长绒棉。长绒棉的最长纤维可纺 3 号纱。

纤维长度的整齐度对细纱强度的影响也不能忽视。例如，原棉中短绒率高于 15% 时，成纱强度将显著下降。

（三）纤维的长度整齐度对纱线条干均匀度的影响

纤维长度越长，长度整齐度越高时，细纱条干越好；纤维长度很短，特别长度整齐度很差时，由于牵伸过程中大量短纤维成为浮游纤维，致使细纱条干恶化，成纱品质下降。

如果对成纱强度的要求一样，用比较长的纤维纺纱时可取较低的捻系数，在细纱中的纤维端露出较少，成纱表面光洁，毛羽也少。

（四）纤维长度对纺纱工艺的影响

纤维长度除与纺纱质量有关外，与纺纱工艺的关系也十分密切。从棉纺机台的结构、尺寸到各道工序的工艺参数，都必须与所用原料的长度密切配合。例如，原棉的长度不同时，清棉机的打手型式、槐棉机的给棉板长度等都应改变，棉纺机台中的罗拉隔距都是可以调节的，纤维长度长时，罗拉隔距增大，纤维长度短时，罗拉隔距缩小。细纱的捻系数也应随着纤维长度的变化而变化。为了使细纱具有一定的强度，用短纤维纺纱时，细纱捻系数取得较大；而长纤维纺纱时，捻系数取得较低。捻系数低，可使细纱机的产量提高。另外，由于棉纤维的长度整齐度较差，为了提高细纱强度，改善细纱条干或纺制高档产品，还必须经过精梳工序。在经过精梳后的棉条中，短纤维大量排除，长度整齐度提高。控制不同的精梳落棉率，可控制纤维的长度整齐度。

四、纤维的长度指标

纤维长度是指伸直纤维两端间的距离。

（一）伸直长度

伸直长度，是指纤维拉直但不产生伸长时的长度。

（二）其他长度指标

由于棉纤维的长度形成一个自长至短的分布，因此要逐根测量纤维的长度，才能真实反映该批棉花的纤维长度，但这在实际应用中是行不通的。同时，纤维长度同纺纱工艺和成品质量关系密切，在交接验收、生产实际中都要测定纤维的长度。而棉纤维的长度参差不齐，任何一项长度指标都不能反映纤维长度的全貌，只能在不同的场合采用不同的长度指标来表示纤维的某一长度特征。用不同的测试手段与表示方法时，各项长度指标的含义也不一样。目前，用得较多的长度指标有如下几项。

1. 主体长度

主体长度是指一批棉样中含量最多的纤维的长度。在工商交接中，一般都用主体长度作为纤维的长度指标。

2. 平均长度

平均长度是指纤维长度的平均值。一般都用重量加权的平均长度。

3. 品质长度

品质长度是指棉纺工艺上确定工艺参数时采用的棉纤维长度指标，又称右半部平均长度，即比主体长度长的那一部分纤维的重量加权平均长度。品质长度较主体长度长 2.5~3.5mm，随纤维的长度分布而异。

4. 短绒率

短绒率是指纤维短于某一长度界限的纤维重量与所试纤维总重量之比。短绒率是表示棉纤维长度整齐度的一项指标。

五、手扯法

采用手扯法测定纤维长度，是原棉检验中最普通的一种方法。在实际应用中，手扯长度与仪器检验的主体长度接近，故在棉花交易当中，均以手扯长度作为标准检验方法。我国手扯长度以 2mm 的间距进行分档，长度均以奇数表示，例如：

25mm，包括 25.9mm 及以下；

26mm，包括 26.0～26.9mm；

27mm，包括 27.0～27.9mm；

28mm，包括 28.0～28.9mm；

29mm，包括 29.0～29.9mm；

30mm，包括 30.0～30.9mm；

31mm，包括 31.0mm 以上。

用手扯的方法来测量纤维的长度，操作简便，可在较短的时间内估计出纤维的长度及整齐度。但这种方法不能指出纤维中个别长度的百分率和短绒率。如要了解纤维全部长度情况，则须结合其他试验方法做全面检验。现将手扯长度的操作方法介绍如下。

（一）取样

从按规定抽取的棉样中，多处随机取出棉块约 10～15g，略加整理平直，用双手握紧平分，缓缓撕成两半，把两半棉块截面整齐地重叠在左手里紧握，再用右手将整个截面上游离纤维、丝团、棉结、杂质等清除，以待抽取纤维。

（二）组成棉束

将右手拇指与食指对齐，从左手棉块截面上每处均匀地夹取三次纤维层，夹取的一端不宜超过 3mm，边夹取边清除丝团杂物，直到夹取约 80mg 重的适当棉束为止。然后抛弃左手剩余棉样，并用左手拇指和食指将松散的棉束轻轻合拢加压，使棉束面积缩小，纤维平直，形成第一道工序棉束。

（三）分层整理

将第一道工序的棉束用左手拇指与食指定好指法部位，按层次地夹取右手棉束的尖端，这时右手应适宜地灵活递送。左手两指指法不变，迅速压下，每次压下纤维的一端，要层层对齐，直到右手棉束分层次地全部抽完为止，再用上述整理棉束的方法，整理成一个重约 70mg、宽约 20mm、厚约 4mm、光滑平直、一端整齐宽窄一致、厚薄均匀的理想棉束。在抽拨纤维和整理棉束时，除剔去丝团、杂物以外，要求抛弃的纤维越少越好。

（四）切量棉束

将符合要求的棉束放在黑绒板上，用小钢尺刃面切棉束的两端，使两端切线内以不见黑绒板为准。切线越细越好，切线要与棉束垂直，两切线要平行，然后用钢尺量两切线的距离，即为该棉束的测量长度，再按手扯法的规定，求出手扯长度。

六、罗拉法测定棉纤维长度

(一)原理

使用罗拉式纤维长度分析仪,将一端排列整齐的棉纤维束,按一定组距分组称重,再算出纤维长度的各项指标。

(二)操作步骤

1. 原棉试条的制备

原棉试条的制备过程如图4-41所示。将试验样品扯松、混合均匀,清除其中的不孕籽、破籽等较大杂质,然后分成两等份,分别通过纤维引伸器4~5次,制成2根棉条。再分别从横向将每根棉条一分为二,并将各半根合并(其中的两个半根合并后作为保留棉条)。再反复进行引伸,待纤维基本平直后,用镊子拣出籽屑、软籽皮、僵片、棉结及索丝等,然后再引伸4~5次,最后制成1根混合均匀、平直光洁的试验棉条,供长度(细度、强力、成熟度等)试验用。

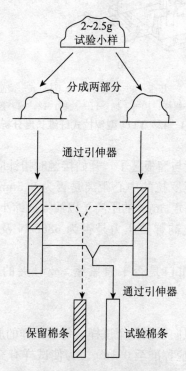

图4-41 原棉试条的制备过程

纤维引伸器的罗拉隔距按棉纤维的手扯长度决定,如表4-16所示。

表4-16 纤维引伸器罗拉隔距的调整

手扯长度（mm）	23～27	29～31	≥33
罗拉隔距（mm）	手扯长度＋（7～8）	手扯长度＋（8～9）	手扯长度＋（9～10）

2. 仪器的调整

Ylll型罗拉式纤维长度分析仪如图4-42所示。

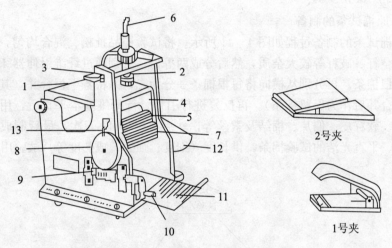

1—盖子；2—弹簧；3—压板；4—撑脚；5—上罗拉；6—偏心杠杆；7—下罗拉；
8—蜗轮；9—蜗杆；10—手柄；11—溜板；12—偏心盘；13—指针

图4-42　Y111型罗拉式纤维长度分析仪

（1）调整桃形偏心盘与溜板芯子，开始接触时指针应指在蜗轮的16分度上。

（2）检查溜板内缘至罗拉的中心距离是否为9.5mm，如不符合此标准，则需将1号夹钳口至溜板原定3mm的距离予以放大或缩小。

（3）检查仪器盖子上韵弹簧压力是否为6860cN及2号夹的弹簧压力是否为196cN。

（4）检查1号夹的钳口是否平直紧密，2号夹的绒布有无损伤、光秃等现象。

3. 取样

从原棉试条两边的纵向各取一个试样，每个试样的质量根据棉样手扯长度决定（见表4-17），试样应称准至0.1mg。为使试样有充分的代表性，尽可能一次取准，以免产生误差。

表 4 - 17   **试样质量的调整**

手扯长度（mm）	23～27	29～31	≥33
试样质量（mg）	30	32	34

4. 整理棉束

将称准质量的棉束先用手扯整理数次，使纤维平直，一端整齐。然后用手捏住纤维整齐一端，将 1 号夹从长至短夹取纤维，分层铺在限制器绒板上，铺成宽 32mm、厚薄均匀，露出挡片的一端整齐、平直光滑、层次分明的棉束。整理过程中不允许丢弃纤维。

5. 移放棉束

揭起仪器盖子，摇转手柄，使蜗轮上的 0 刻度与指针重合，用 1 号夹从绒板上将棉束夹起，移置于仪器中，移置时 1 号夹的挡片紧靠溜板。用水平垫木垫住 1 号夹使棉束达到水平，放下盖子，松去夹子，拴紧盖子上的弹簧，使纤维受到 6860cN 的压力。

6. 分组夹取

放下溜板并转动手柄 1 周，蜗轮上的刻度 10 与指针重合。此时罗拉将纤维送出 1mm，由于罗拉半径为 9.5mm，故 10.5mm 以下的纤维处于未被夹持的状态，用 2 号夹陆续夹尽上述未被夹持的纤维置于黑绒板上，搓成条状或环状，这是最短的一组纤维。以后每转动手柄 2 转，送出 2mm 纤维，同样用上述方法将纤维收集在黑绒板上，当指针与刻度 16 重合时，将溜板抬起，以后 2 号夹都要靠近溜板边缘夹取纤维，直至取尽全部纤维。夹取纤维时，依靠 2 号夹的弹簧压力，不得再外加压力。

7. 分组称重

将各组纤维放在扭力天平上称重，称准至 0.05mg，列表记录试验结果。

（三）结果计算

1. 先计算各组的真实质量

所得的各组纤维，由于棉束厚薄不匀，纤维排列不完全平直，沟槽罗拉与皮辊不可能绝对平行，2 号夹的夹持力不可能绝对均匀，而且纤维之间有抱合力等，使抽出的一定长度组纤维中包含比本组纤维长或短的一组纤维，故各组称得的质量必须进行修正。各组的真实质量为本组质量的 46%，相邻较短的一组质量的 17%，相邻较长的一组质量的 37%，这三者之和按以下经验公式计算：

$$g_i = 0.17G_{i-2} + 0.46G_i + 0.37G_{i+2}$$

式中：g_i——某长度组的真实质量（mg）；

G_i——某长度组的称见质量（mg）；

G_{i-2}——短于某长度组 2mm 一组的称见质量（mg）；

G_{i+2}——长于某长度组 2mm 一组的称见质量（mg）。

真实质量总和与称见质量总和相差不应超过 0.1mg，否则要检查重算，要注意数字修约。

2. 各项长度指标计算

(1) 主体长度。主体长度是指纤维试样中数量最多（这里是指质量最重）的那一部分的长度。

主体长度按下式计算：

$$L_m = (L_x - 0.5k) + \frac{g_x - g_{x-k}}{(g_x - g_{x-k}) + (g_x - g_{x+k})}$$

式中：L_x——质量最大一组纤维长度组中值（mm）；

K——组距，一般为 2mm；

g_x——质量最大一组的质量（mg）；

g_{x-k}——短于质量最大长度组 2mm 一组的质量（mg）；

g_{x+k}——长于质量最大长度组 2mm 一组的质量（mg）。

(2) 品质长度 L_p。品质长度是指比主体长度长的那一部分纤维的平均长度，又称右半部平均长度。品质长度按下式计算：

$$L_p = L_x + \frac{2g_{x+2} + 4g_{x+4} + \cdots}{g_y + g_{x+2} + g_{x+4} + \cdots}$$

$$g_y = g_x + \frac{(L_x + 0.5k) - L_m}{k}$$

式中：g_y——在最重一组中，长度大于主体长度那一部分纤维的质量（mg）；

g_{x+2}，g_{x+4}，$\cdots$——比主体长度长的各组纤维的质量（mg）。

(3) 基数 S。基数 S 是以主体长度 L_m 为中心，前后 5mm 范围内质量百分数之和，基数算准至 1，当组距为 2mm 时，基数按下式计算：

如果 $g_{x+k} > g_{x-k}$ 时：$S = \dfrac{g_x + g_{x+k} + 0.55g_{x-k}}{\sum g_i} \times 100\%$

如果 $g_{x+k} < g_{x-k}$ 时：$S = \dfrac{g_x + g_{x-k} + 0.55g_{x+k}}{\sum g_i} \times 100\%$

式中：$\sum g_i$——各组纤维质量之和（mg）。

(4) 均匀度 C。均匀度按下式计算，算准至 10。

$$C = S \times L_m$$

3. 短绒率 R

短绒率 R 指长度在某一界限及以下的纤维质量占总质量的百分率。

$$R = \frac{g_p + \sum g_{p-k}}{\sum g_i} \times 100\%$$

式中：g_p——某一界限长度组的质量（mg）；当主体长度大于31mm时，界限长度为20mm；当主体长度为31mm及以下时，界限长度为16mm。

$\sum g_{p-k}$——某一界限长度组以下各组质量之和（mg）。

4. 长度分布曲线

以各组长度为横坐标，以对应的质量为纵坐标，画出棉纤维的长度—质量分布曲线图。

（四）测定次数和重测

每份棉样测2次，当2次测定结果的主体长度和品质长度差值超过平均数的4%时，均需重测，重测的试样应从原棉条中取出。第3次测定结果和前两次测定结果的差值如果等于或小于平均数的4%，则以3次测定结果平均之；如果差值均小于4%，则由差值等于或小于4%的两次测定结果平均之；如果差值均大于4%，应检查原因，重新取样测定。

（五）注意事项

在整理试样时，切勿丢失纤维，以免影响试验结果；用2号夹夹取试样后，应经常在绒板上用尺测量长度，如与该组长度不符合时，应检查原因，予以调整；仪器用完后，应做好清洗工作，将弹簧压力放松，使沟槽罗拉与加压皮辊相互离开。

七、梳片法测定羊毛纤维长度

毛纤维的长度分自然长度和伸直长度。自然长度是指羊毛在自然卷曲状态下，纤维两端间的直线距离，一般用于测量毛丛长度。伸直长度是指毛纤维消除弯曲后的长度，一般用于测量毛条中的纤维长度。梳片法测定的就是羊毛的伸直长度。

（一）测试原理

用梳片式纤维长度分析仪，将一定量的纤维试样梳理并排列成一端平齐、有一定宽度的纤维束，再按一定组距对纤维长度进行分组，分别称出各组质量，按公式计算出有关长度指标。

（二）试验步骤

1. 样品准备

（1）毛条。按标准规定的方法抽取批样。在每个毛包中任意抽取2个毛团，每个毛团抽取2根毛条，总数不得少于10根。从取好的试样中，随机抽取9根长约1.3m的毛条作为试验样品。

（2）洗净毛散纤维。先用梳毛辊将散毛纤维梳理成条。其梳理方法是把洗净毛散纤维试样放在工作台上充分混合后分成3份,分别将每份试样用手将纤维扯松理顺,边理边混合,使其成为平行顺直的毛束,再用梳毛辊将毛束梳理成毛条。操作时,先把扯松后的散毛束逐一贴到转动的梳毛辊针布的针尖上(梳毛辊转速宜慢,以免丢失或拉断纤维),针尖在抓取纤维的过程中,将纤维初步拉直并陆续缠绕、深入到梳毛辊的钢丝针布之内,使一个个毛束受到梳理,直到所有制取的毛束被梳理完并均匀地缠绕在梳毛辊上,组成宽约50mm的毛条。然后用钢针将毛条一处挑开,将梳毛辊朝梳毛反向倒转,这样毛条便脱离梳毛辊,取下毛条。为了使试样混合均匀,需将毛条扯成几小段,再进行一次混和梳理。最后取下的毛条供试验用。按上述方法梳理制成9根毛条,6根用于平行试验,3根作为备样。

样品需进行预调湿及调湿处理。

2. 放样

从样品中任意抽取试样毛条3根,每根长约50cm,先后将3根毛条用双手各持一端,轻加张力,平直地放在第一台梳片仪上(见图4-43),3根毛条须分清,毛条一端露出仪器外约10~15cm,每根毛条用压叉压入下梳片针内,使针尖露出2mm即可,宽度小于纤维夹子的宽度。

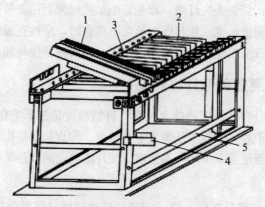

1—上梳片;2—下梳片;3—触头;4—预梳片;5—挡杆

图4-43　Y131型梳片式长度分析仪(第一台梳片仪)

3. 夹取

将露出梳片的毛条用手轻轻拉去一端,离第一下梳片5mm(支数毛)或8mm(改良级数毛与土种毛)处用纤维夹子夹取纤维,使毛条端部与第一下梳片平齐,然后将第一梳片放下,用纤维夹子将1根毛条全部宽度的纤维紧紧夹住并从下梳片中缓缓拉出,用预梳片从根部开始梳理两次,去除游离纤维。每根毛条夹取3次,每次夹取长度为3mm。将梳理后的纤维转移到第二台梳片仪上,用左手轻轻夹持纤维，防止纤维扩散，并保持纤维平直，纤维夹子钳口靠近第二梳片，用压叉将毛条压入针内并缓缓向前拖，使毛束尖端与第一下梳片的针内侧平齐。3根毛条继续夹取数次，在第二台梳片仪上的毛束宽度在 10cm 左右，质量在 2.0～2.5g 时停止夹取。

4. 分组取样并称重

在第二台梳片仪上先加上第一把下梳片，再加上 4 把上梳片，将梳片仪旋转 180°，然后逐一降落梳片，直到最长纤维露出为止（如最长纤维超过梳片仪最大长度，则用尺测出最长纤维长度），用夹毛钳夹取各组纤维并依次放入金属盒内，然后逐一用天平称重，准确到 0.001g。长度试验以两次算术平均数为其结果，如短毛率 2 次试验结果差异超过 2 次平均数的 20％时，要进行第三次试验，并以 3 次算术平均数为其结果。

（三）操作中的注意事项

在梳片仪的下梳片内放置纤维时，应尽量使纤维平行伸直；在整理试样时尽量不丢纤维，以免影响试验结果；预梳片上的纤维，应取下经整理后，再重新放入下梳片内；夹取各组纤维时，夹毛钳不要碰撞梳针，要顺直夹取，不要偏斜，一次夹取量不宜过多。

（四）毛纤维长度指标计算

1. 质量加权平均长度 L_g

各组长度按质量加权的平均长度计算：

$$L_g = \frac{\sum L_i g_i}{\sum g_i}$$

式中：L_i——各组毛纤维的代表长度，即每组长度上限与下限的中值（mm）；

$\quad\quad g_i$——各组毛纤维的质量（mg）。

2. 加权主体长度 L_m

在分组称重时，连续最重四组的加权平均长度：

$$L_m = \frac{L_1 g_1 + L_2 g_2 + L_3 g_3 + L_4 g_4}{g_1 + g_2 + g_3 + g_4}$$

式中：g_1、g_2、g_3、g_4——连续最重四组纤维的质量（mg）；

$\quad\quad L_1$、L_2、L_3、L_4——连续最重四组纤维的长度（mm）。

3. 加权主体基数 S_m

连续最重四组纤维质量的总和占全部试样质量的百分率：

$$S_m = \frac{g_1 + g_2 + g_3 + g_4}{\sum g_i} \times 100\%$$

S_m 数值越大，接近加权主体长度部分的纤维越多，纤维长度越均匀。

4. 长度标准差 σ_m 和变异系数 CV

为了进一步研究和分析羊毛纤维的离散程度，可计算长度标准差和变异系数，其计算公式如下：

$$\sigma_g = \sqrt{\frac{\sum (L_i - L_g)^2 g_i}{\sum g_i}} = \sqrt{\frac{\sum g_i L_i^2}{\sum g_i} - Lg^2}$$

$$CV = \frac{\sigma g}{Lg} \times 100\%$$

5. 短毛率

30mm 以下长度纤维的质量占总质量的百分率。

$$短毛率 = \frac{300mm\ 以下纤维的质量}{\sum g_i} \times 100\%$$

6. 巴布长度和豪特长度

在国际标准 ISO 92—1976《关于用羊毛梳片式分析仪分析羊毛纤维长度的方法》中，推荐用梳片法分析测定羊毛纤维的巴布长度 L_B（Barbe 长度）和豪特长度 L_H（Hauter 长度），其计算公式如下。

巴布长度：

$$L_B = \frac{\sum RL'}{100} = \frac{A}{100}$$

$$CV_B = \sqrt{\frac{C \times 100}{A^2} - 1} \times 100\%$$

式中：L_B——巴布长度（mm）；

$\quad\quad CV_B$——巴布长度变异系数（%）；

$\quad\quad R$——每组的质量百分率；

$\quad\quad L'$——每组的纤维长度（mm）；

$\quad\quad A$——RL' 的累积数，即 $\sum RL'$；C 为 RL'^2 的累积数，即 $\sum RL'^2$。

豪特长度：

$$L_H = \frac{100}{\sum \dfrac{R}{L'}} = \frac{100}{B}$$

$$CV_H = \sqrt{(A \times B) - 1000} \times 100\%$$

式中：L_H——豪特长度（mm）；

$\quad\quad CV_H$——豪特长度变异系数（%）；

$\quad\quad B$——R/L' 的累积数，即 $\sum (RL')$

为便于计算，可列一个计算表，内容包括组号、组中值 L'（mm）、L'^2、各组质量 P_i（mg）、质量百分率 R（%）、RL'、R/L'、RL'^2。

八、排图法

该法适用于羊毛和苎麻的散纤维及其落毛、落麻、化学短纤维的长度测量。

（一）原理

将纤维试样通过手工操作，排列成由长到短、一端平齐的纤维长度分布图，然后用图解法求出纤维长度的各项指标。

（二）试验步骤

1. 取样

（1）散纤维样品。在排图前应按梳片法中介绍的散纤维制条方法制成 3 根纤维条，2 条做平行试验，1 条作为备样。

（2）纤维条样品。可随机抽取 3 段条子，2 段做平行试验，1 段作为备样，每份试样的质量约为 0.6～0.8g，视纤维种类而定。

2. 整理纤维束

先用手扯法将试样初步整理成一端较整齐的毛束，然后在黑绒板上按纤维长短依次叠成一端整齐的毛束。

3. 排出纤维长度分布图

用右手拇指和食指将毛束整齐端捏紧，使尖端贴在黑绒板上；用左手压住纤维尖端，右手将毛束轻轻向后拉，把长纤维拉出并紧贴在绒板上。如此反复操作，直到右手中的纤维束从长到短全部排完为止。要求排出的纤维长度分布图，纤维从长到短排成直线且稀疏分布均匀，然后用玻璃板盖在黑绒板上，再用曲线尺将纤维长度分布图描绘在坐标纸上。

（三）做图及计算长度指标

用手排法获得的纤维长度分布如图 4-44 所示，纵坐标为纤维长度，横坐标为纤维根数百分率。用下述的做图法求出纤维长度的各项指标。

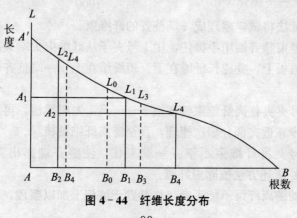

图 4-44 纤维长度分布

取最长纤维 AL 的中点 A_1，做横坐标 AB 的平行线，与曲线 LB 相交于 L_1，过 L_1 做横坐标垂直线 L_1B_1。

取 AB_1 的 1/4 得 B_2，过 B_2 做 AB 的垂直线与曲线 LB 相交于 L_2。

取 L_2B_2 的中点 A_2，做 AB 的平行线与曲线 LB 相交于 L_3，过 L_3 做 AB 的垂直线得 B_3；取 AB_3 的 1/4 得 B_4，过 B_4 做 AB 的垂直线交曲线 LB 于 L_4；做 L_2L_4 线段的延长线交纵轴于 A'；

令 $AB_0 = \dfrac{1}{2}AB_3$，过 B_0 做 AB 的垂直线交曲线 LB 于 L_0；

令 $B_5B_3 = \dfrac{1}{4}AB_3$，过 B_5 做 AB 的垂直线交曲线 LB 于 L_5。

于是可得到各项长度指标：最长纤维长度 AL（mm）；有效长度 B_4L_4（mm）；中间长度 B_0L_0（mm）；交叉长度 AA'（mm）；短纤维百分率为（B_3B/AB）×100%；整齐度为（B_5L_5/B_4L_4）×100%；长度变异率为 $[（B_4L_4 - B_5L_5）/B_4L_4]$×100%。

九、切断称重法

化学纤维长度有等长、不等长之分。本实验用中段切断称重法测定等长化纤长度。不等长化学纤维长度用梳片法测定（参见羊毛纤维长度的测定）。

（一）原理

将等长化纤排列成一端整齐的纤维束，再用中段切断器切取一定长度的中段，并称其中段和两端重量，然后计算化纤的各项长度指标。

（二）试验步骤

（1）从经过标准温湿度调湿的试样中，用镊子随机从多处取出约 4000～5000 根纤维，其样品质量范围计算公式为：

$$样品质量（mg） = \frac{线密度（分物）×名义长度×根数}{1000}$$

然后用手扯法将试样整理成一端整齐的纤维束。

（2）将纤维束整齐端用手握住，用 1 号夹子从纤维束尖端夹取纤维，并将其移置到限制器绒板上，叠成长纤维在下、短纤维在上、一端整齐、宽约 25mm 的纤维片。

（3）用 1 号夹夹住离纤维束整齐端 5～6mm，先用稀梳，再用密梳从纤维束末端开始，逐步靠近夹部分多次梳理，直至游离纤维被梳除。

（4）用 1 号夹将纤维束不整齐一端夹住，使整齐端露出夹子外 20mm 或 30mm，按（3）所述方法梳除短纤维。

（5）梳下的游离纤维不能丢弃，将其置于绒板上加以整理，如有扭结纤维则用镊子解开，长于短纤维界限的（≥20mm）仍归入已整理的纤维束中，并将超长纤维、倍长纤维及短纤维取出分别放在黑绒板上。

其中，超长纤维指纤维长度超过名义长度（≤50mm）加界限长度 7mm 或名义长度（>50mm）加界限长度 10mm 以上至名义长度 2 倍以下的纤维。

倍长纤维指纤维长度为名义长度 2 倍及以上者（包括漏切纤维）。

化纤短纤维指棉型纤维 20mm 以下；中长纤维 30mm 以下者。

（6）在整理纤维束时挑出的超长纤维，称重后仍归入纤维束中（如有漏切纤维，挑出另做处理，不归入纤维束中）。

（7）将已梳理过的纤维束在切断器上切取中段纤维（纤维束整齐端距刀口 5～10mm，保持纤维束平直，并与刀口垂直）。

（8）将切断的中段及两端纤维、整理出的短纤维、超长纤维及倍长纤维在标准温湿度条件下调湿平衡 1h 后，分别称出其质量（mg）。

（三）试验结果计算

当无过短纤维或过短纤维含量极小可以忽略不计时：

$$平均长度 = \frac{L_c \times (W_c W_t)}{W_c}$$

$$倍长纤维率 = \frac{W_{oz}}{W_o} \times 100\%$$

$$超长纤维率 = \frac{W_{ov}}{W_o} \times 100\%$$

式中：W_o——纤维总质量（mg，$W_o = W_c + W_t$）；

$\quad\quad W_t$——两端切下的纤维束质量（mg）；

$\quad\quad W_c$——中段纤维质量（mg）；

$\quad\quad W_{ov}$——超长纤维质量（mg）；

$\quad\quad W_{oz}$——倍长纤维质量（mg）；

$\quad\quad L_c$——中段纤维长度（mm）。

十、光电法

1940 年美国赫脱尔（Hertel）在前人关于棉条中纤维被握持的理论曲线的基础上，提出了纤维长度照影仪曲线的理论，并研究创制出光电式长度仪，又称纤维长度照影仪。最早一代纤维长度照影仪在试验时，是利用两把梳子反复梳取棉样以后放在机架上，光线透过经过梳理的纤维须条而投射到光电管上，经光电转换后仪器做出照影仪曲线，由曲线求出纤维的平均长度、上半平均长度和整齐度。20 世纪 60 年代初，美国 Spinlab 公司生产了 230 型纤维长度照影仪，是照影仪发展过程中一次较大的改进。取样从手工操作改为半机械，梳子改为梳齿夹，采用 2.5% 跨距长度和 50% 跨距长度新指标。以后经过 430、530、630 和

910 等几代产品的发展阶段，该仪器在棉纤维检验中得到了广泛的应用。仪器经过多次改进，基本原理仍然是基于用梳子或梳齿夹随机夹取纤维，测量伸出夹持线的纤维长度与纤维量分布，这种分布与纤维排成一端平齐的长度分布之间有一定数学关系。由于取样和整理纤维所花费时间大为减少，可以快速得到试验结果。

随机夹持试样照影仪曲线长度指标的求取有两种方法。

（一）作图法

图 4 - 45 所示 AB 为实际仪器所测照影仪曲线。由于梳夹抓取纤维试样时，根部纤维弯曲纠结，这部分不能用于照影仪曲线的测量。实际曲线测量起始点 A 离开梳夹距离为 3.81mm（0.15″），用作图法可求得纤维平均长度、上半部平均长度、整齐度三个指标。

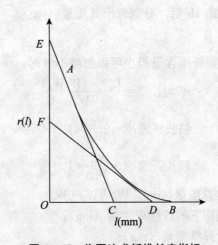

图 4 - 45　作图法求纤维长度指标

1. 平均长度（ML）

从照影仪曲线起始测量点 A 做该曲线的切线，与横坐标相交于 C 点，OC 即为纤维的平均长度。

2. 上半部平均长度（UHML）

从照影仪曲线起始测量点 A 做曲线的切线，与纵坐标相交于正点，取纵坐标上一点 F，使 $OF = \frac{1}{2}OE$，再从 F 点做曲线的切线，与横坐标相交于 D 点，OD 就是纤维上半部平均长度。

3. 整齐度指数（UI）

$$整齐度指数 = \frac{平均长度}{上半部平均长度} = \frac{OC}{OD} \times 100\%$$

近年来发展的仪器中，作图法求上述指标由计算机程序自动完成，并打印出照影仪曲线。

（二）跨距长度法

用跨距长度法可以不必做出整个照影仪曲线，只要测量曲线中几点数据就可得到长度指标。

实际照影仪曲线的起始测量点 A 与梳夹距离为 3.81mm，作图方法如图 4 - 46 所示，过 A 点做水平线与纵坐标相交于正点，以 OE 高度作为 100% 纤维量。从 OE 的中点 50% 纤维量 F 处做水平线与曲线相交于 G 点，过 G 点做垂线与横坐标相交于 C 点，OC 称为纤维的 50% 跨距长度，写作 $50\%SL$。再在纵坐标上取 I 点，令 $OI = \dfrac{2.5}{100} \times OE$，过 I 点做水平线与曲线相交于 H，过 H 点做垂线与横坐标相交于 D 点，OD 即为纤维 2.5% 跨距长度，写作 $2.5\%SL$。

跨距长度的物理意义有三点：

（1）50% 跨距长度（$50\%SL$）是以起始测量点纤维量作为 100%，在 50% 纤维量处所对应的纤维伸出夹持线的长度。

（2）2.5% 跨距长度（$2.5\%SL$）是以起始测量点纤维量作为 100%，在 2.5% 纤维量处所对应的纤维伸出夹持线的长度。

（3）整齐度（UR）定义为 50% 跨距长度与 2.5% 跨距长度之比，即：

$$\text{整齐度} = \frac{50\%\text{跨距长度}}{2.5\%\text{跨距长度}} \times 100\%$$

实验证明，2.5% 跨距长度与纤维手扯长度和主体长度良好相关。

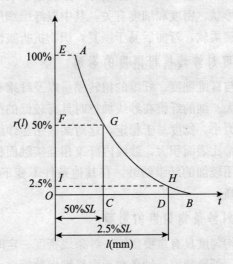

图 4 - 46　跨距长度法求纤维长度指标

第四节　纤维细度检验

一、纤维细度概述

　　纺织纤维，不论是天然的还是化学的，其细度和截面形状都有很大的不同。羊毛和一些化学纤维的截面是圆的，棉、麻、丝以及另一些化学纤维的截面是不规则的。纤维的细度曾经定义为它的直径大小，但这只能用于圆形截面的纤维，对于椭圆或其他不规则截面的纤维用直径来表示细度则没有意义。因此，在工业生产及科学研究中出现了一些其他表示纤维细度的方法。其中最常用的是用单位长度的重量，即线密度来表示细度。

　　纤维细度是影响纱线性质最重要的因素之一，细羊毛比粗羊毛具有更高的纺纱和商业价值。化学纤维的细度在制造过程中可以控制。由于纤维细度对织物某些性能的特殊作用，化学纤维近年来发展了超细纤维织物产品。总之，纤维细度对成纱及织物性能的影响是十分显著的。

二、纤维细度检验的意义

（一）纤维细度对纺织品弯曲刚性、悬垂性及手感的影响

　　纺织品的弯曲刚性、悬垂性以及手感受纤维细度的影响很大。织物的抗弯刚度与纤维模量、截面形状、密度和细度有关，其中以纤维细度的影响为最大。细的纤维易于弯曲，手感柔软，弯曲后易于恢复，织物抗折皱性能也好。

（二）纤维的细度对纱线抗扭刚度的影响

　　纱线的抗扭刚度与纤维细度、纤维的扭转模量以及纤维密度有关，其中也以纤维细度的影响为最大。细的纤维在纱线加捻时具有较低的抗扭阻力，纱线内由于加捻而产生的内应力小，捻度易于稳定，这对某些用途纱线（如缝纫线）是重要的。此外，细的纤维比表面积大，纱线内纤维相互接触面积大，纤维相互滑移时的摩擦阻力大。使用较细的纤维纺纱，在其他条件不变下，纱线所需捻度小，纺纱生产效率可以提高。

（三）纤维细度对纱条均匀度的影响

　　纤维细度对纱条均匀度具有重要影响。纱条线密度一定时，截面内纤维根数与纤维线密度成反比。纤维越细，纱条截面内纤维根数越多。由纤维随机分布所造成的纱条不匀率，与截面内纤维根数的平方根成反比。也就是说，在纱条线密度一定时，纤维越细，纺制的纱线越均匀。而纱线均匀度又影响到纱线强力、织

物外观以及在纺纱织造过程中纱线的断头率。

（四）纤维细度对织物的影响

织物的光泽也受纤维细度的影响，纤维细度决定了织物单位面积的单个反射表面的数目。细纤维纺制的织物表面带有柔和的光泽。

纺织品的染色速率与纤维细度有关，纤维越细，染料吸收效果越好。

三、纤维细度指标

（一）定长制

1. 特［克斯］（tex）

特［克斯］俗称号数，是指纤维在公定回潮率下，1000m 长度所具有的质量（g）。

$$1tex=10^{-6}kg/m=1mg/m$$

由于特克斯作为纤维的细度指标单位太大，所以常采用分特克斯（dtex）作为纤维细度单位，1tex 等于 10dtex，则有：

$$1dtex=10^{-7}kg/m=0.1mg/m$$

2. 旦［尼尔］（denier）

旦［尼尔］是指纤维在公定回潮率下，9000m 长度所具有的质量（g）。

$$1dtex=9denier$$

分特［克斯］与旦［尼尔］关系为：

$$1dtex=0.9denier$$

（二）定重制

另一种细度表示法是线密度的倒数，即单位质量纤维所具有的长度，在纺织行业中称为支数。支数的单位有英制支数和公制支数，其中，英制支数因其对不同的国家、不同的材料采用不同的定义，有近 20 种定义，其数值相关可达几十倍，因此即使在英国、美国，英支的使用也逐渐被淘汰。至于公制支数，因其不是法定单位，除在外贸中常有使用外，一般场合也不推荐使用，故将公支支数与以特［克斯］为单位的线密度相乘的积为 1000，用这种办法可以将特［克斯］与分支相互换算。同样，将公支支数与以旦［尼尔］为单位的线密度（俗称纤度）相乘，所得的积为 9000。

1. 公制支数（N_m）

公制支数是指 1g 重纤维所具有的长度（m），为纤维线密度的倒数。如 1g 重的纤维具有 300m 长，即 300 公支。

2. 英制支数（N_e）

英制支数是指公定重量为 1 磅（1b）的纤维（或纱线）所具有的长度码

(yd) 数。不同的纤维，英制支数的计算方法也不同。

(1) 棉纱的英制支数计算。1b 重的棉纱，有几个 840 码，即为几英支。英制支数目前在进出口棉纱中采用较多，例如，纯棉纱在公定回潮率（英制公定回潮率 9.89%）时重 1b，其长度为 17640（即 840×21）码，则该棉纱为 21 英支。

(2) 精梳毛纱英制支数。精梳毛纱英制支数是指 1b 重的纱，有几个 560 码长度，即为几英支。

(3) 麻纱的英制支数。麻纱的英制支数是指 1b 重的纱，含有几个 800 码长度，即为几英支。

值得注意的是，不同种类纤维具有不同的密度值，两种纤维的线密度相等时，纤维截面积或直径并不一定相等，密度值大的纤维截面积和直径较小。例如，同样的线密度，锦纶要比涤纶粗。

四、单纤维测长称重法

顾名思义，要对每根纤维进行测长、称重，然后利用公式进行计算。

$$N_m = L/G$$

式中：N_m——公制支数；

      L——一根纤维的长度；

      G——一根纤维的重量。

虽然单纤维测长称重法较为麻烦，但测量的结果准确性较高。这里要求的测量仪器是精密量天平。

五、中断称重测量法

该法大多用于棉纤维的细度测定。化学纤维的细度（特别是长丝）也可用该法测定，但需消除卷曲，以免影响测试结果。切断称重法只能测算纤维的间接平均细度指标，无法获得细度的离散性指标。此外，棉纤维沿长度方向粗细不匀，根、梢部细，中部粗，故棉纤维的细度测算值比实际细度要偏粗。

（一）试验原理

将纤维排成一端平齐、平行伸直的棉束，然后用纤维切断器在纤维中段切取 10mm 长的纤维束，再在扭力天平上称重，计数这一束中段纤维的根数。

根据纤维切断长度、根数和重量，计算出棉纤维的公制支数。

（二）试样准备

1. 取样

从试验棉条纵向取出约 1500~2000 根纤维。

2. 整理棉束

将试样手扯整理 2 次，用左手握住棉束整齐一端，右手用 1 号夹从棉束尖端分层夹取纤维置于限制器绒板上，反复移置2次，叠成长纤维在下、短纤维在上的一端整齐、宽约5～6mm的棉束。

（三）操作步骤

1. 梳理

将整理好的棉束用1号夹夹住距整齐一端约5～6mm处，梳去棉束上的游离纤维（梳理时先用稀梳后用密梳，从棉束尖端开始逐步靠近夹子），然后将棉束移至另一夹子，按表4-18所示的技术要求梳理整齐端。

表4-18　　　　　　　　　　棉束梳理和切断时的技术要求

手扯长度	梳去短纤维长度（mm）	棉束切断时整齐端外露（mm）
31mm 及以下	16	5
31mm 以上	20	7

2. 切取

将梳理好的平直棉束放在 Y171 型纤维切断器（10mm）夹板中间，棉束应与切刀垂直，两手分别捏住棉束两端，用力均匀，使纤维伸直但不伸长，然后用下巴抵住切断。

3. 称重

用扭力天平分别称取棉束中段和两端纤维的质量，准确至 0.02mg。

4. 数根数

纤维较粗的用肉眼直接计数，较细的则可借助显微镜或投影仪逐根计数。

（四）结果计算

根据纤维质量和根数，算出公制支数 N_m（精确到 0.1）。

$$N_m = \frac{L}{G_f} = \frac{10 \cdot n}{G_f}$$

式中：N_m——纤维的公制支数；

　　　C_f——中段纤维质量（mg）；

　　　L——纤维长度（mm）；

　　　N——纤维根数。

六、光学法

（一）显微投影仪

显微投影仪的光学系统如图4-47所示。

—　107　—

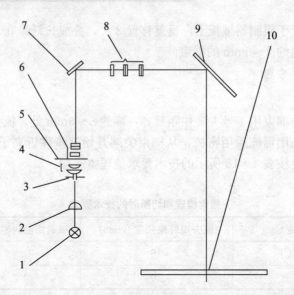

1—光源；2—聚光镜；3—可变孔径光阑；4—聚光镜组；5—被观察的标本；
6—物镜；7—反射镜 A；8—投影物镜；9—反射镜 B；10—投影屏

图 4 - 47　显微投影仪光学系统示意

　　光源发出的光线经聚光镜、可变孔径光阑及聚光镜组，会聚在被观察的标本上，使标本获得均匀而明亮的照明。可变孔径光阑可用手控制照明光源的张角，以适应不同物镜的各种数值孔径（N. A）。由标本物体发出的光线经物镜、反射镜、投影物镜和反射镜，成像在投影屏上。

　　注意：这个光学系统的原理和前面所讲的显微镜鉴别纤维时所使用的显微镜的原理一样。

（二）目镜测微尺和物镜测微尺

　　目镜测微尺是一块圆形玻璃片，见图 4 - 48 （a），上有刻度，通常是将 5mm划分为 50 格，每格为 0.1mm；或 1cm 划分为 100 格，每格为 0.1mm；也有将5mm 划分为 100 格的，每格等于 0.05mm。目镜测微尺放在目镜焦平面上，测量时纤维经物镜放大后形成的实像和目镜测微尺相重合。通过目镜看到的目测镜微尺刻度的大小随物镜放大倍数、显微镜筒长度的不同而异。因此，应先求得目镜测微尺一格在显微镜视野中表示的尺寸，这可用物镜测微尺的分度来进行对比求得。

　　物镜测微尺是一块特制的载玻片，（见图 4 - 48 （b）），上有刻度。通常是将1mm 划分为 100 格，每格等于 0.01mm，即 $10\mu m$ （$1\mu m=1/1000mm$）。

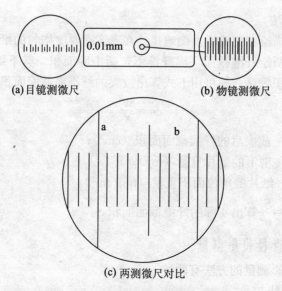

(a)目镜测微尺　　　　　　　(b)物镜测微尺

(c)两测微尺对比

图4－48　目镜测微尺和物镜测微尺

　　校对方法：将物镜测微尺放在显微镜工作台上，同时将目镜测微尺置于目镜中。调整焦距，使目镜测微尺与物镜测微尺成像重合，记下两者重合时的刻度大小。如图4－48（c）所示，目镜测微尺的刻度为33.5格，物镜测微尺的刻度为10格，已知物镜测微尺每格为$10\mu m$，则目镜测微尺每格应为：

$$10\times\frac{10}{33.5}=3.0\mu m$$

　　求得目镜测微尺每格表示的尺寸后，除去物镜测微尺，即可根据目镜测微尺的格值测量纤维。当放大倍数改变后，须按前法重新校对，求得目镜测微尺格值。

（三）一般纤维截面测量

1. 面积仪法

　　将由切片机所制成的纤维截面切片，通过投影仪放大，或采用描绘器将纤维成像描绘在图纸上，用面积仪求得放大后的纤维截面的面积，以下式求得纤维实际的横截面面积：

$$S=\frac{S_1}{n^2}$$

　　式中：S——纤维实际横截面面积（cm^2）；

　　　　　S_1——放大后的纤维截面面积（cm^2）；

　　　　　n——投影仪放大倍数。

2. 剪纸称重法

用投影仪或描绘器把成像准确地描绘在密实而厚度均匀的纸上，得到放大的纤维截面。按照所绘纤维截面（棉纤维不包括中腔面积）剪下纸片，称出重量。已知纸的单位面积重量，即可用下式算出放大的纤维横截面面积：

$$S_1 = \frac{W}{X}$$

式中：S_1——放大后的纤维截面面积（cm²）；

　　　W——剪下的纸片重量（mg）；

　　　X——纸片的单位面积重量（mg/cm²）。

然后根据 $S = \dfrac{S_1}{n^2}$ 算出实际的纤维截面面积 S。

（四）羊毛直径投影测量

羊毛直径投影测量的方法有两种。

1. 显微测量法

将分度为 0.01mm 的测微尺放在载物台上，投影在屏幕上的测微尺的一个分度（0.01mm）应精确地被放大为 5mm，这时放大倍数为 500 倍。把载有试样的载玻片放在显微镜载物台上，开始时先对盖玻片的角 A 进行调焦（见图 4-49），纵向移动载玻片 0.5mm 到 B，再横向移动 0.5mm，这两步将在屏幕上取得第一个视野。

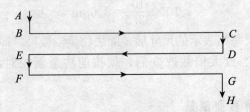

图 4-49　检测次序示意

在第一视野内的纤维测量完毕后，将载玻片横向移动 0.5mm，这样在屏幕上会出现第二个视野，沿载玻片的整个长度按相同方法继续进行，在到达盖玻片右边 C 处时，将载玻片纵向移动 0.5mm 至 D，并继续以 0.5mm 步程横向移动测量。按图 3-11 所示的 A、B、C、D、E、F、G……的次序检验整个载玻片中的试样。纤维明显一端粗，另一端细长，测其居中部位。

上述测量应由两名操作者各自独立进行，结果以两者测得结果平均值表示。若两者测得的结果差异大于两者平均值的 3% 时，应测量第三个试样，最终结果取三个试样实测数值的平均值。

测量每一根纤维都要使分度刻度尺的一刻线与对准焦点的纤维一边相切，在纤维另一边上读出直径。

2. 楔尺测量法

用纤维切片器将样品切成 0.4mm（粗支数即 60s 以下的羊毛，不包括 60s）或 0.2mm（细支数即 60s 及 60s 以上的羊毛）长的纤维片段放在载物台上，投影成像后用楔尺测量。测量时要使楔尺的一边与对准焦点的纤维一边相切，在纤维的另一边与楔尺另一边相交处读出数值，如图 4-50 所示。最后计算平均直径和直径变异系数。

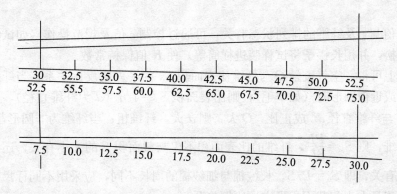

图 4-50　楔形标尺

七、气流仪测定法

气流仪法常用于间接测量棉纤维的细度、同质羊毛及化学纤维的细度。该法测试速度快、简便，但只能获取纤维细度的平均值，而无法得到纤维细度的离散性指标。

（一）试验原理

气流仪法的测试原理是在一定压力差下，通过测量纤维集合体的空气流量与纤维的比表面积成一定关系来间接测量纤维的细度。

在一定容积的容器内放置一定重量的纤维，并在容器两端让有一定压力差的空气流过时，空气流量与纤维比表面积之间的关系可用苛仁纳公式表示：

$$Q = \frac{1}{K} \cdot \frac{A\Delta P}{S_0^2 \mu L} \cdot \frac{\varepsilon^3}{(1-\varepsilon)^2}$$

式中：Q——空气流量（测定时仪器的读数）；

S_0——纤维比表面积（单位体积纤维的表面积）；

A——样筒内截面积（本仪器中为定值）；

L——样筒高度（本仪器中为定值）；

ΔP——样筒两端压力差（定值）；

μ——空气黏滞系数（与环境温湿度有关，可通过温湿度修正使其保持一定）；

K——常数；

ε——样筒内纤维空隙率（即纤维集合体内的空间体积与纤维集合体总体积之比），其值为：

$$\varepsilon = 1 - \frac{G}{\gamma AL}$$

由上式可知，如果纤维密度相同，只要控制纤维重量 G，就可使 ε 保持定值。

K 值与 ε 及纤维的排列状态有关，可通过控制 ε 值及规范操作（如试样需开松或扯松，并用长镊子将试样装进样筒等）使 K 值保持常数。

综上可得，空气流量 Q 与纤维比表面积 S_0 的平方成反比关系。当纤维截面为圆形或近似圆形时（如羊毛），则比表面积 $S_0 = 4/d$（d 为纤维直径），即空气流量 Q 与纤维直径 d^2 成正比，Q 大，则 d 大，纤维粗；当纤维为非圆形截面时，如棉纤维，则 $S_0 = \dfrac{PL}{SL}$，纤维的比表面积不仅与截面积 S 的大小有关，还与纤维的周长有关，即 $S_0 = P/S$。长绒棉与细绒棉的周长不同，应采用不同标尺，才能使空气流量大小与截面积平方呈比例关系。

（二）试样准备

1. 棉纤维

抽取经开松除杂后的棉纤维样品约 20g，在标准大气条件下调湿 2h 以上（如果试样较潮湿，则先预调湿，再调湿），再称取重 5g±0.01g 的试样 2 份。

2. 毛纤维

从毛条样品中随机抽取 1m 长的毛条 10 根，每根纵向取出 1/3，合并为毛条大样，然后从毛条大样中取 20g，经剪开、扯松、脱脂、预调湿和调湿后，称取 2 份试样，各重 4.5g±0.01g。

（三）试验步骤

Y145 型气流仪如图 4-51 所示。

（1）检查气流调节阀，使其呈关闭状态，随后再开动抽气泵（否则水液易倒灌）。

（2）取下压样筒，将试样放入试样筒中，拧紧压样筒。

（3）缓慢开启气流调节阀，压力计 1 中的水柱慢慢下降，转子流量计中的转子上升，当压力计的新月形弧面与下刻线相切时，停止转动气流调节阀，观察转子的顶部，读取其停留处所对应的 Nm 或 d，关闭气流调节阀。

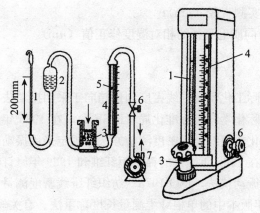

1—压力计；2—储水瓶；3—试样筒；4—转子流量计；
5—转子；6—气流调节阀；7—抽气泵

图 4-51　Y145 型气流仪

（4）将试样筒中的试样取出、扯松，重复步骤（2）、（3）再测 1 次，得到 2 次的平均结果。

（5）重复上述操作步骤，测定第 2 份试样。

（四）结果计算

1. 棉纤维

（1）每只棉样测定 2 份，计算试验结果的平均值需测第 3 份。如两份之间差异超过 3%，则需测第 3 份。

（2）在测定时，如空气温度不符合标准（20℃），则先读取转子流量计上的流量值 Q_1，再按下式计算修正流量值 Q_0，然后在转子流量计上按修正流量值 Q_0 查找对应的纤维支数 N_m 数值。

$$Q_0 = Q_1 \times K$$

式中：Q_1——实测流量值，L/min；

　　　　Q_0——修正流量值，L/min；

　　　　K——温度修正系数（可查表）。

2. 毛纤维

（1）每只毛样测定 2 份，计算试验结果的平均值。如两份之间差异超过 20%，则需测试第 3 份。

（2）实验时，如果相对湿度不符合标准（65%），则应根据当时的相对湿度对气流仪的直径读数进行修正，相对湿度的修正系数可查表。

$$d_0 = d_1 + \Delta d$$

式中：d_0——修正后的直径（μm）；

d_1——实测直径（μm）；

Δd——同质毛直径的相对湿度修正值（μm）。

八、振动法

近几年来，国际工化学纤维线密度测量趋向于采用振动法。被 ISO 确认为国际标准化组织的国际化学纤维标准化局（BISFA），在 1985 年前制定的涤纶、锦纶、腈纶、粘胶等化学短纤维线密度测量方法中规定采用振动仪法或单根纤维测量长度称重法，而在 1986 年修订的锦纶短纤维和 1989 年修订的腈纶短纤维的测试方法中就只采用振动仪法。ISO 1973《纺织纤维线密度测量方法》中，也以振动仪代替了 1976 年版本中的单根纤维测量长度称重法。有关规定指出："所谓纤维线密度的定义，是指各单根纤维必须完全伸直又不伸长时的测量结果。"显然，用中段切断称重法测量纤维平均线密度时，整理拉直纤维很难做到纤维束中各根纤维张力的完全一致，不同操作者拉直纤维所加的张力也不相同。振动法是在单根纤维纵向施加规定张力使其伸直的情况下测量其线密度的，因此测量结果比较准确，这对卷曲较大的化学纤维尤为重要。

（一）原理

振动法测量线密度，采用弦振动原理。如图 4-52 所示。

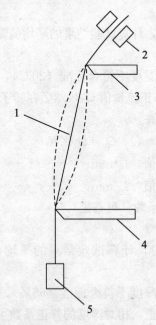

1—纤维；2—夹持器；3—上刀口；4—下刀口；5—张力夹

图 4-52　弦振动原理

纤维被夹持器所握持，其下端由张力夹夹住并加以一定张力。纤维受力激振并限定在上刀口和下刀口之间的长度内振动。根据振动理论，纤维弦振动的固有振动频率为：

$$f=\frac{1}{2l}\left(\frac{T}{\rho}\right)^{\frac{1}{2}}+\left[1+\frac{d^2}{4l}\left(\frac{E\pi}{T}\right)^{\frac{1}{2}}\right]$$

式中：l——纤维的振弦长度；

ρ——纤维的线密度；

d——纤维直径；

T——纤维所受张力；

E——纤维杨氏模量。

当纤维直径 d 与长度 l 之比小得多时，纤维固有振动频率可表示为：

$$f=\frac{1}{2l}\sqrt{\frac{T}{\rho}}$$

$$或 \rho=\frac{T}{4l^2 f^2}$$

式中：ρ——纤维线密度 (g/cm)；

l——纤维振弦长度 (cm)；

T——纤维所受张力 (g·cm/s²)；

f——频率 (Hz)。

经单位换算，线密度单位转换为 dtex（分特），张力 T 单位转换成 cN（厘牛顿），上式可改写为：

$$\rho = 2.5 \times 10^8 \frac{T}{l^2 f^2}$$

当仪器振弦长度 l 固定为 20mm 时，纤维线密度为：

$$\rho = 6.25 \times 10^7 \frac{T}{f^2}$$

该式即为振动式细度仪设计的基本公式。在已知张力 T 的情况下，测量纤维固有振动频率 f，便可由上述公式推算出纤维的线密度。

（二）XD-1型振动式细度仪

XD-1型振动式细度仪结构如图 4-53 所示。

纤维试样上端由夹持器所握持，经上刀口和下刀口，下端由张力夹加以一定张力使纤维伸直。当放上纤维时，发光二极管与光敏三极管之间光路被遮断而产生一定的脉冲信号，通过放大器放大后送至激振器，推动上刀口移动。控制放大器输出信号的相位使上刀口推动纤维移动方向与原纤维运动方向一致，即整个闭环回路为正反馈时，满足一定条件即能产生自激振荡，纤维不需外加激振源即能自行振动于其固有振动频率上。放大器输出具有一定频率的电信号送入数据处理

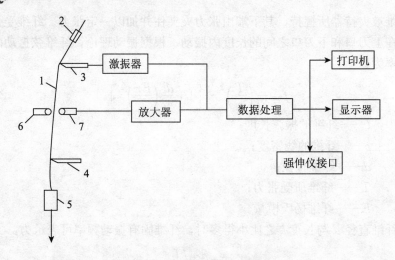

1—纤维试样；2—夹持器；3—上刀口；4—下刀口；

5—张力夹；6—发光二极管；7—光敏三极管

图 4‑53 XD‑1 型振动式细度仪结构

器，根据公式计算纤维线密度值，将结果送至电子强伸度仪或直接打印输出。

为保证测试结果误差小于 2%，纤维振弦长度即上下刀口之间距离误差应小于 $\pm 1\%$，仪器频率计数误差应小于 $\pm 0.5\%$，张力夹重量误差小于 $\pm 0.5\%$。

九、激光纤维细度仪

该法可快速测量羊毛及圆形截面纤维的直径及其分布。

(一) 原 理

将毛条或纤维束试样切割成约 2mm 的短片段，并放入机内合适的混合液体中搅拌待用。测量时，纤维液体自动流经位于激光光束及其检测器之间的测量槽，纤维逐根掠过并遮断激光光束，从而使光通量产生变化，用光电检测器检测出与单根纤维直径大小相应的电信号，并将其通过鉴别电路和模数转换电路，输入计算机进行数据处理，即可显示、打印出纤维细度的有关指标。

(二) 试验步骤

1. 制备试样

将毛条或毛纤维束用专用切割器切成约 2mm 的短片段，放在玻璃器皿中，并充分混合。

2. 调整仪器

开机预热 30min 以上；检查液体重量比（用重量比为含 8% 水的异丙醇溶液）；检查仪器各部分是否正常。

3. 选择测试状态，输入相关内容

将专用系统盘插入仪器，打开仪器的各项开关，按指令调出主菜单；在主菜单中选择测试状态，按显示屏的要求输入以下内容：测试日期、样品编号与名称、设定样品测试根数等。

4. 放入试样

从放样口放入短片段试样，当显示屏上显示的测量根数达到设定测量根数时，测试结果即出现在显示屏上。

（三）试验结果

仪器可自动显示并打印输出以下测试结果：直径平均值、直径标准差、直径变异系数、直径分布直方图以及实验总根数和有效根数。

第五节　纤维水分检验

一、基本概念

（一）平衡回潮率

纺织材料在空气中会不断地和空气进行水蒸气的交换，在大气里的水分子进入纤维内部的同时，水分子又因热运动而从纤维内逸出，这是一种可逆过程。当进入纤维内的水分子数多于从纤维内逸出的水分子数时，纤维即吸湿。反之，当进入纤维内的水分子数少于从纤维内逸出的水分子数时，纤维即放湿。

当大气条件一定时，经过一段时间后，单位时间内纤维吸收的水分子数等于脱离纤维内返回大气的水分子数时，纤维的回潮率会趋于一个稳定的值。吸湿到达的这种状态称为吸湿平衡状态，放湿到达的这种状态称为放湿平衡状态。处于平衡状态时的纤维回潮率就称为平衡回潮率。需要进一步指出的是，纤维的吸湿与放湿是比较敏感的，一旦大气条件发生变化，其平衡状态即被打破，因此，平衡状态是相对的。平衡状态被打破后，纤维会继续吸（放）湿，最终达到新的平衡状态。

图 4-54 所示为纤维吸湿、放湿过程中的回潮率—时间曲线。由图可见，开始时回潮率变化速度很快，回潮率变动幅度也较大，但随着时间的增加，回潮率变化逐渐缓慢。纤维开始吸湿或放湿达到平衡状态时所需的时间称为平衡时间。平衡时间与纤维的吸湿能力和纤维集合体的紧密程度有关。吸湿性强的纤维比吸湿性弱的纤维所需时间长，纤维集合体越紧密，体积越大，平衡时间越长。据试验，一根纤维吸（放）湿达到平衡回潮率的 90% 所需时间约为 3.5min，单层厚型紧密织物需要 24h，而管纱由于卷绕紧密，需要 5～6 天，一只紧棉包需要数

月甚至几年。

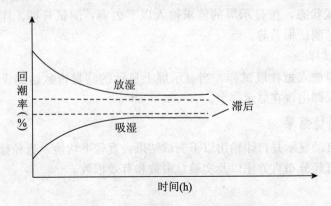

图 4 - 54　纤维吸湿、放湿的回潮率

（二）条件平衡回潮率

从实际需要的精确度来说，纤维材料经过 6～8h 或稍长时间的放置，即可认为已达到平衡状态，经过这段时间之后回潮率—时间曲线的变化已很微小，这种状态称为条件平衡状态，这时的回潮率就称为条件平衡回潮率。

（三）吸湿等温线

在一定的温度条件下，纤维材料因吸湿达到的平衡回潮率和大气相对湿度的关系曲线，称为纤维材料的吸湿等温线；由放湿达到的平衡回潮率和大气相对湿度的关系曲线，称为纤维材料的放湿等温线。图 4 - 55 所示为一些纤维材料的吸湿等温线。

由图可见，在相同的温度条件下，不同纤维的吸湿平衡回潮率是不相同的。羊毛和粘胶纤维的吸湿能力最强。其次是蚕丝、棉。合成纤维的吸湿能力都比较弱，其中维纶、锦纶的吸湿能力稍好些，腈纶差些，涤纶更差，丙纶和氨纶则几乎不吸湿。麻纤维中有果胶存在，所以它的吸湿能力比棉强。

虽然不同纤维的吸湿等温线不一致，但曲线的形状都呈反 S 形，这说明它们的吸湿机理基本上是一致的，即在相对湿度很小时，回潮率增加率较大；相对湿度很大时，回潮率增加率亦大；但在相对湿度为 10％～15％，最大在 70％ 范围内，回潮率的增加率则较小。

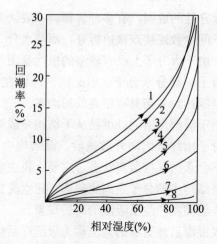

1—羊毛；2—粘胶纤维；3—蚕丝；4—棉；5—醋酯纤维；

6—锦纶；7—腈纶；8—涤纶

图 4‑55　常见纤维的吸湿等温线

（四）吸湿滞后性

实际试验发现，当把干、湿两种含湿量不同的同种纺织材料放在同一个大气条件下时，原来含湿量高的纤维，将通过放湿过程达到与大气条件相适应的平衡回潮率；而原来含湿量低的纤维，则将通过吸湿过程达到同一大气条件下的平衡回潮率。如图 4‑56 所示，在相同大气条件下，放湿的回潮率—时间曲线和吸湿的回潮率—时间曲线最后并不重叠，存在差值，从吸湿得到的平衡回潮率总是小于从放湿得到的平衡回潮率，这种现象，就称为纺织材料的吸湿滞后性或称吸湿保守性。

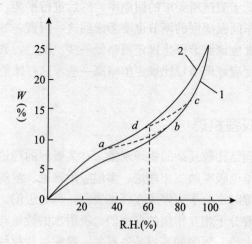

1—吸湿等温线；2—放湿等温线

图 4‑56　吸湿滞后性在吸湿放湿等温线上的表现

对纺织材料吸湿保守性的成因，有多种解释。一般认为，吸湿时由于水分子进入纤维内部，大分子间少数连接点被迫拆开，而与水分子形成氢键结合。放湿时，水分子离开纤维，由于大分子上已有较多的极性基团与水分子相吸引，阻止水分子离去，因而保留了一部分水分子。因此同一纤维在同样的温湿度条件下，从放湿达到平衡比从吸湿达到平衡具有较高的回潮率。

也有人认为，是由于吸湿之后的纤维已从干结构变成湿结构，即分子间距离增加了。放湿时，水分子由纤维内向外散逸后，湿结构中的活性基将变为游离，但一个游离的活性基不会永远保持游离状态，它要么再去吸收一个水分子，要么重新形成氢键。由于湿结构中的分子距离比较远，建立交键不容易，所以吸收水分子的机会就比较大，因而就产生了吸湿的滞后现象。

纤维的回潮率因吸湿滞后性造成的差值称为吸湿滞后值，它取决于纤维的吸湿能力及大气的相对湿度。在同一相对湿度条件下，吸湿能力大的纤维，吸湿滞后值也大。同一种纤维，相对湿度较小或较大时，吸湿滞后值都较小，而在中等相对湿度时，吸湿滞后值则较大。在标准大气条件下，吸湿滞后值如下：蚕丝为1.2%，羊毛为2.0%，粘纤为1.8%～2.0%，棉为0.9%，锦纶为0.25%，而涤纶等吸湿性差的合成纤维，吸湿等温线与放湿等温线则基本重合。

纤维的吸湿滞后值还与纤维吸湿或放湿前的原有回潮率有关，如图4-56所示，在纤维正常的吸湿、放湿滞后圈中，若纤维在放湿过程中达到 a 点，平衡后再施行吸湿，其吸湿曲线是沿着虚线 ab 而变化；同样，若纤维沿吸湿过程到达 c 点平衡后，再施行放湿，则其放湿曲线是沿着虚线 cd 而变化。

由此可见，为了得到准确的回潮率指标，应避免试样历史条件不同造成误差。除吸湿差的合成纤维之外，纤维试验需先在低温下（45℃±2℃）预烘，使纤维的回潮率大大低于测试所要求的回潮率，然后进行平衡，以获得准确的回潮率指标。在生产中车间温湿度的调节也要考虑到这一因素，如果纤维处于放湿状态，车间的相对湿度应该调节得比规定值略低一些。反之，如果纤维处于吸湿状态，车间的相对湿度应该调节得比规定值略高一些，这样才能使纤维得到比较合适的平衡回潮率。

二、纤维的吸湿机理

纤维的吸湿机理是比较复杂的物理现象。有关吸湿的理论很多，例如棉纤维吸湿的两相理论、羊毛吸湿的三相理论、多层吸附理论、溶解理论等。

一般认为，吸湿时水分子先停留在纤维表面，称为吸附。产生吸附现象的条件是纤维表面存在着分子相互作用的自由能。吸附水的数量与纤维的物质结构特性、吸附表面积的大小、周围的环境条件有关。吸附过程很快，只需数秒钟甚至不到1s便达到平衡状态。以后水蒸气向纤维内部扩散，与纤维内大分子上的亲水性基团结合，由于纤维中极性基团的极化作用而吸着的水分称为吸收水。吸收水与纤维的结合力比较大，吸收过程相当缓慢，有时需要数小时才能达到平衡状态。然后水蒸气在纤维的毛细管壁凝聚，便形成毛细凝聚作用，称为毛细管凝结水。这种毛细凝聚过程，即便是在相对湿度较高的情况下，也要持续数十分钟，甚至数小时。

从纺织材料吸着水分的本质上来划分，吸附水和毛细管凝结水属于物理吸着水，吸收水则属于化学吸着水。在物理吸着中，吸着水分的吸着力只是范德华力，吸着时没有明显的热反应，吸附也比较快。在化学吸着中，水分与纤维大分子之间的吸着力与一般原子之间的作用力很相似，即是一种化学键力，因此必然有放热反应。

三、影响纤维吸湿性的因素

影响纤维吸湿性的因素有内因和外因两个方面，而外因也是通过内因起作用的。纤维在空气中吸湿能力的强弱主要取决于它的内因。

（一）纤维内在因素

纤维内在因素包括纤维大分子亲水基团的多少和亲水性的强弱、纤维的结晶度、纤维内孔隙的大小和多少、纤维比表面积的大小以及纤维伴生物的性质和含量等，它们对纤维回潮率的大小有影响。

1. 亲水基团的作用

纤维大分子中，亲水基团的多少和亲水性的强弱均能影响其吸湿能力的大小。如羟基（—OH）、酰胺基（—CONH）、胺基（—NH$_2$）、羧基（—COOH）等都是较强的亲水基团，它们与水分子的亲和力很大，能与水分子形成化学吸收水。这类基团越多，纤维的吸湿能力越高。

纤维素纤维，如棉、粘纤、铜氨纤维等，大分子中含有很多羟基，所以吸湿性较大；醋酯纤维中大部分羟基都被乙酰基取代，而乙酰基（—COCH$_3$）对水的吸引力又不强，因此醋酯纤维的吸湿性较低；蛋白质纤维中含有大量亲水性的酰胺基（—CONH）、羟基（—OH）、胺基（—NH$_2$）、羧基（—COOH）等基团，因此吸湿性很好，尤其是羊毛，亲水基团较蚕丝更多，故其吸湿性优于蚕丝；合成纤维含有亲水基团不多，所以吸湿性都较低；锦纶的大分子中，含有较多的酰胺基（—CONH），所以也具有一定的吸湿能力；腈纶大分子中只有亲水性弱的极性基团氰基（—CN），故吸湿能力小；涤纶、丙纶中缺少亲水性基团，故吸湿能力极差，尤其是丙纶基本不吸湿。

2. 纤维的结晶度

在纤维内部结构中，大分子的存在形式非常复杂，但基本上可分为规则部分和不规则部分。规则部分大分子结合紧密，空隙小且少，不规则部分则相反。纤维内部结构中规则部分占纤维总体的百分比称为纤维的结晶度。显然，纤维的吸湿主要产生在不规则部分，因此，纤维的结晶度越低，吸湿能力就越强。例如棉和粘胶纤维，虽然它们都含有羟基，但由于棉纤维的结晶度为70%左右，而粘胶纤维仅为30%左右，所以粘胶纤维的吸湿能力比棉纤维高得多。

3. 纤维的比表面积和内部空隙

单位质量的纤维所具有的表面积，称为比表面积。纤维的比表面积越大，纤维接触空气中水分子的机会也越多，表面吸附的水分子数就越多，表现为吸湿性越好。所以，细纤维要较粗纤维的回潮率偏大些。

纤维内的孔隙越多越大，水分子越容易进入，毛细管凝结水增加，使纤维吸湿能力越强。粘胶纤维结构比棉纤维疏松，粘胶纤维吸湿能力远高于棉，这也是原因之一。合成纤维结构一般比较致密，而天然纤维组织中有微隙，天然纤维吸湿能力远大于合成纤维，这也是原因之一。

4. 纤维内的伴生物和杂质

纤维的各种伴生物和杂质对吸湿能力也有影响。例如，棉纤维中有含氮物质、棉蜡、果胶、脂肪等，其中含氮物质、果胶较其主要成分更能吸着水分，而蜡质、脂肪不易吸着水分。因此棉纤维脱脂程度越高，其吸湿能力越好。羊毛表面油脂是拒水性物质，它的存在使吸湿能力减弱。麻纤维的果胶和蚕丝中的丝胶有利于吸湿。化学纤维表面的油剂，其性质会引起吸湿能力的变化，当油剂表面活性剂的亲水基团向着空气定向排列时，纤维吸湿量变大。纤维经过染色、上油或其他化学处理，都会使吸湿量发生一定的变化。

（二）外界因素

1. 相对湿度的影响

在一定温度条件下，相对湿度越高，空气中水蒸气的压力越大，单位体积空气内的水分子数目越多，水分子到达纤维表面的机会越多，纤维的吸湿能力也就较强。纤维的吸湿等温线呈反S形，合成纤维由于大分子上缺乏亲水性基团，结构又较紧密，因此吸湿性差，吸湿等温线反S形也不明显。

2. 温度的影响

在温度和湿度这两个影响纤维回潮率的因素中，对亲水性纤维来说，相对湿度对回潮率的影响是主要的。而对疏水性的合成纤维来说，温度对回潮率的影响也很明显。

在相对湿度相同的条件下，空气温度低时，水分子活动能量小，一旦水分子与纤维亲水基团结合后就不易再分离。空气温度高时，水分子活动能量大，纤维分子的热振动能也随之增大，会削弱水分子与纤维大分子中亲水基团的结合力，使水分子易于从纤维内逸出。同时，存在于纤维内部空隙中的液态水蒸发的蒸汽压也随之上升。因此，在一般的情况下，随着空气和纤维材料温度的升高，纤维的平衡回潮率将会下降。图4-57、图4-58分别为毛纤维、棉纤维在不同温度

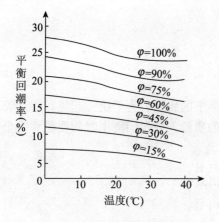

图 4-57 羊毛的吸湿等温线   图 4-58 棉的吸湿等温线

时的吸湿等湿线,图 4-59 是温度对棉吸湿等温线的影响。

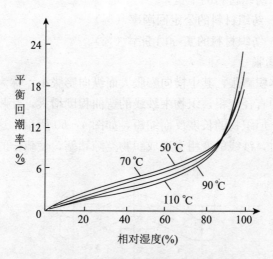

图 4-59 温度对棉吸湿等温线的影响

由图 4-59 可见,棉纤维在不同温度时的吸湿等温线,相对湿度在 80%～100%时出现了尾部相交的现象。这是由于棉纤维在高温高湿时纤维发生热膨胀,其回潮率随着温度的提高会略有提高的缘故。

四、吸湿对材料性能的影响

(一) 吸湿对材料性质的影响

1. 对质量的影响

纺织材料的质量，实际上都是一定回潮率下的质量。为了统一起见，在计算纺织材料质量时，必须折算成公定回潮率时的质量。公定回潮率时的质量称为公定质量（简称公量）。其计算公式如下：

$$G_k = G_a \times \frac{100 + W_k}{100 + W_a}$$

$$G_k = G_0 \times \frac{100 + W_k}{100}$$

式中：G_k——纺织材料的公量；

G_a——纺织材料的湿量；

G_0——纺织材料的干量；

W_k——纺织材料的公定回潮率（%）

W_a——纺织材料的实际回潮率（%）。

2. 吸湿后的膨胀

纤维吸湿后体积膨胀，其中横向膨胀大而纵向膨胀小，称为各向异性。纤维吸湿膨胀使纱线的直径变粗，织物中纱线的弯曲程度增大，互相挤紧，所以，虽然纤维长度增加，但织物的长度反而缩短，如图4-60所示。这是造成织物缩水的原因之一。同时，纱线的变粗会造成织物空隙堵塞，使疏松的织物增加弹性。

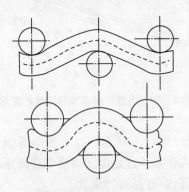

图 4-60 纱线吸湿膨胀引起织物收缩示意

3. 对密度的影响

纤维在吸着少量的水分时，水分子只进入到纤维内部的微小间隙内，尚没有引起纤维的膨胀或膨胀很小，故其体积变化不大，单位体积质量随吸湿量的增加而增加，使纤维密度增加，大多数纤维在回潮率为 4%～6% 时密度最大。待水分充满孔隙后再吸湿，则纤维体积显著膨胀，而水的密度小于纤维，所以纤维密度逐渐变小。图 4‐61 表示几种纤维密度随回潮率而变化的情况。

4. 对力学性质的影响

纤维材料吸湿后，对力学性质影响的一般规律是：绝大多数纤维随着回潮率的增加，其强度是下降的，特别是粘胶纤维尤为突出；但棉、麻等天然纤维素纤维则随着回潮率的上升，其强力反而增加。所有纤维的断裂伸长都随回潮率的增加而增加。吸湿后，纤维的脆性、硬性有所减小，塑性变形增加，摩擦系数有所增加。

5. 对电学性能的影响

干燥纤维的电阻很大，是优良的绝缘体，水是电的良导体，所以，吸湿与纤维的导电性关系密切。在相同的相对湿度条件下，各种天然和再生纤维素纤维，其质量比电阻（纤维长 1cm、重为 1g 时的电阻值）数值相当接近。蛋白质纤维的质量比电阻大于纤维素纤维，蚕丝则大于毛。合成纤维由于吸湿性很小，所以质量比电阻更大，尤其是涤纶、氨纶、丙纶等。纤维的质量比电阻随大气相对湿度增高而下降，其下降的比率在相对湿度达到 80% 以上时将很大，因此，纤维的回潮率增加，其导电性能增强，绝缘性能下降。

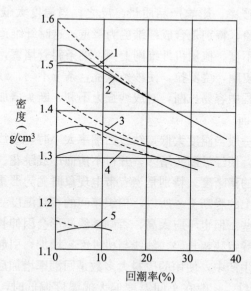

1—棉；2—粘胶纤维；3—蚕丝；4—羊毛；5—锦纶

图 4‐61　纤维密度随回潮率而变化的情况

由于纤维的绝缘性，在纺织加工过程中纤维之间、纤维与机件之间的摩擦会产生静电，且不易消失，给加工和成纱质量带来问题。一般可通过提高车间相对湿度或对纤维进行给湿，使纤维回潮率增加，电阻下降，导电性提高，电荷不易积聚，以减少静电现象。

6. 吸湿放热

纤维在吸湿时会放出热量，这是由于空气中的水分子被纤维大分子上的极性基团所吸引而与之结合，分子的动能降低而转换为热能被释放出来所致。

纺织纤维吸湿和放湿的速率以及吸湿放热量对衣着的舒适性有影响。纤维吸湿达到最后平衡，需要一定的时间，这样吸湿放热的变化有助于延缓温度的迅速变化。这对人体生理上的体温调节有利。但这一特性对纤维材料的储存是不利的，库存时如果空气潮湿，通风不良，就会导致纤维吸湿放热而引起霉变，甚至会引起自燃。

（二）吸湿对纺织工艺的影响

由于纤维吸湿后，其物理性能会发生相应的变化，所以，生产中必须保持车间的适当温湿度，以创造有利于生产的条件。

1. 纺纱工艺方面

一般当温度太高、纤维回潮率太大时，不易开松，杂质不易去除，纤维容易相互扭结使成纱外观疵点增多。在并条、粗纱、细纱工序中容易绕皮辊、皮圈，增加回花，降低生产率，影响产品质量。反之，当温度太低，纤维回潮率太小时，会产生静电现象，特别是合成纤维更为严重。这时纤维蓬松，飞花增多。清花容易粘卷，成卷不良。梳棉机纤维网上飘，圈条斜管堵塞，绕斩刀。并条、粗纱、细纱绕皮辊、皮圈，绕罗拉，使纱条紊乱，条干不匀，纱发毛等。棉纤维回潮率太小，纺纱过程中容易拉断，对成纱强力不利，断头增加。

2. 织造工艺方面

棉织生产中，一般当温度太低，纱线回潮率太小时，纱线较毛，影响对综眼和筘齿的顺利通过，使经纱断头增多，开口不清而形成跳花、跳纱和星形跳等疵点，还会影响织纹的清晰度，特别是当有带电现象时尤为严重。棉纱回潮率太小时，还会增加布机上的脆断头。所以，棉织车间的相对湿度一般控制较高，合纤织造车间更要偏高些。但也不应太高，否则纱线塑形会因伸长大、荡纱而导致三跳。纱线吸湿膨胀导致狭幅长码。纱线与机件摩擦增加，引起纱线起毛、断头和机件的磨损。丝织生产中，使用的原料大多数是回潮率增加后强度下降、模量减小和伸长增加的材料。一般在车间温度偏大或温度偏低时，应适当降低加工张力，否则会在织物表面出现急纡、亮丝、罗纹纡等疵点。如果回潮率过小，丝线在同样张力下伸长本领就会减小，在同样伸长下的应力就会增加，对于单丝应力分布不均匀的丝线来说，就会引起某些单丝的断裂而形成丝线起毛的疵点。

3. 针织工艺方面

如果湿度太低，纱线回潮率太小，纱线发硬发毛，成圈时就易轧碎，增加断头，织物眼子也不清晰，漏针疵点增多。合成纤维还会由于静电现象严重，造成布面稀密路疵点以及坏针。如果湿度太高，纱线回潮率太大，纱线与织针和机件之间的摩擦增大，张力增大，织出的织物就较紧，有时可能在布面上出现花针等疵点。

4. 纤维半制品和成品检验方面

为了使检验结果具有可比性，试验室的试验条件应有统一的规定，各项物理机械性能指标都应在标准大气条件下测得，否则测试数据将因温湿度的影响而不正确。

五、吸湿指标

（一）回潮率

$$W = \frac{G - G_0}{G_0} \times 100\%$$

式中：W——纺织材料的回潮率（%）；

$\quad\quad G$——纺织材料的湿重（g）；

$\quad\quad G_0$——纺织材料的干重（g）。

由此可见，存在于相同空气条件下的纺织材料，回潮率越大的材料，表明其中水分越多，即可认为其吸湿能力越强，吸湿性越好。必须强调的是，同一纺织材料的回潮率在不同的空气状态下也是有差异的。

1. 标准大气状态下的回潮率

各种纤维及其制品的实际回潮率随大气的温湿度条件而变。为了比较各种纺织材料的吸湿能力，往往把它们放在统一的标准大气条件下，一定时间后使它们的回潮率达到一个稳定值，这时的回潮率称为标准大气状态下的回潮率。

关于标准大气状态的规定，国际上是一致的，而允许的误差各国略有不同。我国规定标准大气状态是标准大气压下温度为 20℃±3℃，相对湿度为 65%±3%。

2. 公定回潮率

在贸易和成本计算中，纺织材料并非处于标准温湿度状态。而且，在标准温湿度状态下同一种纺织材料的实际回潮率，也还因纤维本身的质量和含杂等因素而有变化，因此，为了计重和核价的需要，必须对各种纺织材料的回潮率做统一规定，这称为公定回潮率。各国对于纺织材料公定回潮率的规定，并不一致。必须指出，纱线的公定回潮率除棉纱和含棉纤维的混纺纱外，其余均与组成纱线的纤维的公定回潮率一致，棉纱的公定回潮率为 8.5%。

关于几种纤维的混合原料、混梳毛条的公定回潮率，可按混纺比例和混合纤维公定回潮率加权平均计算，计算公式为：

$$\text{混纺材料的公式定回潮率} = \frac{\sum W_i P_i}{100}$$

式中：W_i——混纺材料中第 i 种纤维的公定回潮率；

        P_i——混纺材料中第 i 种纤维的干重混纺比。

例如，涤棉混纺纱（65/35），其混纺比涤纶为 65%、棉为 35%，按公式计算：

$$涤棉混纺纱的公定回潮率=\frac{65\times0.4+35\times8.5}{100}=3.2\%$$

（二）空气湿度的表示方法

1. 水蒸气分压

把湿空气看成理想气体与水蒸气的混合物。由道尔顿分压定理可知，潮湿空气的全压等于各混合气体的分压之和。因此可以用水蒸气的分压，单位为帕斯卡（Pa）表示湿气体的湿度。

2. 绝对湿度

绝对湿度 H 是指单位体积空气中所含水的重量，单位为 g/m^3。

3. 相对湿度 RH

相对湿度定义为绝对湿度 H 与同温度下饱和状态的绝对湿度 H_s 之比值。

$$RH=\frac{H}{H_s}\times100\%$$

（三）标准大气

标准大气亦称大气的标准状态，有三个基本参数：温度、相对湿度和大气压力。国际标准规定温度（T）为 20℃（热带可为 27℃），相对湿度（RH）为 65%，大气压力为 86~106kPa（视各国地理环境而定）。我国规定大气压力为 1 标准大气压，即 101.3kPa（760mmHg 柱）。实际上不可能保持温度和湿度无波动，故标准规定了允许波动范围。

一级：$T\pm2℃$，$RH\pm2\%$（用于仲裁检验）；

二级：$T\pm2℃$，$RH\pm3\%$（用于常规检验）；

三级：$T\pm2℃$，$RH\pm5\%$（用于要求不高的检验）。

样品在检测前须在标准大气压下达到吸湿平衡，必要时需预调湿。如每隔 2h 连续称重，其重量递变（增）率不大于 0.25%，或每隔 30min 连续称重之重量递变（增）率不大于 0.1%，则视为已达平衡。通常调湿 24h 以上即可。对合成纤维则 4h 以上即可。必须注意调湿过程不能间断，若被迫间断必须重新按规定调湿。

六、直接测湿法

（一）吸湿剂干燥法

1. 实验方法

把纺织材料放置在相对湿度很低的环境中，它就会逐渐放湿而趋于平衡。将纺织材料和强烈的吸湿剂放在同一个密闭的容器内，利用吸湿剂吸收空气中的水汽，可使容器内的空气相对湿度接近于零，使纤维充分脱湿，达到干燥。

2. 吸湿剂

常见的吸湿剂是氯化钙颗粒，较好的吸湿剂是五氧化二磷（P_2O_5）粉末。

3. 特点

吸湿剂干燥法比较准确，在室温下进行不会引起材料表面物质的挥发。试样量少、测试精度要求高的场合常选用这种方法。

值得注意的是，纺织材料本身也是一种吸湿性很强的材料，特别是在低回潮率时，要把它吸干是不容易的，所以花费的时间较长。另外，材料中排出的水分会破坏相对湿度为零的条件，所以要保证有足够量的吸湿剂。

（二）真空干燥法

1. 实验方法

利用水沸点温度随气压降低而下降的特性，可以加速纺织材料内水分的蒸发。把试样放置在密闭的容器内抽真空，例如采用普通的真空泵，在温度为60～70℃条件下烘燥1小时就能得到干重。

2. 特点

在要求较高的纤维高聚物、树脂材料的微量含水检测中，常采用这种方法。试样在真空中加热至低于水的沸点温度，可避免试样表面部分物质的挥发。

（三）烘箱法

1. 实验方法

烘箱法是利用箱内电阻丝通电加热使箱内空气温度上升，材料中水分子的热运动增加。另外，箱内温度升高，饱和水蒸气压增加，相对湿度降低使试样逐渐脱湿。当箱外空气温度为20℃，相对湿度为60%，进入烘箱后加温到105℃时，烘箱内的相对湿度降为约1.85%。由于试样放湿会使箱内空气的相对湿度提高，所以必须用排气扇把湿热的空气从箱顶气孔中不断排出，与此同时从箱外补充冷空气进入箱体。标准规定，烘箱换气的速率为每4min至少为箱内体积的一倍。试样烘干过程中，重量不断减轻，当烘至每隔10min两次的重量变化不大于0.05%时，称得的试样重量即视为干燥重量。由于加热后箱内空气相对湿度并不为零，试样中水分不能完全逸出，烘干后仍有一定的含湿量，称为剩余回潮率。剩余回潮率的大小与箱外空气的温度、相对湿度和烘箱内的温度有关。当箱外大气为高温、高湿时，测得的回潮率会偏低。同一试样在不同温湿度的环境下测试的回潮率差异可达0.4%。为了减少这种差异可对烘箱的环境温湿度做某些限定或将测得的结果按箱外温湿度修正到标准状态时的值。

2. 烘箱的测试原理

加热部件由电阻加热丝组成，电源接通后，箱内温度逐渐上升，插入到烘箱内的接触式水银温度计中的水银受热膨胀后上升,当温度达到设定的温度时,水银面与另一铂丝触点接通,控制电路停止加热。与此同时,控制电路接通排气扇把箱内的湿空气抽出。当烘箱的温度下降到低于设定的温度时,接触温度计中的水银面与铂丝触点又断开,排气停止,电热丝又重新加热。转篮放置被烘试样,加热时在电机的拖动下转篮转动,以消除箱体内务点的温度差引起的烘干差异。需要称重时链条天平的挂钩钩住转篮,在天平右方秤盘内放上砝码和移动链条装置的链条上下,至平衡时称得试样干重。

3. 干燥过程

烘箱中材料在外热作用下的干燥过程中分为三个阶段。

(1) 预热期。湿试样进入干热的环境时,试样受热温度上升,干燥从此开始。

(2) 等速干燥。这一阶段水分等速蒸发,蒸发面发生在试样表面,水分主要是从试样的内部传递至表面,试样温度基本保持不变。

(3) 减速干燥。试样内水分减少,表面不能维持饱和而进入减速干燥期。这时水分蒸发减慢,蒸发逐渐内移,水分在试样内部汽化蒸发,试样的表面温度升高。

4. 回潮率的变化

利用烘箱烘干纺织材料时,回潮率随时间而降低的情形如图 4-62 (a) 所示,烘燥速度与回潮率的关系如图 4-62 (b) 所示。等速期的宽窄与纺织材料原来的回潮率有关。在烘燥过程中一般表层温度高于试样内层温度,只有当试样烘干时试样内外层温度才一致。回潮率在初始状态试样内外一致,在烘燥过程中表面回潮率总是小于内部回潮率,试样干燥时试样的内层尚残留有一定的回潮率。该残留回潮率与进入烘箱的环境空气状态有关。当环境为标准大气状态时,进入箱内的空气有基本恒定的湿度,故试样经烘燥恒重后仍含一定水分,但含水量基本稳定,因此不同试验室采用这种方法的测试结果可相互比较。

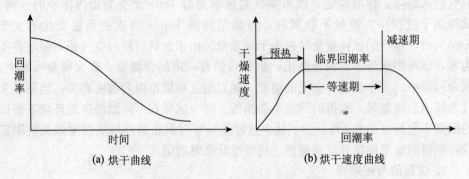

(a) 烘干曲线　　　　　　　　　　(b) 烘干速度曲线

图 4-62　通常烘干方法所得烘干曲线与烘干速度曲线

5. 测试结果的修正

当环境为非标准大气状态时，由于不同场地、不同时间大气条件都在改变，因此这种条件下测得的干燥重量 M_0 随环境而异。若受条件限制，不得不送入环境空气时，应将测试结果修正为标准条件下的 M_S：

$$M_S = M_0 \ (1+C)$$
$$C = a \ (1 - 6.58 \times 10^{-4} er)$$

式中：C——修正系数（当 $C < 0.05\%$ 时不必修正）；

　　　a——由纤维类别决定的系数，对羊毛、粘纤 $a=0.5$，对棉、麻 $a=0.3$，对锦纶、维纶 $a=0.1$，对涤纶 $a=0$；

　　　R——送入空气的相对湿度；

　　　e——送入空气的饱和水蒸气压（Pa），它取决于空气温度和大气压力。GB9995 纺织品回潮率和含水率的测定——烘箱法列出了标准大气压力不同温度的 e 值。

6. 特点

烘箱法是一种常用的测回潮率的方法。这种方法测试精度高、重复性好，常用做校验其他测试回潮率方法的基准。但烘箱法测试回潮率耗电量大、时间长，测试过程中烘烤温度选择较高，一般超过水的沸点为 105℃，致使纤维上的一些油脂或其他物质挥发造成了误差。试样的烘干称重方法也会使测试产生误差，称重方法可以有箱内热称重和箱外冷称重，箱内热称重是利用箱顶上配套的天平直接对箱内的试样称重，操作简便，结果比较稳定，生产上多采用该法；箱外冷称重是把烘干后的试样连同容器盖好放到干燥器中冷却后再称重，此法较费时。

烘箱法所用烘燥温度视纺织材料种类而定，一般纤维所用温度为 105℃±3℃，腈纶为 110℃±3℃，氯纶为 70℃±2℃，家蚕丝为 140℃±5℃。

（四）红外干燥法

红外线是一种电磁波，在电磁波谱图中的位置如图 4-63 所示。

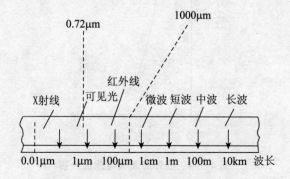

图 4-63 红外线在电磁波谱中的位置

波长从 $0.7 \sim 1000\mu m$，典型波长是 $100\mu m$。红外线可分为近红外线和远红外线两种，靠近可见光的一端称为近红外线，远离可见光的一端为远红外线，分界点为 $4\mu m$。

1. 加热机理

红外线加热具有显著的热效应。一方面，红外干燥在热量传递上是以辐射为主，试样加热迅速。红外辐射在空气中吸收比较少，且辐射的能量是与辐射体温度的四次方成正比。与以热空气对流传热为主的烘箱相比，红外干燥比较迅速。用加热至 $100℃$ 的热空气进行干燥，每小时传给试样的热量为 $0.884kW/m^2$ （$760kcal/m^2$）。在相同条件下，用红外灯则每小时传给试样的热量可达 $32kW/m^2$ （$275000kcal/m^2$）。

另一方面，利用红外加热机理，几乎所有的有机物质、高分子材料和水分子在红外区内都有一个或多个吸收带，红外烘燥中要充分利用水对红外线的吸收特征，水分子在红外区某些波段上出现强烈的吸收带，其吸收带峰值波长约为 $0.94\mu m$、$1.2 \sim 1.5\mu m$、$2.5 \sim 3.1\mu m$ 和 $4.8 \sim 7.7\mu m$。近红外烘燥充分利用水分子在 $0 \sim 3\mu m$ 波段上的三个吸收带，通常由红外灯泡提供，其波长能量分布如图 4-64 所示。由于近红外线波长较短，其穿透深度较浅，使试样外干内不干，且耗电较大，故工业上常用远红外加热烘燥方法。

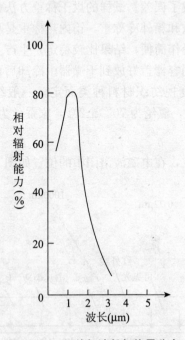

图 4-64　红外灯波长与能量分布

远红外能较深地渗入被加热物体内部，引起分子剧烈的运动，并迅速转变为热能使物体里外加热比较均匀。由于它充分利用了纺织材料和水在红外区的各种吸收带，加热速度要比近红外加热更高，且加热设备结构简单，成本低廉，有显著的节约效果。远红外线的获取也较简单，只要在原有的加热设备上涂覆一层金属氧化物、碳化物、氮化物、硫化物或硼化物就能形成远红外线辐射源。远红外线发射源的能量与波长的关系如图 4-65 所示。由图可以看出，远红外发射源的波长范围较宽，近红外的波长辐射范围较窄。

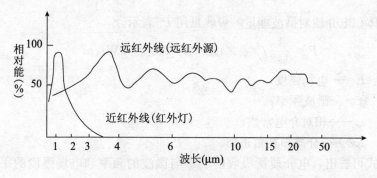

图 4-65　红外灯和远红外发射源

2. 加热过程

红外加热与烘箱加热相比较，虽然在热的传导方式上有所不同，但干燥过程的机理基本上相同。其差别在于减速期的最后阶段，烘箱烘干时试样达到烘箱的控制温度后不再升高，红外辐射加热烘干后若红外线继续照射，其能量仍不断地传给试样，使试样温度不断上升以致烘焦。

3. 特点

与烘箱相比，红外加热能量在空间的分布较为不匀，往往产生局部试样过热。由于红外线辐射在空气中的衰减较小，能量高，穿透能力强，因此红外烘燥迅速，耗电量小，设备简单。综合红外与烘箱的优点，出现了先用红外线预烘，再放入烘箱内烘的试验方案，可缩短烘干时间。

（五）微波加热

电介质在微波场内被加热的微观原理，是由于电介质的分子都携带极性基团即偶极子，在无电场时做杂乱无章的运动。当加以外电场时，分子有极化的趋势。分子沿着外电场的方向排列如图 4-66 所示，极化分子的内电场部分抵消了外电场。若外电场做 180° 改变，介质分子的取向也随之旋转 180°。若电场方中不断变化，分子也跟着不断转动，形成内摩擦，从而产生热量使温度升高。

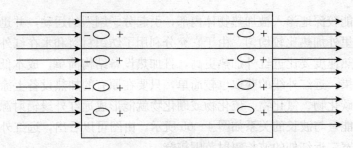

图 4 - 66　电场中的介质极化

单位体积电介质对微波能量的吸收量用 P_s 表示。

$$P_s = \frac{1}{1.8} f \times \varepsilon_r \times \mathrm{tg}\delta \times E^2 \times 10^{-12} \quad (\mathrm{W/cm^3})$$

式中：E——电场强度；

　　　f——微波频率；

　　　ε_r——相对介电常数；

　　　$\mathrm{tg}\delta$——介质损耗角正切。

从上式可看出，电介质所吸收的功率与微波的频率和电场强度的平方成正比。频率和电场强度增加都会提高加热效率。

常用的微波频率是 915MHz 和 2450MHz。C、K 两波段因缺乏大功率价廉的微波发生设备而很少使用。所以提高加热功率的外部因素主要靠电场强度，而内在因素则是 ε 和 $\mathrm{tg}\delta$。

用微波对纺织材料加热时，试样通常是某种材料和水的混合物，其介电常数既不等于水，也不等于某种材料，而是复合介电常数。复合介电常数介于单种物质与水的介电常数之间。一般水的介电常数为 80，$\mathrm{tg}\delta$ 为 1.2；干燥纺织材料介电系数为 2～5，$\mathrm{tg}\delta$ 为 0.001～0.05。故纺织材料的含水量越高，复合的介电常数和介电损耗角正切 $\mathrm{tg}\delta$ 也越大，对微波能的吸收也越多。由于水的介电常数远大于纺织材料的介电常数，在用微波加热时绝大部分的能量将被水吸收，结果水分蒸发很快。

七、间接测湿法

(一) 电阻测湿法

1. 原理

纤维材料在干燥状态下，其质量比电阻一般大于 $10^{12}\,\Omega \cdot \mathrm{g/cm^2}$，是绝缘体。纤维吸湿后，电阻值发生明显改变，回潮率与质量比电阻之间成近似对数关系。相对湿度从 0 变化到 100%，纤维电阻变化可达 10^{10} 数量级，即使纤维的相对湿度在 30%～90% 范围内变化，其质量比电阻变化也可达到 10^5 数量级。对大多数纺织纤维来说，在相对湿度 30%～90% 范围内，质量比电阻随含水率的增加而迅速减少。由近似经验公式可得：

$$\lg\rho_m = \lg K - n\lg M$$

式中：ρ_m——纤维质量比电阻；

M——含水率；

n、K——实验常数。

n、K 值随纤维类别和测定条件的差异而不同。一些纤维含水率与质量比电阻的关系如图 4-67 所示。相对湿度与质量比电阻的关系如图 4-68 所示。

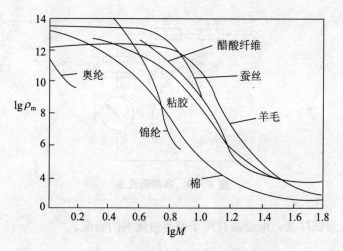

图 4-67　质量比电阻与含水率的关系

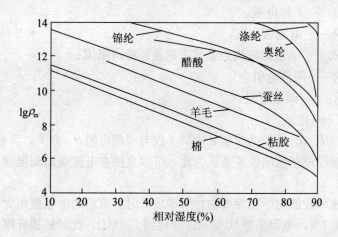

图 4-68　质量比电阻与相对湿度的关系

含水率低时（棉低于 3.5%，粘胶纤维低于 7%，羊毛和蚕丝低于 4%），含

水率 M 与质量比电阻的对数 $\lg\rho_m$ 近似直线关系。在中等湿度范围内，大多数纺织纤维质量比电阻的对数 $\lg\rho_m$ 与相对湿度成线性关系。因此，可以通过测定纤维在一定条件下的电阻来间接测试纤维的含水率。

2. 棉花含水率的测定

（1）水分较高时。由于纤维的电阻变化范围大，棉花的阻值可以从 $20k\Omega$ 变化到 $115M\Omega$，差值约有 6000 倍。仪器电路设计上常分档测试，当水分较高时，如原棉含水率在 $7\%\sim15\%$ 时，阻值变化范围是 $30.85k\Omega\sim20.4M\Omega$。电阻测量大多采用串联电路，如图 4-69 所示。

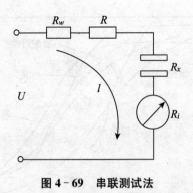

图 4-69 串联测试法

R_x 是矩形试样盒，电位器只用于调节电流表的满度。

$$I=\frac{U}{R_w+R+R_x+R_i}$$

式中：U——工作电压；

$\quad\quad\ R_i$——电流表内阻；

$\quad\quad\ R_x$——一定容积压力条件下定量原棉电阻值；

$\quad\quad\ R$——限流电阻；

$\quad\quad\ R_w$——调整电阻；

$\quad\quad\ I$——电流。

由于 U、R、R_w、R_i 为常值，电流 I 仅与原棉电阻 R_x 有关，而 R_x 与原棉的含水率或回潮率成单值函数关系。为此，可以直接在电流表的刻度盘上标定出原棉的含水率。

（2）含水率较低时。当原棉的含水率较低时，原棉的电阻值很大。若含水率从 4% 变化到 7%，电阻阻值从 $43M\Omega$ 变化到 $115M\Omega$，此时的棉纤维可近似地看成是绝缘体，所以要用高阻表来测试原棉的电阻。通常是采用分压式电路，如图 4-70 所示。

R_s 为标准电阻。用高阻抗伏特计测出 R_s 两端电压 U_0，由分压定理得：

$$\frac{U_0}{R_s}=\frac{U}{R_x+R_s}$$

$$R_x=\frac{U-U_0}{U_0}\cdot R_s$$

因此，由 U_0 可以求出 R_x，进一步标定出纤维的含水率。

必须注意，不管是串联式还是分压式测试电路，由于电流表和电子元件的离散性，而且纤维的电阻与回潮率之间呈非线性，因此标定必须逐点进行，电表表头不能互换使用。电路元件更换后仪器必须重新标定。

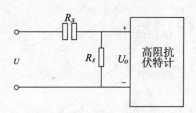

图 4‑70 分压式测试法

3. 影响测试结果因素

(1) 温度。纤维的电阻随着温度升高而下降，主要原因是杂质导电，当温度升高时，纤维中杂质附加物导电离子数目增加。纤维的质量比电阻与温度的关系是：

$$\lg\rho_m=\frac{c}{2}T^2-(a-bM)\ T$$

式中：a、b、c——常数；

M——含水率；

T——温度。

各种纤维的 a、b、c 值如表 4‑19 所示。

表 4‑19   各种纤维的常数 a、b、c 值

纤维	a	b	c
棉	0.0863	0.00535	0.00035
粘胶	0.0707	0.00186	0.00037
羊毛	0.0960	0.00212	0.00057
醋酸	0.0528	0.00080	0.00025
丝	0.0936	0.00787	0.00082

温度与纤维比电阻对数关系曲线如图 4-71 所示。从图中可以看出，温度每提高 10℃，电阻值约下降 5 倍，质量比电阻的对数与温度是近似成线性关系。

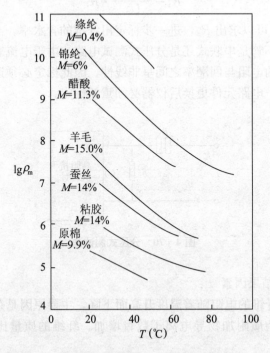

图 4-71　各种纤维的质量比电阻随温度变化的关系

（2）时间。干燥的纤维是良好的绝缘体，室温下电阻值可达 10^{16} Ω。若在纤维的两端加一电压，开始时电流较大，以后逐渐变小，达到平稳电阻所决定的电流值。这种变化有两方面的原因，一方面，纤维是一电介质，加上电压后纤维产生极化，有极化电流出现，极化电流的消失需要较长的时间，如干燥角朊在 20℃时的衰减时间常数为 2×10^{8} s，达到稳定的时间要比这更长。另一方面，纤维中流过电流产生的电离物会在电极处积聚，使电阻增大。这种阻值的增大与电极材料有关，有人采用铜、锌、锡、铝、白金等作为电极，测量原棉在回潮率 10.3%、温度 20℃时，电阻值随时间变化的曲线，如图 4-72 所示。纵坐标为加上电压后各测量时间的阻值 R_1，与加电压 2s 时的电阻值 R_2 之比。从图可以看出，2min 后，铜电极阻值增高约 1.5 倍，锌电极增高约 1.4 倍，而锡、铝、白金增加较小，约 1.03 倍。经多次测试，发现用不锈钢电极最好。

（3）压力。在进行纤维电阻测试时，都是把材料放在两电极之间，材料和电极必须接触良好。常见的电极形式为插针式和极板式。不同形式的电极都必须保证电极与纤维之间有一定的压力。

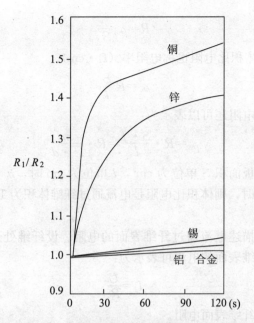

图 4 - 72　各种电极材料不同测量时间与电阻关系

（4）其他因素的影响。试样的回潮率分布不均匀会影响测试结果，纤维试样的电阻总是以最低处的阻值对外表现其电阻数值，只要纤维试样中有一个潮润点处在电极间，就会明显影响测量结果。插针式电极应注意试样的表面层回潮率，插针的根部应该绝缘，以防止表层影响。纺织材料中的其他杂质也会对回潮率测试产生明显影响，如棉纤维上的棉蜡、羊毛表面的油脂、蚕丝表面的丝胶、化纤表面的油剂及对纺织材料进行漂白或染色等都会使纤维的电阻值降低，影响测试结果。

（二）纤维比电阻测量

纤维主要由原子通过共价键结合而成。干燥的纤维没有自由电子，也没有导电的离子，在外电场作用下，导电能力很低，是一种良好的绝缘体。然而，天然纤维在生长发育过程中，化学纤维在加工制造过程中，都会引入一些其他物质，例如：脂肪类物质、各种催化剂、乳化剂以及水分等。这些杂质能导电，或在电场的作用下能电离产生导电离子，从而增强了纤维的导电性能。

纤维的导电性用比电阻表示。通常有体积比电阻、表面比电阻和质量比电阻三种表示法。

1. 体积比电阻

由欧姆定律可知，导体的电阻 R 与导体的长度 J 成正比，和导体的截面积 S 成反比。

$$R = \rho_v \frac{l}{S}$$

式中：ρ_v——体积比电阻也称电阻率（$\Omega \cdot cm$）。

$$\rho_v = R \frac{S}{l}$$

纤维的体积比电阻还可以表示为：

$$\rho_v = R \cdot \frac{S \cdot f}{l} = R \cdot \frac{m}{l^2 \cdot d}$$

若测试盒的极板面积 S 单位为 cm^2，l 单位为 cm 时，ρ_v 单位为 $\Omega \cdot cm$。当 $S=1cm^2$，$l=1cm$ 时，则体积比电阻是电流通过纤维体积为 $1cm^3$ 时的电阻。

2. 表面比电阻

表面比电阻是描述电流通过纤维表面的电阻。设纤维处于直流电压为 U 的电场内，则流过纤维表面的电流可表示为：

$$I_s = \frac{U}{R_s}$$

式中：R_s——纤维表面电阻。

干燥的纤维是绝缘体，杂质往往附在纤维的表面，特别是化学纤维，所以表比电阻对纺织纤维有特殊的意义。

3. 质量比电阻

对于纺织材料来说，由于断面面积或体积不易测量，正如表示细度一般不用截面积一样，表示材料的导电性一般也不采用体积比电阻，而采用质量比电 ρ_v，在数值上它等于试样长 $1cm$ 和质量为 $1g$ 的电阻，单位为 $\Omega \cdot g/cm^2$。

质量比电阻可表示为：

$$\rho_m = \rho_v \cdot d$$

式中：d——纤维密度。

质量比电阻还可以用下式表示：

$$\rho_m = \rho_v \cdot d = R \cdot \frac{m}{l^2 \cdot d} \cdot d = R \cdot \frac{m}{l^2}$$

这个式子计算质量比电阻较为方便。

化学纤维特别是合成纤维，一般吸湿性能差，回潮率低，其质量比电阻可在 $10^{14} \Omega \cdot g/cm^2$ 以上。未给油剂的合成纤维在加工过程中容易产生静电，给纺织生产带来很大的困难，为此生产上可纺的质量比电阻希望控制在小于 $10^9 \Omega \cdot g/cm^2$ 的范围内。

第六节 棉纤维成熟度和转曲度检验

一、基本概念

棉纤维的成熟度是指纤维胞壁的加厚程度，胞壁越厚，成熟越好。成熟度与棉花品种、生长条件有关，特别受生长条件的影响。除长度以外，棉纤维的各项性能几乎都与成熟度有着密切的关系。正常成熟的棉纤维，截面粗，强度高，弹性好，有丝光，并有较多的天然转曲。

棉纤维的成熟度差异很大，正常吐絮后采摘的一批棉花也包含有成熟的与不成熟的纤维。通常讲的纤维成熟度是指一批原棉的平均成熟度。

二、棉纤维成熟度与纱线、织物质量的关系

棉纤维成熟度的高低与纺纱工艺、成品质量关系十分密切，简单归纳如下。

（1）成熟度高的棉纤维能经受打击，易清除杂质，不易产生棉结与索丝。

（2）成熟度高的棉纤维吸湿较低，弹性较好，加捻效率较低。

（3）成熟度高的棉纤维在加工过程中飞花和薄棉少，成品制成率高。

（4）成熟度中等的棉纤维，由于纤维较细，因而成纱强度高，成熟度过低的棉纤维成纱强度不高，成熟度过高的棉纤维偏粗，成纱强度亦低。但成熟度高的棉纤维在加工成织物后耐磨性较好。

棉纤维生长过程中，纤维素大分子在胞壁中由外向内沉积，而内外层纤维素沉积的螺旋角不同。一般外层螺旋角大，内层螺旋角小，随着胞壁厚度的增加，整根纤维平均螺旋角降低，大分子取向度增加。另外，随着生长天数增加，纤维大分子聚合度和截面积加大。上述这些因素使纤维强力随成熟度增加而增加。

从纤维外观形态来看，纤维在干涸后截面不均匀收缩，形成棉纤维的天然转曲。成熟度低的纤维呈扁平带状，转曲极少，随着生长天数增加，成熟度逐渐提高，天然转曲也逐渐增多。当纤维生长到接近成熟时，天然转曲最多，若继续生长，纤维成熟度过高，胞壁淀积过厚，纤维外形呈棒状，转曲数反而下降。因此，适当成熟和转曲数大的纤维，可以增加纱条中纤维间抱合力，提高纱条的强力。

（5）成熟度高的棉纤维吸色性好，织物染色均匀。薄壁纤维吸色性差，容易在深色织物上显现白星，影响外观。

棉纤维的光泽与纤维断面形状、内部结构和表面状况有关。正常成熟的棉纤维精亮而有丝光；成熟度差的棉纤维，光泽暗淡。因此，可以用目测棉样光泽来

判断棉纤维的成熟度。

（6）棉纤维的长度与直径（或周长）取决于棉纤维的品种，当品种一定时，成熟度好的纤维，线密度高。线密度与成熟度是互相关联的。不同品种，纤维的外径不同时，纤维线密度的差异就不能反映其成熟度的差异，因为纤维线密度与纤维外径及成熟度这两个因素都有关。

（7）棉纤维的成熟度对纤维其他性能，如纤维的吸湿性、刚度、弹性、双折射率以及纤维的染色性能等均有影响。一般来说，随着棉纤维成熟度提高，纤维平衡回潮率降低，吸色性能和染色均匀度提高，弹性好，抗弯刚度大。成熟度差的纤维弹性差，抗弯刚度小，容易纠缠成团，形成棉结。所以，未成熟纤维含量百分率的大小，对纺织厂成纱质量影响是很大的。

三、棉纤维成熟度指标

（一）壁径比 m

不同直径的棉纤维，即使纤维的壁厚相同，其胞壁填充度即成熟度也是不同的。因此，可以用纤维双层壁厚与纤维外径的比值，即壁径比 m 来表示纤维成熟度。

$$m = \frac{2\delta}{D}$$

式中：2δ——纤维双层壁厚；

D——纤维外径。

实际上，棉纤维干涸后，其断面呈不规则的腰圆形，很难测量其外径。通常是按其横截面的周长 C，将纤维恢复成一个圆形。圆的外径 D 即为纤维的理论外径，δ 为纤维的壁厚，d 为理论中腔直径，它们之间有如下关系：

$$D = \frac{C}{\pi}$$

式中：D——纤维的理论外径；

C——纤维周长。

胞壁厚度：

$$\delta = \frac{D-d}{2}$$

胞壁环面积：

$$S' = \frac{\pi}{4}(D^2 - d^2)$$

标准正常成熟纤维，其壁径比 $m = 0.35$。

（二）胞壁增厚比 θ

胞壁增厚比 θ 定义为胞壁充塞的面积与理论外径圆面积之比：

$$\theta = \frac{S'}{S}$$

式中：S'——胞壁环面积；

S——理论外径的圆面积。

（三）成熟度比 M

以胞壁增厚比 $\theta = 0.577$ 时的纤维作为标准成熟度，计算实际成熟度与标准成熟度之比 M：

$$M = \frac{\theta}{0.557}$$

式中：M——成熟度比；

θ——胞壁增厚比。

可得 m、θ 与 M 之间的关系：

$$\theta = \frac{\frac{\pi}{4}D^2 - \frac{\pi}{4}(D-2\delta)^2}{\frac{\pi}{4}D^2} = \frac{D^2 - (D^2 - 2\delta)^2}{D^2}$$

$$= 2\left(\frac{2\delta}{D}\right) - \left(\frac{2\delta}{D}\right)^2 = 2m - m^2$$

$$M = \frac{\theta}{0.557} = \frac{2m - m^2}{0.557}$$

（四）成熟系数 K

成熟系数 K 定义为：

$$K = \frac{20\left(\frac{2\delta}{D}\right) - 1}{3} = \frac{20m - 1}{3}$$

当壁径比 $m = 0.35$ 时，也即在标准成熟度情况下，可得：

$$K = \frac{(20 \times 0.35) - 1}{3} = 2$$

$$M = \frac{2 \times 0.35 - (0.35)^2}{0.577} = 1$$

四、中腔胞壁对比法

成熟度系数可按图 4-73 定义为：成熟度系数 $= \dfrac{20\left(\frac{2\delta}{D}\right) - 1}{3}$。

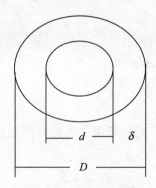

图 4-73 成熟度系数

即最不成熟的棉纤维,成熟度系数为 0.00 时,$\dfrac{2\delta}{D}=0.05$;标准成熟棉纤维,

成熟度系数为 2.00 时,$\dfrac{2\delta}{D}=0.35$;最成熟的棉纤维,成熟度系数为 5.00 时,$\dfrac{2\delta}{D}=$

0.80。如前所述,实际上棉纤维已被压扁,要测定 $\dfrac{2\delta}{D}$ 是极不方便的,因此,实际检

验中采用胞壁中腔比值法或外形观察法测定。

(一) 胞壁中腔比值法

在 400 倍左右的显微镜下观察棉纤维中段的形态,如图 4-74 所示。a 为棉纤维的中腔可见宽度,b 为棉纤维的一边胞壁的可见厚度。成熟度差的棉纤维,胞壁薄而中腔宽度大;成熟度极差的棉纤维,几乎全部为中腔宽度,胞壁极薄;

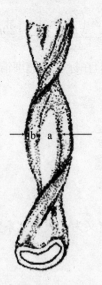

图 4-74 显微镜下观察棉纤维中段的形态

成熟好的棉纤维，胞壁厚而中腔小；极度成熟的棉纤维，中腔几乎不可察觉。由腔宽与壁厚的比值来确定成熟度系数。表4-20为成熟度系数与腔宽壁厚比例值对照表。表中把全部棉纤维的成熟度定为18组，并分别用成熟度系数表示。完全没有成熟的棉纤维，成熟度系数定为0.00；最成熟的棉纤维，成熟度系数定为5.00。系数越大，表示成熟度越高。

表4-20　　　　　　　　成熟度系数与腔宽壁厚比例值对照

成熟度系数	0.00	0.25	0.50	0.75	1.00	1.25
腔宽壁厚比值	30~33	21~13	12~9	8~6	5	4
成熟度系数	1.50	1.75	2.00	2.25	2.50	2.75
腔宽壁厚比值	3	2.5	2	1.5	1.0	0.75
成熟度系数	3.00	3.25	3.50	3.75	4.00	5.00
腔宽壁厚比值	0.50	0.33	0.20	0.00	不可察觉	

（二）外形观察法

由于测定腔宽壁厚比例值确定成熟度系数比较费时，因此在实际工作中应用较少。成熟度系数测定时，也可以观察一根纤维中段最宽处，用腔宽壁厚的比例值与不同成熟度系数的棉纤维形态图（见图4-75）对照确定成熟度系数。

每批测定200根以上纤维，求出平均成熟度系数和成熟度系数在0.75以下的未成熟纤维百分率。对比法测定成熟度系数的方法可适用于不同品种的棉纤维的成熟度测定。在测定时，显微镜的放大倍数以及显微镜的物镜与目镜的组合情况对试验结果产生影响，因此测定时必须按规定条件进行。

$$平均成熟度系数 = \frac{测定纤维成熟度系数总和}{测定的总根数}$$

$$未成熟纤维 = \frac{成熟度系数在0.75以下的纤维根数}{测定总根数} \times 100\%$$

正常成熟的陆地棉的成熟度系数一般在1.5~2.0，低级棉的成熟度系数在1.4以下。从纺纱工艺与成品质量来考虑，成熟度系数在1.7~1.8时较为理想。用对比法测得海岛棉的成熟度系数较陆地棉高，通常都在2.0左右。如果种植海岛棉的地区气温偏低，则海岛棉的成熟度系数将显著降低，成熟不良。

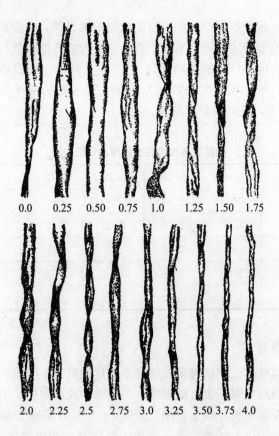

图4-75 不同成熟度系数棉纤维形态

五、偏振光显微镜测定法

(一) 基本原理

偏振光法测定棉纤维的成熟度利用偏振光显微镜,可以检验棉纤维的成熟度。偏振光检验棉纤维成熟度的原理,是利用棉纤维的双折射性质,在偏振光显微镜中观察棉纤维的干涉色来确定纤维的成熟度。

当平面偏振光以垂直长轴的方向进入具有双折射性质的纤维时,这平面偏振光分解成两条在互相垂直平面内振动的光束。如果这平面偏振光的振动平面和纤维长轴成θ角,则分解后的光线分别在两个平面内振动,一个平行于纤维的长轴,另一个垂直于纤维的长轴,如图4-76所示。其中,平行于纤维轴的是慢光(E光),垂直于纤维轴的是快光(O光)。

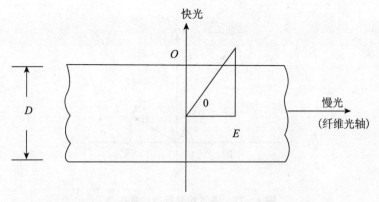

图 4 - 76　偏振光通过棉纤维时分解的快光与慢光

由于两条光线通过纤维的折射率不同，在纤维内的速度也不同；当两条光线离开纤维时，产生一定的光程差，其值为：

$$\Delta = \delta(n_e - n_o)$$

式中：Δ——光程差（$m\mu$）；

　　　δ——纤维实际厚度（μm）；

　　　$n_e - n_o$——纤维双折射率。

光程差对应的相位差为：

$$\varphi = \frac{2\pi}{\lambda}\Delta = \frac{2\pi}{\lambda}\delta(n_e - n_o)$$

式中：ψ——相位差；

　　　λ——光波波长（$m\mu$）。

两条光线透过纤维后，以相同速度前进，但两条光线之间的相位差将继续保持。这两条光线互相垂直振动，在不同相位差时合成平面偏振光、圆偏振光或椭圆偏振光，在一般情况下为椭圆偏振光。

椭圆偏振光的两个分光到达检偏器后，O 光和 E 光平行于检偏器的分光能通过检偏器在同一平面内振动，如图 4 - 77 所示，由于相位差不同而产生干涉。如果是单色光照射，则干涉只有明暗之分；如果采用混合光（白光）照射，则在显微镜里可以看到不同色彩的干涉色。当纤维厚度不同时，光程差不同，干涉色也不一样。光程差随纤维厚度的增加而增加，干涉色随光程差的变化情况，如表 4 - 21所示。

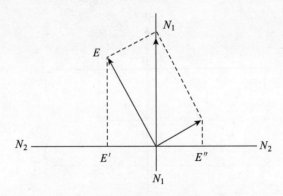

图 4－77　通过检偏器后的偏振光

表 4－21　　　　　　　　　　　　白光照明的干涉光

光程差（mμ）	干涉色	光程差（mμ）	干涉色	光程差（mμ）	干涉色
0	黑色	536	红色	1101	暗紫色
40	铁灰	551	深红	1128	紫色带蓝
97	紫灰	565	紫色	1151	深蓝
158	灰蓝	575	紫蓝	1258	蓝色带绿
218	灰色	589	深蓝	1370	鲜绿
234	白色带绿	664	天蓝	1426	黄色带绿
259	全白色	728	蓝色带绿	1495	肉色
267	白色带黄	747	绿色	1534	鲜红
281	黄色带绿	826	浅绿	1621	暗紫色
306	浅黄	834	绿色带黄	1652	紫灰
332	鲜黄	910	纯黄	1682	灰蓝
430	黄色带棕	948	橙黄	1711	暗海绿
506	橙色带红	998	橙红	1744	绿色带蓝

　　棉纤维的光程差一般不超过 $400 \sim 450 \mathrm{m}\mu$，而 $400 \sim 450 \mathrm{m}\mu$ 以下的光程差所呈现的干涉色的区别不明显，故实际检验中，在偏振光通过纤维后再加一个一级红补偿器，使光程差增加 $550 \mathrm{m}\mu$，使干涉色随胞壁厚度的变化而变得非常明显，有利于区别成熟纤维与不成熟纤维。通常把干涉色呈橙色、黄色、绿色带黄、绿色者定为成熟纤维，干涉色呈天蓝色、深蓝色、紫蓝色、紫色、透明者定为未成

熟纤维。偏振光检验棉纤维的成熟度，以成熟度百分率表示：

$$成熟度百分率 = \frac{成熟纤维根数}{成熟纤维根数 + 未成熟纤维根数} \times 100\%$$

加一级红补偿器时，要注意使一级红的快光方向与纤维的快光方向平行。如果使一级红的快光方向与纤维的慢光方向平行，则相当于把光程差减少 $550m\mu$。如果采用三级红补偿器，则补偿器的快光方向与纤维的慢光方向（纤维轴）平行，使光程差在 2～3 级，此时观察到的纤维呈黄色或绿色者为成熟纤维，干涉色呈透明红色者为未成熟纤维。

由于偏振光干涉色不仅决定于纤维的厚度，而且受双折射率的影响，只有当纤维的双折射率相同时，光程差才真正反映胞壁厚度即成熟度的高低，因此利用偏振光检验棉纤维成熟度，只能在品种的性能差异不是很大时才适用。同时必须注意，偏振光干涉色测定的成熟度是指胞壁的厚度值。如果纤维周长差异很大，干涉色测定的成熟度与对比法测得的成熟系数之间就没有可比性。

（二）色偏振测量棉纤维成熟度

棉纤维具有双折射性质，当直线偏振光进入棉纤维时，分解成的平行于纤维的偏振光和垂直于纤维的偏振光，走出纤维时产生光程差。棉纤维光程差 Δ 与胞壁厚度 $2t$ 和成熟系数 K 之间的关系为：

$$\Delta = 1000 \times 2t(n_{//} - n_{\perp})$$

式中：Δ——光程差（nm）；

$n_{//} - n_{\perp}$——棉纤维双折射率。

将 $K = \dfrac{20\left(\dfrac{2t}{D}\right) - 1}{3} = \dfrac{20m - 1}{3}$ 代入上式得：

$$\Delta = 150D(K + \frac{1}{3})(n_{//} - n_{\perp})$$

式中：D——纤维理论直径；

K——成熟系数。

对于一定品种的棉纤维来说，不同成熟程度的棉纤维双折射率为一常数，因此棉纤维的光程差是棉纤维胞壁厚度的直线函数。

在复色光照明条件下，当偏振光通过检偏振片后，由于不同波长光波的加强与减弱，不同的光程差就呈现不同的干涉色。因此，根据棉纤维在偏光显微镜下呈现的干涉色，可以测定棉纤维的胞壁厚度即成熟度。

测定前起偏振片和检偏振片必须严格正交，棉纤维几何轴向应与起偏振光光轴呈 45°，补偿器的光轴方向应正确放置。

1. 前苏联方法

加入一级红晶片，应用光程差相加法测定棉纤维成熟度。显微镜放大 80～100 倍时，观察棉纤维根数不少于 300～400 根。根据偏振光所显示的色彩，将棉纤维的成熟程度分成四组，如表 4-22 所示。

表 4-22　　　　　　　　棉纤维成熟程度与色彩对照

成熟度组	棉纤维的成熟程度	棉纤维的色彩	棉纤维及其中腔的形状
1	最成熟	橙黄色及金黄色，带有玫瑰红—紫色的区段	纤维圆柱形中腔狭窄
	成熟	黄绿色，带有绿色及淡蓝色的区段	纤维圆柱形中腔狭窄
2	不够成熟	蓝色及天蓝色，黄绿色带有淡蓝色及蓝色的区段	纤维呈带状中腔宽阔
3	不成熟	紫蓝色，带有紫色的区段	纤维呈带状中腔宽阔
4	完全不成熟	紫色带有透明红色的区段，透明红色	纤维呈带状中腔宽阔

根据测试结果可计算出成熟纤维百分率和平均成熟系数，方法如下。

（1）在每个视场内数出属于 1、2、3、4 成熟度组的棉纤维根数。然后以观察到的纤维总根数作为 100%，算出各成熟度组的棉纤维百分含量。

（2）计算棉纤维的成熟系数。根据纤维品种，按照表 4-23，求出每组棉纤维的成熟系数 K_1、K_2、K_3、K_4。

表 4-23　　　　　　　不同品种纤维各组与成熟度系数对照

棉纤维品级	根据成熟度组确定棉纤维的成熟系数				
	1组		2组	3组	4组
	中纤维品种	细纤维品种	中纤维和细纤维品种		
特级	2.40	2.45	1.30	1.00	0.50
Ⅰ	2.35	2.40	1.30	1.00	0.50
Ⅱ	2.30	2.30	1.30	1.00	0.50
Ⅲ	2.30	2.30	1.30	1.00	0.50
Ⅳ	2.00	2.00	1.30	1.00	0.50
Ⅴ	2.00	2.00	1.00	1.00	0.50
Ⅵ	2.00	2.00	1.00	1.00	0.50

棉纤维成熟系数的加权平均值（K_z）按下式计算：

$$K_z = \frac{A_1 K_1 + A_2 K_2 + A_3 K_3 + A_4 K_4}{100}$$

式中：A_1、A_2、A_3、A_4——相应的四组棉纤维百分数；

K_1、K_2、K_3、K_4——相应的四组棉纤维成熟系数。

2. 美国方法

也是应用光程差相加法测定棉纤维成熟度。测定方法基本上与前苏联试验方法相同，它是以水或清矿物油作为媒介物，用偏光显微镜放大 100 倍，而后用一级红晶片按照第二级干涉色区分纤维，如表 4-24 所示。

表 4-24 偏振光下纤维颜色

纤维成熟度	不用一级红晶片	用一级红晶片	
	一级干涉色	相加色彩	二级干涉色
成熟纤维	淡黄色，白色	黄色，绿色	
不成熟纤维	灰蓝色，灰色	蓝色，紫色	

当区分成熟纤维与不成熟纤维有困难时，则将一级红晶片拿去，观察纤维的颜色。最后计算成熟纤维百分率。

（三）偏光成熟度仪

偏光成熟度仪是采用光电检测元件测量光线透过起偏器、纤维和检偏器后的光强大小，来测量纤维的成熟度。仪器结构如图 4-78 所示。

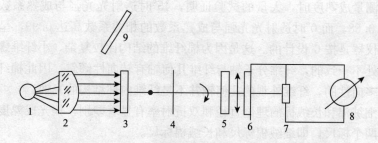

1—灯泡；2—透镜；3—起偏振片；4—棉纤维试样；5—检偏振片；
6—硒光电池；7—电位器；8—电表；9—中性滤光镜

图 4-78 光路电路示意

仪器光源采用 6.3V、2.5A 的灯泡，由稳压电源供给。

准备试样时，将一薄层的棉须平直整齐地夹入两载玻片中，剪去露出载玻片外的纤维，再放入试样夹子内。测试时，将试样夹子插入仪器窗口，按规定的操作步骤，从电表上读出载玻片上的纤维数量和透过检偏振片的相对光强，借专用计算尺求得该试样的成熟系数，或用微机自动校正、显示和打印测定结果。

因为理论公式和试验所得的标尺是在同一纤维数量的前提下建立的，试样纤维数量增加或减少时，其透射光的相对光强会随之增加或减弱。如果要求每次测量时的纤维数量必须一致，则达不到快速检验的目的。表 4-25 为根据实验求得纤维数量影响透射光相对光强的修正值。表中的相对光强 I_A 是根据试样在没有起偏振片的光路中（中性滤光镜进入光路）测得的，它反比于纤维数量。

表 4-25   纤维数量修正系数

I_A	55	56	57	58	59	60	61	62	63	64	65
E	0.940	0.951	0.963	0.975	0.987	1.000	1.013	1.026	1.040	1.054	1.068

注：I_A（相对光强）：反比于纤维数量；E：修正系数。

仪器设计的纤维数量读数规定在"60±5"（电表上的相对光强），在这个范围内可按下式进行计算：

$$I_f = I'_f E$$

式中：I'_f ——纤维数量在相对光强 I_A 时测得的透射光相对光强；

         E ——纤维数量在相对光强 I_A 时的修正系数。

仪器所附的专用计算尺就是按此公式和表 4-25 的数据进行设计的。其数值也可通过微机自动计算。

利用偏振光干涉色检验棉纤维成熟度，纤维都是按 45°放置。但是，利用透射光光强测量成熟度时，大量的试验证明，45°时透射光光强与成熟系数的相关系数仅为 0.68，而 0°时透射光光强与成熟系数的相关系数高达 0.99，呈显著相关。因此仪器是按 0°设计的。这是因为棉纤维的结构比较复杂，小纤维螺旋线的方向是各处不一致的，纤维分子轴与纤维几何轴有转向性倾斜，因此棉纤维的光轴是具有多向性的，纤维外观的几何轴并不是纤维内部结构的光轴。

鉴于细绒棉和长绒棉的理论直径和双折射率有显著差别，偏光成熟度仪必须分别设计两个标尺，即细绒棉标尺和长绒棉标尺。

1. 细绒棉标尺

首先采用不同生长天数的纯种岱字 15 号的棉样进行试验，以 500 份棉样进行验证试验，建立了透射光强度 I_1 与成熟系数 K 的关系，其关系式为：

$$I_1 = 95.4514\sin^2 0.3429(K_1 + 0.933)$$

2. 长绒棉标尺

根据大量的长绒棉试验，建立了透射光强度 I_2 与成熟系数 K 的关系，其关系式为：

$$I_2 = 99.410\sin^2 0.3219(K_2 + 0.9973)$$

近年来，偏光成熟度仪 Y147-Ⅱ型在光路和电路设计上进行了改进，如图 4-79所示，光源采用了偏振度极好的激光器，在激光器的两端用两玻璃片按布儒斯特角方向封贴可获得直线偏振光，代替原装置中的起偏振片。另外，采用双光路测试，即在检偏振片前设置一个成45°角的分光镜，一束光将代表纤维数量信息投射到硅光电池上；另一束光通过检偏振片后的纤维透射光强度投射到另一个硅光电池上，两个硅光电池连接到微处理器，自动计算、显示和打印测试结果，并可用校准棉样自动进行校准。

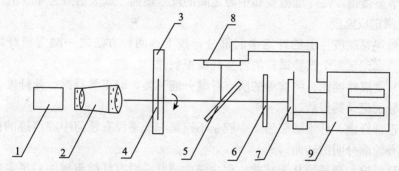

1—激光器；2—扩束镜；3—试样夹；4—纤维试样；5—分光镜；
6—检偏振片；7、8—硅光电池；9—微机检测和显示打印装置

图 4-79 Y147-Ⅱ型偏光成熟度仪光路电路

六、NaOH 测定法

（一）原理

将棉纤维浸入18%的氢氧化钠溶液中，由于钠离子包括被吸引的水分子和氢氧根离子，不仅能进入纤维的无定形区，而且会进入结晶区，从而引起纤维胞壁的膨胀。根据膨胀后棉纤维的中腔宽度与胞壁厚度的比值及纤维形态，将棉纤维分类计算其成熟比 M 或成熟纤维百分率 P_M。

（二）步骤

1. 试样制备

（1）从样品不同部位取 32 丛棉样，组成 2 份约 10mg 的试验样品。

（2）将 2 份 10mg 的样品，分别由 2 个试验人员用手扯或用限制器绒板将纤维整理成平行且一端整齐的棉束，先用稀梳，后用密梳进行梳理，细绒棉梳去 16mm 及以下的短纤维，长绒棉梳去 20mm 及以下的短纤维，然后从纵向劈开，

分成相等的 5 个试验样品，每个试验样品约 2mg。

（3）用手指捏住试验样品整齐一端，梳理另一端，舍弃棉束两旁纤维，留下中间部分 100 根或以下的纤维。在载玻片边缘沾一些水，左手握住纤维的另一端。右手用夹子从棉束另一端夹取数根纤维，均匀地排在载玻片上，将 100 根或以上的纤维全部排列在载玻片上。

（4）用挑针拨动载玻片上的纤维，使之保持平行、伸直、分布均匀，然后轻轻地盖上盖玻片，并在其一角滴入 18% 的氢氧化钠溶液，轻压盖玻片，使氢氧化钠溶液浸润每根纤维，并防止产生气泡。

2. 调节显微镜

调节显微镜，使纤维胞壁和中腔之间的反差增强，放大倍数为 400 倍。

3. 测定成熟度

逐根观察载玻片上的纤维中间部分，按下列两种方法之一测定棉纤维成熟度，并分别记录每个试验试样的各类纤维根数。

（1）测成熟度比。将被测的所有纤维分成三类，即正常纤维、死纤维、薄壁纤维，分别记录其根数。

①正常纤维。纤维膨胀后，中腔是不连续和几乎没有任何中腔痕迹的棒状纤维，没有轮廓分明的转曲。

②死纤维。死纤维从无转曲、很少转曲或几乎没有纤维胞壁的扁平带状到纤维稍有发育、转曲较多等各种形态都有。纤维膨胀后，其胞壁的厚度等于或小于纤维最大宽度的 1/5。

③薄壁纤维。纤维膨胀后，不能划为正常纤维或死纤维的纤维。

（2）测成熟纤维百分率。将被测的所有纤维分成两类，即成熟纤维与不成熟纤维，分别记录其根数。

①不成熟纤维。发育不良而胞壁薄的纤维经膨胀后呈螺旋状或扁平状态，纤维胞壁薄且呈透明的纤维，纤维胞壁的厚度小于纤维最大宽度的 1/4。

②成熟纤维。发育良好而胞壁厚的纤维，经膨胀后呈无转曲的棒状纤维。

（三）结果计算

1. 成熟比 M 的计算

测定时将纤维分成死纤维、正常纤维和薄壁纤维三种，具体区分如下。

（1）死纤维。纤维膨胀后，胞壁的厚度为纤维最大宽度的 1/5 或以下的纤维（或者胞壁厚度等于或小于中腔的 1/5）。死纤维有各种形状，从转曲反复频繁和很薄的细胞壁到转曲反复次数较少，但细胞壁厚度小于纤维最大宽度的 1/5。

（2）正常纤维。纤维膨胀后呈棒状，从不连续的中腔到几乎没有任何中腔痕迹的纤维。正常纤维没有轮廓分明的转曲。

（3）薄壁纤维。纤维膨胀后，不能划归到正常纤维组内或死纤维组内的纤维。

成熟比 M 的计算公式为：

$$M = \frac{N-D}{200} + 0.70$$

式中：N——正常纤维的平均百分率；

D——死纤维的平均百分率。

2. 成熟纤维百分率 P_M 的计算

（1）不成熟纤维。纤维刚膨胀后，呈螺旋形的纤维或呈扁平状态有薄薄的外形而且几乎是透明的纤维。这类纤维细胞壁的厚度小于纤维最大宽度的 1/4（或壁厚等于或小于中腔的 1/2）。

（2）成熟纤维。纤维已充分地发育，以致刚膨胀后成为无转曲的而且形状几乎像棒状的纤维。细胞壁的厚度大于纤维最大宽度的 1/4。

成熟纤维百分率 P_M 按下式计算：

$$P_M = \frac{M_n}{N} \times 100\%$$

式中：M_n——成熟纤维根数；

N——纤维的总根数。

成熟度的表示指标、测定的方法虽有所不同，但都是以纤维的中腔与胞壁的比值方法进行评定。其基本原理都是建立在纤维细胞壁截面积对同一周长的圆周面积的比率，即胞壁增厚比的基础上，各项成熟度指标之间具有高度的相关。

它们之间的换算公式如下：

$$\theta = 1.017\sqrt{(0.812 - 0.707P_M)}$$

$$P_M = (M-0.2)(1.5652 - 0.471M)$$

$$M = 1.762 - \sqrt{(2.439 - 2.123P_M)}$$

成熟系数 K 与成熟度比 M 之间有如下关系：

$$M = 0.169 + 0.4935K - 0.039K^2$$

根据以上公式可推算出以下几项成熟度指标之间的关系，如表 4-26 所示。

表 4-26　　　　　　　各项成熟度指标之间的对比关系

θ	M	P_M（%）	K
0.577	1	87.5	2
0.519	0.9	79.8	1.72
0.462	0.8	71.2	1.45
0.404	0.7	61.8	1.19

一般认为，成熟度比 M 低于 0.8 即可认为整个棉纤维属于未成熟棉，商业棉样的 M 值很少有低于 0.7 的。

七、气流仪测定法

从气流仪测定棉纤维细度的原理中可以看出，气流仪测定的细度实际上包括棉纤维的细度与成熟度。当棉纤维周长不变时，细度与成熟度成简单的函数关系。

在气流仪测定时改变试样筒的高度，利用空气对两种不同压缩度下棉纤维的阻力，可在气流仪上得出两次读数。两次读数之差，一方面由于空隙率 ε 的变化，另一方面由于纤维在样筒内的排列改变，从而使 K 值变化，两次读数之差与成熟度有关。

另一种利用气流仪测定成熟度的方法，是将试样在气流仪上测得一次读数后，将试样取出放在 18% 氢氧化钠溶液中膨化，经干燥后在气流仪上进行第二次测定。由于成熟纤维胞壁膨化大，未成熟纤维胞壁膨化小，故两次测定值之差越大，表示棉纤维的成熟度越高，反之亦然。

八、染色测定法

(一) 原理

采用同一种染料然棉纤维，成熟度好的棉纤维因为含纤维素多，故染的颜色深，反之颜色浅。死纤维根本染不上色。根据这一关系可测定棉纤维的成熟度。

(二) 染料

常用的染料为刚果红和直接纯天然 FF。

(三) 测定方法

1. 刚果红测定法

试样处理：将棉纤维浸入酒精内 1min，取出，挤去多余的酒精，然后浸入 18%NaOH 约 5min，用水清洗，挤去多余的水分。

染色：在 1% 的刚果红中煮沸 10min，取出，挤去染液，将纤维排列在载玻片上，在显微镜下观察。

成熟纤维：无转曲，呈圆柱状，鲜红色。未成熟纤维：有转曲，呈带状，颜色浅，甚至不上色。

2. 直接纯天蓝 FF 测定法

试样处理：同刚果红。

染色：在染液中煮沸 5min，取出，挤去染液，将纤维排列在载玻片上，在显微镜下观察。

成熟纤维：无转曲，呈圆柱状，深蓝色或蓝色。半成熟纤维：有转曲，呈带状，中腔宽度小，深蓝色或蓝色。未成熟纤维：有转曲，呈带状，中腔宽，浅蓝色。

九、棉纤维天然转曲的测定

（一）概述

一根成熟的棉纤维在显微镜中观察时，可以看到像扁平的带子上有着许多螺旋形的扭曲，这种扭曲是棉纤维在生长过程中自然形成的，因此称为"天然转曲"。天然转曲是棉纤维的形态特征，在纤维鉴别中可从天然转曲这一特点将棉与其他纤维区别开来。天然转曲一般以单位长度（1cm）中扭转180°的个数表示。棉纤维具有天然转曲是使棉纤维具有良好的抱合性能与可纺性能的原因之一，天然转曲越多的棉纤维品质越好。

棉纤维转曲的形成，是棉纤维生长发育过程中微原纤沿纤维轴向螺旋形排列的结果。棉铃开裂前，纤维内含有较多的水分，纤维不出现转曲，只有当棉纤维干涸以后，由于内应力的作用，方形成纤维的转曲状。煮沸以后的棉纤维胞壁膨胀，转曲反而近乎消失。将纤维重新干燥后，转曲又回复原状。这说明棉纤维内部固有的结构决定了转曲的数目、方向和位置。

一根棉纤维上的转曲数有多有少，一般成熟正常的棉纤维转曲最多，薄壁纤维转曲很少，过成熟纤维外观呈棒状，转曲也少。不同品种的棉花，纤维转曲数也有差异，一般长绒棉的转曲多，细绒棉的转曲少。细绒棉的转曲数约为每厘米39～65次。棉纤维的转曲沿纤维长度方向不断改变转向，有时左旋，有时右旋，这称为转曲的反向，反向数约为每厘米10～17次。

对纤维全长上的转曲测定得出：纤维中段的转曲最多，梢部次之，根部最少。在同一粒棉籽上，长纤维转曲最多，短纤维次之，中等长度纤维最少。各根纤维之间的转曲数差异很大，转曲不匀率很高。

（二）测定

天然转曲可以用单位长度中的转曲数或转曲角来表示。单位长度中的转曲数可以直接在显微镜或投影仪中计数一定长度的纤维（通常看一个视野）上扭转180°的次数，再换算成每厘米中的转曲个数。转曲角的大小也可在显微镜或投影仪中测得后进行计算。

$$\mathrm{tg}\theta = \left(\frac{\pi}{2}\right)\overline{(D/C)}$$

式中：θ——转曲角（度）；

　　　　D——纤维宽度；

　　　　C——转曲节距；

　　　　$\overline{(D/C)}$——D/C 的平均值。

转曲的反向可在显微镜或投影仪中直接计数单位长度中的反向次数，也可在偏光显微镜中观察计数微原纤的反向次数。当棉纤维平行放置在正交的起偏与检偏的偏光显微镜中，s形捻向呈黄色到橘红色，z形捻向呈纯蓝色。这种捻向可用手工加捻的人造丝进行校对。在s到z的反向处有一段消光带，因此能在偏光镜下直接计数消光带出现的次数，来表示微原纤的反向次数。

由于天然转曲的测定值受到纤维含水和纤维张力的影响，转曲的测定必须在一定张力与一定温湿度条件下进行，否则影响测试数据的正确性。

第七节　纤维拉伸性能检验

一、纤维拉伸性能检验的意义

纤维在纺织品加工和使用中都会受到各种外力作用而产生变形，甚至被破坏，纤维承受各种外力作用所呈现的特性称为力学性能。纤维的力学性能是纤维品质检验的重要内容，它与纤维的纺织加工性能和纺织品的服用性能关系非常密切。

任何纺织制品都必须具有一定的强力才有使用价值，因此强力是纺织生产中最基本的测试项目。纺织材料在使用中受到拉伸、弯曲、压缩和扭转作用，产生不同的变形，但主要受到的外力是拉伸。纺织材料的弯曲性能也与它的拉伸性能有关。因此，拉伸性能的研究受到充分的重视。

纺织材料的拉伸性能主要包括强力和伸长两方面。纺织品的拉伸性能与组成它的纤维拉伸性能有关。天然纤维中的麻伸长小，其制品刚硬；羊毛伸长大，其制品柔软。化学纤维的强力和伸长可在加工过程中控制。除拉伸断裂特性外，纤维在外力作用下的变形回复能力影响纺织品的尺寸稳定性和使用寿命。有时还要测定纺织材料的蠕变、应力松弛、反复拉伸特性等。

二、纤维拉伸性能指标

(一) 拉伸曲线

表示纺织材料拉伸过程受力与变形的关系曲线，称为拉伸曲线。它可以用负荷—伸长曲线表示，也可用应力—应变曲线表示。

不同类别的纺织纤维由于结构不同，拉伸曲线的形状也不一样。图4-80表示几种不同类别天然纤维和化学纤维的应力—应变曲线。由图可见，棉、羊毛、丝等天然纤维之间强力与伸长特性有很大差别。化学纤维由于加工过程中纺丝条件不一样，制成的纤维拉伸曲线也不相同。图4-81所示为不同拉伸倍数的聚乙烯纤维应力—应变曲线。拉伸倍数越高，纤维分子定向性越好，纤维强力高而伸长小。

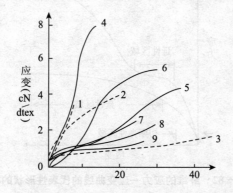

1—棉；2—丝；3—羊毛；4—高强力涤纶；5—涤纶；
6—锦纶；7—腈纶；8—普通黏胶纤维；9—醋酯纤维

图 4 - 80　各种纤维的应力—应变曲线

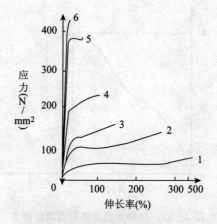

图 4 - 81　不同拉伸倍数的聚乙烯纤维的拉伸应力—应变曲线

注：1—未延伸；2~6 的相应延伸倍数为 2~6。

　　一般应力—应变曲线初始阶段为弹性区域，在这一区域中纤维分子链产生弹性形变，相互间没有大的变位。超过这一范围后为延性区域，外力克服分子间引力，使分子链间产生滑移，纤维较小应力的增加会产生较大的延伸，应力去除后发生不可回复的剩余应变。如图 4 - 82 所示，有的纤维在延性区域后还有补强区域，这一区域中应力再次增大是由于应变增加后，存在于结晶区的分子链段逐渐紧张，致使应力增大。

— 159 —

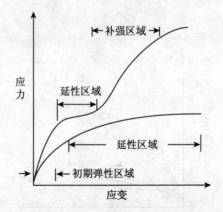

图4-82 纤维的应力—应变曲线的代表性形状的模式

多数纤维拉伸的最终断裂点就是负荷最大点，然而有些纤维和长丝会出现如图4-83所示的拉伸曲线。试样最终断脱点 B 不在最大负荷处。

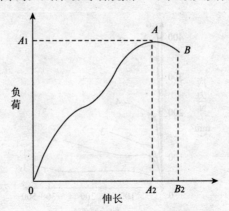

图4-83 拉伸曲线的断裂点与断脱点

（二）断裂强力

断裂强力指试样拉伸至断裂所能承受的最大负荷，如图4-83中断裂点 A 对应的力值 A_1，即为断裂强力。单位为 N（牛顿）或 cN（厘牛顿）。

（三）断裂伸长率

试样拉伸至断裂所增加的长度与标准预张力下试样夹持的初始长度之比，称为断裂伸长率。图4-83中最大负荷 A 点所对应的伸长值 A_2，除以试样初始长度，即为断裂伸长率。

（四）应力与应变

试样单位截面积所受负荷大小称为应力，单位为 N/mm^2 或 cN/mm^2。纺织材料截面积不易测量，应力常以单位线密度所受力的大小表示，也称比应力，单位为 N/tex、cN/tex 或 cN/dtex。试样拉伸过程中的伸长值与初始长度之比为伸长率，或称应变，以百分率表示。

（五）比强度

试样单位线密度所能承受的断裂强力，称为比强度。单位为 N/tex、cN/tex 或 cN/dtex。

（六）初始模量

应力—应变曲线起始部分的斜率，如图 4 - 84 中直线 OY 的斜率为初始模量。初始模量的单位为 N/tex、cN/tex 或 cN/dtex。

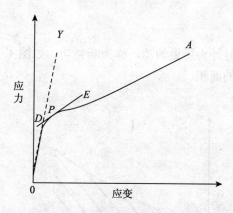

图 4 - 84　初始模量与屈服点的求法

（七）屈服点应力与应变

应力—应变曲线中起始直线部分向延伸区域过渡的转折点，称为屈服点，相对应的应力与应变称为屈服点应力与应变。

图 4 - 84 中取曲线上 P 点，其切线 DE 的斜率等于 O 点与断裂点 A 连线的斜率，P 点即为屈服点。图 4 - 85 为屈服点的另一种求法。做拉伸曲线起始部分直线与平坦部分切线相交，交角的平分线与曲线交点 C 即为屈服点。

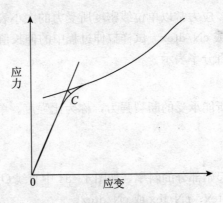

图 4 - 85　屈服点的另一种求法

(八) 断裂功

拉伸试样至断裂时外力所做的功,称为断裂功。如图 4 - 86 所示,断裂功等于负荷—伸长曲线下的面积。

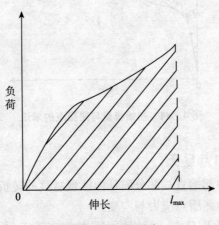

图 4 - 86　断裂功

$$W = \int_0^{l_{max}} F(l) \, \mathrm{d}l$$

式中:W——断裂功;

　　　$F(l)$——负荷—伸长曲线;

　　　l_{max}——负荷最大值所对应的伸长。

(九) 断裂比功

单位线密度和单位长度的试样拉伸至断裂,外力所做的功称为断裂比功。数值上等于应力—应变曲线下的面积。断裂比功可用于不同试样断裂功的比较,与试样线密度和长度无关。

三、影响纤维拉伸断裂强度的因素

(一)纤维内部因素

1. 化学结构

如果纤维大分子链排列方向是平行于受力方向的,则纤维断裂可能是化学键的断裂或分子链间的相对滑脱;如果大分子链的排列方向是垂直于受力方向的,则纤维的断裂是由部分氢键或范德华力的破坏而引起的。

如果是第一种情况,高分子化合物断裂必须是拉断所有分子链,先计算拉断一条分子链所需的力,然后再计算破坏单位面积上的分子链所需的力,即破坏单根高分子链所需的力,乘以平方米截面上高分子链的数目。

大多数高分子化合物主链共价键的键能约为 $3.35 \times 10^5 \sim 3.78 \times 10^5 \mathrm{J/mol}$。在这里,键能正可看作将成键的原子从平衡位置移开一段距离 d,克服其相互吸引力 f 所需要做的功,对共价键来说,d 不超过 $1.5 \times 10^{-10} \mathrm{m}$,否则共价键就要破坏。因此,可根据 $E = f \cdot d$ 算出破坏一根这样的键所需要的力 $f = \dfrac{E}{d} = 3 \times 10^{-9} \sim 4 \times 10^{-9} \mathrm{N}$。根据聚乙烯晶胞数据推算,每根高分子链的截面积约为 $2 \times 10^{-19} \mathrm{m}^2$,假定大分子排列十分致密均匀,则每平方米截面将含 5×10^{18} 条高分子链,如果键的强度按 $4 \times 10^{-9} \mathrm{N/}$键计,则聚合物的理论强度为 $4 \times 10^{-9} \times 5 \times 10^{18} = 20 \times 10^9 \mathrm{N/m}^2$。实际上,即使高度取向的结晶高分子化合物,它的拉伸强度也要比这个理论值小几十倍,这是因为,没有一个试样的结构能使它在受力时,所有链在同一截面上同时被拉断。

如果是第二种情况,即分子滑脱的断裂,这必须使分子间的氢键或范德华力全部破坏。分子间有氢键的高分子化合物,如聚酰胺、聚乙烯醇等,它们每 $0.5 \mathrm{nm}$ 链段的摩尔内聚能为 $1.47 \times 10^4 \sim 1.7 \times 10^5 \mathrm{J/mol}$,假定高分子链总长为 $100 \mathrm{nm}$,则总的摩尔内聚能为 $2.9 \times 10^5 \sim 3.4 \times 10^7 \mathrm{J/mol}$,比共价键的键能大 10 倍以上。即使分子间没有氢键,只有范德华力,如聚乙烯、聚丁二烯等,它们每 $0.5 \mathrm{nm}$ 链段的摩尔内聚能为 $4 \times 10^3 \sim 2 \times 10^4 \mathrm{J/mol}$,假定高分子链长为 $100 \mathrm{nm}$,总的摩尔内聚能为 $8 \times 10^5 \sim 9.5 \times 10^5 \mathrm{J/mol}$,也比共价键的键能大好几倍。所以,断裂完全是分子间的滑脱是不可能的。

如果是第三种情况,分子垂直于受力方向排列,断裂是部分氢键或范德华力的破坏。氢键的离解能为 $2 \times 10^4 \mathrm{J/mol}$,作用范围约为 $0.28 \mathrm{nm}$,范德华键的离解能为 $8 \times 10^3 \mathrm{J/mol}$,作用范围为 $0.4 \mathrm{m}$,拉断一个氢键和一个范德华键需要的力分别约为 $10^{-10} \mathrm{N}$ 和 $2 \times 10^{-10} \mathrm{N}$,同样可计算出拉伸强度分别为 $500 \mathrm{MPa}$ 和 $100 \mathrm{MPa}$,这个数值与实际测定的高度取向纤维的强度同数量级。

根据以上分析，高分子化合物受力时断裂的可能机理为：首先发生在未取向部分的氢键或范德华力的破坏，随后应力集中到取向的主链上，使共价键破坏，随着范德华力和共价键的不断破坏，最后导致被拉伸物的破坏。

2. 分子量

分子链化学成分决定以后，分子量及其分布对强度有较大的影响。一般来说，分子量硫越大，强度越高，在一定范围内可用下式表示：

$$\sigma_B = A - \frac{B}{M_n}$$

式中：A、B——常数。

因此，在制造帘子线、绳索或其他高强力纤维时，必须选择较高的分子量。但是，分子量过高，反而会使强度下降，这主要是由于纺丝熔体或溶液的黏度过高，弹性显著增大，使加工困难，结果用普通方法加工的纤维不匀率明显增大，强度下降。

3. 结晶和取向

结晶和取向状况是纤维材料极其重要的结构参数。结晶状况包括晶型、晶区尺寸和结晶度几个方面，取向状况可分为晶区取向和非晶区取向。

结晶度对模量和屈服应力有较大影响，结晶度越高，模量和屈服应力越大，但它对断裂强度的影响并没有明显的规律。若使用不同结构参数的纤维，用其强度对相应的结晶度做图，发现实验点十分散乱，这充分说明结晶度不是决定强度的主要因素；使用取向参数做图，则呈现明显的规律。对聚酯和等规聚丙烯这两类重要纤维的实验表明，决定纤维强度最主要的基本结构因素是纤维中非晶区的取向系数 f_x。

4. 纤维结构的缺陷

在纤维材料力学性质的讨论中，都将纤维材料视为连续体，而实际上纤维中存在许多裂隙、空洞、气泡以及缺陷、杂质等弱点，这必将引起应力集中，致使纤维强度下降。这些缺陷可在纤维的后拉伸处理中得以减少或消除。

实际物体的破坏往往是先从其中某些强度较薄弱的地方开始，然后应力逐渐向其他的部位扩展、集中，使较强的地方也随即破坏，以致整个材料达不到其应有的平均强度。

从分子水平看，材料的薄弱处是不均匀的，有较弱的部分和较强的部分，有些分子链紧张，有些分子链松散。较弱的部分和缺陷由三部分组成：一是分子链末端聚集的地方；二是数根分子链环虽然非常接近但还没有缠结的部分；三是分子链段与应力垂直方向取向的部分。较强的部分主要由两部分组成：一是分子链形成缠结的部分；二是分子链段与应力平行方向取向的部分。和应力平行方向取向的数根分子链虽然是结构中较强的部分，但如果其中一根分子被拉断，在断开处可以产生空穴，它就变成结构中的弱点。当受应力作用时，结构中较弱部分首先破坏或拉开，结果形成了许多亚微观裂纹和空穴，在应力的作用下，这些亚微观裂纹和空穴继续发展扩大，并逐步合并成更大的空穴，终于形成肉眼可见的微裂纹；材料的薄弱处，还有高分子化合物中混入的杂质、所产生的裂缝及气泡、成型中未熔化透的树脂粒子等。这种裂缝或气泡的尺寸有的很小，甚至肉眼看不到，例如，玻璃态高分子化合物中可观察到在混乱集聚的分子间裹藏着大量尺寸约为 10nm 的空洞。这些结构缺陷的存在对强度的危害很大，因为它将造成应力容易在这些疵点处集中，使应力达到一般处的几倍甚至几十倍、几百倍，结果在平均应力还没有达到理论强度之前，在应力集中的小体积内的应力首先达到断裂强度值，破坏便从这里开始。

由此可见，纤维的实际强度比理论强度低得多，主要是由于它们的取向状况并不是理想的，即使是高取向度的纤维也或多或少地存在着未取向部分，而且结构中还存在着裂隙、空洞、气泡以及缺陷、杂质等弱点，纤维的断裂首先从这些部位开始。在外力作用下，纤维中的大分子链不可能均匀地承受外力，而是首先使未取向分子链段间的氢键和范德华力发生破坏，应力逐渐向其他部位扩展，集中到少量取向的分子链上，最终使它们被拉断。当然，在应力集中后，导致分子链间相对滑移而断裂也是有可能的，这主要取决于纺织纤维的分子量、结晶度和取向度。

5. 纤维品种

天然纤维素纤维和粘胶纤维虽然都是纤维素纤维，但是它们的断裂机理有一定差异。天然纤维素纤维的聚合度较高，如棉、麻等纤维的聚合度都在 2000 以上，而且结晶度、取向度也较高，其分子间次价键力的总和大于主价键力，所以在外力作用下很难使分子链间发生相对滑移，它的断裂很可能是由于超分子结构（聚集态结构）中存在着缺口、弱点，在外力作用下，弱点首先破坏，缺口逐渐扩大，进而应力集中于部分分子链上，最终这些分子链被拉断，导致纤维断裂。棉、麻等天然纤维素纤维的湿强度高于干强度，也与这种断裂机理有关，因为在湿态下，水的增塑作用可以部分消除纤维中的弱点，使应力分布趋于均匀，从而增大纤维的强度。粘胶纤维大分子的聚合度较低，只有 250～500，结晶度、取向度也较低，次价键力的总和小于主价键力，所以在外力作用下容易因分子链间的相对滑移而使纤维断裂。在潮湿状态下，由于水分子的溶胀作用，使分子间作用力削弱，更容易发生分子链间的相对滑移，所以粘胶纤维的湿强度比干强度低得多。

综上所述，纤维的断裂强度与纤维大分子的化学结构、分子量、结晶度和取向度等综合因素有关。大分子的结构中如果存在着能产生氢键的基团或其他极性基团，分子间作用力大，则纤维的强度较高。非极性大分子由于分子间作用力较小，一般强度较低。分子量对纤维强度也有影响，当分子量低时，纤维断裂是以分子链的滑移为主，强度较低；随着分子量的增加，次价键力的总和增大，纤维强度也随之增加，但当分子量达到一定数值以后，次价键力的总和超过了主价键力，纤维断裂是以大分子主链断裂为主，强度与分子量的关系就不明显了。纤维中的结晶部分能限制大分子链的相对滑移，所以结晶度高的纤维其强度也高。纤维的取向度高，有利于应力的均匀分布，故取向度高的纤维强度也高。

(二) 纤维外部因素

1. 环境温湿度对强度的影响

在纤维回潮率一定的条件下，温度高，大分子热运动的动能高，分子间力削弱，因此一般情况下，温度高，拉伸强度下降，断裂伸长率增大，拉伸初始模量下降。在一定的温度下，一般纤维含湿越大，分子间结合力越弱，纤维强力降低，伸长率增大，初始模量下降。但棉纤维和麻纤维则与此相反，含湿增加，纤维强力反而增加。

因此，纺织纤维制品强力测试应在统一的温湿度条件下进行。我国标准规定的纺织纤维制品试验温度为 (20±2)℃，相对湿度为 65%±3%。

2. 应变速率对强度的影响

纺织纤维制品拉伸试验速度也是影响试验结果的重要因素。材料的强度具有明显的时间依赖性，这是材料共同的规律。但是温度降得越低，时间因素的表现越不显著。对于纤维而言，在室温附近测试时，它对应变速率的依赖性十分显著，拉伸速率增加的效果大致与温度降低的效果相同。

3. 试样长度对强度的影响

试样在一定的预张力条件下，未拉伸时强力仪两夹持器之间的长度称为试样的初始长度，简称试样长度。试样长度是由两夹持器之间的隔距所决定的。由于纺织纤维制品沿长度方向的不均匀性，试样越长，薄弱环节越多，而试样拉伸测试时总是在最薄弱的截面处拉断并表现出断裂强度，因此，随着试样长度增加，强力与伸长减小，减小的程度与纤维制品本身的不均匀性有关。当纤维试样长度缩短时，最薄弱环节被测到的机会减少，从而使测试强度的平均值提高，纤维试样截取越短，平均强度将越高。总之，试样长度不同，其测试结果也不一样。

4. 试样根数对强度的影响

由于每根纤维的强度并不均匀，特别是断裂伸长率不均匀，试样中各根纤维的伸长状态也不相同，这将会使各根纤维不同时断裂。其中，伸长能力最小的纤维达到伸长极限即将断裂时，其他纤维并未承受到最大张力，故各根纤维依次分别被拉断，使2根纤维成束被拉断测得的强度比单根测得平均强度值的2倍要小，而且根数越多，差异越大。

因此，在测试纤维的强力时，要求有一定的根数，并做统计分析。

四、几种强伸度测试仪简介

（一）作用力臂固定式强力仪

这类摆锤式强力仪的作用原理如图 4 - 87 所示。

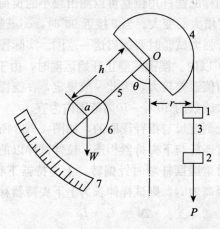

1—上夹持器；2—下夹持器；3—试样；4—扇形轮；

5—摆杆；6—重锤；7—扇形刻度标尺

图 4 - 87　作用力臂固定摆锤式强力仪原理

试样夹持于上下夹持器之间，下夹持器由电动机或其他作用力等速牵引下降，通过试样将力传递给上夹持器，使扇形轮和摆杆围绕轴心 O 转动。摆杆上装有重锤，摆杆向左偏转时重锤产生反力矩，与外加牵引力平衡。试样强力越高，拉断试样时摆杆偏转角度 θ 越大。因此，可以用摆杆在拉断试样时的偏转角度表示试样的强力。

图中 a 为摆锤系统的重心，$\overline{Oa}$ 为重心到转动中心的距离。设 $\overline{Oa}=h$，扇形轮半径为 r，摆锤系统的重力为 W，根据力矩平衡关系可得：

$$Pr = Wh \sin\theta$$

$$P = \frac{Wh}{r} \sin\theta$$

上式中，r 为仪器常数，W 在一定环境条件下亦为常量，试样所受拉力 P 与摆杆偏转角度的正弦成正比，用扇形刻度标尺表示强力读数时，刻度是不等间距的。

由式 $P = \frac{wh}{r} \sin\theta$ 可知，若其他条件不变，只要变换重锤的重量，摆杆偏转同样角度 θ 所代表的拉力户则不同，故可通过调换重锤大小来改变强力仪负荷量程。

— 167 —

将式（7-2）对偏转角取导数得：

$$\frac{\mathrm{d}P}{\mathrm{d}\theta} = \frac{Wh}{r}\cos\theta$$

当 W、h、r 为常数时，$\frac{\mathrm{d}P}{\mathrm{d}\theta}$ 与摆杆偏转角的余弦成正比。随着摆角的加大，仪器的灵敏度增高，同样的摆杆角位移可以测出较小的负荷变化，即扇形刻度尺上刻度间距随着 θ 角度增大而变大。当 θ 接近 90°时，$\cos\theta$ 趋近于零，θ 值增加时 P 值几乎不变，在进行强力试验时要远离这一范围。实际操作中摆杆偏转的角度远比 90°小，一般在 45°以内。摆锤从静止开始运动时，由于惯性的作用，摆杆偏转较小角度时读得负荷值误差较大，因此一般规定，在摆锤式强力仪上，使试样的强力落在刻度值最大读数的 20%～70%范围内为宜。

试样伸长是由伸长刻度尺与指针读取的，如图 4-88 所示，指针与上夹持器相连，伸长刻度尺通过连杆与下夹持器相连。拉伸试样以前，指针与伸长刻度尺零位对齐，拉伸试样时重锤摆杆顺时针偏转，上夹持器下移，若下移距离为 l_1，相应的下夹持器下降距离为 l_2，则试样伸长为上下夹持器移动距离之差，即：

$$\Delta l = l_2 - l_1$$

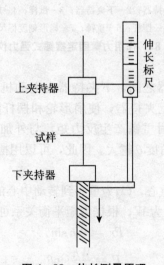

图 4-88　伸长测量原理

图 4-88 中指针在伸长刻度尺上的读数就等于伸长。

为了读取试样断裂时的强力与伸长值，仪器装有断裂自停装置，试样断裂时使重锤摆杆停留在断裂时的位置，连杆与下夹持器脱开，伸长刻度尺与指针停止移动，便于读取试样断裂强力与伸长值。

上夹持器下移距离与重锤摆杆摆角 θ 成正比，试样负荷与重锤摆杆摆角 θ 呈正弦关系，试样负荷与伸长关系随试样拉伸性质而异。在等速拉伸纤维时，不同试样上夹持器的移动规律并不相同，所以，摆锤式强力仪不是等加伸长率拉伸，而是属等速牵引型强力试验仪。

（二）作用力点固定式强力仪

作用力点固定式强力仪作用原理如图 4-89 所示。

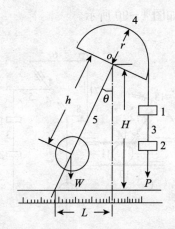

1—上夹持器；2—下夹持器；3—试样；4—扇形轮；5—摆杆

图 4-89 作用力点固定式摆锤式强力仪原理

与前述机构相似，只是上夹持器与扇形轮间用刀口连接，因而作用力点不变，强力值由摆杆下端在强力刻度尺上的水平位移 L 表示。

若摆锤系统的重力为 W，重心至 O 点距离为丸，扇形轮半径为 r，转动支点至强力刻度尺的距离为 H，当试样受力为 P 时，重锤摆杆转动 θ 角。忽略摆锤系统的惯性影响及摆杆偏转时的摩擦阻力。

$$\frac{P}{L} = \frac{Wh}{rH} = k$$

式中：k——常数。

由上式可知，试样所受拉力与摆杆下端的位移成正比。摆杆下端在强力刻度尺上的读数正比于试样强力，因此，强力刻度尺是等间距的。

缕纱、织物等强力仪的负荷指示装置是圆盘式的。对于作用半径固定强力仪则可以在摆杆中心轴上装一齿轮，由它传动一小齿轮，小齿轮的轴上装有指针，随小齿轮一同回转，指针的回转角度即表示负荷值。这种负荷指示装置由于传动比的改变，起到放大刻度的作用。由于负荷容量较大，负荷指针足以推动被动指针，在试样断裂后，主动指针返回零位仍可由被动指针停留位置指出断裂负荷值。为了防止冲击，摆锤和一单向阻尼器相连接，阻尼器常为油压式。当拉伸试

— 169 —

样时，摆锤左摆，带动和摆锤相连的一个小活塞在垂直油筒内上升，活塞上小孔被开启，因此它对摆锤的运动不产生明显的阻力。当试样断裂、摆锤回摆时，推动活塞下降，油液对活塞产生阻力，小孔封闭，油液被迫自活塞和圆筒间的间隙流到活塞的上方，使阻力增加，适当选择油的黏度，可使阻尼器产生足够的阻尼，以吸收摆锤的位能，减慢摆锤的回摆速度，达到防振的目的。

在负荷容量大的摆锤式强力试验仪上，为了减少摆锤的重量，可在摆锤与上夹持器之间加一组杠杆，如图 4-90 所示。

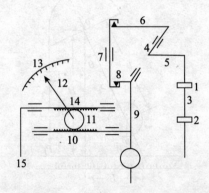

1—上夹持器；2—下夹持器；3—试样；4—短轴；5—短臂 A；6—短臂 B；
7—垂直杆；8—短臂 C；9—摆锤杆；10—水平杆；11—小齿轮；
12—指针；13—刻度盘；14—水平齿杆；15—记录笔

图 4-90　大容量摆锤式强力仪原理

上夹持器悬挂于短臂上，短臂 A 与 B 固定装在短轴上，试样夹持在上、下夹持器之间。当下夹持器下降时，通过试样拉动上夹持器向下，短臂使垂直杆上升，通过短臂的作用使摆锤杆左摆，摆锤杆推动水平杆，水平杆上的齿杆转动小齿轮，固装在小齿轮轴上的指针随之旋转，指针在刻度盘上指出负荷值。齿轮还推动水平齿杆，使其上的记录笔右移，右移的距离与负荷成比例，记录纸的运动方向垂直于记录笔的运动方向，纸的移动距离和试样的伸长成比例，这样即可得直角坐标的拉伸曲线。

（三）斜面式强力仪

斜面式强力仪工作原理如图 4-91 所示。

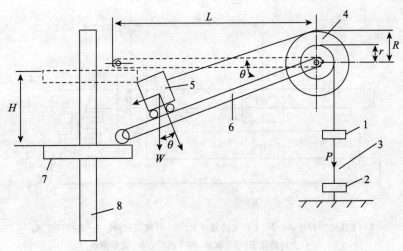

1—上夹持器；2—下夹持器；3—试样；4—滑轮；5—重锤小车；
6—平板；7—传动支架；8—螺杆

图 4-91 斜面式强力仪测量原理

试样夹在上夹持器和下夹持器之间，通过滑轮与重锤小车相连。重锤小车位于平板之上。试验开始前平板呈水平状态，重锤小车的重力对试样不起作用。试验开始后螺杆以等速回转，传动支架等速下降，平板左端下移与水平面倾角 θ 不断增大。设重锤小车的重量为 W，平板的长度为 L，支架的下降距离为 H，滑轮的大半径为 R，小半径为 r，由力矩平衡关系，试样所受力 P 为：

$$P = W\sin\theta \cdot \left(\frac{R}{r}\right)$$

由：

$$\sin\theta = \frac{H}{L}$$

得：

$$P = \frac{WHR}{Lr}$$

$$\frac{\mathrm{d}P}{\mathrm{d}t} = \frac{WR}{Lr} \cdot \frac{\mathrm{d}H}{\mathrm{d}t}$$

式中：W、L、R、r——常数。

若传动支架以等速下降，$\dfrac{\mathrm{d}H}{\mathrm{d}t}$ 等于常数，则 $\dfrac{\mathrm{d}P}{\mathrm{d}t}$ 也为常数，即单位时间试样负荷的增加为常数，故斜面式强力仪属于等加负荷型加载方式。早期乌斯特公司生产的 Dynamat 自动单纱强力仪就属于这种类型仪器。

（四）卜氏（Pressley）束纤维强力仪

卜氏束纤维强力仪采用杠杆式测力原理，如图 4-92 所示。

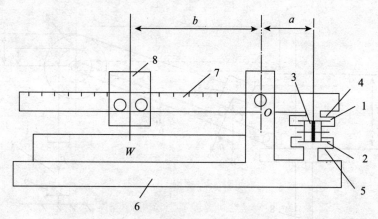

1—卜氏夹持器片 A；2—卜氏夹持器片 B；3—纤维束试样；4—夹持器座 A；
5—夹持器座 B；6—基座；7—横梁；8—重量滑块
图4-92　卜氏束纤维强力仪

横梁通过支点 O 与基座相连，重量滑块的滑轮可以在横梁上滑移，横梁与基座呈 $1.5°$ 倾角。横梁的右臂与上夹持器座相连，下夹持器座固装在基座上。纤维束试样被夹持在卜氏夹持器片 A 和 B 中间，卜氏夹持器片 A 和 B 分别插入夹持器座 A 和 B 的沟槽中。试验开始前，重量滑块停留在横梁左臂的右端，被钩子钩住。试验时用手将钩子扳开，重量滑块开始沿横梁斜面下滑，由于杠杆力臂增大，纤维束试样受力不断增加，直至纤维束断裂，重量滑块立即向下倾落，被基座上的橡皮制动器支撑住而停止滑移。横梁上刻有强力读数，当纤维断裂时由重量滑块在横梁上的位置，就可读得纤维束断裂强力值。纤维束强力 P 与重量滑块停止时位置有如下有关系：

$$P = \frac{Wb}{a}$$

式中：W——滑块重量；

b——重量滑块到支点的距离；

a——夹持器中纤维束到支点的距离。

由于 W 和 a 为常数，纤维束所受力大小与重量滑块下滑距离 b 成正比，横梁上强力刻度是等间距的。

仪器试验结果为纤维束的绝对强力，其数值与纤维束内纤维数量有关，因此要根据纤维重量计算纤维比强度。

卜氏夹持器的结构如图4-93所示。

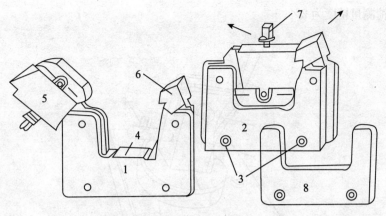

1—夹持器 A；2—夹持器 B；3—凸钉；4—底座；

5—压块；6—压块掣子；7—螺丝；8—块规

图 4 - 93 卜氏夹持器

夹持器由两个夹片组成，每片厚度为 5.9mm，在一片上有凸出的凸钉，另一片则有凹下的孔，两个夹片相并合呈零隔距状态，总厚度为 11.8mm。夹片上有压块，其底面覆有特制皮革。纤维束被放在两个夹片的底座上，合下压块，用压块掣子钩住，调节螺丝，可以使压块对纤维束压力掌握在一定的范围。夹持器应该做到：握持纤维必须牢固可靠、不滑脱、不损伤纤维，机件灵巧自如、表面平整光洁、尺寸严密、硬度恰当，确保各副夹持器测试结果的一致性。如果要做 3.2mm 隔距强力试验，可在两个夹片之间嵌入一块 3.2mm 厚的块规，如图 4 - 93 中的 8 所示。两个夹片夹紧后其间纤维的长度为 3.2mm。

如图 4 - 94 所示为夹持器台钳，由一个有锁紧装置的夹具组成，台钳上还有指示 90N·cm 扭矩的装置，台钳的一侧有闸门，闸刀上装有一条橡皮，当闸刀扳下时和钳口夹旁安装的橡皮相接触，借弹簧作用互相紧压。台钳上装有细梳（20 针/cm），以备梳理纤维用。此外，仪器还附有粗梳（3 针/厘米）、割刀、镊夹持器套筒扳手等。

夹持试样时先把两片卜氏夹持器锁紧在台钳中，打开夹持器，握持小棉束的两端，使其保持约 6mm 宽，将它平放在打开的夹持器的中间，用足够的张力使纤维伸直，再放下夹持器的压块，拧紧夹持器螺丝，其扭矩可由台钳上的扭矩指示器来控制。从台钳上取下夹持器，用刀片把露在夹持器外面的纤维束头端切去，使纤维根部与夹持器表面平齐，然后将夹有试样的夹持器放入仪器夹持器座的槽口中，便于进行强力试验。

仪器测量范围：强力为 25～90N；横杆倾斜度为 1°～1.5°；滑块重量为（642±3）g；滑块滑移时间（自 25N 至 90N 所需时间）为（1±0.2）s；夹持器钳口厚度为（11.80±0.05）mm；隔距片厚度为（3.20±0.05）mm；比强度修正系数为 0.9～

— 173 —

1.1；负荷测量精度为 2%。

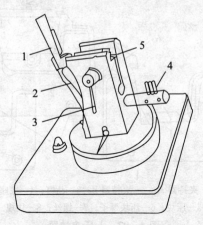

1—闸刀；2—弹簧；3—台钳加压扳手；4—细梳；5—钳口夹

图 4 - 94　夹持器台钳

当进行零隔距试验时，切平齐后，纤维束长度为两夹持器片厚度之和等于 11.8mm。当进行 3.2mm 隔距试验时，纤维束长度为 15mm。由此可知，在零隔距时将拉断后的纤维束取下称重，求出这一整束纤维的线密度 ρ 为：

$$\rho = \frac{G \times 1000}{11.8}$$

式中：G——纤维束重量（mg）；

　　　ρ——纤维束线密度（tex）。

由此计算纤维的比强度 T：

$$T = \frac{P \times 100}{\rho} = 1.18 \frac{P}{G}$$

式中：P——纤维束断裂强力（N）；

　　　G——纤维束重量（mg）；

　　　T——纤维比强度（cN/tex）。

当进行 3.2mm 隔距试验时，比强度计算公式为：

$$T = 1.5 \frac{P}{G}$$

卜氏指数 I 是指零隔距时纤维束的断裂强力英制磅（lb）数，除以纤维束重量（mg）数。

$$I = \frac{P(\text{lb})}{G(\text{mg})}$$

卜氏指数 I 与零隔距纤维比强度之间的关系，根据单位换算 1lb＝444.8N，可得：

$$T = 5.25I$$

仪器采用标准棉样进行校准，可以计算修正系数：

$$修正系数 = \frac{校验棉样的标准值}{校验棉样的测定值}$$

（五）斯特洛（Stelometer）束纤维强力仪

斯特洛束纤维强力仪原为美国赫脱尔（Hetel）所设计。采用卜氏夹持器可测量棉纤维束强力与伸长值，经过换算可以求出纤维比强度，仪器可使用零隔距和 3.2mm 隔距两种试验方式。仪器的工作原理如图 4-95 所示。

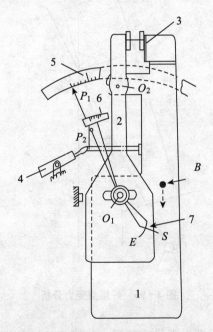

1—梁臂；2—摆杆；3—夹持器座；4—阻尼筒；

5—强力刻度尺；6——伸长刻度尺；7—拨针

图 4-95 斯特洛束纤维强力仪原理

仪器采用力矩平衡测力原理。梁臂可以绕 O_1 点转动，摆杆可以绕梁臂上的点 O_2 转动。纤维束经梳理去除短纤维，用卜氏夹持器夹住，放入仪器上端的夹持器座内。梁臂的重心位于 B 点，试验开始前梁臂及重锤摆杆都处于垂直状态，纤维束不受力。试验开始后梁臂依靠重力以 O_1 为支点顺时针转动，梁臂与垂线的夹角 θ 逐渐增大，如果试样没有伸长，摆杆也转过同样 θ 角度。实际上纤维束受力后产生一定的伸长，摆杆将以 O_2 为支点逆时针转过 $\Delta\theta$ 角，所以实际上摆杆与垂线的夹角为 $\theta - \Delta\theta$。由摆杆上重锤重量在垂直于摆杆方向上产生分力作用在纤维上，此分力逐渐增大。由图4-96可见，纤维束所受的力P为：

$$P = W\sin(\theta - \Delta\theta)\frac{b}{a}$$

式中：W——重锤摆杆系统的重量；

b——重锤摆杆系统重心到支点O_2的距离；

a——纤维束到支点O_2的距离；

θ——梁臂顺时针转过角度；

$\Delta\theta$——摆杆逆时针转过角度。

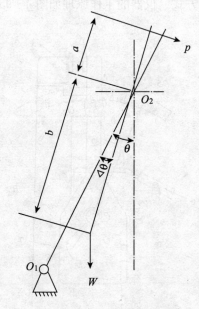

图4-96　纤维束受力分析

由于W、a、b为常数，纤维束所受力与摆杆偏转角度的正弦成正比。另外，纤维的伸长与$\Delta\theta$有关。

图4-95中，梁臂的转动是受阻尼筒中活塞的阻尼力所控制，梁臂与阻尼机构之间通过连杆与铰链连接，阻尼筒本身也以铰链为支点转动。阻尼系统机构的设计可以使梁臂摆动转角的正弦，即$\sin\theta$近于等速增加，因此可以达到近似等加负荷的加载方式。通过阻尼筒阻尼力的调节使负荷增加速率为10N/s。断裂负荷由指针P_1在强力刻度尺上指示出，纤维伸长由伸长指针P_2在伸长刻度尺上指示，强力指针及伸长刻度尺均为O_1为支点转动，其末端凸轮由固装在摆杆短轴的拨针推动，强力与伸长凸轮的弧形轨迹分别为S和E。强力与伸长测量原理如图4-97所示。

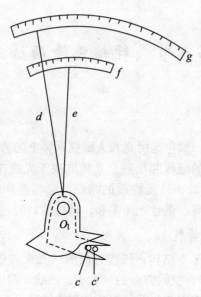

c—拨针；d—强力指针；e—伸长标尺杆；f—伸长刻度尺

图 4－97 斯特洛束纤维强力仪强力及伸长测量示意

强力指针与伸长标尺杆均以梁臂支点 O_1 为转动中心，且均可同时受固装于摆杆上拨针的推动绕 Q 旋转。但两者与拨针接触面的形状不同（即强力指针、伸长标尺杆下端形状不一），前者呈前倾近似直线形，后者呈后倾曲线形。

在纤维断裂以前，由于摆杆顺时针倾倒，强力指针被拨针推动在强力刻度尺上指示力值。如纤维无伸长，伸长标尺杆亦被拨针推动随强力指针一起转动。强力指针、伸长标尺杆无相对位移，伸长值为零。纤维断裂，因摆杆绕 O_2 下落，使拨针与强力指针、伸长标尺杆均脱离关系，强力指针、伸长标尺杆停止摆动，保持零值不变。

当纤维拉伸过程中有伸长时，即梁臂在顺时针倾倒的过程中，摆杆因纤维伸长绕 O_2 产生逆时针偏转，拨针趋至 c'，由图知 $O_1c' > O_2c$，由于伸长标尺杆下端呈曲线状，因此伸长标尺杆绕 O_1 转过的角度小于强力指针绕 O_1 的转角，即伸长尺的运动落后于强力指针，故强力指针在伸长刻度尺上的位移指示出伸长值。

仪器断裂负荷范围为 20～70N，伸长 0～50%（3.2mm 夹距时）。试样预张力为 100cN，试样重量为 3～6mg，负荷增加速率可调节在 10N/s。与卜氏束纤维强力仪相同，具有专用的纤维整理器，计算纤维比强度的方法也与卜氏纤维强力仪相同。

第八节　纤维色泽的检验

一、基本概念

色泽指颜色和光泽。颜色是由光和人眼视网膜上的感色细胞共同形成的，取决于纤维对不同波长光的吸收和反射。光泽取决于光线在纤维表面的反射情况。色泽是影响纤维内在质量和外观性质的指标。原棉色泽暗，品质低。苎麻颜色白，光泽好，纤维强度高。蚕丝光泽柔和，丝色稍黄的，含丝胶量多。

(一) 视觉的一般特性

视觉刺激具有三种基本结构：强度方面的（光束的强度、明暗度）；质感方面的（分光分布、纯度）；空间方面的（大小、形状、深度、辉度分布）。这些都与光泽、色彩、布面等有密切关系。视觉的媒介体是光，所必要的最低光能为波长 $500\sim550\text{m}\mu$，最少为 $2\sim6\times10^{-10}$ 尔格。能看见目标物的微小构造部分的能力是约 1 视角。这从明视距离看，大约是 0.8mm。此值为一个极限值，实际上则因周围（背景）的反差而异。同时，仅限于认识目的物的存在的视力（存在认知阈）与认识其形态的视力（形态认知阈）也是不同的。反差 1.5 时，存在认知阈为 0.2mm，形态认知阈为 0.5mm 左右。这种程度的值与织物之类的结构单位呈可比关系，对光泽感觉有较强的影响。

视觉方面，一般有对比、适应、永恒性、残像、惯觉、错觉、图案的感觉等特性，对外观评价有不少影响。

对于目的物辐射的能量，有以下测光量的定义。

光通量：单位时间内通过一定面积的辐射能量（流明，lm）。

烛光：每单位球面角的光通量（烛光，cd）。

照度：每单位面积内所受的光通量（lm/m^2，勒克司，lx）。

辉度：每平方米内的烛光（cd/m^2，nt）。

这些是国际上确定的与厘米—克—秒（CGS）单位制有区别的光度基本单位。

(二) 色彩特性

色彩的测试可分为作为测试手段的测色和作为表示光谱特性的表色。两者均已实现，如能应用于纺织制品的色彩测试，则较为理想。但是，人们能识别的各种色彩数多达 600 万～700 万种，对其微细的特点则难以测试。再者，如纤维那样极细的材料的集合体，其色彩分布的测试能深入浅出、鲜明客观地表示是必要的。

（三）颜色

人对光的颜色的感觉取决于光波的长短。人眼能感觉到的电磁波的波长为 380～780nm，这段电磁波称为可见光。当光照射到纤维后，部分波长的色光被吸收，部分波长的色光被反射，反射出来的色光刺激人眼视网膜上的感色细胞。当视网膜上的红、绿、蓝三种单元感色细胞受到不同程度的刺激时，引起其他各种颜色感觉，从而反映出纤维的颜色。

（四）光泽

纤维的光泽取决于它的几何形态，如纤维的纵面形态、层状结构、截面形状等。

纤维纵面形态主要看纤维沿纵向表面的凹凸情况和粗细均匀程度。如纵向光滑，粗细均匀，则漫反射少，镜面反射高，表现出较强的光泽。丝光棉就是利用烧碱处理，棉纤维膨胀而使天然转曲消失，纵向变得平直光滑，使光泽变强。

纤维截面形状很多，光泽效应差异很大，有典型意义的是圆形和三角形。和空气相比，纤维是一种光密物质，当光线从三角形截面纤维内部向外折射时，有些内部反射光会在纤维截面的局部棱边上发生全反射。因此，三角形截面的光泽较强，当改变光线的入射角或观察角度时，光线在纤维内部界面上的入射角度发生了变化，改变了产生全反射的棱边或界面，使得纤维的光泽发生明暗程度的交替变化，形成"闪光"效应。常用的闪光丝就是一种具有三角形截面的合纤长丝。光线进入圆形截面纤维任一界面的入射角，都与光线进入纤维后的折射角相等，在任何条件下都不能形成全反射。因此，圆形截面纤维的透光能力比三角形截面纤维强，外观明亮。

为了获得特殊的光泽反应，可以生产各种异形化纤，如三角形、多角形、多叶形、Y形纤维等。为了消除圆形截面光泽刺目的外观，可以在纺丝过程中加入二氧化钛消光剂，利用二氧化钛粒子改变光线的入射情况，达到消光作用。根据加入量的不同，可制得消光（无光）或半消光（半光）纤维。

（五）光泽特性

卡茨认为，光泽是从对象物体的色随着亮度的增强，使人的感觉局部地受到刺激而产生的。就是说，所谓光泽就是不分光的光束强度，而且是部分的强度。对象物体的反光部分，因光源、物体、眼睛位置的角度不同而产生差异，因而也可以说是由于反射光的方向依存性决定着光泽。

由于纤维制品复杂的表面结构以及材料的半透明性质，因而除反射光的方向依存性以外，影响光泽的还有辉度分布、内部反射比例和透明性等。光泽的测试不如色彩那样发展完善，目前市场销售的蛊微光泽计已试用于光泽的测试。可用三次元变角光泽计测定反射光束的变角光度特性。采用测定光源、试样表面、受光器所处不同的相对位置的方法，可表示出多种的光泽度。

1. 镜面光泽度

即以试样表面的影像为条件的反射光束的强度，用 $n=1.567$ 的玻璃板的强度百分率对照表示。测定角的标准有 JIS、ASTM 标准。

2. 扩散光泽度

即不以镜面光泽为条件的反射光束的强度，用氧化镁标准白板的强度百分率对照表示。

3. 对比光泽度

以两种不同条件的反射光束的比表示。根据条件的选择方法，有二次元对比光泽度、三次元对比光泽度、开角对比光泽度、NF 对比光泽度、杰弗里斯对比光泽度等。

一般对于光泽强的平板试样，适宜用镜面光泽度和开角对比光泽度，而对于纤维制品，适宜用二次元对比光泽度和三次元对比光泽度。织物因有经纬的方向性，适宜用杰弗里斯对比光泽度。

（六）光泽的质感

所谓质感，意义上是模糊不清的，以纤维制品来讲，意味着某种程度上有调和光泽的意义。丝织物的光泽是一个目标。作为质感测试的一例，有用显微光泽计来测试辉度分布的。

将试样表面的辉点用透镜放大，用狭缝进行扫描，同时求得辉度分布曲线。放大有限制，因肉眼存在认知阈，在反差 1.5 时是 0.2mm，所以使用 1mm 直径的狭缝时放大 10 倍是充分的。此分布曲线的峰值之间的距离，峰值与谷值之比，峰的尖锐程度，平均值，规律性等，能够表现光泽的不同。曲线的峰值（明部）和谷值（暗部）之比（反差）的对数与辉点间、（峰阅）的视角的倒数，表示光泽感的好坏。还有学者认为，表面结构的尺寸会对光泽感产生较大的差异。在光泽设计时，必须考虑到表面结构尺寸的重要性。

使用显微光泽计能测定单纤维的光泽。对观察截面形状和添加剂的效果，也是有用的。

织物主要是由纤维组成的，因而纤维的透明度也影响光泽的质感。纤维的透明度可以用显微分光光度计测定，但是易受截面形状的影响，随着其形态的变化，透明度的值在表现上也因而变小。

二、白度的测试

白色是人们最常见的色调，物质表面的白色程度是一个特殊的颜色特性，其特点是具有高反射率和低纯度，又是一个与观察者心理因素有关的量。白度在生产和生活中具有很重要的意义，棉花、羊毛、粮食以及许多工业产品，如白色涂料、糖类、塑料及纸张等在产品质量评定中是一个主要指标。

由于人们对白色的偏爱有所不同，有的人喜爱带红色的白，有的人喜爱带绿色的白，白色物质中添加了蓝色，有的人则认为更白些，因此很难做统一的评价。同时，物质的白色也会随观察条件和时间的变化而变化。然而，一般地还是可从色的基本属性来评价白色的程度。当物质表面对可见光谱所有的波长反射率在80%以上，可认为该物质表面为白色；另外，也有用明度（Y）和纯度（P_e）来表征白色的。Berger认为当物体表面$Y>70$，$P_e<10\%$时可当作白；Macadam的实验数据则为$Y=70\sim90$，$P_e<0\sim10\%$；而Grum等人则认为物体表面的色纯度在$0\sim12\%$和高反射率时就看作白。由此可见，对白度的定量评价标准尚不一致。

随着科学技术的发展，当用仪器测色成功地应用于工业上时，各国普遍开始了测试白度的探索性工作。由于实际的需要，以目视评定和色度学测量的方法为基础而建立的白度公式，近半个世纪以来有繁简不一共百种以上。我们知道，对任何一种物质的白色表面都可用色晶坐标或按颜色三个基本属性来表示。合理的白度公式应取决于白色试样的目视评定和色度学测量的符合度。

（一）目测评定

用目光评定白度时，需要将被检样品与标样比较。要达到区分微小的差别和高度的准确性，需要考虑到影响比较结果的几个条件因素，例如试样的性质、光源、背景、目测角度、人为因素等。

1. 影响目测评定的因素

（1）试样。试样不宜小于$6mm\times5mm$，比较的试样应同样大小。试样结构差别很大者（如针织物与机织物）在比较时很困难。针织物或窗帘织物应折叠数层才足以消除此影响。为了得到轮廓分明的表面，可将试样放在玻璃片上或透明的塑料板上。

（2）光源。由于荧光增白剂是受紫外光的辐射而起作用的，因此所得到的白度效果大部分依赖于光源，特别是不可见的紫外部分。如果在紫外区的辐射程度比可见光部分的辐射程度低很多时，白度效果将大大降低。

（3）目测角度和位置的变换。目测时试样的放置角度是一个重要的因素。以与试样较小角度观察时，被看到的主要是荧光，因此得出假象，目测角度以45°为宜。试样的相对位置（如左或右）也将影响所得白度的效果。因此在检验比较时，要将两块试样的位置左右更换数次。

（4）人为因素。人的眼睛对白色物体上的色泽变化很敏感，取决于生理学和心理学上的因素。

2. 评定方法

评定条件：用昼光评定，在北半球用北空光线，而在南半球用南空光线，通过只吸收尽量少紫外光的窗玻璃，时间为 10：00～15：00，选择适当大小的试样，对于透明的试样需折叠数层至不再影响评定结果为止。评定方法有三种。

（1）评定者的双手各持一块试样，试样与眼睛成 45°角。试样位置左右反复更换数次。

（2）将试样包覆在玻璃片或树脂玻璃板上（应不含紫外吸收剂或荧光增白剂），并放在如方法（1）中的相同的位置，将一块试样板部分重叠在另一块试样板上，如此反复更换数次。

（3）将试样边靠边地平放在不耀眼的白色或浅灰色底板上，上面用一块玻璃压住，此玻璃板不吸收紫外光。评定时左右位置应反复更换数次。

3. 白色标准

汽巴—嘉基白色标准以理想白色为 100，每一级相差 10 个单位（能区分的最小白度差别，相当于 1.2 亚当斯—尼克森（Adams-Nickerson）色差单位（40）），有棉布和塑料两种白色标准。

（1）汽巴—嘉基棉布白色标准。用棉布白色标准评定纺织品较为方便。汽巴—嘉基棉布白色标准由窗帘等装饰用布制成，用一中性色光的三嗪基二氨基二苯乙烯的增白剂（Tino-pal DMS）在 92℃水洗浴中增白。标准分 18 级，白度为 70～240，每隔 10 个单位为目测能区分的 1 级差别。

（2）汽巴—嘉基塑料白色标准。纺织品白色标准容易沾污和需经常更换，所以发展了能洗涤的耐光牢度很好的白色标准，用三聚氰胺树脂塑料制成。此塑料白色标准也可用以评定未经荧光增白剂处理的材料和评定泛黄程度。每一级标准分有光泽和无光泽面两种，用以比较各种塑料和纸张等。此标准对外界影响不敏感，因此也可用以校准各种测量仪器（例如滤色器光度计、分光光度计、荧光计等）。此塑料白色标准包括 12 块小塑料板，每一块有一无光泽面和一有光泽面。标准板为 6cm 宽、9cm 长和 2.2cm 厚。此标准板用不含增白剂的温洗涤液很易清洗（注意：用以揩干的毛巾也不应含有荧光增白剂），此标准的分级见表 4-27。

表 4-27　　　　　　　　汽巴—嘉基塑料白色标准的分级

级别	1	2	3	4	5	6	7	8	9	10	11	12
白度	-20	5	25	50	70	90	105	130	150	175	185	210

注：1～4 级为没有荧光的标准；5～12 级为有荧光的标准。

（二）仪器测量

为了保证白度评价的一致性，在仪器测量时 CIE 特推荐下面给出的白度 W 或 W_{10} 的公式和淡色调 T_w 或 $T_{w,10}$ 的公式，用来对在 CIE 标准照明体 D_{65} 下被评价样品的白度对比。公式的应用受如下限制：样品需是工商业中被称为"白"的样品；样品在颜色和荧光方面没有多大不同；样品是在相同的仪器上在相隔时间不长的期间内测量的。就是在这些限制之下，公式提供的仍是白度的相对评价而不是绝对的评价。

$$W = Y + 800\ (x_n - x) + 1700\ (y_n - y)$$
$$W_{10} = Y_{10} + 800\ (x_{n,10} - x_{10}) + 1700\ (y_{n,10} - y_{10})$$
$$W = Y + 800\ (x_n - x) + 1700\ (y_n - y)$$
$$T_{w,10} = 900\ (x_{n,10} - x_{10}) + 1700\ (y_{n,10} - y_{10})$$

这里 Y 是样品的三刺激值 Y；x 和 y 是样品的色品坐标 x、y；x_n、y_n 是完全漫射体的色品坐标。以上这些都是针对 CIE1931 标准色度观察者的。Y_{10}，x_{10}，y_{10}，$x_{n,10}$，$y_{n,10}$ 则是对于 CIE1964 补充标准色度观察者的相类似的值。W 或 W_{10} 的值越高，就表示白度越大。T_w 或 $T_{w,10}$ 正的值越大，就表示带绿度越大；T_w 或 $T_{w,10}$ 负的绝对值越大，就表示带红度越大。对于完全漫射体来说，W 或 W_{10} 都等于 100，T_w 和 $T_{w,10}$ 都等于 0。对于带明显颜色的样品使用白度公式是没有意义的。这些公式仅能应用于这样的样品，它的 W 或 W_{10} 值，T_w 或 $T_{w,10}$ 值要落在如下极限范围之内：

W 或 W_{10} 大于 40 并小于 $(5Y - 280)$ 或 $(5Y_{10} - 280)$；T_w 或 $T_{w,10}$ 大于 -3 并小于 $+3$。

淡色调公式是建立在如下实验结果的基础上的，即在 x，y 或 x_{10}，y_{10} 色品图上，等淡色调线是近似平行于 466nm 的主波长线。

相等的 W 或 W_{10} 的差并不总能表示白度的相等视觉差；相等的 T_w 或 $T_{w,10}$ 的差并不总能表示白度中带绿度或带红度的相等视觉差。白度和淡色调的测量与这种视觉属性之间的相关一致性是需要更复杂的公式的，而目前有关的知识还不足以准确地建立这种公式。

2001 年国家标准推荐纺织品白度值按下列公式计算：

$$W_{10} = Y_{10} + 800\ (0.3138 - x_{10}) + 1700\ (0.3310 - y_{10})$$
$$T_{w,10} = 900\ (0.3138 - x_{10}) - 650\ (0.3310 - y_{10})$$

其结果提供的是相对评价，而不是绝对的白度评价，应用于在等同仪器或已知其测量系数相当接近的仪器上测量试样进行比较。

在某些情况下，需要测量物体的黄色度。白色的物体，如白布、白塑料等，当它们长期在阳光下暴晒时，白色会逐渐变黄。稍带有黄色的白色物体可用黄色度表示，而白色物体经过一段时间后变黄的程度可用变黄度表示。

$$YI = \frac{100(1.28X - 1.06Z)}{Y}$$

式中：YI——黄色度；

　　　X、Y、Z——样品的三刺激值。

$$\Delta YI = YI - YI_0$$

式中：ΔYI——变黄度；

YI_0——样品初期的黄色度；

YI——经过一定时期后的黄色度。

1998 年国家标准推荐对纺织纤维如绵羊毛、山羊绒、马海毛、骆驼绒、腈纶、粘胶、苎麻等纤维白度和色度的测试，采用色差计测量试验样品的三刺激值 X、Y、Z，通过计算机得到白度和色度值，白度计算公式如下：

$$W = 100 - \left[(100-L)^2 + a^2 + b^2\right]^{\frac{1}{2}}$$

亨特色坐标系统的明度指数 L 与色度指数 a、b 与试样三刺激值 X、Y、Z（D_{65}、$10°$）的函数关系为：

$$L = 10.000Y^{\frac{1}{2}}$$

$$a = 17.210\frac{(1.055X - Y)}{Y^{\frac{1}{2}}}$$

$$b = 6.675\frac{(Y - 0.932Z)}{Y^{\frac{1}{2}}}$$

三、纤维色泽测量

(一) 棉花色泽测量

1. 目测评定

根据棉花的成熟程度、色泽特征、轧工质量分为七个级。锯齿棉各级的色泽特征：一级色洁白或乳白，丝光好，微有淡黄染；二级色洁白或乳白，有丝光，稍有淡黄染；三级色白或乳白，稍有丝光，有少量淡黄染；四级色白略带阴黄，有淡灰、黄染；五级色灰白有阴黄，有污染棉或糟绒；六级色灰白或阴黄，污染棉、糟绒较多；七级色灰黄，污染棉、糟绒多。

检验时，将棉样压平、握紧，使棉样密度与品级实物标准（色泽特征符合上述要求）表面密度相似，与实物标准进行对照。在北空昼光或模拟昼光 D_{75} 条件下进行目测检验。

国家标准推荐的《棉花分级室模拟昼光的照明》和《结纺织纤维分级室北空昼光的照明》，对采光方式、照明质量、光照度、环境色等都提出了要求。

2. 仪器测量

棉花的"色泽"是指棉花的颜色和光泽。棉花的基本色调是黄色，很接近孟塞尔色卡的 10YR（10 黄红）。因此，可用黄度和明度两个指标来表示。棉花测色仪就是根据棉花的光谱特性和色度学的原理设计的。

仪器示意如图 4-98 所示。

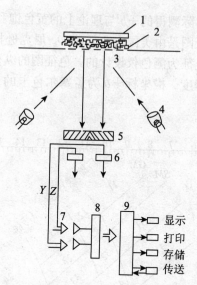

1—气动加压机构；2—棉样；3—测试窗；4—白炽灯泡；5—滤色片；
6—硅光电池；7—运算放大器；8—放大信号；9—微机系统

图 4-98　测色仪结构原理示意

　　测色仪由光路部分和电路部分组成，以数字显示或以色征图显示。其测量原理是白光光束以与棉样表面法线成 45°角的方向入射于棉样表面上。在垂直方向上测量棉样表面的反射光（45/0）。分析其中光谱成分和反射率的大小来获得棉样的色征。

　　由气动加压机构将棉样压在测试窗上，压力固定在 44.5N，确保光传感器对每只试样一致。光源为两只对称放置的白炽灯泡，接收器是带有滤色片的硅光电池，作为传感元件。光电信号经放大模数转换后输入微机系统，由三刺激值 Y 和 Z 计算出亨特坐标的 R_d 和 $+b$。

　　R_d 和 $+b$ 的计算方程如下：

$$R_d = Y + b = 70 f_y (Y - 0.847Z)$$

$$f_y = 0.51 \frac{(21 + 20Y)}{(1 + 20Y)}$$

式中：R_d——棉样的光反射率；

　　　　$+b$——棉样的黄度。

R_d 和 $+b$ 的数值可转换成美国农业部的色征等级。

　　亨特 Lab 色坐标有三个矢量，只 J 表示光的反射率，a 和 b 是色坐标，a 表示红和绿，$+a$ 表示红色矢向，$-a$ 表示绿色矢向。b 表示黄和蓝，$+b$ 表示黄色矢向，$-b$ 表示蓝色矢向。棉花的 a 近似常数，无须测量。由于绝大部分棉花的基本色很接近孟塞尔色卡中的 IOYR（10 黄红），为简化电路结构起见，用牛凸作为棉花的黄度示值，实际测得的+b与理论上的黄色饱和度示值近似。

美国陆地棉品级色征图是由美国农业部的 D. 尼克逊根据美国陆地棉的色征范围和品级实物标准的色征为测色仪设计的。色征图的纵坐标只 d 表示光的反射率，也就是棉样的明亮程度。横坐标+b 为孟塞尔色卡的 10YR 饱和度示值。如图 4-99 所示。

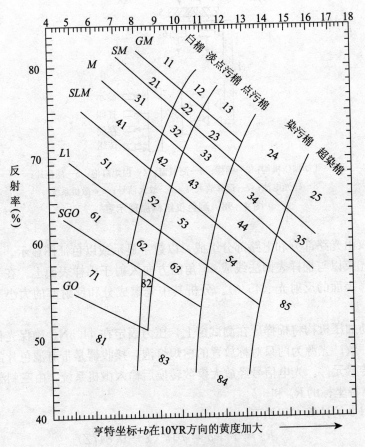

图 4-99　美国陆地棉品级色征

美国绝大部分棉花的 Rd 变化范围在 40%～85%，+b 的变化范围为 4～16。

棉花的色征由于受产地、品种、气候等因素的影响，因此，不同产区同级的棉花不可能有相同的色征，故允许存在一定的差异（通过协商确定）。色征图上的等级划分线不呈水平，类型划分线亦不呈垂直，最大特点是能表达所有棉花的色征，各种色征的棉花在色征图上均有一个固定范围。

R_d 和+b 可以转换成 CIE 的 Y 和 Z 值，美西爱（MCI）公司又将 R_d 和+b 转换成 G（灰度）和 C（黄色度）。

由于我国棉花品级标准与美国不同，因此上述品级色征图尚不能适用于国产棉花。

为使测色仪有准确的示值和良好的线性工作特性，仪器由微处理机自动完成校正顺序，先把五块标准色板的标定值键入计算机，再依次将标准色板代替棉纤维放在测试窗上，显示屏幕逐一显示校正步骤，微处理机自动修正校正系数去补偿诸如灯泡的老化、电源波动、透镜污染等的变动。

白板校正 Rd 上端的校正点，灰板校正 Rd 下端的校正点，黄板校正 Rd 上端右角的校正点，棕板校正 Rd 下端右角的校正点，中心板校正色征图的中央附近点。各校正点的数据应在允差（Rd 标定值 $\pm 0.3\%$，$+b$ 标定值 ± 0.3 单位）范围内。

最近，USTER 公司生产的 HVI Spectrum 大容量测试仪中的棉花测色仪，由使用白炽灯光源更改为氙灯光源。其主要原因是氙灯属于闪烁性发光，而不是常亮，故其发热量较小，对仪器的稳定性影响减小了；氙灯发光强度的稳定性较白炽灯好，且不需经过长时间预热即可达到测试所需强度，有利于提高测试效率；氙灯比白炽灯耐用性好，不需经常更换。

（二）羊毛色泽测量

用色度计、光谱色度仪或分光光度计测试试样的 X、Y 和 Z 值，再以一定的公式计算求得白度和黄度。仪器应符合 CIE 规定的 45/0 几何条件，提供有关 C 光源和 2°视场（C/2°）或者 CIED$_{65}$ 光源和 10°视场（D$_{65}$/10°）的数据。

测色仪器用校正板校准，其测量值应在校正板标定值的 1 个单位以内。校正测色仪器用的附件包括：一块奶黄色校正板、一块黑色校正板、一块白色校正板，由新西兰羊毛研究组织（WRONZ）提供标准羊毛样品。

所用羊毛样筒有两种类型，即定密度样筒和定压力样筒。恒定密度的样筒通过一个气缸驱动活塞压缩羊毛试验试样至一个固定的容积。5g 羊毛试验试样压缩至 11mm 长（填充密度为 160kg/m^2，即 0.160g/cm^3）。

按 IWTO—56—00 规定进行取样、试样制备（洗涤、烘干、混合、除杂、调湿），把试验试样加载到样筒内，之后将样筒的玻璃窗口对着测色仪器测试窗口进行测定，每个三刺激值可按下述任意方法测得四个读数。

（1）使用一个试验试样测量两个面，扯开毛样再合起来形成两个新的测量面，再测定每个面；

（2）使用两个试验试样，每个试验试样测量两个面。

黄度计算公式为 $Y-Z$，已在新西兰和澳大利亚应用。

白度计算式如下：

$$W=[(100-0.94Y)^2+(2.84X-2.35Z)^2]^{1/2}$$

第九节 常见纺织纤维品质评定

一、棉纤维的品质评定

目前国际上主要有两类原棉品质检验方法，一类是以人的感觉器官检验为主的感官检验；另一类是以仪器检验棉纤维的物理指标为主，以感官检验为辅。

(一) 我国棉花的品质评定与检验

目前，我国棉花的质量检验按照国家标准 GB 1103—1999 进行，包括长度、品级、含水、含杂四项内容，其中长度和品级检验以感官检验为主，含水、含杂以仪器检验为主。长度与品级确定棉花的价格，以含水、含杂确定棉花的重量。由于感官检验存在一些弊端，我国正在向仪器检验方向过渡。

小批量棉花收购时的长度以手扯法确定，称为手扯长度，以 2mm 为组距，以奇数表示，如 23mm、25mm、29mm、31mm 等，长度越长，品质越好，价格越高。

按现行国家标准 GB 1103—1999 规定，棉花品级根据成熟度、色泽特征、轧工质量将细绒棉分为 1～7 级，7 级以下为级外棉，棉纺原料一般用 1～5 级，称为纺用棉。成熟度从内在质量方面确定了原棉的利用价值。色泽特征一方面反映棉纤维的成熟度，另一方面反映其在加工、储运过程中是否被污染或发生变质等情况。轧工质量反映籽棉加工中受损伤和清除僵棉、杂质、短绒程度。棉纤维的品级采用品级条件（见表 4-28）与实物标准相结合的方法评定，需要专业技工进行。实物标准分为籽棉、锯齿棉与皮辊棉三种标准。由于不同年度的自然条件差异较大，多雨年度棉花色暗，光泽差，人工灌溉地区的棉花色白、光泽好，因此实物标准需每年更新。

按现行国家标准 GB 1103—1999 规定，棉纤维的长度划分有长度级，以 1mm 为级距，把棉花纤维分成 25mm、26mm、27mm、28mm、29mm、30mm、31mm 七个长度级。

表 4-28　　　　　　　　　　　　　细绒棉品级条件

级别	籽棉	皮辊棉			锯齿棉		
		成熟度	色泽特征	轧工质量	成熟度	色泽特征	轧工质量
一级	早、中期优质白棉，棉瓣肥大，有少量白棉和带淡黄尖、黄线的棉瓣，杂质很少	成熟好	色洁白或乳白，丝光好，稍有淡黄染	黄根，杂质很少	成熟好	色洁白或乳白，丝光好，稍有淡黄染	索丝、棉结、杂质很少
二级	早、中期好白棉，棉瓣大，有少量轻雨绣棉和个别半僵棉瓣，杂质少	成熟正常	色洁白或乳白，有丝光，有少量淡黄染	黄根，杂质很少	成熟正常	色洁白或乳白，有丝光，稍有淡黄染	索丝、棉结、杂质少
三级	早、中期一般白棉和晚期好白棉，棉瓣大小都有，有少量轻雨绣棉和个别半僵棉瓣，杂质稍多	成熟一般	色白或乳白，稍见阴黄，稍有丝光，淡黄染、黄染稍多	黄根，杂质稍多	成熟一般	色白或乳白，稍有丝光，有少量淡黄染	索丝、棉结、杂质较少
四级	早、中期较差的白棉和晚期白棉，棉瓣大小都有，有少量僵瓣或轻霜，淡灰棉，杂质较多	成熟稍差	色白、略带灰、黄，有少量污染棉	黄根，杂质稍多	成熟稍差	色白，略带阴黄，有淡灰、黄染	索丝、棉结、杂质稍多
五级	晚期较差的白棉和早、中期僵瓣棉，杂质多	成熟较差	色灰白带阴黄，污染棉较多，糟绒多	黄根，杂质多	成熟较差	色灰白，有阴黄，有污染棉和糟绒	索丝、棉结、杂质较多
六级	各种僵瓣棉和部分晚期次白棉，杂质很多	成熟差	色灰黄，略带灰白，各种污染棉、糟绒多	杂质很多	成熟差	色灰白或阴黄，污染棉、糟绒较多	索丝、棉结、杂质多
七级	各种僵瓣棉、污染棉和部分烂桃棉，杂质很多	成熟很差	色灰暗，各种污染棉、糟绒很多	杂质很多	成熟度差	色灰白或阴黄，污染棉、糟绒多	索丝、棉结、杂质很多

(二) 美国棉花的品质评定与检验

从 1981 年开始，美国已有部分棉农采用大容量高精度检验仪器（简称 HVI）对棉花进行分级。直到 1990 年，国家棉花销售咨询委员会提出一项议案，即把使用 HVI 仪器检验的棉花归于政府价格保护政策的执行条款中，这项措施在 1991 年的执行过程中效果非常理想，于是逐渐形成当今美国所有棉花都要使用 HVI 系统进行分级检验的局面。

1. 仪器定级

美国棉花检验所用的仪器为 HVI 棉花检验系统，它可以提供如下质量指标。

(1) 长度：是较长一半纤维的平均长度（或称上半部平均长度），测试结果以 1/100 和 1/32 英寸来表示。

(2) 长度均匀性：纤维平均长度与较长一半纤维平均长度的比值，以百分比表示。百分比越高，均匀性越好。如果测样中所有的纤维长度相同，那么平均长度及上半部平均长度也就相同，均匀指数应该为 100。然而，棉花纤维在长度上存在着天然的差异，所以，长度均匀性会少于 100。

(3) 马克隆值：是对纤维细度和成熟度的综合测定，采用一个气流计来测定恒定重量的棉花纤维在被压成固定体积后的透气性，结果以马克隆值显示，称为马克隆值。

(4) 强度〔克/特克斯（g/tex）〕：是指拉断一个特克斯单位的纤维所需要的力。

(5) 颜色：棉花的颜色是由反射线（Rd）和黄色（$+b$）来表示的，反射线显示测样的亮度和暗度，而黄色显示测样中色素的程度。一种三位数的色码可以表示颜色等级。这种色码的确定是通过确立 Rd 与 $+b$ 值在尼克森·亨特棉花比色计上的交叉点而实现。例如，一个 Rd 值为 72 及 $+b$ 值为 9.0 的测样，其色码为 41—3。

(6) 杂质（叶屑）：原棉中的杂质通过光电扫描测杂仪测出，可测得树叶、草及树皮等植物性杂质，棉花样品表面经摄像头扫描，然后计算出杂质颗粒所占据表面的百分比。

2. 目光定级

通过检验师检测可对棉花的叶屑含量定级。叶屑等级有 8 个，包括 7 个正常等级和 1 个等外级。叶屑含量受植物种类、收获条件的影响。轧棉后留在棉花中的叶屑数量取决于轧棉前棉花中的叶屑数量，以及所使用的清理和干燥设备的类型和数量。即使采用最精细的收获和轧棉方法，仍会有一小部分叶屑留在棉花中。从纺织企业的角度讲，叶屑是无用的，去除它需要花费资金。另外，小的叶屑碎片总是无法去除，会影响织物的质量。

二、麻纤维的品质评定

麻纤维的品质检验通常主要考核长度、脱胶、柔韧性、杂质、色泽、斑点、水分。

(1) 长度主要影响纺织工艺和成纱性能。纤维越长、长度整齐度越高，成纱强力越高，纤维较长也可适当降低成纱捻度，使织物柔软。

(2) 脱胶程度是决定麻纤维品质的主要因素之一。脱胶过度会使纤维强力下降，脱胶不干净会使纤维粗硬，其检验方法主要是手感目测法。

(3) 柔韧性关系到织物的手感及耐用程度。检验方法为手感目测鉴别法。

(4) 杂质麻纤维中含碎茎、表皮、砂土等杂质会增加织物的疵点，因此也必须把含杂作为检验项目之一。

(5) 色泽的洁白程度直接关系到织物的美观与否，鉴别方法是用目光对照标准样评定。

(6) 斑点来自生长过程和病虫害以及加工过程，这些斑点会影响纤维的强力和外观，鉴定方法也是采用目光对照标准样评定。

(7) 水分由于麻纤维具有较好的吸湿性，因而含有一定的水分。但水分过高易使纤维霉变，影响强力和光泽，水分过低易使纤维脆断。检验水分有手感法和烘箱法等。

三、羊毛的品质评定

羊毛的工商交接一定要进行品质评定，按质论价。具体做法随各国的交易制度而异。我国根据收购标准对羊毛进行定等计价。纺织工业所用羊毛主要是细羊毛、改良毛和半细毛，其品质评定的主要依据是羊毛纤维的细度、毛丛长度、油汗情况、色泽、卷曲、粗腔毛率、手感和毛被外观的形态。我国对细羊毛、改良毛和半细毛的分等规定见表 4-29。

表 4－29　　　　　　　细羊毛、半细羊毛、改良羊毛分等规定

类别	等别	平均直径 [μm（品质支数）]	毛丛自然长度 （μm）	油汗占毛丛高度 （%）	粗胶毛，干、死毛含量（占根数%）	外观特征
细羊毛	特等	18.1～20.0（70）	≥75、	≥50	不允许	全部为自然白色的同质细羊毛，毛丛的细度、长度均匀，弯曲正常，允许部分毛丛有小毛嘴
		20.1～21.5（66）				
		21.6～23.0（64）	≥80			
		23.1～25.0（60）				
	一等	18.1～21.5（66～70）	≥60			全部为自然白色的同质细羊毛，毛丛的细度、长度均匀，弯曲正常，允许部分毛丛顶部发干或有小毛嘴
		21.6～25.0（60～64）				
	二等	≤25.0（60及以上）	≥40	有油汗		全部为自然白色的同质细羊毛，毛丛细度均匀程度差，毛丛结构散，较开张
半细羊毛	特等	25.1～29.0（56～58）	≥90	有油汗	不允许	全部为自然白色的同质半细羊毛，细度、长度均匀，有浅面大的弯曲，有光泽，毛丛顶部为平顶、有小毛嘴或带有小毛瓣，呈毛股状，细度较粗的半细羊毛，外观呈较粗的毛瓣
		29.1～37.0（46～50）	≥100			
		37.1～55.0（36～44）	≥120			
	一等	25.1～29.0（56～58）	≥80			
		29.1～37.0（46～50）	≥90			
		37.1～55.0（36～44）	≥100			
	二等	≤55.0（36及以上）	≥60			全部为自然白色的同质半细羊毛
改良羊毛	一等	—	≥60		≤1.5	全部为自然白色改良形态明显的基本同质毛，毛丛由绒毛和两型毛组成，羊毛细度的均匀度及弯曲、油汗、外观形态上较细羊毛或半细羊毛差，有小毛瓣或中瓣
	二等	—	≥40	—	≤5.0	全部为自然白色改良形态的异质毛，毛丛由两种以上纤维类型组成，弯曲大或不明显，有油汗，有中瓣或粗瓣

（1）细羊毛、半细羊毛以细度、长度、油汗、粗腔毛、干毛含量、死毛含量为定等定支的考核指标，四项指标中以最低的一项定等分支。改良羊毛以长度、粗腔毛、干、死毛含量为定等考核指标，两项指标中以最低的一项定等。外观特征为参考指标。

（2）套毛（被毛）经除边后按长度分等。特等毛长度须有70％（按质量计）及以上符合本规定，其余的羊毛长度，细羊毛不得短于60mm，半细羊毛不得短于70mm。一等羊毛长度须有70％及以上符合本规定，其余的羊毛长度，细羊毛不得短于40ram（其中40～50mm的羊毛不得多于10％），半细羊毛不得短于60mm（其中60～70mm的羊毛不得多于10％）。二等毛须有80％及以上符合本规定，其余的羊毛长度，细羊毛不得短于30mm，半细羊毛不得短于50mm。

（3）细羊毛、半细羊毛以细度指标分档，平均细度符合本规定。

（4）细羊毛、半细羊毛油汗指标，满足本规定的羊毛不得少于本批羊毛或套毛的70％。

（5）改良羊毛粗腔毛、干毛含量、死毛含量大于5％或毛丛长度小于40mm，而又具有改良毛形态者按等外处理，单独包装。

（6）改良羊毛黑花毛，不分颜色深浅、不分等级，单独包装。

（7）单根花毛（白花毛），单独包装。

（8）散毛以及边肷毛按其细度、长度、油汗、外观特征确定相应等级，单独包装。

（9）头、腿、尾毛及其他有实用价值的疵点毛均需分别单独包装，不得混入等级毛内。

（10）沥青毛、油漆毛必须捡出，严禁混入羊毛内。

（11）一等及以上的细羊毛、半细羊毛毛丛中段不允许有弱节。

四、丝的品质评定

（一）检验内容

生丝是大宗的蚕丝类原料，商贸交易流量很大，又是高档原料，其品质评定要比其他天然纤维或纱线复杂一些。依据现行国家标准 GB 1797—2001 规定，分为品质检验和重量检验两部分。

（二）分级规定

现行标准规定，根据受检生丝的品质技术指标和外观质量的综合成绩，按品质优劣顺序将生丝分为 6A、5A、4A、3A、2A、A、B、C 共计八个等级和级外品，其中 6A 级品质最优。

首先评定基本级，而后根据辅助检验项目、外观品质等确定最终级别。根据纤度偏差、纤度最大偏差（最粗或最细的丝绞与平均纤度的差异）、均匀二度变化、清洁、洁净五项主要检验项目中的最低一项评定基本级，五项主检项目中的任何一项低于最低级时定为级外品。辅助检验项目中的任何一项低于允许范围做降级处理，根据情况降一级或二级。外观评等分为良、普通、稍劣和级外品。外观检验评为稍劣者在前面基础上降一等，外观检验评为级外者最终级别一律为级外品。

(三) 主要考核指标

细度和细度均匀度是生丝品质的重要指标。丝织物品种繁多，如绸、缎、纱等。其中轻薄的丝织物不仅要求生丝纤度细，而且对细度均匀度有很高的要求。细度不匀的生丝将使丝织物表面出现色档、条档等疵点，严重影响织物外观，造成织物其他性质（如强伸度）的不匀。生丝细度的法定计量单位是特［克斯］(tex)，习惯用纤度（旦）表示。按标准需检测如下指标。

1. 平均纤度 $\overline{D}$

了解整批纤度的平均粗细，并作为计算纤度偏差的依据。

$$\overline{D} = \frac{\sum\limits_{i=1}^{n} f_i D_i}{N}$$

式中：$\overline{D}$——平均纤度（旦）；

D_i——相同纤度的若干绞为一组，第 i 组纤度丝的纤度（旦）；

f_i——具有 D_i 纤度值的纤度丝的绞数；

N——一受验纤度丝的总绞数，按纤度分为 n 组；

纤度偏差 σ 这是检验整批各绞丝偏离平均纤度的程度，用 σ 表示。

$$\sigma = \frac{\sum\limits_{i=1}^{n} f_i (D_i - \overline{D})^2}{N}$$

2. 最大偏差

最大偏差指整批纤度丝中最粗或最细纤度偏离平均纤度的情况。目前是取受验绞数的 2% 最粗和最细纤度丝的平均纤度，分别和该批丝的平均线密度比较，取其中差额较大的作为纤度最大偏差。

生丝的粗细均匀程度习惯通过"黑板"目测检验，即把一定长度的生丝均匀绕取在黑板上，通过光的反射，黑板上呈现深浅不同、宽度不同的条斑、阴影等变化，通过观察黑板上生丝的清洁、洁净、均匀度变化来评定生丝的粗细均匀程度。这种检验方法最直接，但难免存在人为误差，所以近年在向仪器检验方法过度。

3. 均匀二度变化

指黑板上丝条均匀变化程度与标准照片对比的评定结果。

4. 清洁、洁净指标

清洁、洁净都是在黑板上检测而得的表示生丝品质的指标。

五、化学纤维的品质评定

化学短纤维根据内在质量和外观疵点，在品质评定中分为一等品、二等品、三等品、等外品。

化纤出厂必须对每批产品进行检验。所谓同一批产品，是代表生产厂采用同一种原材料，按同一工艺条件，在一定的连续时间内生产的同一种品种规格的纤维。化纤的质量一般包括纤维的断裂强度、断裂伸长、长度偏差、细度偏差以及超长、倍长纤维含量等。粘胶纤维包括湿强度、湿伸长指标和残硫量，维纶包括缩醛度与水中软化点、色相、异形纤维含量，腈纶包括上色率，涤纶包括沸水收缩率、强度不匀率、伸长不匀率等。另外，卷曲数、回潮率也列为化纤的质量指标。这些质量指标与纺织工艺及纱布质量的关系都很密切。

化纤的外观疵点包括粗丝、并丝、异状丝以及油污纤维等，粘胶纤维包括粘胶块。外观疵点不仅影响化学纤维的可纺性，而且会影响产品的质量。化学纤维内在质量与外观疵点的检验，以及抽样的数量与方法均按国家的规定标准进行。

第五章　纱线检验

第一节　纱线条干均匀度检验

一、纱线条干均匀度的定义

纱条均匀度是影响布面外观的决定性因素。要想得到外观优良的纺织品，纱条必须有较小的不匀率。纱条均匀度好的布面平整、纹路清晰、条影不明显、手感丰满、外观质量优良。

广义而言，纱条不匀有以下几种：纱条截面积不匀、纱条目测直径不匀、纱条线密度不匀、纱条捻度分布不匀、纱条强力不匀等。对混纺纱来说，还有纤维混合不匀。在各种纱条不匀中，截面粗细不匀是最基本的。纱条目测直径不匀除了与纱条线密度变化有关外，还受纱条捻度不匀的影响。加捻时纱条截面细的地方抗扭刚度小，捻度自然向细处集中，使纱条各处捻回角趋于一致。由于捻度分布不匀的这种特性，纱条粗的地方捻度少，体积膨松；细的地方捻度多而紧密，使目测直径不匀更为显著。纱条截面纤维根数分布不匀会导致纱条拉伸性质沿长度方向变化。不匀率高的纱条粗细节多，细节形成的弱环增加，使成纱强力降低和强力不匀率增大，纺纱及织造中断头增多，产品质量下降，劳动生产率降低。因此，纺纱过程中加强对各道工序纱条不匀的监督控制是十分必要的。

纱条粗细不匀实际上包含了不同波长的不匀成分。概括地说，可分为短片段、中片段和长片段不匀，相应的波长范围如下：

短片段不匀：纱条不匀波长为纤维长度的 1～10 倍；
中片段不匀：纱条不匀波长为纤维长度的 10～100 倍；
长片段不匀：纱条不匀波长为纤维长度的 100～1000 倍。

二、纱线条干不匀的原因

造成纱条不匀的原因主要有两方面：一是纤维在纱条中随机分布产生的不匀；二是纺纱过程中工艺和机械因素产生的附加不匀。

（一）纤维在纱条中随机分布产生的不匀

纤维随机分布产生的不匀是不可避免的极限不匀。根据近代短纤维纺纱的工艺原理，即使在理想的条件下纺纱，也不可能纺出完全均匀的纱条。因为即使使纤维沿长度方向完全伸直随机排列，纱条截面的纤维根数分布仍为泊松分布，仍存在着分布的离散性，纱条具有最低的不匀率。而这种极限不匀（C_1）的大小，取决于纱条断面纤维的根数（N）和单根纤维本身的粗细不匀（C_0）：

$$C_1 = \frac{C_0}{\sqrt{N}}$$

式中：N——组成纱条的纤维根数。

从中也可以知道，越细的纱线越难纺。

（二）纺纱过程中工艺和机械因素产生的附加不匀

工艺和机械因素对纱线产生的附加不匀从纺纱开始就发生，随每道工序、每台设备继续发生。而且每个不匀一经发生，就不会完全消失，因而最终细纱上叠加了多种不同波长的不匀。

通过罗拉牵伸机构纺出的纱条，其附加不匀主要有牵伸波、机械波以及偶发性不匀。牵伸波是由工艺因素引起的在牵伸过程中对浮游纤维控制不良而产生的非周期性的粗细节；机械波是指由于牵伸部分的机械故障，如罗拉钳口位置摆动或罗拉速度变化而产生的周期性的粗细节；偶发性不匀主要是挡车工操作看管不当而形成的。

三、纱线条干均匀度的测定

（一）黑板条干检验法

棉纱、毛纱条干和生丝均匀度常用黑板目光评定法。试样用摇黑板机以一定间距绕在黑色绕纱板上。摇黑板机有手摇的也有电动的，当手摇或电动机转动绕黑板时，也传动与绕纱板轴平行的螺杆，导纱器底座啮合在螺杆上带动纱条横向移动，使绕纱间距均匀一致。绕纱板与螺杆间的连动系统可以调节，以改变绕纱板上纱圈的间距。国内目前采用矩形黑板，棉纱及棉型化纤混纺纱黑板规格为25cm×22cm；毛纱及毛型化纤混纺纱黑板规格为30cm×25cm；生丝或绢丝用大黑板，规格为139.5cm×46.3cm。绕纱间距根据试样线密度而定。

黑板目光检验是纱线目测直径投影的表观均匀度评定。检验时将绕有纱线的黑板放在标准照明条件下，用目光观察并与标准样照对比，评定纱线条干均匀度级别。棉纱黑板检验试样每批十块黑板，按优级、一级、二级、三级标准分级。黑板评级主要内容为：纱线中粗节数量及粗细程度、细节所形成阴影面积深浅、是否有严重粗细节或竹节纱以及严重周期性不匀等。检验在暗室中进行，四周墙壁涂以不反光黑色，黑板和样照中心高度应与检验者目光呈水平状态，黑板与样照垂直平齐放置。检验室光源用两支并列 40W 荧光灯，灯管位置高出黑板中心 0.5m，距离约 1m。在正常视力条件下，检验者与黑板距离为 2.5 ± 0.3m。

黑板条干目光检验使用简单，具有直观性，容易为生产人员了解，并具有综合检验效果。检验人员评定纱条条干不匀时，还能从绕纱黑板中得到纱线毛羽及含杂的信息。黑板检验的缺点是检验结果与检验人员的主观感觉有关。

国外黑板目光检验用梯形黑板，优点是更容易辨认存在于纱条中的周期性不匀。采用矩形黑板时，如果黑板一圈周长为纱条不匀周期的奇数倍，黑板上并列纱条将以粗细相间方式出现，对观察者来说仍然得到整体较为均匀的印象，掩盖了纱条中规律性条干不匀。采用梯形黑板能有效地反映出各种周期性不匀的存在，还能从绕纱板上量度不匀的波长，有利于寻找周期性不匀的原因。

(二) 测长称重法

测长称重法或切断称重法，是测定纱线细度不匀率的最基本和最简便的方法。首先取具有一定长度的纱线若干缕、绞或片段，分别称重，然后计算重量不匀率。目前纺织厂中条子、粗纱和细纱等的细度不匀率，普遍采用测长称重法测定，对同一试样，因所取片段长度不同，所测得的不匀率的数值也不同。为了进行比较，片段长度必须一定。在评定纱线的品质时，棉纱线的缕纱长度为 100m，精梳毛纱为 50m，粗梳毛纱为 20m，生丝为 450m。试验次数或缕纱个数一般为 30。缕纱的重量不匀率，在采用号数制时称重量不匀率，采用支数制时称支数不匀率，采用纤度制时叫纤度不匀率。

测长称重法可以测量各种片段长度的重量不匀率。一些测量纱条不匀率的仪器的测试结果，常常以这种方法测定的结果为标准进行校正。

(三) 电容式均匀度试验仪法

纤维材料的介电系数大于空气的介电系数。纱线试样进入由两平行金属极板组成的空气电容器，会使电容器的电容量增大。当试样连续从电容器的极板间通过时，随着极板间一段纱线的体积或重量的变化，电容器的电容量也相应变化。由电容量的变化量即可得到纱线的细度不匀率。因为由纱线粗细不匀所引起的电容量的变化在数值上是很小的，所以需要用灵敏度较高的电路进行测量。

乌斯特均匀度测试仪是精确测试纱条不匀率的电子仪器。测试仪上有几个由平行金属极板组成的电容器或测量槽，各电容器两极板间的距离由大而小，极板的宽度由宽到窄，有 16mm、8mm 等。

电容器极板间试样的充满程度对测量结果的正确性是有影响的。为了使电容量的变化与在电容器极板间试样的体积或重量的变化成线性关系，减小因试样的回潮率的改变而引起的试样介电系数的变化对电容量变化的影响，应当使极板间试样的充满程度不超过一定限度。或者说，对于一定的试样来说，电容器极板间的距离要不小于一定数值。因此，在乌斯特均匀度测试仪上，设计有几个极板间距离不同的测量槽，以适应不同粗细的条子、粗纱和细纱进行测量时选择使用。此外，试样的回潮率在纱条长度方向分布不匀时也会影响测量结果。因此，测试工作应在恒温、恒湿条件下进行。

在测量场中，纱条试样断面的变化情况被两个具有一定宽度的极板所扫描。细纱试样一般采用的极板宽度为 8mm。因此，测得的细纱的不匀率是连续测量的细纱 8mm 片段的平均截面积的不匀率，也是 8mm 片段的体积或重量的不匀率。当极板宽度增大时，测得的不匀率将减小。

乌斯特均匀度测试仪有绘图仪，可做出不匀率曲线。有积分仪，可直接读出平均差不匀率或变异系数。

这种仪器还附有波谱仪，可以直接做出波长图，进一步对纱条不匀率的结构进行分析，判断不匀率产生的原因及对织物和针织物外观的影响，以便检查和调整纺纱工艺。此外，仪器上还附有疵点仪，可记录纱条上粗节、细节和棉结的数目。

（四）机械式均匀度试验仪

图 5-1 所示为一种机械式棉条粗纱均匀度试验仪原理图。

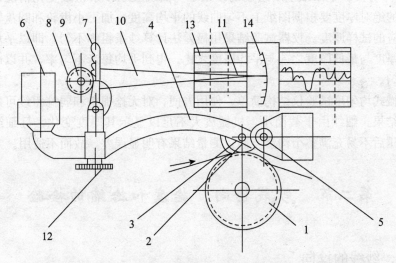

1—上圆轮；2—下圆轮；3—上圆轮的中心轴；4—杠杆臂；5—杠杆臂支点；

6—重锤；7—齿杆；8—小齿轮；9—小齿轮中心；10—描笔杆；

11—记录笔；12—圆盘；13—图纸；14—标尺

图 5-1　机械式棉条粗纱均匀度试验仪

棉条或粗纱经过引导装置喂入上下圆轮之间的沟槽。圆轮内有两个沟槽，一个宽 3.8mm，供试验棉条用；另一个宽 1.59mm，供试验粗纱用。上圆轮的中心轴装在杠杆臂上，轴为杠杆臂支点。杠杆臂左端装有重锤，使试样在沟槽内受到一定压力。试验棉条时用两个重锤，分别重 1.13kg 和 0.68kg，试验粗纱时只用一个 0.68kg 的重锤，当被压缩纱条的厚度不同时，上圆轮上下摆动，杠杆左端的齿杆做放大运动。齿杆与小齿轮相啮合，使小齿轮转动，与小齿轮相连的描笔杆绕小齿轮中心上下摆动。当图纸以一定速度右移时，记录笔在其上画出纱条不匀曲线，经两次杠杆放大作用，纱条厚度变化放大 100 倍。图纸速度有快慢两种，快速时得到的曲线适于观察短片段不匀情况，慢速时则适于观察长片段不匀情况。

试样未放入圆轮之间时，描笔杆的指针位于图纸的中央；试样放入后，指针上升，此时可将齿杆向右扳开，使与小齿轮脱离，转动小齿轮使指针下降到接近图纸中央处再与齿杆啮合。转动圆盘，可进一步调节指针在图纸上的位置。指针的位置由标尺上读出。

圆轮之间的试样厚度改变 0.0254mm 时，记录笔升降一个分度，圆盘转过，转齿杆升降一个齿。圆盘上刻有 10 个分度，每转过一个分度，指针升降相当于试样厚度变化 0.0254mm，相当于记录笔升降一个分度。齿杆升降一齿相当于记录纸 10 个分度。记录纸上所绘制的纱条不匀曲线表示纱条粗细变化情况，而纱条试样的绝对厚度要根据图纸上不匀曲线的平均高度，加上小齿轮和圆盘转过刻度值相应的试样厚度。仪器试验结果用极差法计算纱条粗细不匀，即以平均每米中最高厚度与最低厚度之差与平均厚度之比，得到平均每米不匀率，并以此表示纱条不匀。

机械式均匀度试验仪结构简单，使用方便，对无捻棉条和弱捻粗纱可以获得满意的结果。细纱由于截面小，机械放大不足以显示其厚度变化，且细纱捻度多，受压后不易充满整个沟漕空间，测量结果有明显误差，故而不适用。

第二节　纱线捻向、捻度和捻缩的检验

一、纱线的捻向

（一）捻向的定义

捻向是指加捻后，单纱中的纤维或股线中的单纱呈现的倾斜方向。捻回分 Z 捻和 S 捻两种。单纱中的纤维或股线中的单纱在加捻后，捻回的方向由下而上、自右至左的叫 S 捻；由下而上、自左至右的叫 Z 捻。

（二）股线捻向的表示方法

第一个字母表示单纱的捻向，第二个字母表示股线的捻向。经过两次加捻的股线，第一个字母表示单纱的捻向，第二个字母表示初捻捻向，第三个字母表示复捻捻向。例如，单纱为 Z 捻、初捻为 S 捻、复捻为 Z 捻的股线，捻向以 ZSZ 表示。

（三）捻向对织物的影响

纱线的捻向对织物的外观和手感有很大影响。利用经纬纱的捻向和织物组织相配合，可织造出组织点突出、纹路清晰、光泽好、手感柔软厚实的织物。例如，在平纹组织中，经纬纱捻向不同，则织物表面反光一致，织物光泽较好，经纬纱交叉处不相密贴，可使织物松厚柔软。斜纹织物如华达呢，如果经线采用 S 捻，纬纱采用 Z 捻，则经纬纱的捻向与织物斜纹方向相垂直，因而纹路明显。如果使若干根 S 捻、Z 捻纱线相间排列，织物可产生隐条隐格效应。纱线的捻向如图 5-2 所示。

图 5-2　纱线的捻向

二、纱线的捻度及检验

（一）概述

1. 捻回角

纱线加捻时表面纤维对于纱线轴成一个角度 θ，称为捻回角。由于捻回角的存在，纱线沿其轴向受到外力作用时，在经向产生侧压力，增加了纤维之间的摩擦，阻止纱线中纤维的滑移，使纱线具有承受外界负荷的能力。短纤维纱线在加捻过程中，还会发生纤维经向的由内到外和由外到内的转移。一般来说，纱线强力随着捻度的增加而增加。但由于加捻后纤维的倾斜使其所能承受的轴向力减小，捻度增加到一定程度纱线强力达最大值，此后捻度再增加纱线强力反而减小。使纱线强力达到最大值时的纱线捻度称为临界捻度。

2. 捻回数、捻度

捻回数为纱线绕其自身轴向的旋转数。捻度一般以单位长度内捻回数表示。棉纱及棉型化纤纱以 10cm 长度内的捻回数表示，精梳毛纺纱线及化纤长丝以每米长度内的捻回数表示。捻度定义为：

$$T = \frac{n}{L}$$

式中：N——纱线的捻回数；

L——纱线的长度。

3. 捻回角与捻回数的关系

对不同粗细的纱线加以相同捻度时，可以发现其加捻程度实际上是不一样的。同样捻回数下纱线直径越粗，纱线中纤维倾斜越显著。或者说，直径较细的纱线，其表面纤维要达到同样一定的倾斜角 θ，所需加捻度越高。而纱线中的纤维的倾斜角 θ 即捻回角，是决定纱线紧密程度及其他特性的主要指标，它与纱线捻度之间存在一定的关系。

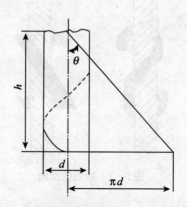

图 5-3　纱线表层纤维的螺旋展开

由图 5-3 可见，捻回角与纱线直径之间关系为：

$$tg\theta = \frac{\pi d}{h}$$

式中：θ——捻回角；

d——纱线直径（mm）；

h—捻距或螺距（mm）。

4. 作用

将短纤维纺制成连续的纱线需要经过加捻，使纤维互相聚合在一起而保持某种聚集力，从而赋予纱线一定的强力。复合丝中的长丝也需要轻度加捻，如果没有聚集力把它们联系在一起，会在使用中脱散或受到擦伤。另外，根据不同用途的需要，可以由若干根单纱并合加捻，形成股线和缆绳，使之更为均匀和结构稳定，以承受更高的负荷。如果两根以上纱线在加捻时以不同速度和张力喂入，或以不同的颜色或花式的纱线并合加捻，可以形成花式线。花式线是由短纤纱或长丝纱进行不规则的合股，产生不连续或周期性的花式，并在加捻中形成不同的弯曲与缠绕。还有用规则的合股线为基础，将具有花式效果的片段裹绕在其上的花式线。所以，加捻是将纤维束、长丝或单纱聚集在一起的一种方法，使纺织品在制造与使用过程中能经得起应力、应变和摩擦，并给予纺织品别致的外观效应。

捻度除了影响纱线的拉伸性质外，捻度大小还会影响纱线的直径、比体积、柔软性和硬挺度，影响织物的覆盖性能、保暖性、折痕恢复能力、吸染率和渗透性。加捻还会影响纱线表面的毛羽。因此，捻度是表示纱线结构特征的重要内容。

（二）捻度测量方法

我国常用的捻度测试方法有直接退捻法（或称直接计数法）和退捻加捻法两种。棉纺厂的粗纱、股线试验采用直接退捻法，而细纱采用退捻加捻法。此外还有二次和三次退捻加捻法、滑移法等。

1. 直接退捻法

试样一端固定，另一端向退捻方向回转，直至纱线中的纤维完全伸直平行为止。退去的捻度即为该试样长度的捻数。直接退捻法是测定纱线捻度最基本的方法，测定结果比较准确，常作为考核其他方法准确性的标准。但该方法工作效率低，如果纱线中的纤维有扭结，纤维就不易分解平行，而且分解纤维时纱线容易断裂。直接退捻法一般用于计数粗纱或股线捻数。对细纱进行研究工作可用黑白纱点数法，用一根黑粗纱和一根白粗纱喂入同锭纺出黑白相间的细纱，试样夹持在捻度仪上与直接退捻法一样进行退捻。随着退捻增多，纱上黑白相间的距离变大，就越容易人工点数。一般退捻至总捻数的一半左右即可进行人工点数剩余捻数，纱上的总捻数为捻度仪退捻数与人工点数的剩余捻数之和。

2. 退捻加捻法

退捻加捻法是假设在一定张力下，纱线解捻引起纱线伸长量与反向加捻时纱线缩短量相同的前提下进行测试的。一个典型的测试装置如图 5-4 所示。

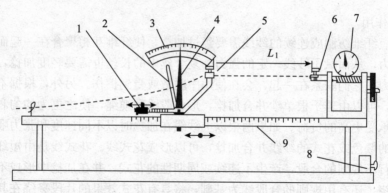

1—张力量锤；2—定位片；3—伸长标尺；4—伸长指针；5—左纱夹
6—右纱夹；7—计算盘；8—电动机；9—定位标尺

图 5-4　捻度试验仪

横轨上有定位标尺，当松开定位距螺丝后，伸长指针、伸长标尺、左纱夹、张力重锤、定位片可同时左右移动，以便调整测试纱线试样的长度。

测试时，在规定的预张力下，取规定长度的纱线，两端夹紧，先右纱夹反转退捻，使纱线抻长至一定的允许伸长量，指针被定位片挡阻，纱线不能继续伸长，以防止退捻至纤维伸直平行时纱线断落。当纱线上的捻度全部退完后，右夹头继续旋转纱线开始反向加捻，长度缩短直到纱线恢复原长为止。纱上的捻回数即为退捻加捻总捻回数的一半。

这种方法工作效率高，操作方便，但初始张力和允许伸长量的变化对测试结果影响大，必须严格按表 5-1 进行选择。

表 5-1　　　　　　　　　各类纱线测定参数

类别	试样长度 (mm)	预加张力 cN/tex （按特克斯数计算）	允许伸长 (mm)
棉纱（包括混纺纱）	250	$1.8\sqrt{tex}-1.4$	4.0
中长纤维纱	250	$0.3\times tex$	2.5
精、粗梳毛纱（包括混纺纱）	250	$0.1\times tex$	2.5
苎麻纱（包括混纺纱）	250	$0.2\times tex$	2.5
绢丝	250	$0.3\times tex$	2.5
有捻单丝	500	$0.5\times tex$	—

注：当试样长度为 500mm 时，其允许伸长应按表中所列增加一倍，预加张力不变。

3. 二次和三次退捻加捻法

设 L_0 长纱线上的捻度为 x，在一定的伸长限位和张力下，退捻后纱线继续反向加捻时会产生一定的误差 b，用二次退捻加捻法消除这个误差。这种方法需要两个试样，如图 5-5 所示。试样的夹紧长度为 L_0，第一个试样如同退捻加捻法一样先退捻至纤维平行状态，然后继续反向加捻，长度缩短直到夹紧长度为止，记下这时的捻度 a，a 为 $2x+b$。然后夹紧第二个试样并正确地退捻到第一个试样退捻数的四分之一即 $a/4$。然后将纱松弛，反转纱夹重新加捻，直到纱线缩短到原夹紧长度 L_0 为止。记下两者捻回数差 b。纱上的捻数为：

$$\frac{a-b}{2}=\frac{2x+b-b}{2}=x$$

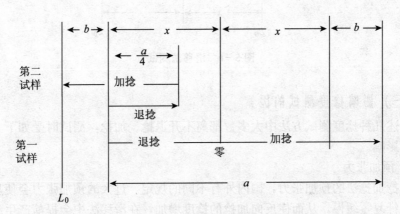

图 5-5　二次退捻加捻法

二次退捻加捻法是充分考虑到了纱线在捻度仪上退捻、松弛和重新加捻，与细纱在纺纱机上加捻时的张力条件不同而引起的误差 b。与退捻加捻法相比较，二次退捻加捻法测试时纱线上张力的变化对测试结果的影响小。

除二次退捻加捻法外，还有三次退捻加捻法。三次退捻加捻法是在给定条件下夹住已知长度纱线的两端，经退捻和反向加捻后回复到起始长度所需的捻回数。这种退捻和反向加捻的操作在同一试样上进行三次，气流纺棉纱捻度用此法测定。

4. 滑移法

滑移法要求有两个试样，设试样的夹持长度为 L_0，试样实际捻度为 x，如图 5-6 所示。试验时在一定张力条件下夹上第一个纱线试样，并将伸长限位开关松开使之不起作用。然后对试样退捻，纱线伸长至试样上捻度接近退完时，纱上的纤维开始滑移，这时纱上的捻度 a 小于纱线实际捻度 x，即 $a<x$。第二个试样是在一定的允许伸长下纱线先退捻再反向加捻，至原夹紧长度 L_0。然后松开伸长

限位，使旋转夹反转，纱线被退捻至纱线上纤维产生滑移为止，记下此时捻度值 b，而 $b>x$。由此得试样捻度为：

$$x = \frac{a+b}{2}$$

与二次退捻加捻法一样，滑移法测试结果受纱线张力影响较小。

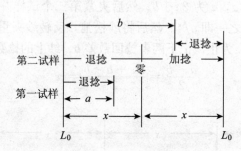

图 5-6　滑移法测试

（三）影响捻度测试的因素

上述几种捻度测试方法中大多数都离不开退捻、加捻，测试时受如下几方面因素的影响。

1. 预加张力

退捻加捻法的预加张力，国内外有不同的规定。过大的预加张力会使反向加捻时指针复零缓慢，从而使反向加捻的捻度增加，在滑移法中会提前产生纤维滑移。反之，预加张力过小，反向加捻时捻度会相对减少，从而使退捻加捻法测试时数值偏低。在滑移法和二次退捻加捻法中，由于考虑到了这种张力变化引起的误差，采用了两个试样误差相减的办法，故受张力影响较小。

2. 允许伸长值

纱线退捻后试样伸长，伸长限位设置的允许伸长值对解捻过程中纱线纤维的滑移起阻止作用。试验表明，退捻加捻法测试中，允许伸长值越大，实测的捻度值也越大。允许伸长值过大，纱条的弱环处纤维发生滑移会明显影响试验的正确性。

允许伸长值与捻系数有关。纱线的捻系数越大，解捻后纱的伸长越大，允许伸长值可选择得大一些，反之应小一些。通常纱线的捻系数变化范围不大，故允许伸长值差异也不会过大。

3. 纱线条干不匀

纱条条干不匀对捻度测试会产生影响。纱条上若存在棉结、竹节等疵点，在退捻过程中会出现纱上原来的捻度还没退尽时就开始反向加捻，使测试误差增大。

纱条上若存在长片段不匀，会影响到各段试样的细度分布，从而影响到所加张力的正确性，最终引起附加的测试误差。

三、纱线的捻缩及检验

纱线因加捻而引起的长度的缩短称为捻缩，通常用捻缩率表示。捻缩率 μ 是指加捻前后纱线长度的差 $L_0 - L_1$ 和加捻前长度 L_0 的比值，用百分率表示为：

$$\mu = \frac{L_0 - L_1}{L_0} \times 100\%$$

捻缩率的大小直接影响纺成的纱线的号数（或支数）和捻度，在纺纱和捻线工艺设计中必须考虑。生产中测定细纱的捻缩率，通常是以前罗拉吐出的须条长度为 L_0，以从管纱上摇出的细纱长度为 L_1，按上式计算。

影响捻缩的因素很多。在纺纱过程中，纱的张力越大，捻缩越小。车间温湿度越高，捻缩越小。相同号数或支数的细纱，捻系数越大，捻缩也越大。不同号数或支数的捻缩大于细号或高支纱的捻缩。此外，纤维的性质也影响捻缩。棉纱的捻缩率一般为 2%～3%。

第三节　棉纱线的棉结杂质检验

一、棉纱线棉结杂质产生的原因

棉结是由于短纤维、未成熟棉或僵棉等，因轧花和梳棉等工艺处理不善而集结成粒状的纤维团；杂质是附有或不附有短纤维和绒毛的籽屑、碎叶、碎枝梗及其他杂物等。棉结杂质的多少不仅直接影响棉纱的品质，而且对织成织物的品质也有很大的影响。因此，棉结杂质是评定棉纱品质好坏和分等分级的依据之一。

二、棉结杂质检验的条件要求

（1）棉结杂质的检验地点，要求尽量采用北向自然光源，正常检验时必须有较大的窗户，窗外不能有障光物，以保证室内光线充足。

（2）棉结杂质的检验一般应在不低于 400 勒克斯的照度下（最高不超过 800 勒克斯）进行，如照度低于 400 勒克斯时，应加用灯光检验（用青色或白色日光灯管两只），光线应从左后方射入。检验面安放角度应与水平成 45°±5°的角，具体要求应按《本色棉纱线》（GB 403—78）国家标准有关规定进行。检验时检验者的影子应避免投射到黑板上。

三、棉结杂质的检验方法

（1）纱线的棉结杂质的检验是采用 Y381 型摇黑板机，将试样摇在黑板上。摇黑板机除游动导纱钩及保证均匀卷绕的张力装置外，一律不得采取任何除杂措施。

（2）根据棉纱线分级规定，棉结、杂质应分别记录，合并计算。

（3）检验时，先将浅蓝色底片插入试样与黑板之间，然后用图 5-7 所示的黑色压板压在试样上，对黑板上正反两面的各格内的棉结杂质进行检验。将全部样纱检验完毕后，算出 10 块黑板的棉结杂质总粒数，再根据下列公式计算 1g 棉纱线内的棉结杂质粒数。

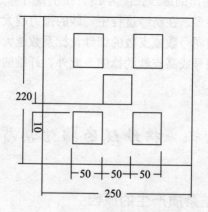

图 5-7　黑色压板

$$1g 内棉结杂质粒数 = \frac{棉结杂质总粒数}{棉纱线公称号数} \times 10$$

（4）检验时，应逐格检验并不得翻拨纱线，检验者的视线与纱条成垂直线，检验的距离以检验人员的目力在辨认疵点时不费力为原则。

四、棉结杂质的确定

（一）棉结的确定

（1）棉结不论黄色、白色、圆形、扇形，或大、或小，以检验者的目力所能辨认者计。

（2）纤维聚集成团，不论松散与紧密，均以棉结计。

（3）未成熟棉，僵棉形成的棉结（成块，成片，成条），以棉结计。

（4）黄色纤维虽未成棉结，但形成棉索且有一部分纺缠于纱线上的以棉结计。

(5) 附着棉结以棉结计。

(6) 棉结上附有杂质，以棉结计，不计杂质。

(7) 凡棉纱条干粗节，按条干检验，不按棉结计。

（二）杂质的确定

(1) 杂质不论大小，以检验者的目力所能辨认者计。

(2) 凡杂质附有纤维，一部分纺缠于纱线上的，以杂质计。

(3) 凡一粒杂质破裂的数粒，而聚集在一团者，以一粒计。

(4) 附着的杂质以杂质计。

(5) 油污、色污、虫屎及油线、色纱纺入，均不算杂质。

棉结杂质的检验尚无更科学的检测手段，目前只能用感官方法检验。但检验人员必须掌握熟练的检验技术，否则将影响检验结果。

第四节 纱线毛羽测试

一、毛羽的特点与评定指标

在成纱过程中，纱条中纤维由于受力情况和几何条件的不同，部分纤维端伸出纱条表面。纱线毛羽是一些纤维端部从纱线主体伸出或从纱线表面拱起成圈的部分。纱线毛羽是纱线质量中的一个重要指标，纱线毛羽少时，织物表面光洁，手感滑爽，色彩均匀，对轻薄的织物有较好的清晰透明度；纱线毛羽较多、较长时，织物具有良好的毛型感和保暖性。毛羽分布不匀会使织物中出现横档、条纹等疵病。对化纤织物，毛羽长而多时容易出现起球现象。过长的毛羽将使织造中纱线纠缠形成织疵，使织物的外观粗糙。

（一）毛羽的特点

纱线上毛羽的外观显示复杂形态，其基本形态有四种。

1. 端毛羽

纤维的端部伸出纱芯表面而其余部分保持在纱芯内部。如图 5-8 (a) 所示。

2. 圈毛羽

纤维的两端伸入纱芯，中间部分露出纱芯，表面形成圈状。如图 5-8 (b) 所示。

3. 浮游毛羽

附着在纱线表面或其他毛羽上的松散纤维。如图 5-8 (c) 所示。

4. 假圈毛羽

纤维的端部伸出表面且成卷曲环或圈形态，而其余的部分伸入纱线体内。如

图 5-8 (d) 所示。

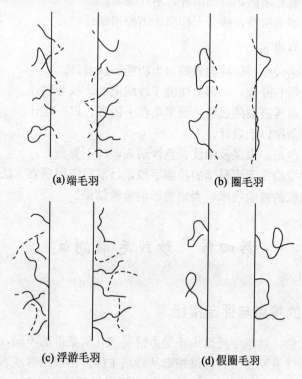

(a)端毛羽　　　　　　　(b) 圈毛羽

(c) 浮游毛羽　　　　　　(d) 假圈毛羽

图 5-8　毛羽的各种外观形态

典型的纱线纵向投影和断面投影分别如图 5-9 和图 5-10 所示。

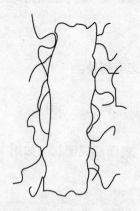

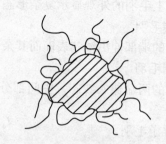

图 5-9　纱线纵向投影　　　　　图 5-10　纱线断面投影

可以看出毛羽在纱线四周呈空间分布，而且纱线上毛羽的情况是暂态的、易变的，这增加了毛羽测试的难度。

(二) 毛羽的评定指标

在生产和贸易中，通常用三种指标来评定纱线上的毛羽。

1. 毛羽指数

单位长度纱线内，单侧面上伸出长度超过某设定长度的毛羽累计数（单位：根/米）。

2. 毛羽的伸出长度

纤维端或圈凸出纱线基本表面的长度。

3. 毛羽量

纱线上一定长度内毛羽的总量。量值上与全部露出纱体纤维所散射的光量成正比。

二、毛羽测试分类

测量纱线毛羽的方法先后出现多种，由感官评定发展到仪器测定，目前比较成熟的方法，如表5-2所示。

其中较为常用的是单侧毛羽计数法和全毛羽测试法。

表5-2　　　　　　　　　　　纱线毛羽测试方法分类

方法名称	测试原理	测试结果	特点
观察法	目测、投影放大、显微放大摄影	单位长度的毛羽根数形态	直观但取样少、效率低
重量法	用高温烧毛后称其重量损失	重量损失的百分率	对涤纶等合成纤维烧毛时产生熔融，反映不出毛羽多少
单侧毛羽计数法	光电转换计数出单侧纱线上的毛羽数量	毛羽指数	取样多、效率高
全毛羽测试法	用光学法测量毛羽引起的散射光，它与纱线上毛羽总长度成正比	毛羽量、毛羽波谱、毛羽变异长度曲线、直方图等	统观的估计值，取样多、效率高
静电法	高压电场使毛羽竖起，用光电法计数	毛羽指数	效率高，但毛羽形态被破坏

三、单侧毛羽计数法测试原理

纱线的四周都有毛羽伸出。大量观察统计表明，测试单一侧面的毛羽数可代表实际纱线上的毛羽。纱线的毛羽指数与毛羽的设定长度有关。只有确定了毛羽伸出长度的设定值，才能使毛羽指数具有明确的物理意义。目前单侧毛羽计数法毛羽仪是将纱线投影成平面，测量离纱线表面处的单位长度上的毛羽数，如图 5-11 所示。

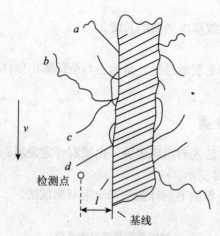

图 5-11　单侧毛羽计数法测试原理

检测点是一光敏三极管，当纱线以 v 速度通过检测点时，从纱体上伸出的大于设定长度 l 的毛羽（a、b、c、d）就会遮挡光线使光敏三极管产生电脉冲，经放大整形后，用计数器计出单位长度内电脉冲的个数，即为毛羽指数。检测点至纱线表面距离 J 或称设定伸出长度是可以调节的，毛羽指数是 l 的函数，由于纱线表观直径存在不匀，l 的基线是表观直径的平均值；又因为直径边界有一定的模糊性，所以毛羽的设定伸出长度一般不小于 0.5mm。毛羽基线定位可以有三种方式，如图 5-12 所示。

（1）外边定位，如图 5-12（a）所示。其优点是能保持受检测毛羽原来形态，但受检测毛羽长度随纱条粗细而变。

（2）内边定位，如图 5-12（b）所示。其优点是毛羽设定长度较准确，毛羽设定长度不受条干粗细的影响，但毛羽进入测试点时受压而改变了形态。

（3）内外边定位，如图 5-12（c）所示。它兼有上述两者的优点，当纱速 v 大于 30m/min 时效果更为显著。

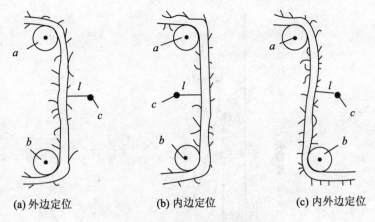

(a) 外边定位   (b) 内边定位   (c) 内外边定位

图 5-12　三种纱路检测定位方式

四、影响单侧毛羽计数法毛羽测试结果的因素

(一) 测试速度

测试速度高时工作效率高，但必须注意纱线毛羽的易变性。一方面，毛羽一经摩擦挤压就会变形，速度越高，挤压后留给毛羽的回复时间越短，毛羽的测试值越小。另一方面，速度高时空气阻力作用增强又使毛羽增多。因此，测试速度对纱线毛羽的影响与纤维的性能及毛羽的长度有关，其结果极为复杂。国内外的毛羽仪测试速度多为 30~60m/min。

(二) 毛羽设定伸出长度的分布规律

纱线毛羽指数与毛羽伸出长度是负指数关系，如图 5-13 所示。

其曲线方程可以表示为：

$$F = A + Ble^{-c}$$

式中：F——纱线毛羽指数（根/米）；

l——毛羽的设定伸出长度（mm）；

A、B、C——实验常数。

从图中看出，毛羽伸出长度较短时，毛羽指数大，且曲线斜率大；l 值的微小变动会引起 F 值很大的变化。因此，毛羽仪上导轮的偏心及纱线运行时的抖动会使测试误差增大。随着 l 值增大，曲线渐趋平坦。当 l 值较大时，曲线变化平缓，此时测试值离散性较大，要求试验次数急剧增大。因此，毛羽的设定长度一般选择在毛羽平均长度附近的一段区间内，也就是图中曲线的中间段，这样灵敏度适中，数值离散性小，试样次数较为适合。从图中可以看出，不同纱线的 l 设定范围是不同的，需根据大量实验而定。常规实验毛羽设定伸出长度见表 5-3。

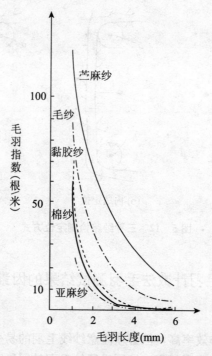

图 5 - 13　纱线毛羽指数与伸出长度的关系

表 5 - 3　　　　　　　　　　用于常规试验的毛羽设定伸出长度

纱线种类	毛羽设定伸出长度（mm）
棉纱线及棉型混纺纱线	2
毛纱线及毛型混纺纱线	3
中长纤维纱线	2
绢纺纱线	2
苎麻纱线	4
亚麻纱线	2

（三）纱线的预张力

　　毛羽测试中纱线预加张力的原则是去除纱线的卷曲又不产生纱线伸长。理论上可以从拉伸曲线初始直线部分做切线与伸长轴相交，交点的伸长相对应的负荷值即为所求的预张力值。预张力的大小不仅影响单位长度上纱线的毛羽数，而且通过摩擦、挤压等因素也会影响毛羽的测试结果。

　　单侧光电计数法毛羽测试仪器很多，通常都具有如下几种主要功能。

1. 给出测试长度内的毛羽数和毛羽指数

2. 毛羽设定长度的选择功能

如锡莱的 SDL/98 型毛羽仪初始的设定长度为 3mm，调节范围 0～10mm。而 Zweigle 的 G565 型毛羽仪，毛羽的设置长度有 1mm、2mm、3mm、4mm、5mm、8mm、10mm、12mm、15mm、18mm、21mm 和 25mm 档可供选择。

3. 测试纱线长度调节

如国产毛羽仪的测试纱线片段长度有：1mm、2mm、5mm、10.20mm、50m。而 Zweigle 的 G565 毛羽仪测试长度调节为 10～9999m，步长为 1m。

4. 具有一个通用接口

这是为了能把毛羽仪的测试数据输入计算机而设置。

5. 速度选择

由于测试速度对毛羽测试结果有影响，大多数生产厂家选择一个固定的测试速度。锡莱毛羽仪速度为 60m/min，Zweigle 公司的 G565 毛羽仪速度为 50m/min，国产 YGl71 毛羽仪则速度有 30m/min、60m/min、120m/min 三档可供选择。

五、全毛羽光电测试

单测光电毛羽测试方法是统计纱线上某一侧面的毛羽指数。全毛羽测试是检测通过检测区内 1cm 纱线上四周的毛羽总量。图 5 - 14 所示为乌斯特 UT3 型毛羽测试装置原理。

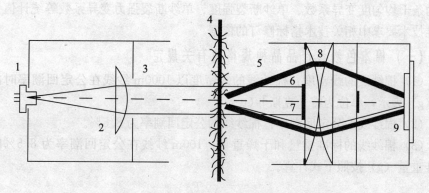

1—光源；2—透镜；3—光阑；4—纱线；5—散射光；
6—直射光；7—激光吸收器；8—透镜；9—光电传感器

图 5 - 14　全毛羽光电测试原理

光源是一氦氖激光器，发出的激光经凸透镜后变成平行光，经过光阑后成为平行光柱照射到纱线上。该光线一部分照射到毛羽上产生强烈的散射，另一部分则直接照射到吸收器被吸收掉。由毛羽散射的光量经透镜会聚至光电传感器转换为电量。大量实验证明，纱上全部露出纤维所散射的光通量大小与纱线单位长度毛羽总量成正比。根据散射光的光通量变化可以知道纱线毛羽量的变化。

UT3 型仪器测出的毛羽量变化是模拟信号，而不像单侧光电计数法那样是数字量。该仪器对毛羽信号的处理与条干仪十分相像，有毛羽不匀曲线、毛羽波谱图、毛羽变异—长度曲线和毛羽分布。

UT3 型仪器除了给出上述测试结果外，还具有下列特点。

(1) 测试速度的可调范围广，可在 25m/min、50m/min、100m/min、200m/min、400m/min 各档选择。

(2) 进行三维立体图示，能把 12 个测试结果的波谱图或变异—长度曲线用三维坐标的形式显示出来。

第五节　常见纱线的质量评定

一、棉本色纱线的品质评定

棉本色纱线产品标准 GB/T 398—2008 各项技术指标参照了 2001 乌斯特统计值修订。标准语 2001 乌斯特统计值的一致性程度为非等效。采用了梳棉机织物用纱（环锭纺）及精梳棉机织物用纱（环锭纺）中的纱的百米重量变异系数、纱的条干均匀度变异系数、单纱断裂强度、单纱断裂强力变异系数等统计值作为标准技术要求中相关技术指标修订的依据。

(一) 棉本色纱线产品品种规格的有关规定

(1) 棉纱线的线密度：棉纱线的线密度以 1000m 纱线在公定回潮率时的重量（g）表示，单位为特［克斯］（tex）。

(2) 棉纱线的公定回潮率：棉纱线的公定回潮率为 8.5%。

(3) 棉纱线的标准重量和干燥重量：100m 纱线在公定回潮率为 8.5% 时的标准重量（g）按照下式计算。

$$m_g = \frac{T_t}{10}$$

式中：m_g——100m 纱线在公定回潮率时的标准重量，单位为克每百米（g/100m）；

T_t——纱线线密度，单位为特［克斯］（tex）。

100m 纱线的标准干燥重量（g）按下式计算：

$$m_d = \frac{T_t}{10.85}$$

式中：m_d——100m纱线在公定回潮率时的标准重量，单位为克每百米（g/100m）；

T_t——纱线线密度，单位为特克斯（tex）。

（4）单纱和股线的线密度规定：单纱和股线的最后成品设计线密度应与公称线密度相等。纺股线用的单纱设计线密度应保证股线的设计线密度与公称线密度相等。

（5）棉纱线的公称线密度系列按照《棉本色纱线》（GB/T 398—2008）中的3.5各项执行。

（二）棉本色纱线分等规定

（1）棉纱线规定以同品种一昼夜的生产量为一批，按规定的试验周期和各项试验方法进行试验，并按其结果评定棉纱线的品等。

（2）棉纱线的品等分为优等、一等、二等、三等。

（3）棉纱的品等由单纱断裂强力变异系数、百米重量变异系数、单纱断裂强度、百米重量偏差、条干均匀度、1g内棉结粒数、1g内棉结杂质总粒数、十万米纱疵八项中最低的一项评定。

（4）棉线的品等由单线断裂强力变异系数、百米重量变异系数、单线断裂强度、百米重量偏差、1g内棉结粒数、1g内棉结杂质总粒数六项中最低的一项品等评定。

（5）检验单纱条干均匀度可以选用黑板条干均匀度或条干均匀度变异系数两者中的任何一种。但已经确定不的任意变更发生质量争议时，以条干均匀度变异系数为准。

（三）棉本色纱线的试验方法

1. 试验条件

各项试验应在各方法标准规定的标准条件下进行。由于生产需要要求迅速检验产品的质量，可采用快速试验方法。快速试验可以在接近车间温湿度条件下进行，但试验地点的温湿度应稳定，并不得故意偏离标准条件。

2. 取样

纱线的黑板条干均匀度、1g内棉结粒数及1g内棉结杂质总粒数、十万米纱疵的检验皆采用筒子纱，其他各项指标的试验可采用管纱，用户对产品质量有异议时，则以成品质量检验为准。

3. 单纱（线）断裂强度及单纱（线）断裂强力变异系数的试验方法

单纱（线）断裂强度及单纱（线）断裂强力变异系数的试验可与百米重量变异系数、百米重量偏差用同一份试样，单纱每份试样30个管纱、每管测试2次，总数为60次（开台数在5台以下者可每份试样15个管纱，每管试4次），股线每份试样15个管纱，每管测2次，总数为30次。采用全自动纱线强力测试仪的取样数，纱线均为 20 个管，每管测 5 次，总数为 100 次。试验报告应注明所用的强力测试仪的类型。

试验方法按照《纺织品 卷装纱 单根纱线断裂强力和断裂伸长率的测定》（GB/T 3916—1997）进行。使用等速伸长型强力试验仪拉伸试样直至断裂，同时记录断裂强力和断裂伸长。采用 100％每分钟的恒定速度拉伸试样。

4. 黑板条干均匀度变异系数试验方法

黑板条干均匀度变异系数试验方法按《棉及化纤纯纺、混纺纱线外观质量黑板检验方法》（GB/T 9996—2008）进行。在规定的条件下将纱线卷绕在特制黑板上，用目光对比相应的标准样照进行评定。试验选取的试样应对全体具有代表性，应随机抽样，不得固定机台或锭子取样。每个品种的纱线每批检验一份试样，取最后成品检验，每份试样取 10 个卷套，每个卷套摇一块纱板，共检验十块纱板。

标准对纱线条干的评定分为四个等级，即优等、一等、二等、三等。凡生产厂正常性评等，可由经考核后合格的检验员 1～3 人评定；凡属于验收和仲裁检验的评定，则应由三名合格的检验员独立评定，所评的成批等别应一致，如两名检验员检验结果一致，另一名检验员检验结果不一致时，应予审查协商，以求得一致同意的意见，否则再重新摇取该份试样进行检验。评等时以纱板的条干总均匀度与棉杂程度对比标准样照作为评定等别的主要依据。对比结果：好于或等于优等样照的（无大棉结）按优等评定，好于或等于一等样照的按一等评定，差于一等样照的评为二等。严重疵点、阴阳板、一般规律性不匀评为二等，严重规律性不匀评为三等。一等纱的大棉结数由产品标准根据需要另作规定。

5. 捻度试验方法

试验方法按照《纺织品 纱线捻度的测定 第 1 部分：直接计数法》（GB/T 2543.1—2008）、《纺织品 纱线捻度的测定 第 2 部分：退捻加捻法》（GB/T 2543.2—2001）规定进行。直接计数法在规定的张力下，夹住一定长度试样的两端，旋转试样一端，退去纱线试样的捻度，直到被测纱线的构成单元平行。根据退去纱线捻度所需转数求得纱线的捻度。退捻加捻法是测定捻度的间接法，该方法对试样进行退捻和反向再加捻，直到试样达到其初始长度。假设再加捻的捻回数等于试样的原有捻度，这样计数器上记录的捻回数的一半代表试样具有的捻回数。

二、精梳毛针织绒线的品质检验

《精梳毛针织绒线》（FZ/T 71001—2003）代替了《精梳毛针织绒线》（FZ/T 71001—1991）和《精梳毛型化纤针织绒线》（FZ/T 71003—1991）。标准非等效采用国际羊毛局标准《纱线》（TWC Y1—2000），标准中的优等品水平相当于国际先进水平，一等品水平相当于国际一般水平。

（一）技术要求

技术要求包括安全性要求、分等规定、内在质量评等和外观质量的评等。

安全性要求：精梳毛针织绒线的安全性应符合相关强制性国家标准的要求。

分等规定：精梳毛针织绒线的品等以批为单位，按内在质量和外观质量的检验结果综合评定，并以其中最低一项定等，分为优等品、一等品、二等品、低于二等品者为等外品。

内在质量评等：内在质量评等以批为单位，按物理指标和染色牢度综合评定，并以其中最低项定等。

外观质量的评等：外观质量的评等包括实物质量和外观疵点的评等。

实物质量系指外观、手感、条干和色泽。实物质量的评等以批为单位，检验时逐批比照封样进行评定，符合优等品封样者为优等品，符合一等品封样者为一等品，明显差于一等品封样者为二等品，严重差于一等品封样者为等外品。外观疵点的评等分为绞线、筒子纱外观疵点评等和织片外观疵点评等。

（二）试验方法

（1）采样规定：供物理指标试验用的样品，批量在 1000kg 及以下的，每批抽取 10 大绞（筒）；批量在 1000kg 以上的，每 1000kg 试验一次。试样应在同一品种、同一批号的不同部位、不同色号中随机抽取。染色牢度的试样应包括该批的全部色号。

（2）供物理指标抽样试验次数如表 5-4 所示。

表 5-4　　　　　　　　　　　供物理指标抽样试验次数

试验项目	重量	线密度	捻度		单纱强力
			单纱	股纱	
每绞（筒）试验次数	1	2	4	2	5
总次数	10	20	40	20	50

（3）各单项试验方法按照《针织和编结绒线试验方法》（FZ/T 70001—2003）执行。

（三）检验规则

1. 外观质量检验条件

检验广元以天然北光为准，如采用灯光检验则用 40W 日光灯两支，上面加灯罩，灯管与检验物距离为 80cm±5cm。

2. 验收规则

收方应在进货时按本品质标准进行验收；供方应向收方提供内在质量试验报告，如收方需要时，可按本标准规定的试验方法进行试验；收付双方按公定回潮率计算针织绒线的公定重量，重量偏差率按供需双方合约规定执行；交付验收的外观质量抽样数量按批至少为 1%（不少于 25kg），需在不同部位、不同色号中随机抽取。不符品等率应不超过 5%。

3. 批量检验结果的判定

内在质量按物理指标和染色牢度的检验结果综合评定，判定该类产品的内在质量合格与否。

外观质量按外观实物质量和外观疵点综合评定。外观质量不符品等率在 5% 及以下者，判定该批产品外观质量合格；不符品等率在 5% 以上者，判定该批产品外观质量不合格。

按内在质量和外观质量的检验结果综合评定，并以最低项判定该批产品合格与否。

4. 复验

验收发生异议时可复验，复验的试样数量应加倍，复验结果是最终结果。

三、生丝品质检验

《生丝》（GB/T 1797—2008）规定了绞装和筒装生丝的技术要求和检验规则。《生丝试验方法》（GB/T 1798—2008）规定了绞装和筒装生丝的重量、品质试验方法。两项国标适用于 76.7dtex 及以下规格的生丝。

（一）生丝品质评定

生丝的品质根据手贱生丝的品质技术指标和外观质量的综合成绩，分为 6A，5A，4A，3A，2A，A 级和级外品。

1. 技术要求

物理指标包括线密度偏差、线密度最大偏差、均匀二度变化、清洁、洁净、均匀三度变化、切断、断裂强度、断裂伸长率、抱合。前五项为主要检验项目，后五项为辅助检验项目。外观质量根据颜色、光泽、手感评为良、普通、稍劣三等和级外品。生丝的公定回潮率为 11%，实测回潮率不得低于 8%，不得超过 13%。

2. 分级规定

（1）基本级的评定。根据纤度偏差、纤度最大偏差、均匀二度变化、清洁及洁净五项主要检验项目中的最低一项成绩确定基本级。主要检验项目中任何一项低于 A 级时，作为级外品。在黑板卷绕过程中，出现有 10 只及以上丝锭不能正常卷取者，一律定为级外品，并在检测报告上注明"丝条脆弱"。

（2）辅助检验的降级规定。辅助检验项目中任何一项低于基本级所属的附级允许范围者，应予以降级。按各项辅助检验成绩的附级低于基本级所属附级的级差数降级。附级相差一级者，则基本级降低一级，相差二级者，降二级，以此类推。辅助检验项目中有两项以上低于基本级者，以最低一项降级。切断次数超过表5-5规定的，一律降为级外品。

表5-5 切断次数

名义纤度/den（dtex）	切断/次
12（13.3）及以下	30
13～18（14.4～20.0）	25
19～33（21.1～36.7）	20
34～69（37.8～76.7）	10

（3）外观检验的评等及降级规定。外观评等分为良、普通、稍劣和级外品。外观的检验评为"稍劣"者按照前面两条评定的等级再降低一级。如果已定为A级时，则作为级外品。外观检验评为级外品者，一律作为级外品。

（二）生丝检验

1. 组批与抽样

（1）组批。生丝以统一庄口、同一工艺、同一机型、同一规格的产品为一批，每批20箱，每箱约30kg；或者每批10件，每件约60kg。不足20箱或10件时仍按一批计算。

（2）抽样。受验的生丝应在外观检验的同时，抽取具有代表性的重量及品质检验样丝。抽样时应遍及箱与箱或件与件内丝把的不同部位，每把丝限抽1绞，筒装丝每箱限抽1筒。

重量检验样丝时，抽样的数量为绞装丝20箱（10件）或16～19箱（8～9件）为一批者，每批抽4份，第一、第二份为一组，其余为另一组，每份2绞，15箱及以下（7件及以下）的，每批抽2份，分成2组，每份2绞；筒装丝每批抽4份，每份抽1筒。

品质检验样丝时，绞装丝每批从丝把的边、中、角三个部位分别抽12绞、9绞、4绞，共25绞；筒装丝每批从丝箱的上、中、下层三个部位分别抽8筒、7筒、5筒，共20筒。

2. 品质检验

（1）检验条件。切断、纤度、断裂强度、断裂伸长率、抱合的测定应在温度（20±2）℃，相对湿度（65±5）%的大气下进行，样品应在上述条件下平衡12h

以上方可进行检验。

（2）外观检验。外观检验需要内装日光荧光灯的平面组合灯罩或集光灯罩。要求光线以一定的距离柔和均匀地照射于丝把的端面上，丝把端面的照度为450～500lx。

将全批受验丝逐把拆除包丝纸的一端或全部，排列于检验台上，筒装丝则逐筒拆除包丝纸或纱套，放在检验台上，大头向上，用手将筒子倾斜30°～40°转动一周，检查筒子的端面和侧面，以感官检定全批生丝的外观质量。需要拆把检验时，拆10把，解开一道纱绳检查。在整批丝中发现各项外观疵点的丝绞、丝把或丝筒必须剔除。在一把中疵点丝有4绞及以上时则整把剔除。

外观评等分为良、普通、稍劣和级外品。良是指整理成形良好，光泽手感略有差异，有一项轻微疵点者；普通是指整理成形尚好，光泽手感有差异，有一项以上轻微疵点者；稍劣是指主要疵点1～2项或一般疵点1～3项或主要疵点1项和一般疵点1～2项；级外品是指超过稍劣范围或颜色极不整齐者。

（3）切断检验。切断检验需要切断机，丝络（体质轻便，转动灵活，每只约重500g），丝锭（光滑平整，转动平稳，每只约重100g）。

每批25绞检验样丝，10绞自面层卷取，10绞自底层卷取，3绞自面层的1/4处卷取，2绞自底层的1/4处卷取。凡是在丝绞的1/4处卷取的丝片不计切断次数。卷取时间分为两期。初期为预备期，不计切断次数，正式检验期根据切断原因分别记录切断次数。当正式检验时间开始时，如尚有丝绞卷取情况不正常，则适当延长预备时间。同一丝片由于同一缺点，连续产生切断达到5次时，经处理后继续检验，如产生切断的原因仍为同一缺点，则不做记录，如为不同缺点则继续记录切断次数，该丝片的最高切断次数为8次。切断检验时，每绞丝卷取4只丝锭。筒装丝不检验切断。

（4）纤度检验。纤度检验需要的设备：纤度机，生丝纤度仪，天平（量程200g，最小分度值≤0.01g），带有天平的烘箱。

绞装丝取切断检验卷取的一半丝锭50只，用纤度机卷取纤度丝，每只丝锭卷取4绞，每绞100回，共计200绞。筒装丝取品质检验的20筒，其中8筒面层、6筒中层、6筒内层，每筒卷取100回纤度丝10绞，共计200绞。如遇丝锭无法卷取时，可在已取样的丝锭中补缺，每只丝锭限补纤度丝2绞。

将卷取的纤度丝以50绞为一组，逐绞在生丝纤度仪上称计，求得"纤度总和"，然后分组在天平上称得"纤度总量"进行核对。

（5）均匀检验。均匀检验设备需要黑板机，黑板，均匀标准样照，检验室。

用黑板机卷取黑板丝片，卷绕张力约10g，绞装丝取切断检验卷取的另50只丝锭，每只丝锭卷取2片，筒装丝取品质检验用样丝的20筒，其中8筒面层、6筒中层、6筒内层，每筒卷取5片。每批丝共卷取100片，每块黑板10片，每片宽 127mm。不同规格生丝在黑板上的排列线数规定如表 5-6 所示。

表 5-6　　　　　　　　　　　黑板丝条排列线数规定

名义纤度，[D (dtex)]	每 25.4mm 的线数（线）
9 (10.0) 及以下	133
10~12 (11.1~13.3)	114
13~16 (14.4~17.8)	100
17~26 (18.9~28.9)	80
27~36 (30.0~40.0)	66
37~48 (41.4~53.3)	57
49~69 (54.4~76.7)	50

将卷取的黑板放置在黑板架上，黑板垂直于地面，检验员位于距离黑板 2.1m 处，将丝片逐一与均匀标准样照对照，分别记录均匀度变化条数。

均匀一度变化：丝条均匀变化程度超过标准样照 V_0，不超过 V_1 者。

均匀二度变化：丝条均匀变化程度超过标准样照 V_1，不超过 V_2 者。

均匀三度变化：丝条均匀变化程度超过标准样照 V_2 者。

以整块黑板大多数丝片的浓度为基准浓度，无基准浓度的丝片可选择接近基准部分作为该片基准，如变化程度相等时，可按其幅度宽作为该片的基准，上述基准与整块基准对照，程度超过 V_1 样照，该基准做二度变化 1 条记录，其变化部分应与整块基准比较评定。丝片匀粗匀细，在超过 V_1 样照时，按其变化程度做 1 条记录。丝片逐渐变化，按其最大变化程度做 1 条记录。每条变化宽度超过 20mm 以上者做 2 条记录。如遇丝锭无法卷取时，可在已取样的丝锭中补缺，每只丝锭限补 1 片。黑板卷绕过程中，出现 10 只以上的丝锭不能正常卷取，则在黑板检验工作单上注明"丝条脆弱"。

四、苎麻纱品质检验

（一）分类

苎麻纱的线密度以 1000m 纱的公定回潮率时的重量（g）表示，单位为特克斯（tex）。

纯苎麻纱的公定回潮率为 12%；以涤纶公定回潮率 0.4% 和苎麻公定回潮率 12% 加权平均计算，计算精确至小数点后两位，计算公式为：

$$W = (W_T \times P_T + W_R \times P_R)/100$$

式中：W——公定回潮率；

W_T——涤纶公定回潮率；

W_R——苎麻公定回潮率；

P_T——涤纶含量；

P_R——苎麻含量。

100m苎麻纱在公定回潮率时的标准重量（g）计算公式：

$$m_k = \frac{T_t}{10}$$

式中：m_k——100m纱在公定回潮率时的标准重量，单位为克（g）；

T_t——纱的线密度，单位为特克斯（tex）。

100m苎麻纱的标准干燥重量（g）计算公式：

$$m_0 = \frac{0.1T_t}{(1+W)}$$

式中：m_0——100m纱的标准干燥重量；

T_t——纱的线密度，单位为特克斯（tex）；

W——纱的公定回潮率。

苎麻纱设计线密度应与其最后成品公称线密度相符。

（二）苎麻纱的技术要求

苎麻纱的技术要求如表5-7所示。

表 5-7　苎麻纱的技术要求

公称线密度 (公制支数)	等别	单纱强力变异系数 CV/(%)≤	重量变异系数 CV/(%)≤	黑板条干均匀度/分≥	条干均匀度变异系数 CV/(%)≤	大节/(个/800m)≤	小节/(个/800m)≤	麻粒/(个/400m)≤	单纱断裂强度/(Cn/tex)≥	重量偏差/(%)
8~16.5 (125~61)	优	21	3.5	100	23	0	10	20	16.0	±2.5
	一	25	4.8	70	26	6	25	50	16.0	±2.5
	二	28	5.8	50	29	12	40	70	—	—
17~24 (60~41)	优	20	3.5	100	22	0	10	20	17.5	±2.5
	一	24	4.8	70	25	6	25	50	17.5	±2.5
	二	27	5.8	50	28	12	40	70	—	—
25~32 (40~31)	优	19	3.5	100	21	0	10	20	19.0	±2.8
	一	23	4.8	70	24	6	25	50	19.0	±2.8
	二	26	5.8	50	26	12	40	70	—	—
34~48 (30~21)	优	16	3.5	100	20	2	10	20	21.0	±2.8
	一	20	4.8	70	23	8	25	50	21.0	±2.8
	二	23	5.8	50	25	16	40	70	—	—
50~90 (20~11)	优	13	3.5	100	18	2	10	20	23.0	±2.8
	一	17	4.8	70	21	8	25	50	23.0	±2.8
	二	20	5.8	50	23	16	40	70	—	—
90以上 (10以下)	优	10	3.5	—	—	2	10	20	24.0	±2.8
	一	14	4.8	—	—	8	25	50	24.0	±2.8
	二	17	5.8	—	—	16	40	70	—	—

（三）分等规定

（1）苎麻纱规定以同种一昼夜三个班的生产量为一批，经常二班或单班生产者则以两班生产量为一批，如遇临时单班生产，可并入相邻批内。按规定的试验周期和各项试验方法进行试验，并按其结果规定苎麻纱的品等。

（2）苎麻纱的评等分为优等品、二等品、三等品。

（3）苎麻纱的品等以单纱强力变异系数 CV（％）、重量变异系数 CV（％）、条干均匀度、大节、小节及麻粒评定，当六项的品等不同时，按六项中最低的一项品等评定。

（4）单纱断裂强度或重量偏差超出允许范围时，在单纱强力变异系数 CV（％）和重量变异系数 CV（％）两项指标原评等的基础上顺降一个等，如两项都超出范围时亦只顺降一次，降至二等为止。

（5）检验条干均匀度可以由生产厂选用黑板条干均匀度或条干均匀度变异系数两者中的任何一种，但已经确定不得随意变更。发生质量争议时，以条干均匀度变异系数为准。

（四）试验方法

（1）试验条件：各项试验应在各方法标准规定的标准条件下进行。由于生产需要，要求迅速检验产品的质量，可采用快速试验方法。快速试验可以在接近车间温湿度条件下进行，但试验地点的温湿度必须保持稳定。

（2）试验周期：生产厂可以根据各自的具体情况，决定一天或两天试验一次，以一次试验为准作为该批纱的定等依据，但周期一经确定不得任意变更。

（3）试样：苎麻纱各项质量指标的试验均采用管纱，用户对产品质量有异议时则以成品质量检验为准。

（4）苎麻纱试验方法：苎麻纱单纱断裂强力变异系数和单纱断裂强度的试验方法按照《纺织品 卷装纱 单根纱线断裂强力和断裂伸长的测定》（GB/T 3916—1997）进行试验。苎麻纱重量变异系数和重量偏差的试验按《纱线线密度的测定——绞纱法》（GB/T 4743—2009）进行试验。苎麻纱条干均匀度变异系数的试验按照《纺织品 纱条条干不匀试验方法 第 1 部分：电容法》（GB/T 3292.1—2008）进行试验。苎麻纱黑板条干均匀度和大节、小节、麻粒试验方法按照《苎麻本色纱》（FZ/T 32002—2003）附录 C《黑板条干均匀度和大节、小节、麻粒试验方法》规定执行。

五、化纤长丝品质检验

化纤长丝是用天然高分子化合物或人工合成的高分子化合物为原料，经过制备纺丝原液、纺丝和后处理等工序制得的具有纺织性能的纤维。化学纤维又分为两大类：一类是人造纤维，以天然高分子化合物（如纤维素）为原料制成的化学纤维，如粘胶纤维、醋酯纤维；另一类是合成纤维，以人工合成的高分子化合物为原料制成的化学纤维，如聚酯纤维、聚酰胺纤维、聚丙烯腈纤维。化学纤维具有强度高、耐磨、密度小、弹性好、不发霉、不怕虫蛀、易洗快干等优点，但其缺点是染色性较差、静电大、耐光和耐候性差、吸水性差。长丝又分为单丝和复丝。单丝只有一根丝，透明、均匀、薄。复丝由几根单丝并合成丝条。

化纤长丝的品种很多，其主要的品种是涤纶、锦纶、氨纶、黏胶丝、PPT长丝等。氨纶长丝、涤纶和锦纶绞边丝及锦纶钓鱼线一般是单丝，其他长丝都是复丝。本节主要对黏胶长丝和涤纶牵引丝的品质进行试验。

（一）黏胶长丝的品质检验

1. 产品分类

黏胶长丝产品分为光丝、无光丝和漂白丝。

2. 分等规定

黏胶长丝按照等级可以分为优等品、一等品、二等品、三等品和等外品。同一批产品的机械性能和染化性能的等级，以最低的等定等，低于三等者为等外品。一批产品中的每只丝筒、丝绞、丝饼的外观质量以最低的等作为外观的等，低于三等者为等外品。一批产品中每只丝筒出厂的等按物理机械性能和染化性能及外观疵点所评定结果中最低的等定等。

3. 取样规定

测定物理机械性能和染化性能的取样：一批产品的重量在 6t 及以下时采取15 个试验室样品，6t 以上采取 20 个试验室样品。生产厂采样时一个丝饼为试验室样品，应随机均匀从每天三班生产中抽取，须随同批产品进行后处理，不应更换。取样后遇有无法测试的丝饼，应从该批丝饼中由检验部门补取样品。测定残硫量可以从上述试验室样品中每批任意抽取 3 个，每个取内外层各半约 5～6g。

测定回潮率的取样：生产厂可在筒子机、成绞机或丝饼调湿停车场处有代表性地抽取筒、丝绞或丝饼，每批产品随机抽取 3 个试验室样品，再从 3 个试验室样品中各取一小束迅速放入密封容器中，取样后应及时称重。

生产厂检验外观疵点时，应逐筒（绞、饼）检验定等。

4. 试验方法

调湿和试验用标准大气按照《纺织品　调湿和试验用标准大气》（GB/T 6529—2008）规定，预调湿用温度小于 50℃，相对湿度 10％～25％，调湿和试验用标准大气，温度为 20℃±2℃，相对湿度为 62％～68％。

测定物理机械性能：将每个实验室样品先置于标准大气条件下调湿 24h（生产厂在正常情况下允许调湿 1h，但当试样的回潮率超过 15％时，也应该调湿 24h）而后摇取试样；将实验室样品拉去表层丝，用测长机摇取 3 缕，前 2 缕供测定线密度，后 1 缕供测定单丝根数、干、湿断裂强度和伸长；供测定线密度的

2缕丝和供测定干断裂强度及伸长的1缕丝应先在温度为50℃的烘箱内烘至低于公定回潮率；测定捻度直接从实验室样品上取得。

线密度试验按照《纺织品 卷装纱 绞纱法线密度的测定》（GB/T 4743—2009）进行；干、湿断裂强度和伸长率试验按照《纺织品 卷装纱 单根纱线断裂强力和断裂伸长率的测定》（GB/T 3916—1997）进行；回潮率试验按照《纺织材料含水率和回潮率的测定烘箱干燥法》（GB/T 9995—1997）进行；捻度试验按《纺织品 纱线捻复的测定 第1部分：直接计数法》（GB/T 2543.1—2001）进行。

测定染化性能试样的准备：将样品剪碎（长约2cm）均匀混合装入磨口瓶保持水分；从每只试验室样品的外层取丝，摇制一段长5cm的袜筒，每批所有试验室样品连续摇制成一个袜筒。袜筒各段的摇速和丝条张力必须保持一致。

染色均匀度试验按《黏胶长丝》（GB/T 13758—2008）中10.8进行，残硫量的试验根据化学分析的方法测定样品的残硫量。

外观疵点检验：用乳白日光灯两支平行照明，周围保证无散射光，灯罩内为白搪瓷或刷以无光白漆。按照《黏胶长丝》（GB/T 13758—2008）中10.9进行。

（二）涤纶牵引丝的品质检验

《涤纶牵伸丝》（GB/T 8960—2008）适用于总线密度为15～340dtex、单丝线密度0.3～5.6dtex的圆形截面、半消光涤纶牵伸线。其他类型的涤纶牵伸丝可参照使用。

1. 产品分等

涤纶牵伸丝产品分为优等品（AA级）、一等品（A级）、合格品（B级）三个等级，低于合格品为等外品（C级）。

2. 试验方法

线密度试验按照《化学纤维 长丝线密度试验方法》（GB/T 14343—2008）规定，该标准规定了两种试验方法：方法A和方法B。方法A是去除整理剂、测量烘干质量加上常规补贴，计算线密度。常规补贴是商定的加在长丝烘干重量上的百分率，对每一品种而言，该补贴是固定的（涤纶长丝为1.5％）。方法B是测量在标准大气中调湿后的质量，计算线密度。方法B适用于合成纤维长丝的线密度试验；方法A仅适用于牵伸丝线密度试验。牵伸丝有争议的情况下使用方法A。

断裂强力和断裂伸长试验按《化学纤维 长丝拉伸性能试验方法》（GB/T 14344—2008）规定。

沸水收缩试验按《化学纤维 长丝热收缩率试验方法》（GB/T 6505—2008）规定，用绞丝法在规定的条件下用热处理处理试样，测量处理前后试样长度的变化，计算其对原来试样长度的百分比，由此得到热收缩率。

染色均匀度试验按《涤纶长丝染色均匀度试验方法》（GB/T 6508—2001）规定，该标准规定了两种试验方法：织袜染色法和仪器法，仲裁时使用织袜染色法。织袜染色法是在单喂纱系统圆形织袜机上，将涤纶长丝试样依次织成袜筒，并在规定的条件下染色，对照变色用灰色样卡，目测评定试样的染色均匀度等级。

含油率试验按《化学纤维含油率试验方法》（GB/T 6504—2008）规定，仲裁时采用萃取法。

网络度试验按《合成纤维长丝网络度试验方法》（FZ/T 50001—2005）规定，仲裁时采用移针计数法。

二氧化钛含量按《纤维级聚酯切片》（GB/T 14189）规定。

试验结果的数据处理按照《数值修订规则与极限数值的表示和判定》（GB/T 8170—2008）规定。

第六章 织物检验

第一节 织物结构的分析

一、织物幅宽的检验

(一) 织物幅宽的定义

幅宽是指织物横向两端的距离，它是各种织物技术条件的一个主要项目，织物的幅宽分窄幅和宽幅两种，而宽幅中又有单幅和双幅之分。一般毛纺织物多为双幅，棉麻丝等织物多为单幅。但目前生产的个别品种的棉布和部分纯化纤织物也有采用宽幅织机织造的。

各种织物幅宽的设计主要是根据用途的需要，结合生产设备的可能决定的。以棉布幅宽为例，如生产作为印染坯布的原色棉布，假设幅宽过窄，会造成色布或花布的幅宽不足。原因是坯布经过印染整理加工后，由于长度的伸长而引起宽度的回缩，如在印染整理加工过程中，将幅宽强行用拉幅机拉宽，则会影响织物本身的坚牢度，因此，在设计坯布幅宽时，即应适当放宽。坯布幅宽设计的计算方法如下：

$$坯布幅宽 = \frac{成品布幅宽 \times 100}{100 - 印染整理过程中幅缩率}$$

(二) 织物幅宽的测定方法

幅宽测定与长度测定的试验用标准大气条件相同。试验尽可能在标准大气中进行。试验前应使织物松弛并予以调湿。测量时，长度超过 5m 的织物幅宽测量位置离织物头尾至少 1m，测量次数不少于 5 次，以接近相等的距离（不超过 1m）逐一测量；长度为 0.5～5m 的织物（样品），以相等的间隔测量 4 次，但第一个或最后一个测量位置不应在距离织物两端样品长度 1/5 的地方。根据测量结果按下面方法进行计算。

机织物幅宽是指织物最靠外的两边经纱线间与织物长度方向垂直的距离，其测定方法分两种情况。

方法一：整段织物能放在试验用标准大气中调湿的，在调湿后用钢尺在机织物的不同点测量幅宽，按规定测出的各个幅宽数据平均值，即为该织物幅宽，并记录幅宽最大值和最小值。

方法二：整段织物不能放在试验用标准大气中调湿的，可使织物松弛后，在温湿度较稳定的普通大气中测量其幅宽（如方法一），然后用一系数对幅宽加以修正。修正系数是在试验用标准大气中，对松弛织物的一部分调湿后测量幅宽，再计算得出。调湿时，这一部分从整段中开剪或不开剪均可。

(三) 结果的结算

幅宽计算公式如下：

$$W_c = W_r \times \frac{W_{sc}}{W_s}$$

$$W_m = W_{mr} \times \frac{W_{sc}}{W_s}$$

式中：W_c——调湿后织物幅宽（cm）；

$\quad\quad W_r$——织物松弛后的平均幅宽（cm）；

$\quad\quad W_{sc}$——调湿后织物标记处的平均幅宽（cm）；

$\quad\quad W_s$——调湿前织物标记处的平均幅宽（cm）；

$\quad\quad W_m$——调湿后织物的最大幅宽或最小幅宽（cm）；

$\quad\quad W_{mr}$——调湿前织物的最大幅宽或最小幅宽（cm）。

如果工厂内部做常规试验，可在普通大气中进行幅宽测定，测量位置离织物头尾至少1m，用钢尺在织物上均匀地测量幅宽至少五次，以其平均值作为该段织物的幅宽。

二、织物长度的检验

(一) 织物长度的定义

长度是指织物直向两端的距离，它是以米为单位计算的。但织物的段落长度又是以匹为单位的，即每匹织物都有一定长度（m），按我国纺织工业部规定，织物的匹长分规定匹长和公称匹长两种。由于某些织物成包后，通常会产生自然回缩，因而规定匹长比公称匹长要加放一些，以保织物出厂后符合公称匹长的要求。加放长度对公称匹长的比，叫做加放率，棉布的加放率一般不超过0.55％。

(二) 织物长度测定的原理

（1）整段织物能放在试验用标准大气中调湿的，在调湿后的织物上标出用带刻度钢尺连续量出的片段，并标明记号，然后从各片段的长度得出织物的总长。

（2）整段织物不能放在试验用标准大气中调湿的，可使织物松弛后，在温湿度较稳定的普通大气中，依照方法一测量其段长，然后用一系数对段长加以修正。修正系数是在试验用标准大气中，对松弛织物的一部分做调湿后，测量长度，再计算得出，调湿的这一部分从整段中开剪或不开剪均可。

(三) 织物长度测定的方法

考虑到织物长度在织造、整理和存放过程中所产生的变形，以及测量时织物含水率的影响。要准确测量织物长度，正式试验前应使织物松弛并予以调湿，测量最好在标准大气（温度 20±2℃，相对湿度 65%±2%；在热带地区温度可以为 27±2℃，但须经有关方面同意）中进行。测定时，成匹的织物每折长度为 1m，测定织物匹长时，按折叠层数计量即得，每层多余部分即是加放长度。但印染坯布的匹长，由于坯布经印染整理加工后有所伸长，因此需考虑到印染成品布的匹长定额，而把每匹坯布长度适当减短，测定织物的匹长是否符合公称匹长的要求，在验布台或平桌上将织物展开，先用钢板尺或木尺测量折幅长度是否够 1m，然后清点折叠次数，加上两端不够一个折幅的长度，即为该匹织物的总长度，以此来衡量其是否符合公称匹长。测量时应注意，以织物平铺的尺寸为准，不能将织物拉起来测量。

(四) 结果的计算

根据测定结果做如下计算：

（1）按规定测出的两个长度数据之平均值，即为该段织物的长度。

（2）按照下式进行计算：

$$L_c = L_r \times \frac{L_x}{L_s} (\text{cm})$$

式中：L_c——调湿后的织物长度（cm）；

L_r——在普通大气中的织物长度（按方法一测定并计算）（cm）；

L_x——调湿后织物调湿部分所做标记间的平均距离（cm）；

L_s——调湿前松弛织物调湿部分所做标记间的平均距离（cm）。

如果是工厂内部做常规试验时，可以在普通大气中对折叠形式的织物面进行长度测量和计算，匹长的计算方法如下：

匹长（m）＝折幅长度（m）×折数＋不足 1m 的实际长度（m）

当公称匹长不超过 120m 时，均匀地量 10 处，以 10 次测量结果的平均值作为折幅长度（m）。

三、织物厚度的检验

(一) 织物厚度的定义

织物的厚度即织物的厚薄程度，它是指在一定的压力下，织物的绝对厚度，是以 1/100mm 为计量单位的。

(二) 织物厚度检验的意义

织物厚度的设计主要决定于织物的用途。厚度对织物的某些物理机械性能有很大的影响。在其他条件相同的情况下，织物的强力和耐磨力将随着织物的厚度增加而增大，织物的保温性能主要取决于织物的厚度。

为了研究织物的结构性能，考核织物进行耐磨性、保温性、强力等试验后，织物本身的变化情况，有必要对织物进行厚度的测定。

（三）测试原理

织物厚度测定的方法是采用 Y531 型织物厚度仪（见图 6-1）进行的。

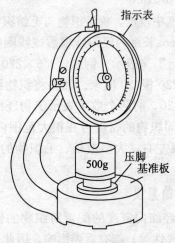

指示表

压脚
500g 基准板

图 6-1 织物厚度仪

将试样放置在基准板上，用压脚对试样施加压力，测量接触试样的压脚面积与基准板之间的距离，即为厚度值。

（四）测定步骤

（1）校正仪器时，调正仪器压脚与载物平台接触后，刻度盘上的指针必须指于零位。

（2）将被测定织物的一角平铺在仪器的载物平台上，不得有折皱或皱纹。根据被测织物的厚薄情况，按规定选用压力重锤放在压脚上，然后以 15cm/min 的速度，将压脚轻轻放下。

（3）每次测试时，当压脚与织物接触后，停 5~6s 时，即将刻度盘上的读数记下，作为一次测试该织物厚度的数值。

（4）每只试样共测试五次，以五次测得的平均数值作为该织物厚度的测定结果。

四、织物密度的检验

（一）织物密度的定义

织物的密度是指单位长度内，织物中纱线排列的稀密程度而言。在纺织物中即是沿织物经向或纬向纱线排列的根数；在针织物中则是沿织物的直向或横向线圈排列的个数。

（二）织物密度的表示方法

在国家标准与部颁标准中规定，棉纺织物与毛纺织物或针织物均以公制密度表示。公制密度是指在 10cm 长度内经纬纱根数或线圈的个数。织物经纬向密度以两个数字中间加符号"×"来表示。例如，236×220 表示织物经向密度为 236 根/10 厘米，纬向密度为 220 根/10 厘米。如果将织物纱号与密度同时表出，则一般写成 29×29×236×220，前两个数字表示织物经纬纱号数，后两个数字表示织物的经纬向密度。不同织物的密度可在很大范围内变化，从麻类织物的 40 根左右到丝织物的 1000 根左右，大多数棉、毛织物的密度在 100～600 根的范围内。

（三）织物密度检验的意义

织物密度的大小以及经纬向密度的配置对织物的性状（织物的重量、坚牢度、手感以及透水性、透气性等）都有重要影响，因此也是衡量织物质量的重要内容之一。在本色棉布的国家标准中规定，密度是棉布的物理指标之一，如经密比技术条件超过 −1.5% 或纬密比技术条件超过 −1.0%，就将降为二等品。

（四）织物密度的测定方法

测定织物密度的方法有以下几种。

1. 密度镜分析法

根据国家标准规定，对织物进行密度检验时，必须使用 Y511 型织物密度分析镜检验。这种密度分析镜配有 7～8 倍放大镜和 20 倍的放大镜各一只。对于普通织物只要选用 7～8 倍的放大镜检验即可，如是高密的丝绸织物则需要用 20 倍的放大镜进行检验。

Y511 型织物密度镜，检验密度的宽度为 5cm，规定点数的起讫点均是两根纱的缝隙。终点如果是在一根纱的中心，则最后一根纱作 0.5 根计，凡不足 0.5 根的作 0.25 根计，如超过 0.5 根而不足一根的作 0.75 根计。

测定织物密度时，要求对每块试样测定经纬向密度各三次，以其算术平均值乘以 2 作为该织物经纬向密度。计算精确至小数后一位。

另外有一种与织物密度分析镜相类似的验布镜（俗称布眼），用它也可以直接数得织物经纬向密度，由于这种验布镜的镜框是 25.4mm×25.4mm 的正方形，它的面积为一个平方英寸，所以用它数得的织物纵横向纱线根数即是一英寸的密度。如将测得的英寸密度改为公制密度，乘以 3.937 即可。

2. 实物分解法

利用测定织物断裂强度被拉断的已拉好边纱的布条进行分解测定织物的密度是比较准确的。因为拉伸断裂强度试验的试样宽度为 5cm，所以在织物断裂强度试验后，按试样宽度的方向进行分解拆开，直接点数纱线根数，原色棉布及帆布精确到 0.25 根，印染布、呢绒、丝绸精确到 0.5 根，即可测得织物的密度，计算时以强度试验的经纬向条数分别取纱线根数的算术平均数乘以 2，作为该织物的经纬向密度。计算精确至小数后一位。

3. 数字织物密度仪测定法

数字式织物密度仪是目前测定织物密度比较先进的仪器。它不须在放大镜下用目测方法点数纱线根数，只要把不同织物置于仪器内，即可清楚地显示出该织物经向或纬向的实际密度值。

五、织物紧度检验

机织物密度是指机织物单位长度内的经纱根数。经密（经纱密度）是沿机织物纬向单位长度内所含经纱根数。纬密（纬纱密度）是沿机织物经向单位长度内所含的纬纱根数。经、纬密能反映由相同直径纱线制成织物的紧密程度。当纱线直径不同时，机织物的紧密程度只能用紧度表示。

机织物的紧度又叫覆盖系数，也有经向紧度与纬向紧度之分。经向紧度是机织物规定面积内，经纱覆盖的面积对织物规定面积的百分率；纬向紧度是机织物规定面积内，纬纱覆盖的面积对织物规定面积的百分率。机织物的总紧度是织物规定面积内，经纬纱所覆盖的面积对织物规定面积的百分率。由于紧度考虑了经、纬纱的覆盖面积，故紧度可用来比较不同纱线直径所组成织物的紧密程度。

机织物的紧度不是直接测量值，而是计算值，计算公式如下：

经向紧度：　　　　　$E_T = d_T M_T \times 100\%$

纬向紧度：　　　　　$E_w = d_w M_w \times 100\%$

总紧度：　　　　$E = E_T + E_w + E_w - E_T E_w \times 100\%$

式中：d_T、d_w——经、纬纱直径（mm）；

　　　M_T、M_w——经纬密度（根/10 厘米）。

第二节　织物的机械性能的检验

一、织物拉伸断裂性能检验

（一）衡量织物拉伸断裂性能指标

1. 断裂强度与断裂伸长率

断裂强度是评定纺织物内在质量的主要指标之一，它是指纱线1旦尼尔粗细时抵抗拉断所承受的力。国家标准规定：本色棉布经纬向断裂强度的允许下公差为8％，超过8％将降为二等品。部颁标准指出：精梳毛织物与化纤精梳毛织物断裂强度的允许下公差为10％，小于10％的为上等品，小于15％的为二等品。棉针织内衣标准中也规定了不同品种针织物的直、横向断裂强度允许公差范围。此外，断裂强度指标常常用来评定织物经日照、洗涤、磨损以及各种整理后对织物内在质量的影响。

涤纶纤维在染整过程中受到浓碱与高温作用，如果工艺条件控制不当，往往使涤纶纤维变质，以致织物的伸长能力明显下降，影响穿着牢度，但此时织物的强度可能无显著变化。为此，部颁标准中规定，以涤/棉混纺印染成品织物的断裂伸长率作为工厂内部控制指标。涤纶纤维含量在60％以上的印染成品织物的断裂伸长率，其规定如表6-1所示。

表6-1　　　　　　　涤棉印染成品织物的断裂伸长率

织物品种	断裂伸长率（％）	
	经	纬
漂白细平布	12	16
染色、印花细平布	11	15
漂白府绸	14	13
染色、印花府绸	13	12
染色纱卡其	14	13
染色线卡其、线华达呢	16	12

通常分别沿织物的经纬向来测定强度与伸长率，但有时也沿其他不同方向测定，因为衣服的某些部位是在织物不同的方向上承受着张力。与纤维、纱线的测试一样，织物强度与伸长率的测试也应在恒温恒湿条件下进行。如果工厂在一般

温湿度条件下进行快速测试，则可根据测试时的实际回潮率，用下式对本色棉布或针织内衣坯布的强度加以修正。

$$P = K \times P_0$$

式中：P——修正后本色棉布或针织内衣坯布的强度（公斤力）；

P_0——实测的本色棉布或针织内衣坯布的强度（公斤力）；

K——强度修正系数。

强度修正系数在国家标准中有规定。但必须指出，在上述修正中没有把温度的影响考虑在内，此外，不同原料的织物或针织物应根据原料特性分别进行修正。

2. 断裂长度

单位面积重量不同的织物的断裂强度，应以断裂长度（LP）来进行比较。织物的断裂长度为试条的重量（G）等于它的断裂负荷（P）时试条的长度。

例如，试条的长度为 L（mm）而宽度为 50mm，织物 1.2m 的重量为 G_1（克/m²），则试条的测试部分重量 G（g）为：

$$G = G_1 \frac{L \times 50}{10^6}$$

由断裂长度的定义得：　　$GL_p = L \cdot 10^{-3}P$

式中：P——织物的断裂负荷（公斤力）。

移项，得：

$$L_p = \frac{10^{-3}LP}{G} = 20\frac{P}{G_1} \text{（km）}$$

织物通常是沿经纬向分别测定断裂强度的，因此应该只计算被拉断系统的纱线重量，经纬向的断裂长度应分别为：

$$L_p(经) = \frac{20P_{经}}{\alpha G_1}\text{（km）}$$

$$L_p(纬) = \frac{20P_{纬}}{\beta G_1}\text{（km）}$$

式中 α、β 表示织物 1.2m 重量中被拉断系统的经纱（纬纱）重量所占的百分率，α、β 的近似值分别如下：

$$\alpha \approx \frac{P_T N_{mW}}{P_T N_{mW} + P_T N_{mT}}$$

$$\beta \approx \frac{P_W N_{mT}}{P_T N_{mW} + P_T N_{mT}}$$

式中：P_T——经向密度（根/10 厘米）；

P_W——纬向密度（根/10 厘米）；

N_{mT}——经纱公制支数；

N_{mW}——纬纱公制支数。

表6-2为两种毛织物的断裂强度与断裂长度。很明显，全毛花呢的断裂强度大于全毛凡立丁，全毛凡立丁的断裂长度则大于全毛花呢，这是由于受织物的平方米重量影响所致。

表6-2 两种毛织物的断裂强度与断裂长度

织物品种	织物重量	断裂强度（公斤力）		断裂长度（km）	
	（g/m²）	经	纬	经	纬
38/2× 38/2×180×173 全毛花呢	224.5	34.6	26.3	6.05	4.77
52/2× 52/2×213×195 全毛凡立丁	187.6	32.2	25.1	6.60	5.52

3. 织物的拉伸曲线

在附有绘图装置的织物强力仪上，对织物进行拉伸试验时，可得到织物的拉伸曲线，如图6-2和图6-3所示。根据拉伸曲线，不仅可以知道织物的断裂强度与断裂伸长率，而且可以了解在整个受力过程中负荷与伸长的变化。如图6-2和图6-3所示，织物的拉伸曲线特征与组成织物的纱线和纤维的拉伸曲线基本相似。棉织物与麻织物的拉伸曲线呈直线而略向上弯曲，毛织物与蚕丝织物的拉伸曲线有凸形特征。因此，棉、麻等织物的充满系数接近0.5，而略小于0.5；毛、丝织物的充满系数大于0.5。化纤混纺织物的拉伸曲线保持所用混纺纤维的

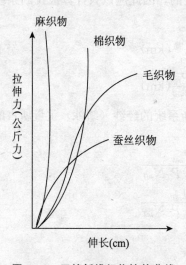

图6-2 天然纤维织物拉伸曲线

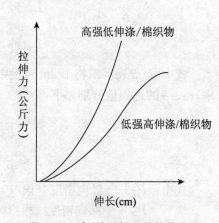

图6-3 涤/棉混纺织物拉伸曲线

特性曲线形态，例如65％高强低伸涤纶纤维与35％棉混纺织物的拉伸曲线同高强低伸涤纶纤维的拉伸曲线相似，而65％低强高伸涤纶纤维与35％棉混纺织物的拉伸曲线与低强高伸涤纶纤维的拉伸曲线接近。织物结构不同时，织物的拉伸曲线也会有一定差异。织物拉伸曲线和经纬向与织缩率有关，织缩率越大，拉伸开始阶段伸长较大的现象越明显，例如棉府绸的经纬向拉伸曲线（见图6-4）。

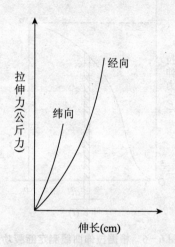

图6-4　棉府绸织物经、纬向拉伸

几种针织物的拉伸曲线，如图6-5所示。

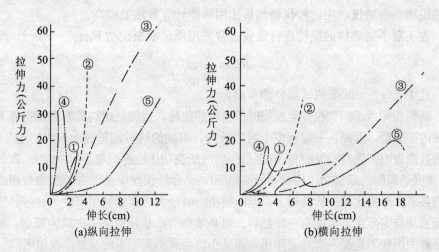

(a)纵向拉伸　(b)横向拉伸

①棉汗布针织物；②棉毛针织物；③低弹涤纶丝针织外衣（纬编）；
④衬经衬纬针织物；⑤衬纬针织物

图6-5　几种针织物的拉伸曲线

4. 断裂功

织物在外力作用下拉伸到断裂时，外力对织物所做之功称为断裂功。如图 6-6 所示，Oa 曲线下的面积 Oab 为断裂功 R，$R = \int_0^b P dl$。

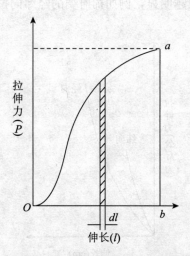

图 6-6　根据拉伸曲线测定断裂功

用上式求 R 值是比较复杂的，因为函数 $P = f(l)$ 不易取得。一般是用面积仪或用计算方法来测量曲线下的面积。目前国内已试制成附加于强力仪上直接读数的织物断裂功仪，用这种仪器测量比用画图计算方法效率高。

为了对不同结构的织物进行比较，常采用质量断裂比功 R_g：

$$R_g = \frac{R}{G}$$

式中：G——试条测试部分的重量。

断裂功相当于织物拉伸至断裂时所吸取的能量，也就是织物具有的抵抗外力破坏的内在能量，因而在一定程度上可以认为，织物的这种能量越大，织物越坚牢。实测数据表明，涤/棉和涤/棉/锦混纺织物的断裂功比纯棉织物高出 100%～200%，棉/维混纺织物的断裂功比棉织物约高出 50%。合纤长丝织物、蚕丝织物与绢纺类织物虽平方米重比棉织物低得多，但断裂功一般较大，实际使用牢度也良好，这说明断裂功与实际穿着牢度有一致趋势。但必须指出，断裂功是一次拉伸概念，而实际穿着中织物不是受一次外力作用，而是小负荷或小变形下的反复多次作用。

由于断裂功包括强度与伸长率两项指标，还涉及拉伸曲线的形态，因此断裂功比断裂强度更能全面地反映染整工艺质量，尤其对化纤织物更是这样。此外，织物的断裂功指标比耐磨指标更为稳定。

5. 织物在小于断裂负荷作用下的拉伸性质

织物在使用中受到的外力在大多数场合下是小于断裂负荷的，因此织物在小于断裂负荷作用下的拉伸性质与织物的服用性能密切相关，这对于在使用中受拉伸作用较大的针织物（如袜口、袜筒、罗纹袖口等）和针织外衣尤为重要。织物在小于断裂负荷作用下的拉伸性能，包括织物在一次或多次小负荷作用下产生变形的难易程度及变形恢复的难易程度，常用下列指标表示。

（1）定伸长时的拉伸力。使用具有自动记录装置的织物强力仪，将试样在一定试验条件下拉伸至一定长度（根据织物的品种，直向或横向分别选用适当的数值），过一定时间（如 1min）后，从负荷—伸长曲线上测量拉伸力（或直接读出拉伸力）。定伸长时的拉伸力越大，说明要使该试样产生一定的伸长变形所需的外力越大，即该试样越不易产生变形。

（2）定负荷时的伸长率。将试样在一定试验条件下加上一定负荷，过一定时间（如 1min）后，记录试样的伸长长度。定负荷时的伸长率用下式计算：

$$定负荷时的伸长率 = \frac{L_1 - L}{L} \times 100\%$$

式中：L ——试样原来的长度（mm）；

　　　L_1 ——加上一定负荷，过一定时间后的试样长度（mm）。

定负荷时的伸长率越大，说明该织物在外力作用下越容易产生变形。

（3）一次拉伸的伸长弹性回复率。测定织物的伸长弹性回复率有两种方法，即定伸长法和定负荷法。

①定伸长法。将试样拉伸到一定长度，停顿一定时间（如 1min）后，将试样松弛，再停顿一定时间（如 3min），记录试样的伸长度变化。

$$定伸长时的伸长弹性回复率 = \frac{L_1 - L'_1}{L_1 - L_0} \times 100\%$$

式中：L_0 ——试样的原来长度（mm）；

　　　L_1 ——试样被拉伸后的长度（mm）；

　　　L'_1 ——去除负荷、松弛一定时间后的试样长度（mm）。

②定负荷法。将试样在一定负荷作用下拉伸，作用到一定时间（如 1min）后，除去负荷，再停顿一定时间（如 3min）记录试样的伸长度变化。

$$定负荷时的伸长弹性回复率 = \frac{L_1 - L'_1}{L_1 - L_0} \times 100\%$$

式中：L_0 ——试样的原来长度（mm）；

　　　L_1 ——加上一定负荷，到一定时间后的试样长度（mm）；

　　　L'_1 ——去除负荷，过一定时间后的试样长度（mm）。

织物的伸长弹性回复率越大，说明该织物受外力作用后产生的变形越容易恢复，即该织物的拉伸弹性越好。

（4）多次拉伸的伸长弹性回复率。织物受到小负荷的多次拉伸作用后，塑性变形会逐步积累，甚至使织物的结构遭到破坏。织物的这种疲劳现象与纱线的疲劳相似。织物多次拉伸伸长弹性回复率的试验和评定方法同纱线的多次拉伸试验相同。循环变形的数值大小，以选择织物在穿着过程中可能遇到的最大变形为宜。

（二）织物拉伸断裂机理

1. 长丝纱的拉伸断裂机理

长丝纱受拉伸外力作用时，较伸直和紧张的纤维先承受外力而断裂，然后再由其他纤维承受外力直至断裂，即存在断裂不同时性。一般在加捻情况下，外层纤维由于最为倾斜，所以是比较伸直和紧张的，因此外层纤维先被拉断，然后逐渐由内层纤维承受拉力，直至断裂。纱中纤维伸长能力、强力不一致也会造成断裂的不同时性。

2. 短纤维纱的拉伸断裂机理

短纤维纱承受外力拉伸作用时，除存在上述情况外，还有一个纤维间相互滑移的问题。由于加捻后纤维倾斜，纱线受拉力后产生向心压力，使纤维间有一定摩擦阻力。当摩擦阻力很小时，纱线可能由于纤维间滑脱而断裂，此时某些纤维本身并不一定断裂。由于断裂的不同时性，一般外层纤维先断裂，此时向心压力减小，纤维间摩擦阻力减小，纤维更易滑脱而使纱线断裂。一般纱线断裂的原因既有纤维的断裂又有纤维的滑脱，两项同时存在，纱线的断口是不整齐的，呈毛笔头状。纱线断裂时，断裂截面的纤维是断裂还是滑脱，要视断裂两端周围纤维对这根纤维摩擦阻力的大小而定；如果摩擦阻力大于纤维的强力，这根纤维就断裂；如果摩擦阻力小于纤维的强力，这根纤维就滑脱。而摩擦阻力与纤维在纱线断裂时两端伸出长度有关。因此，为了保证纱线的强力，应控制短纤维含量。

由于纱线在拉伸时纤维断裂不同时性的存在，加捻使纤维产生了张力、伸长；纤维倾斜使纤维强力在纱线轴向的分力减小；短纤维还有纤维间的滑脱以及纱线条干不匀、结构不匀从而形成弱环等原因，纱线的强度远比纤维的总强度要小。纱线强度与组成该纱线的纤维总强度之比以百分率表示为强力利用率。一般纯棉纱的强力利用率为40%～50%，精梳毛纱为25%～30%，粘胶短纤维纱为65%～70%。长丝纱的强力利用率要比短纤维纱大，如锦纶丝的强力利用率约为80%～90%。

纱线伸长的原因有以下几个方面，即纤维的伸直、伸长，倾斜纤维拉伸后沿纱线轴向排列，增加了纱线长度以及纤维间的滑移。捻丝的伸长一般大于组成纤维的伸长，如锦纶捻丝与锦纶单丝断裂伸长率的比值一般为1.1～1.2。而短纤纱的伸长则小于纤维的伸长，如棉纱断裂伸长率的比值一般为0.85～0.95。

（三）织物拉伸断裂实验方法

织物拉伸断裂时所应用的主要指标有：断裂强度，断裂长度，断裂伸长率，断裂功，断裂比功等。这些指标基本上与前述纤维和纱线拉伸断裂的指标意义相同，在本节中只就不同之处给予讨论。

为了测定织物的各项拉伸断裂指标，根据抽样原则，在织物试样上裁剪一定的试条，在织物强度仪上进行测定。织物拉伸断裂试验的结果与试条宽度和长度有关，因此在国家标准试验方法中对试条宽度和长度均有规定。棉织物、毛织物与针织物拉伸断裂试条的尺寸如表 6-3 所示。

表 6-3　　　　　　　　　　　　织物拉伸断裂试条的尺寸　　　　　　　　　　　单位：mm

织物类别	裁剪长度	工作长度	裁剪宽度	工作宽度
棉、棉型化纤、中长化纤织物	300～330	200	60	50
毛、毛型化纤织物	250	100	60	50
针织物	200	100	50	50

由表 6-4 可知，试条裁剪尺寸应稍大于工作尺寸，试条裁剪长度应包括上下夹头间的长度与夹持预加张力重锤应占的长度，试条裁剪宽度应包括从试条两边抽去若干根边纱的宽度。抽去边纱才能保证拉伸宽度的一致。这种试条的夹持方法，如图 6-7（a）所示。这是目前常用的标准试验方法，有时将这种夹持方法称为"条样法"。试验时，下夹头的下降速度，本色棉布和针织物规定为空车时 100～110mm/min，毛织物为 80～100mm/min。一般下降速度太快，试验所得强度偏大，例如，有一组棉织物试验资料说明，若以在规定速度下测得的强度

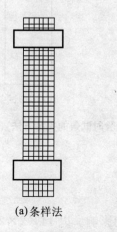
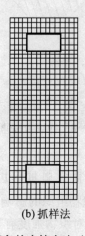

(a)条样法　　　　　　　　　(b)抓样法

图 6-7　织物拉伸断裂试验时试条的夹持方法（一）

作为 100％计，则当速度为 25mm/min 时，强度为 97.3％，速度为 250mm/min 时，强度为 104.4％。

　　某些制品，例如针织物、毡品、无纺织品等，不能抽边纱或不易抽出，可以采用不抽边纱的试条进行试验，但在裁取时应注意保持试条宽度的精确，并且防止歪斜。

　　对试条还有另一种夹持方法，夹头只抓住试条宽度的一部分，也就是试条的宽度比夹头要宽些，如图 6-7 （b）所示，因此试验前试条不需抽边纱。这种夹持方法称为"抓样法"。同样制品用以上两种夹持方法作对比，条样法所得试验结果的不匀率较小，强度值略低于抓样法；条样法所用试验材料比较节约，但准备试验的时间则较长。应该指出，试条的工作尺寸会显著影响试验结果。一般随工作长度增加，从 20～500mm，断裂强度与断裂伸长率将逐步降低。在一定条件下，试条的工作长度 l （mm）与强度 P（公斤力）间呈双曲线函数关系式：

$$P = \frac{a}{l} + b$$

　　式中：a、b——常数，决定于织物的品种与宽度。

　　针织物的矩形试条在拉伸时，由于横向收缩，使在钳口处所产生的剪切应力特别集中，因而造成试条大多数在钳口附近撕断，影响试验的准确性。这种情况对于合纤针织外衣试条则更为明显。为了改善这种情况，据有关试验研究，以采用梯形或环形试条较好。图 6-8 （a）为梯形试条的形状，两端的梯形部分被钳口所夹持。图 6-8 （b）为环形试条的形状，虚线处为试条两端的缝合处。这两种试条的拉伸伸长均匀性都比矩形试条好，因此用来测定针织物的伸长率较为理想。如果要同时测定强度和伸长率，也以用梯形试条为宜。

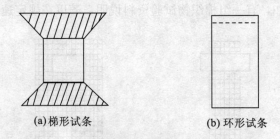

(a)梯形试条　　　　　　　　　(b)环形试条

图 6-8　针织物拉伸断裂试验时试条的夹持方法（二）

（四）影响织物断裂强度的因素

1. 经纬密度与织物组织的影响

经纬密度的改变对织物强度有显著的影响。以 14×2×28 号 （42/2×21 支）棉半线卡其为例，当经纬密度变化时，测得的织物强度如表 6-4 所示。

表 6 - 4   棉半线卡其的经、纬密度与强度的关系

设计密度（根/10 厘米）		断裂强度（公斤力）	
经	纬	经	纬
518	266	135.4	57.5
518	287	133.9	62.9
518	301	134.9	68.6
548	266	139.0	55.9
548	287	139.5	64.5
548	301	138.2	66.9
575	266	145.3	59.4
575	287	142.3	65.5
575	301	144.1	67.1
606	266	149.5	59.8
606	287	149.2	66.7
606	301	153.2	70.3

当织物经纬密度同时变化或任一系统的密度改变时，织物的断裂强度随之改变。若经向密度不变，仅使纬向密度增加，则织物中纬向强度增加，而经向强度有下降的趋势。这种现象可以认为由于纬向密度的增加，织造工艺上需要配置较大的经纱上机张力，同时经纱在织造过程中受到反复拉伸的次数增加，经纱相互间及与机件间的摩擦作用增加，使经纱疲劳程度加剧，引起经向强度有下降趋势。若织物的纬向密度不变，仅使经向密度增加，则织物的经向强度增加，纬向强度也有增加的趋势。这种现象可以认为由于经向密度的增加，使经纱与纬纱的交错次数增加，经纬纱间的摩擦阻力增加，结果使纬向强度增加。

应该指出，对某一品种的织物来说，经纬密度都有一极限值。经纬密度在某一极限内，可能对织物强度有利。若超过某一极限，由于密度增加后纱线所受张力、反复作用次数以及屈曲程度过分增加，将会给织物强度带来不利的影响。

织物组织的种类很多，就平纹、斜纹及缎纹这三种基本组织来说，在其他条件相同的情况下，平纹组织织物的强度和伸长大于斜纹组织织物，而斜纹组织织物又大于缎纹组织织物。织物在一定长度内纱线的交错次数越多，浮线长度越短，则织物的强度和伸长越大。

2. 纱线的号（支）数和结构的影响

在织物的组织和密度相同的条件下，用号数大的纱线织造的织物，其强度比

号数小的高。很明显，这是由于号数大的纱线强度较大，并且由号数大的纱线织成相同密度的织物，其紧度较大，经纬纱之间接触面积增加，相互间的阻力增大，使织物强度提高。由股线织成的织物强度大于由相当于同支单纱所织成的织物。以16×2号（36支/2）股线作为经纱，不同支数的纱线作为纬纱织成1/3斜纹卡其织物，测得强度结果如表6-5所示。由表可知，全线卡其的织物强度比半线卡其高，这是由于单纱合股反捻成股线后减少了扭应力，使纱中纤维承担外力均匀，并使股线的条干不匀、强度不匀与捻度不匀均有所降低，提高了股线中纤维的强度利用程度。

表6-5　　　　　　　　　　　　股线与单纱对织物强度的影响

纬向纱线号（支）数	18×2（32/2）	36（16）	21×2（28/2）	42（14）	24×2（24/2）	48（12）	29×2（20/2）	58（10）
织物纬向强度（公斤力）	85.0	73.0	93.5	85.8	98.1	91.3	100.6	94.3

纱线捻度对织物强度的作用包含着互相对立的两个方面。当纱线捻度在临界捻度以下时，在一定范围内增加纱线的捻度，织物强度有提高趋势。但当纱线的捻度接近临界捻度时，织物强度开始下降，因为当纱线还没有到达临界捻度时，织物强度已达最高点。

纱线的捻向通常从织物光泽的角度考虑较多，但也与织物的强度有关。当经纬向两系统纱线捻向相同时，织物表面的纤细倾斜方向相反，而在经纬交织处则趋于互相平行，因而纤维互相啮合和密切接触，纱线间的阻力增加，以致织物强度有所提高。两种棉织物的经纬纱捻向不同时，织物强度的变化如表6-6所示。

表6-6　　　　　　　　　　　　纱线捻向对织物强度的影响

织物品种		19.5号×16号（30支×36支）细布		14.5号×14.5号	
纱线捻向	经	Z	Z	Z	Z
	纬	S	Z	S	Z
织物强度（公斤力/5厘米）	经	37.1	38.4	39.8	40.8
	纬	27.6	29.4	58.3	63.2

同时，经纬纱线捻向相同时，交织点处经纬纱线互相啮合，织物厚度变薄，

但织物卷角效应较轻。当经纬纱线捻向相反时,交织处两系统纱线中纤维方向互相交叉,无法啮合,因而织物厚度较厚,但因两系统纱线扭应力合力作用,使卷角效应比较明显。

气流纱织物比环锭纱织物一般具有较低的强度和较高的伸长。气流纱织物与环锭纱织物的拉伸曲线,如图6－9所示。气流纱织物的断裂功一般比环锭纱织物小,这说明气流纱织物断裂强度的减少,并没有从断裂伸长的增加而得到补偿。

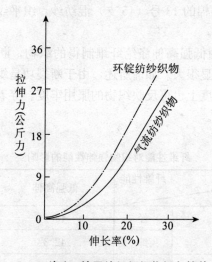

图6－9 50涤/50棉平纹组织织物经向拉伸曲线

气流纱的特性,在织物设计时应加考虑。例如,灯芯绒织物,可以42支/2环锭纱作为经纱、21支气流纱作为纬纱进行交织,用气流纱作为纬纱起绒,以充分发挥气流纱的特性。这是因为气流纱棉结与杂质少,可以减少割绒时跳刀,而且气流纱结构蓬松,染色鲜艳,绒毛丰满厚实,而经向用环锭纱,可以保持较高的强度,承受较大的上机张力。粗支气流纱的强度接近于同支环锭纱,因此粗支气流纱织物强度也接近于同支环锭纱织物。

3. 纤维品种与混纺比的影响

织物结构因素基本相同时,织物中纱线的强度利用系数大致保持稳定,纱线中纤维强度利用程度的差异也在一定范围内,因此纤维的品种是织物强伸性能的决定因素。各种化学纤维的拉伸性能差异甚大,因此化纤纺织物的拉伸性能也有很大的不同。表6－7所示为各种化纤长丝织成的过滤布的强度。

表 6 - 7   织物原料对织物强度的影响

织物原料	锦纶	涤纶	丙纶	腈纶	氯纶
织物强度（公斤力）	174	172	155	108	84

必须指出，即使品种相同的化学纤维，由于化纤制造工艺和用途不同也会引起纤维内部结构不同，也可使纤维的拉伸性能有很大的差异，因此织物的强伸性能也会产生相应的变化。例如，对棉型低强高伸涤纶纤维和高强低伸涤纶纤维做对比试验，纺 65 涤/35 棉的 13 号（45 支）混纺纱，织平纹细布，织物的强伸性能如表 6 - 8 所示。

由表 6 - 8 可知，由低强高伸涤纶纤维制得的织物，断裂强度较低，但断裂伸长率特别是断裂功明显很大。如前所述，由于断裂功是织物抵抗外力破坏的内在能量，因此在一定程度上也可反映织物的服用牢度。穿着实践证明，低强高伸涤纶纤维织物较为耐穿。

表 6 - 8   纤维性能对织物强伸性能的影响

织物性能＼纤维性能		低强高伸	高强低伸
断裂强度（公斤力）	经	43.1	48.3
	纬	42.3	50.7
断裂伸长率（％）	经	35.3	23.2
	纬	31.3	19.6
断裂功（公斤力·毫米）	经	1642	796
	纬	1368	870
	总	3010	1666

由合成纤维混纺纱的强伸特性可知，当混纺纱中两种纤维的断裂伸长率不同而混入纤维的初始模量又低于另一种纤维的初始模量时，如果用低强高伸涤纶纤维与棉或粘胶纤维混纺，则混纺织物的断裂强度与混纺纱的断裂强度相似，并不是在任何情况下都能得到提高，如表 6 - 9 所示。因此，国内外涤/棉混纺织物大多数的混纺比在 65/35 左右，原因之一是考虑到要提高织物的强伸性能。在涤纶纤维含量低于 50％时，混纺织物的强度将比纯棉织物还低。

表 6‑9　　　　　　　　　　涤/棉混纺比对织物强度的影响

涤/棉混纺比	0/100	35/65	50/50	65/35
织物强度（公斤力）	48	47	57	80

当合成纤维与羊毛混纺时，混纺织物的断裂强度与混纺纱的断裂强度一样，都是随合成纤维含量的增加而逐渐增加，即使混用少量的合成纤维，混纺毛织物的断裂强度也有提高。图 6‑10 和图 6‑11 为毛/涤混纺和毛/腈混纺在不向混纺比下的织物强度变化曲线。

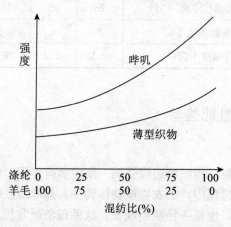

图 6‑10　羊毛与涤纶混纺织物强度与混纺比的关系

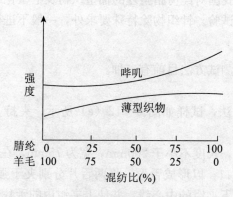

图 6‑11　羊毛与腈纶混纺织物强度与混纺比的关系

各种不同混纺比的棉/维细布经不同处理的织物强度，如表 6‑10 所示。

由表 6‑10 可知，在常态下，棉/维混纺织物的强度随维纶纤维含量的增加而提高；在湿态下，因棉纤维强度提高、维纶纤维强度下降，故织物强度随维纶含量增加而有下降趋势。很明显，维纶织物在酸与碱作用下强度损失较少，耐腐蚀性优异。

表6-10　　　　　　　　　　　棉/维混纺比对织物强度的影响

不同条件下的织物强度 \ 棉/维混纺比	100/0	67/33	50/50	33/67	0/100
常态下强度（公斤力）	45.3	48	52.4	58.1	67.4
温态下强度（公斤力）	56.2	53.4	51.7	49.9	—
经20%硫酸浸24h后强度下降（%）	23	23	11	11	2.5
经20%烧碱浸24h后强度下降	8	8	6.5	605	0
经15%盐酸浸24h后强度下降（%）	2.1	2.2	0	0	0

二、织物撕裂性能检验

（一）概述

织物撕破也称撕裂，指织物边缘受到一集中负荷作用，使织物撕开的现象称为撕裂。织物在使用过程中，如衣物被物体钩住，局部纱线受力拉断，使织物形成条形或三角形裂口，也是一种断裂现象。这种现象通常发生在军服、篷布、降落伞、吊床、雨伞等的织物使用过程中。撕裂强度性质能反映织物经整理后的脆化程度，因此，目前我国对经树脂整理的棉型织物及毛型化纤纯纺或混纺的精梳织物要进行撕裂强力试验。针织物除特殊要求外，一般不进行撕裂强力试验。

（二）测试方法

织物的撕裂性质测试方法目前有三种。

1. 单缝法

单缝法也称舌形法，试样如图6-12（a）所示。夹持方法如图6-12（b）所示。

试样为矩形布条，长度不小于200mm，宽为75mm，在矩形的短边正中沿纵向剪开80mm长的切口，以形成舌形。将两舌片分别夹于强力机的上下夹钳内，试样上的切口对准上下夹钳的中心线，并使上夹钳内的舌片布样正面在后，反面在前。下夹钳内的舌片布样则正面在前，反面在后。

试样受拉伸，受拉伸系统的纱线上下分开，而非受拉伸系统的纱线与受拉伸系统的纱线间产生相对滑移并靠拢。在切口处形成近似三角形的受力区域，称受力三角区，如图6-13所示。

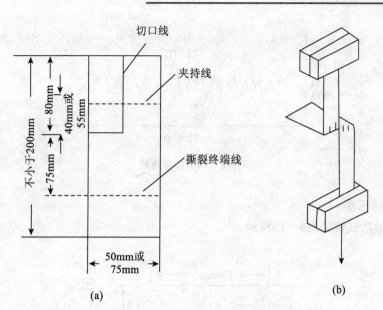

图 6 - 12　单缝法试样和夹持方法

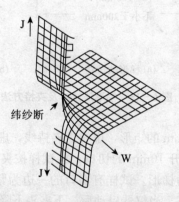

图 6 - 13　单缝法撕裂过程

　　由于纱线间存在摩擦力，非受拉伸系统的滑动是有限的，即三角区内受力的纱线根数是有限的。在受力三角区内，底边上第一根纱线受力最大，依次减小。随着拉伸外力的增加，非受拉伸系纱线的张力随着迅速增大。当张力增大到使受力三角区第一根纱线达到其断裂强力时，第一根纱线发生断裂，在撕破曲线上出现撕裂强力的第一峰值。于是下一根纱线开始成为受力三角区的底边，如此继续，非拉伸系统的纱线依次逐根断裂使织物撕破，其撕破曲线如图 6 - 14 所示。

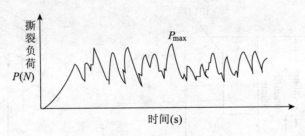

图 6-14　撕破曲线

2. 梯形法

梯形法试样如图6-15所示。

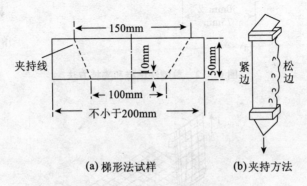

(a) 梯形法试样　　　　(b) 夹持方法

图 6-15　梯形法试样及夹持方法

　　试样为 200mm×50mm 的矩形，虚线为夹持线，虚线与梯形上底之间的夹角为 15°，在梯形上底中间开 10mm 的切口，将试样按夹持线夹入上下夹头内。这样，上下夹头内的试样为梯形。试样有切口的一边为紧边，也为有效距离部分；另一边为松弛的皱曲状态。当仪器启动后，下夹头下降，随着负荷的增加，紧边的纱线首先受拉伸直，切口边沿的第一根纱线变形最大，承担较大的外力，与它邻近的纱线也承担着部分外力，但随着离开第一根纱线距离的增加而减小。同时，受力纱线的根数与夹持线倾斜角大小有关，倾斜角越小，受力的纱线根数越多。当倾斜角为零时，撕裂强力等于拉伸强力。我国规定倾斜角为 15°。当第一根纱线受拉伸达到其断裂伸长时，第一根纱线断裂，出现撕裂强力上的第一个负荷峰值。于是第二根纱线承担最大拉力直到断裂，出现撕裂强力上的第二个峰值。如此继续，直到织物撕破为止，撕破曲线如图 6-16 所示。

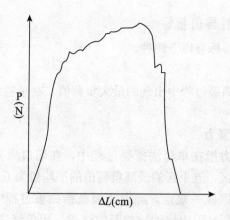

图 6-16 梯形法撕破曲线

梯形法与舌形法不同，舌形法在撕裂过程中断裂的是非受拉伸系统的纱线，而梯形法断裂的是受拉伸系统的纱线。因此，两种测试方法无可比性。

3. 落锤法

目前国际上有些国家测试织物的撕裂性质用落锤法。落锤法的试验原理是将一矩形织物试样夹紧于落锤式撕裂强力机的动夹钳与固定夹钳之间。试样中间开一切口，利用扇形锤下落的能量将织物撕裂，仪器上有指针指示织物撕裂时织物受力的大小，如图 6-17 所示。

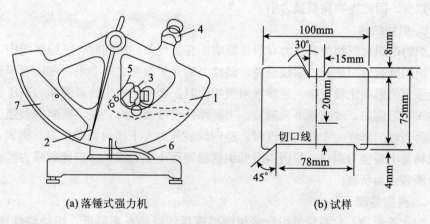

(a) 落锤式强力机　　　　　　　　　　(b) 试样

1—扇形锤；2—指针；3—定夹头；4—动夹头；

5—开剪器；6—挡板；7—白强力标尺

图 6-17 落锤式强力机和试样

（三）织物撕破性质的指标

织物撕破性质的指标有以下两种。

1. 最大撕破强力

最大撕破强力指撕裂过程中出现的最大负荷值。在单缝法、梯形法测试织物撕裂强力时采用。

2. 五峰平均撕破强力

五峰平均撕破强力指在单缝法撕裂过程中，在切口后方撕破长度 5mm 后，每隔 12mm 分为一个区，五个区的最高负荷值的平均值为五峰平均撕破强力，简称平均撕破强力。我国统一规定，经向撕裂是指撕破过程中，经纱被拉断的试验；纬向撕裂是指撕裂过程中纬纱被拉断的试验。用单缝法测织物撕破强力时，规定经纬向各测五块，以五块试样的平均值表示所测织物的经纬向撕破强力；梯形法规定经纬向各测三块，以三块的平均值表示所测织物的经纬向撕破强力。

（四）影响织物撕裂强度的因素

1. 纱线性质

织物的撕裂强度与纱线的断裂强力大约成正比，与纱线的断裂伸长率关系密切。当纱线的断裂伸长率大时，受力三角区内同时承担撕裂强力的纱线根数多，因此织物的撕裂强力大。经纬纱线间的摩擦阻力对织物的撕裂强度有消极影响。当摩擦阻力大时，两系统的纱线不易滑动，受力三角区变小，同时承担外力的纱线根数少，因此织物撕裂强力小。

2. 织物结构

织物组织对织物撕裂强力有明显影响。在其他条件相同时，三原组织中，平纹组织的撕裂强力最低，缎纹最高，斜纹织物介于两者之间。织物密度对织物的撕裂强力的影响比较复杂，当纱线粗细相同时，密度小的织物撕裂强力高于密度大的织物。例如，纱布就不易撕裂。当经纬向密度接近时，经、纬向撕裂强度接近。而当经向密度大于纬向密度时，经向撕裂强力大于纬向撕裂强力。例如，府绸织物易出现经向裂口，是因为府绸织物纬密远小于经密，纬向撕裂强力远小于经向撕裂强力所致。

3. 树脂整理

对于棉织物、粘胶纤维织物经树脂整理后纱线伸长率降低，织物脆性增加，织物撕裂强力下降。下降的程度与使用树脂种类、加工工艺有关。

4. 试验方法

试验方法不同时，测试出的撕裂强力不同，无可比性。因为撕裂方法不同时，撕裂三角区有明显差异。此外，撕裂强力大小与拉伸力一样，受温、湿度的影响。

三、织物顶裂性能检验

(一) 概述

织物顶破也称顶裂。在织物四周固定情况下，从织物的一面给予垂直作用力使其破坏，称为织物顶破。它可反映织物多向强伸特征。织物在穿用过程中，顶破情况是少见的，但膝部肘部的受力情况类似于顶破。手套、袜子、鞋面用布在使用过程中也会受垂直作用力，对特殊用途的织物，如降落伞、滤尘袋以及三向织物、非织造布等也要考核其顶破性质。

(二) 顶破试验方法和指标

目前，织物顶破试验常用的仪器是钢球式顶破试验机。如图6-18所示，它是利用钢球球面来顶破织物的。其主要机构与拉伸强度试验仪相似，用一对支架代替强力机上的上、下夹头，上支架与下支架可做相对移动，试样夹在一对环形夹具之间。当下支架下降时，顶杆上的钢球向上顶试样，直到试样顶破为止。表示顶破性质的指标是顶破强力，单位为牛（N），可在顶破强力机上直接得到。

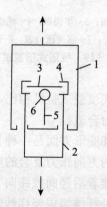

1—上支架；2—下支架；3—试样；

4—胃环形夹；5—顶杆；6—钢球

图6-18 钢球式顶破试验机

此外，也可用气压式顶裂试验机来测定织物的顶裂强度和顶裂伸长，如图6-19所示。试样放在衬膜上，两者同时被夹持在半圆罩和底盘之间。衬膜是用弹性较好的薄橡皮片做的，厚度约为 0.38～0.53mm（随试样不同分别选择）。衬膜的当中开有气口，在气口上方再覆盖一块橡皮膜。试验时，空气流首先作用在衬膜和其上覆盖的橡皮膜上，由于衬膜和覆盖的橡皮膜的弹性较好，受空气流作用后弹起，从而使织物被顶起。织物被顶裂后，空气流可通过气口和其上方橡皮膜的空隙流出，以保护橡皮膜。该仪器的动力是压缩空气。试验时，压缩空气经过阀门开关进入仪器的空气管道，作用在衬膜和试样上。试样被顶裂后，顶裂强度可从强度压力表读出，顶裂伸长可从伸长压力表读出。顶裂伸长比单向断裂伸长更能反映织物本身的实际变形能力，因为它不像单向拉伸那样，由于某方向受拉伸而引起其他方向的收缩。

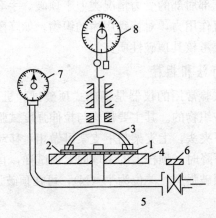

1—试样；2—衬膜；3—半圆罩；4—底盘；5—空气管道；
6—阀门开关；7—强度压力表；8—伸长压力表

图 6-19 气压式顶裂试验机

气压式顶裂试验机与弹子式顶裂试验机相比，前者的试验结果较为稳定，用来试验降落伞、滤尘袋织物最为合适。

由于织物和针织物在强度和变形方面是一种各向异性的物体，在顶力作用下各向伸长，沿经纬（或直横）两方向张力复合的剪应力，首先在变形最大、强度最薄弱的一点上使纱线撕裂，接着沿经向或纬向（直向或横向）撕裂，因而裂口一般呈直角形或直线形。由同种纤维组成经纬纱的织物，一般表现为织缩率大而经纬向织缩率接近，则织物的顶裂强度较高。这是由于经纬纱对顶裂强度同时发挥作用的缘故，其裂口形状常为三角形。若经纬向纱线的变形能力不同或织缩率相差大时，则变形能力小的或织缩率低的一个系统纱线在顶裂过程中首先到达断裂伸长而告破裂，裂口常为一直线。这是由于经纬向纱线没有同时发挥最大作用，而顶裂强度较低。若经纬向纱线相同，经纬向密度差异大时，裂口也呈一直线。

针织物的顶裂过程，是组成试样的各线圈如钩接强度试验一样联成一片，共同承受伸长变形，直至顶裂为止。可以推知，如果组成针织物的纱线的钩接强度越大，则顶裂强度也越大。针织物的顶裂强度可通过改用较粗纱线号数与适当提高针织物的针圈密度来提高，也可用各种合成纤维混纺来提高。

（三）影响织物顶破强度的因素

织物在垂直作用力下被顶破时，织物受力是多向的，因此织物会产生各向伸长。当沿织物经纬两方向的张力复合成的剪应力大到一定程度时，即等于织物最弱的一点上纱线的断裂强力时，此处纱线断裂。接着会以此处为缺口，出现应力集中，织物会沿经（直）向或纬（横）向撕裂，裂口呈直角形。由分析可知，影响织物顶裂强度的因素有以下几方面。

1. 纱线的断裂强力和断裂伸长

当织物中纱线的断裂强力大、伸长率大时，织物的顶破强力高，因为顶破的实质仍为织物中纱线产生伸长而断裂。

2. 织物厚度

在其他条件相同的情况下，当织物厚时，顶破强力大。

3. 机织物织缩的影响

当机织物中织缩大而经纬向的织缩差异并不大，在其他条件相同时，织物顶破强力大。因为经纬向纱线同时承担外力，其裂口为直角形。若经纬织缩差异大，在经纬纱线自身的断裂伸长率相同时，织物必沿织缩小的方向撕裂，裂口为直线形，织物顶破强力偏低。

4. 织物经纬向密度

当其他条件相同，织物密度不同时，织物顶裂时必沿密度小的方向撕裂，织物顶破强力偏低，裂口呈直线形。

5. 纱线的钩接强度

在针织物中，纱线的钩接强度大时，织物的顶破强度高。此外，针织物中纱线的线密度、线圈密度也影响针织物的顶破强力。提高纱线线密度和线圈密度，顶破强力有所提高。

四、织物耐磨性检验

（一）基本概念

织物在使用过程中，由于使用场合的不同，会受到各种不同的外界因素的作用，逐渐降低使用价值，以致最后损坏。衣着用织物经常与周围所接触的物体相摩擦，在洗涤时受到搓揉和水、温度、皂液等的作用，外衣穿用时受到阳光照射，内衣则与汗液起作用，有些工作服还与化学试剂或高温等起作用，因而织物的损坏是由于在使用过程中受到机械的、物理的、化学的以及微生物等各种因素的综合作用造成的。织物在一定使用条件下抵抗损坏的性能，称为织物的耐用性。虽然织物在使用中损坏的原因有很多，但实践表明，磨损是损坏的主要原因之一。

所谓磨损，是指织物与另一物体由于反复摩擦而使织物逐渐损坏。耐磨性就是织物具有的抵抗磨损的特性。

（二）影响织物耐磨性因素

影响织物耐磨性的因素很多，下面就纤维的机械性能、纤维的形态尺寸、纱线和织物的结构与后整理等方面加以讨论。

1. 纤维的机械性能与形态尺寸的影响

（1）纤维机械性能的影响。纤维的拉伸、弯曲与剪切性能对织物耐磨性的相对重要性，根据组织结构与使用条件而不同。由于在一般情况下，纤维主要承受拉伸应力，所以纤维的拉伸性能在机械性能中尤为重要。在磨损过程中，纤维承受着反复应力，但这种应力远比断裂应力小，所以纤维在反复拉伸中的变形能力如果大，则具有较好的耐磨性。纤维在反复拉伸中的变形能力决定于纤维的强度、伸长率与弹性能力。强度大、伸长率大的纤维，拉伸曲线下的面积大，因此能储存较多的拉伸变形能。弹性能力大的纤维，在反复拉伸后拉伸曲线的形态改变少，即变形能力的降低程度小。除纤维的拉伸性能外，纤维的弯曲性能与剪切性能对耐磨性也是有影响的。

粘胶纤维和醋酯纤维在一次拉伸时的断裂功还是较大的，但由于这两种纤维尤其是粘胶纤维的弹性较差，结果使它们在多次拉伸后的断裂功明显下降，所以耐磨性是很低的。羊毛纤维虽然强度不高，但它的伸长率与弹性十分大，多次拉伸后的断裂功降低甚少，因此在一定条件下，羊毛的耐磨性相当好。所以，纤维的伸长率与弹性对耐磨性的影响是很大的。锦纶和涤纶的断裂功大，弹性恢复能力高，所以它们的耐磨性十分优异。

（2）纤维形态尺寸的影响。纤维的形态尺寸，例如纤维长度和断面形态等，也对织物的耐磨性有影响。因为纤维的形态与纤维在纱线中附着力的强弱有关，也和磨损时纤维中所产生的应力大小有关。纱线中只要有极少量的纤维分离，纱线结构就会变得松散，纱线继续在外力作用下将很快地解体，最终降低织物的耐磨性。

在同样纺纱条件下，较长的纤维比较短的纤维在纱线内产生相对移动较为困难，因此就难于从纱线中抽出。另外，由于较长纤维纺成的纱线，其强度、伸长率和耐疲劳等机械性能好，这对织物耐磨性是有利的。这也是中长纤维织物有较好耐磨性能的原因之一。实践证明，精梳棉纱织物不但外观上优于普梳棉纱织物，而且前者的耐磨性也优于后者，因为在精梳棉纱中排除了许多在原棉中存在的短绒。在同样条件下，长丝织物的耐磨性优于短纤维织物。

细度细的纤维纺成的纱线，其强度、伸长率与耐疲劳性好。一旦纤维细度过细，在磨损过程中即使是较小的作用力也可以引起很大的内应力，使纤维容易损坏。如果纤维过粗，则纤维与纱线的抗弯性能差，并且由于纱线中纤维根数过少而使纤维间的抱合力弱，这将不利于织物的耐磨性。因此，关于纤维细度的选择，应该是在保持足够的单纤维拉伸强度与剪切强度条件下，使纤维细度提高。一般以 2~3 旦的纤维细度为宜。这是中长纤维织物耐磨性好的原因之一。

（3）原棉等级的影响。对五种不同等级的原棉进行单唛试纺，再加工成同样规格的织物，又将坯布经煮练、漂白、丝光、柔软剂处理等染整加工，对各工序的试样进行曲磨试验，试验结果如表 6-11 所示。

表 6-11　　　　　　　　　　　原棉等级与织物耐磨性

原棉等级	织物耐曲磨的秩位总数（经向）	织物耐曲磨的秩位总数（纬向）
1 级	16	15
2 级	19	14
4 级	20	21
5 级	20	22
6 级	30	23

表 6-12 中耐曲磨的秩位总数是指坯布、煮炼后织物、漂白后织物、丝光织物、成品、轧柔软剂后织物以及洗去柔软剂后织物七种试样耐曲磨的秩位数之和。由表可知，原棉等级越高，织物的耐曲磨性能越好。这是由于原棉等级高时，棉纤维成熟度好，机械性能良好，细度适中和短绒少等因素的作用。

2. 纱线与织物的结构对织物耐磨性的影响

如果纱线与织物的结构选择不当，即使耐磨性优良的纤维也不能纺织成耐磨性优良的纱线与织物，反之，选择适当的纱线与织物结构，就能够利用耐磨性较差的纤维制成耐磨性能较好的织物。纺织工作者进行纺纱与织物设计时，对此应认真考虑。

（1）纱线捻度的影响。纱线捻度对耐磨性的影响与对强度的影响相似。随着捻度的加大，耐磨性提高。但捻度到达临界值后，耐磨性逐渐下降。因为纱线加捻过多时，纱线变得刚硬，不易压扁，摩擦时接触面积小，结果使局部应力增加，纱线较早地损坏，所以不利于织物的耐磨性。加捻过多时，强加在纤维上的应力大，纤维在纱线中缺少适当的移动余地，这对耐磨性也不利。捻度与纱线直径有关，捻度小，直径粗，因而织物紧度大，也即磨损支持面积大，所以有利于耐磨性。但捻度过小时，纤维在纱线内束缚较差，纱线结构不良，纤维易分离。因此，捻度适中时耐磨性最好。应该指出，经常洗涤的内衣织物如果纱线捻度偏低，则不利于织物的耐洗牢度。

（2）纱线直径的影响。直径较粗的纱线含有较多的纤维，在磨损时要有较多根纤维断裂后纱线方才解体，所以有利于织物的平磨。特别是当纤维本身的强度与耐磨性较差时，效果更为突出。例如，将粘胶纤维再适当混入少量锦纶，纺成较粗的纱线，加工成较厚的毛型织物，还是能获得较好的耐磨性。股线与单纱相比，一般在平磨情况下，股线的耐磨性优于单纱。

（3）织物单位面积重量的影响。不论是精梳毛纺织物还是粗梳毛纺织物，不论是单面纬编织物还是双面纬编织物和经编织物，对同一类织物来说，织物单位面积的重量对耐平磨的影响是极为显著的，耐磨性几乎随织物的重量成线性增长。但各类织物的单位面积重量对耐磨性的影响是不同的，针织物的耐磨性一般要比同样单位面积重量的机织物较低。

表6-12表示一组公制支数为 $27/2 \times 27/2$ 的 2/2 斜纹精梳毛织物的耐磨性与织物单位面积重量的试验资料，试验时用某种标准毛织物作为磨料。

表6-12 织物单位面积重量对织物耐磨性的影响

织物单位面积重量 （g/m²）	耐磨性	
	经 1000 次磨损后重量损失 （mg）	试样上出现两根以上纱线 断裂时的摩擦次数
254	1.35	35000
230	1.93	20000
186	2.67	17000

（4）织物支持面的影响。织物磨损程度同织物和磨料的实际接触面积（织物的支持面）以及这些接触面上的局部应力大小有关。织物与磨料的实际接触面积又同纱线在织物内的弯曲波高和纱线直径、织物密度、织物组织以及纱线浮长等结构因素有关。从织物与外界物体接触的状态来看，织物结构有三种典型情况。第一种是纬纱呈现在织物表面，而经纱被覆在织物里面，如图6-20（a）所示。第二种是经纬纱同时露在织物同一平面内，如图6-20（b）所示。第三种是经纱浮在织物的表面，而纬纱被覆在织物里面，如图6-20（c）所示。在磨损时，第一种结构的织物，纬纱比经纱先受到磨损，第三种结构的织物，经纱比纬纱先受到磨损，第二种结构的织物，经、纬纱同时受到磨损。哪一系统的纱线凸出于织物表面组成支持面，决定于纱线在织物中的弯曲波高和纱线直径之和。设 d_T、d_w 分别为经纬纱线的直径，h_T、h_w 分别为经纬纱线弯曲波高，则从图6-20可以看出，当 $(h_T + d_T) > (h_w + d_w)$ 时，经纱将被覆于织物表面；当 $(h_T + d_T) < (h_w + d_w)$ 时，纬纱被覆于织物表面；当 $(h_T + d_T) = (h_w + d_w)$ 时，经、纬纱在织物同一平面上。实际穿着试验结果证明了上述的分析。由经纬纱成支持面的织物，经穿用后经纱均遭严重磨损，经纱浮点的波峰被削平，在破洞处经纱

被断裂，纬纱则很少损伤，甚至相当完整，因此破洞的形状一般呈横向裂口。

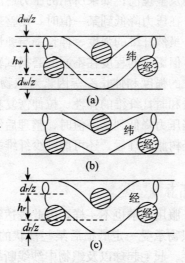

图 6 - 20 织物结构相的三种类型

（5）织物密度的影响。织物与所接触物体（磨料）的实际接触面积增加，则接触面上的局部应力减少。把织物内各纱段与磨料接触的部分称为支持点，若每一个支持点的面积变化不大而织物单位面积内的支持点多，则织物与磨料接触面上局部应力必将减弱，使磨损程度减小。如果是经面织物，则织物单位面积内的支持点数目决定于经纱密度。同理，纬面织物则决定于纬纱密度。若其他因素保持不变，而织物密度增加，则单位面积内纱线的交织数增加，纤维所受束缚点增加，纤维就不易从磨损过程中被抽出。因此，织物密度对耐磨性的影响是明显的。

（6）织物组织的影响。织物组织也是影响耐磨性的重要因素之一。一般地，在经纬密度较低的疏松织物中，平纹组织织物的交织点多，纤维附着牢固，有利于耐磨性。但是在较紧密的织物中，在同样的经纬密度条件下，则斜纹组织与缎纹组织织物的耐磨性比平纹组织的好。因为这时在斜纹与缎纹织物结构中，纤维附着已相当牢固，而平纹织物由于纱线浮长较短，常容易造成外衣织物结构常较紧密，并且纱支较粗。实际服用说明，在这种织物中，平纹组织织物的耐磨性最差，斜纹组织织物较好，缎纹组织织物最好。

3. 树脂整理对织物耐磨性的影响

由于粘胶、棉等纤维素纤维的弹性差，因此，由这类纤维制成的衣着用或床单等生活用织物，最好进行树脂整理，以改善织物的弹性等服用性能。但经树脂整理后，纤维的伸长率与强度降低，仪器试验的织物耐磨性明显下降。但是有些试验指出，在实验室磨损试验较为剧烈的条件下，如果选用较大的压力，则经树脂整理后织物的耐磨性不及整理前；如果所用的压力逐渐减小，则整理前后织物的耐磨性差异渐趋缩小；在压力降低到某一值时，则整理后织物的耐磨性反比整理前高。其原因可能是：虽然纤维的强度、伸长率与弹性等拉伸机械性能都影响着纤维和织物的耐磨性，但影响的程度在不同的磨损试验条件下并不一致。当试验条件较为剧烈时，纤维的强度和伸长率等因素对织物耐磨性的影响较为突出；相反，在试验条件较为缓和时，纤维的弹性、拉伸恢复功等因素对织物耐磨性的影响较为突出。因此，当压力降低到某一值时，整理后织物的耐磨性有可能反比整理前高。此外，织物经树脂整理后，还可能减少纤维端露出于织物表面，这也有利于织物的耐磨性。

(三) 耐磨性测试指标

织物使用范围甚广，服用要求也不一样，因此表达织物的耐磨性就有不同的指标。一般可分别根据织物承受一定磨损后某些性状的改变，例如强度、厚度、重量、表面光泽、透气性、起毛起球以及织物中纱线断裂和出现破洞等，来表达织物的耐磨性。其中有的指标可以定量测试，有的只能用文字表达。必须指出，在整个磨损过程中，织物有些性状的改变并不一定是单向的，更不是与摩擦次数成正比或直线关系。例如，有些织物在磨损初期，厚度会随摩擦次数的增加而变大；而当摩擦次数继续增加，织物厚度逐渐变小，有时磨料的磨粒和织物上磨下的纤维屑填充于试样内。所以在磨损初期试样的重量非但不降低，反而稍有增加；当磨损继续进行，试样重量才降低。表达织物耐磨性常用的指标，是以织物磨断、出现一定大小的破洞或磨断一定的纱线根数时的摩擦次数——磨损最终点，或以织物承受一定磨损次数后的剩余强度或强度下降百分率来表示。用磨损最终点来表达耐磨性时，由于磨损最终点的决定尚欠明确和织物结构的不匀，磨损试验结果的离散性很大，以致测试的试样数量较多。有时为了评定某一衣裤磨损的最薄弱环节，在进行了几种磨损类型的测定后可采用几种耐磨值的调和平均。例如，某一织物试样进行了平磨、曲磨与折边磨测定，则织物的综合耐磨值可由下式计算：

$$综合耐磨值 = \cfrac{3}{\cfrac{1}{耐平磨值} + \cfrac{1}{耐曲磨值} + \cfrac{1}{耐折磨值}}$$

如果耐平磨值＝100，耐曲磨值＝100，耐折磨值＝100，则综合耐磨值为100，但如果耐折磨值＝2，其他耐磨值不变，则综合耐磨值仅为5.7。这样，织物设计人员或染整工作者就必须寻找引起织物折磨值下降的原因。

在讨论织物耐磨性测试方法的最后应该指出，尽管对耐磨性测试方法进行了许多研究，但实验室所得的织物耐磨性指标并不能完全代表织物在实际使用时的磨损情况。如上所述，实验室的测定条件与实际穿着有不同之处，例如实验室的磨损速度就远较实际使用的磨损速度来得快。更主要的是，磨损作用仅是损坏的因素之一，所占比重的大小不能做一般归纳，而且各种作用对织物是同时产生影响的，并不能视为各种作用的分别影响之和。不过，实验室的快速测试方法仍有可能使我们预先估计织物的耐磨性和及时指导工艺，不断提高成品质量。因此对实验室的耐磨试验仍须给予充分的重视，有待进一步深入研究。

（四）耐磨性的测试方法

织物和针织物的耐磨性的测试方法主要有两大类，即实际穿着试验与实验室仪器试验。

1. 实际穿着试验

（1）做法。实际穿着试验是把织物试样做成衣，裤、袜子和手套等，组织合适的人员进行穿着，待一定时期后，观察与分析衣裤、袜子和手套等各部位的损坏情况，定出淘汰界限，算出淘汰率。所谓淘汰界限，就是根据实际使用要求定出衣裤等是否能继续使用的界限。例如，裤片的臀部或膝部，一般以出现一定大小的磨损破洞作为淘汰界限；裤边，一般以磨破一定长度作为淘汰界限。

（2）淘汰率。淘汰率是指超出淘汰界限的淘汰件数与试穿件数之比，以百分率来表示。例如，在穿着试验中，试穿件数为 200 件，测得破损特征超过淘汰界限的淘汰件数为 25 件，则淘汰率 $=\dfrac{25}{200}\times 100\%=12.5\%$。然后排出各织物试样淘汰率的秩位，根据秩位来决定织物耐磨性能的优劣。

（3）特点。这种穿着试验的优点是试验结果比较符合实际穿着效果。但穿着试验花费大量人力与物力，而且试验所需时间很长，组织工作也很复杂。

2. 实验室仪器试验

为了克服实际穿着试验的不足之处，所以在一定条件下对织物进行实验室的仪器试验。织物在实际使用中，所受的磨损情况是多种多样的。衣着用织物在穿用中，有些常与操作机台、田间作物、战士武器和场地等相摩擦，有些与桌椅摩擦频繁。在穿用过程中，磨损程度也有很大的差异。例如，外衣、手套、袜类等所受的摩擦作用较为剧烈，内衣、汗衫等所受摩擦较轻，而有的还在湿态下遭受摩擦。所以要得到正确的符合实际的耐磨试验结果，必须认真选择实验室试验条件，使与实际服用条件近似。由于这些原因，所以耐磨仪的种类特别多，而在选用时须加注意。

模拟实际穿用情况，磨损的类型主要有平磨、曲磨、折边摩、动态磨与翻动磨等。现将有关仪器试验方法分几点讨论如下。

（1）平磨。平磨是对织物试样做往复的或回转的平面摩擦，它模拟衣服袖部、臀部、袜底等处的磨损状态。

图 6-21 为圆盘式平磨仪的示意图。将一定尺寸的织物试样夹持在工作圆盘

上，圆盘上方用两个砂轮作为磨料。试验时，两个砂轮与工作圆盘相接触，并由工作圆盘带动两砂轮产生相对运动，使试样受到多向的摩擦。当试样上出现一定根数的纱线断裂或出现一定面积的破洞时，记下摩擦次数作为耐磨性指标；也有经一定摩擦次数后，根据试样的强度、厚度、透气量或表面特征的变化情况来评定织物的耐磨性的。

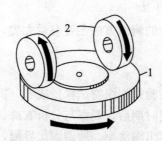

1—工作圆盘；2—砂轮

图 6-21　圆盘式平磨仪示意

　　(2) 曲磨。曲磨是使织物试样在弯曲状态下受到反复摩擦，它模拟衣裤的肘部与膝盖的磨损状态。

　　曲磨仪示意如图 6-22 所示。织物试样的两端被夹持在上下平板的夹头内，试样绕过作为磨料的刀片，刀片借重锤给予试样一定张力。随着下平板的往复运动，试样受到反复磨损和弯曲作用，直到试样破裂为止，计取摩擦次数，或测试摩擦一定次数后的拉伸强度下降率。

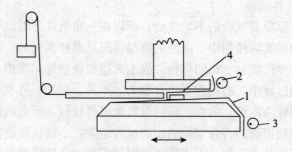

1—试样；2—上平板夹头；3—下平板夹头；4—刀片；5—垂锤

图 6-22　曲磨仪示意

　　(3) 折边磨。折边磨是将试样对折后，对试样的对折边缘进行磨损，如图6-23所示。它模拟上衣领口、袖口与裤脚折边处的磨损状态。

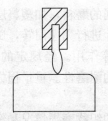

图 6 – 23　折边磨示意

（4）动态磨。动态磨示意如图 6 – 24 所示。织物试样夹于往复平板上的两夹头内，并穿过往复小车上的四只导辊。砂纸磨料在一定压力下与试样相接触。试验时，平板与小车做相对往复运动，试样在动态下受到反复摩擦、弯曲与拉伸等作用。

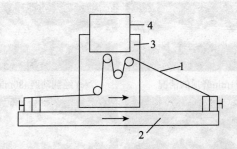

1—试样；2—往复平板；3—往复小车；4—砂纸磨料

图 6 – 24　动态磨示意

（5）翻动磨。翻动磨示意如图 6 – 25 所示。试验前，先将织物试样的四周用黏合剂黏合，防止边缘的纱线脱落，并称取试样重量。然后将试样投入仪器的试

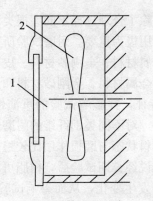

1—试验筒；2—叶片

图 6 – 25　翻动磨示意

验筒内。在试验筒内壁衬有不同的磨料，如塑料层、橡胶层或金刚砂层等。试验筒内安装有叶片。试验时，叶片进行高速回转，试样在叶片的翻动下连续受到摩擦、撞击、弯曲、压缩与拉伸等作用。经规定的时间后，取出试样，再称其重量，以重量损失率来表示织物的耐磨性。重量损失率越小，表示织物或针织物越耐磨，反之则耐磨性越差。

有些试验指出，经翻动磨的织物磨损情况和经实际使用、洗涤后纱线与织物的结构变化特征较为相似。图 6‑26 为从棉被单织物中取出的纱线情况。

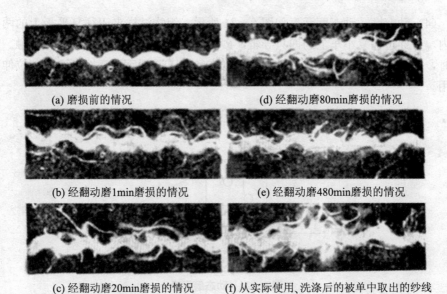

(a) 磨损前的情况　　　　　　　(d) 经翻动磨80min磨损的情况

(b) 经翻动磨1min磨损的情况　　(e) 经翻动磨480min磨损的情况

(c) 经翻动磨20min磨损的情况　　(f) 从实际使用、洗涤后的被单中取出的纱线

图 6‑26　经不同时间翻动磨经实际使用后的纱线结构变化情况

3. 磨料的选用

要正确进行耐磨试验，除了合理选择不同磨损类型的仪器外，必须合理选择试验条件，其中对磨料的选用极为重要。耐磨试验所采用的磨料种类很多，有不同化学成分和不同外形的金属材料、金刚砂材料、皮革、橡皮、毛刷和各种纺织物等。其中用得最广泛的是金属材料、金刚砂材料和选用的某种标准织物。不同的磨料将引起不同的磨损特征，并影响试验的重演性与试验时间。试验结果说明，采用金属材料作为磨料，对不同类别纤维的耐磨性反应敏感，有较为明显的耐磨顺序，在磨损过程中磨料状态与磨损作用比较稳定，所以试验结果的重演性较好。但对树脂整理织物来说经长期试验后，树脂可能黏附于磨料上，会引起表面状态的改变，使磨损作用发生变化，从而影响试验结果。采用刀片作为磨料，试样同时受到较为明显的反复疲劳作用，但无明显的切割作用，试样受到直接摩擦磨损，因此往往试验时间较长。采用金刚砂材料作为磨料，磨损作用剧烈，试

验所花时间较少，在磨损过程中对纤维产生较明显的切割作用。由于磨料上磨粒的逐渐剥落，所以试验的重演性较差。有些试验结果指出，对部队外衣服装进行试验，采用金刚砂作为磨料是适宜的。根据扫描电子显微镜分析，采用某种标准织物作为磨料，试样中纤维的破坏特征与实际穿着织物损坏后纤维的破坏特征比较接近。

4. 张力或压力的影响

耐磨试验时施加于试样上的张力或压力也是重要试验参数之一。不同张力或压力和耐磨次数的关系如图 6 - 27 所示。如果选用的张力或压力较小，则磨损特征较接近于实际情况，但试验所需时间较长；反之，张力或压力过大，虽试验时间较短，但试验状态不稳定，试验条件不切实际。

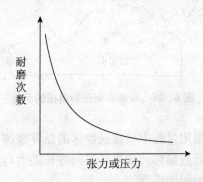

图 6 - 27　试验张力或压力与织物耐磨次数的关系

5. 试验环境的影响

试验时温湿度不同会影响试验结果，而且对各种纤维的影响程度不一。湿度对粘胶纤维的耐磨性有明显影响，对涤纶纤维和腈纶纤维几乎没有影响，对锦纶纤维有一定影响。有些织物如毛巾、袜子等，在使用时要受到热、湿等影响，所以有的耐磨仪器还可以在湿态下进行试验。

（五）织物摩擦损坏的形式

织物的磨损，通常是从突出在其表面的纱线屈曲波峰的外层开始，然后逐渐向内发展。当组成纱线的部分纤维受到磨损而断裂时，发生严重破坏以致丧失继续使用的价值。织物在磨损过程中出现的各种破坏形式，决定于组成织物的纤维特性、纱线与织物的结构、染整工艺以及使用条件等因素。织物是由纤维或长丝组成，所以织物的磨损可以归结为主要是织物中纤维或单丝受到机械损伤或纤维间联系的破坏。织物在磨损过程中出现的主要破坏形式可有如下四种。

1. 纤维疲劳

织物表面与所接触的各种物体表面，从微观角度来看总是凹凸不平的。当接触物体（磨料）与织物相接触并做相对运动，接触物体的凸起部分 P 从织物表面的波峰 A 移到 B 处时（见图 6-28），几乎是一种瞬时韵碰撞。凸起部分 P 在 B 处能否超越波峰 C，决定于波峰的陡度以及该处纤维本身的伸长能力与弹性变形能力的大小。当织物的组织规格与加工条件一定时，织物的耐磨性主要与组成织物的纤维性状有关；如果织物组织不是过分紧密，纤维具有一定的强度而伸长率与弹性变形能力较大时，织物表面波峰 C 在接触物体凸起部分 P 的撞击下能迅速改变其陡度，受撞击的纤维片段跟随接触物体移动微量距离，从而很好地释去凸起部分对它的作用，使表面纤维避去凸起部分对它的切割损伤。

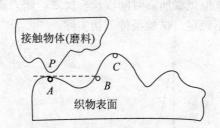

图 6-28　织物表面受到磨损的示意

由此看来，织物在服用过程中与接触物体的反复摩擦，主要是使纤维受到反复拉伸作用，纤维疲劳而致损坏。如果纤维的伸长能力与弹性变形能力差，纤维的耐疲劳性低，则织物的耐磨性低。

2. 纤维从织物中抽出

组织结构较松的织物，在磨损过程中出现另一种破坏形式，即纤维片段随着磨料移动微量距离而逐渐被抽出，最后与织物分离。这种情况以由短纤维纺成的纱所织成织物较长丝织物为多。

3. 纤维的切割

由于纱线的捻度作用和纱线交织在织物中，如果织物中纤维配置得较紧密，并且外界接触物体的微粒极为细小和锐利，纤维就会受到切割作用。当纤维表面一旦被割伤，其裂口在反复拉伸与弯曲作用下，就会产生应力集中，使裂口扩大，以致最后纤维断裂。

4. 表面摩擦磨损

假如结构较为紧密的织物与表面极为光滑的磨料接触并做相对运动时，织物中纤维将受到表面摩擦所引起的磨损。在这种条件下，如果在两物体间引入一层极薄的润滑剂，创造一种"边界润滑"状态，就会使两物体间产生"边界摩擦"。"边界摩擦"的特点是两物体间的外摩擦转化为润滑剂的内摩擦，使物体的摩擦系数较没有润滑条件下的干摩擦大大降低，因此降低了材料本身的磨损程度。

从边界润滑得到启示，如果利用一些有机合成树脂整理织物，使织物具有耐久性的边界润滑膜，就有可能提高织物的耐磨性。但必须指出，如果以金刚砂类材料作为磨料，由于磨料尖锐，极易破坏边界润滑条件。

综上所述，织物在磨损过程中的各种破坏形式，在很大程度上取决于磨损条件、织物结构与组成织物的纤维特性等因素。应该指出，织物在实际穿用过程中，纤维承受的作用力要复杂得多，而且织物中纱线由于交织而弯曲，纱线中纤维因加捻而扭转，有时织物本身就处于弯曲或对折状态下磨损，因此织物在实际磨损过程中的破坏形式也远较上述讨论为复杂。

五、织物的折皱回复率及抗皱度检验

织物在穿用和洗涤过程中，受到反复揉搓而发生塑性弯曲变形，形成折皱。织物折皱回复性是指卸去引起织物折皱的外力后，由于弹性使织物逐渐回复到起始状态的能力。因此，也常称织物的折皱回复性为抗皱性。对于外衣面料特别是西服面料，织物折皱回复性尤为重要。

折皱回复性的测定方法有两种——垂直法和水平法。

（一）垂直法

试样为凸形，如图6-29所示。试验时，试样沿折叠线处垂直对折，平放于试验台的夹板内，再压上玻璃压板。然后，在玻璃压板上加上一定压重，经一定时间后释去压重，取下压板，让试样经过一定的回复时间，由仪器上的量角器读取试样两个对折面之间张开的角度。此角度称为折皱回复角。通常将在较短时间（如15s）后的回复角称为急弹性折皱回复角，将经较长时间（如5min）后的回复角称为缓弹性折皱回复角。

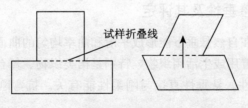

试样折叠线

图6-29　垂直法

（二）水平法

试样为条形，如图6-30（a）所示，试验时，试样水平对折夹于试样夹内，加上一定压重，定时后释压。然后将夹有试样的试样夹（见图6-30（b））所示，插入仪器刻度盘上的弹簧夹内，并让试样一端伸出试样夹外，成为悬挂的自由端。为了消除重力的影响，在试样回复过程中必须不断转动刻度盘，使试样悬挂的刻度端与仪器的中心垂直基线保持重合。经一定时间后，由刻度盘读出急弹性

纺织品检验学(第2版)

折皱回复角和缓弹性折皱回复角。

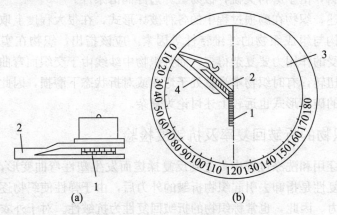

1—试样；2—试样夹；3—仪器刻度盘；4—弹簧夹

图6-30　水平法

织物的折皱回复性可以直接用折皱回复角的数值来表示，即折皱回复角越大，折皱回复性越好。另外，还可用折皱回复率来表示，它是织物的折皱回复角占180°的百分率，计算公式如下：

$$R = \frac{\alpha}{180} \times 100\%$$

式中：R——折皱回复率；

　　　　α——折皱回复角（°）。

六、织物的悬垂性及其评定

织物与针织物在自然悬垂下能形成平滑和曲率均匀的曲面的特性，称为良好的悬垂性。某些衣着用或生活用织物，特别是裙类织物、舞台帷幕、桌布等，都应具有良好的悬垂性。悬垂性直接与刚柔性能有关。抗弯刚度大的织物悬垂性较差。

织物悬垂性的测定方法很多。最常用的一种是将一定面积的圆形试样（见图6-31）放在一定直径的小圆盘上，织物因自重沿小圆盘周围下垂，呈均匀折叠的形状。然后从小圆盘上方用平行光线照在试样上，得到一水平投影图，利用织物的悬垂系数计算织物的悬垂性。织物越柔软，悬垂系数越小，表示织物的悬垂性越好；反之，织物越硬挺，悬垂系数越大，表示织物的悬垂性越差。

$$F = \frac{A_D - A_d}{A_F - A_d} \times 100\%$$

式中：A_D——试样的投影面积；

— 270 —

A_F——试样面积；

A_d——小圆盘面积。

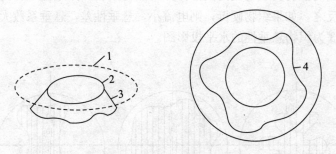

1—圆形试样；2—小圆盘；3—呈均匀折叠形状的织物；4—水平投影图

图 6 - 31 织物悬垂性测定示意

为了快速与正确地测定，现已有利用光电原理直接读数的悬垂性测定仪，如图 6 - 32 所示。

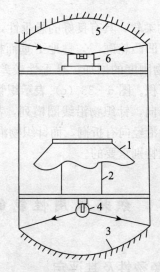

1—织物试样；2—支持柱；3—抛物面反光镜 A；4—点光源；

5—抛物面反光镜 B；6—光电管

图 6 - 32 织物悬垂性测定仪

织物试样放在支持柱上，试样自然下垂。在支持柱下方装有抛物面反光镜，并将点光源装于反光镜的焦点上，由反光镜射出一束平行光线，照射在试样上。试样下垂的程度不同，对光的遮挡作用也不同。在织物平方米重相同的条件下，柔软织物下垂程度大，挡光少，硬挺织物下垂程度小，挡光多。未被遮挡的光线又被位于上方的另一抛物面反光镜反射，而在此反光镜的焦点上装一光电管，把反射聚焦光线的强弱变成电流的大小。如果织物柔软，则电流大，悬垂性好，悬垂系数小；反之，如果织物硬挺，则电流小，悬垂性差，悬垂系数大。

图 6-33 为织物悬垂性的水平投影图。

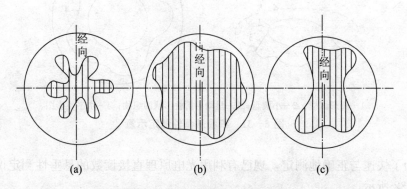

图 6-33　织物悬垂性的水平投影

图 6-33（a）表示织物柔软，具有良好的悬垂性，织物的投影面积远比织物本身面积小，织物呈极深的凹凸轮廓，匀称地下垂而构成半径很小的圆弧折裥。图 6-33（b）表示随着织物刚度的增加，悬垂性较差，织物构成大而突出的折裥，投影面积接近于织物面积。图 6-33（c）表示织物纬向比经向具有较好的悬垂性。一般衣着用织物沿纬向，针织物沿线圈横列，都需要具有良好的悬垂性，因为表现在衣服上织物一般沿经向有折裥，而针织物沿着线圈纵行有折裥，所以在横向内有良好的悬垂性是特别重要的。

第三节　织物服用性能的检验

一、织物抗皱性与免烫性及其评定

（一）织物的抗皱性

在搓揉织物时发生塑性弯曲变形而形成折皱的性能，称为揉皱性，又称折皱性。织物抵抗由于搓揉而引起的弯曲变形的能力，称为抗皱性。有时，抗皱性也理解为当释去引起织物折皱的外力后，由于织物的急、缓弹性而使织物逐渐回复到起始状态的能力。从这个含义上讲，抗皱性也可称为折皱回复性或折皱回能性。

由揉皱性较大的织物做成的衣服，在穿着过程中容易起皱，严重影响织物的外观，而且因为沿着弯曲与皱纹产生剧烈的磨损会加速衣服的损坏。毛织物的特点之一是具有良好的折皱回复性，所以折皱回复性是评定织物具有毛型感的一项重要指标。为了保证与提高织物的抗皱性，对涤/棉印染织物的折皱回能性，部颁标准规定作为工厂内部控制指标。

折皱回复性的测定方法目前国内外普遍使用的有以下两种，即凸形法与条形法。

1. 凸形法

按一定的取样要求，裁取如图 6 - 34 所示的规定尺寸的织物试样经、纬向各五块，或根据规定要求而定，但不少于三经、三纬。试验时，将试样沿折叠线对折，在承压面积位置线上加上压重（如 1kg 或 3kg），经一定时间（如 5min 或 20min）后，释去压重，再经一定时间（如 15s）后，在仪器的量角器上读取第一次回复角度。由于此角是在极短时间内回复的，所以称为急折皱回复角。再经一定时间（如 5min 或 30min）后，读取第二次回复角度。由于此角是经过一定时间内缓慢回复的，所以称为缓折皱回复角度。然后，计算经、纬向的平均折皱回复角度。一般以（经＋纬）急折皱回复角或（经＋纬）缓折皱回复角表示织物折皱回复性，也有以 $\frac{（经＋纬）}{2}$ 回复角表示的。折皱回复角大，表示织物折皱回复性好。

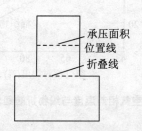

承压面积
位置线
折叠线

图 6 - 34　凸形法试样

涤/棉混纺印染织物的折皱回能性指标，在部颁标准中规定如表 6 - 13 所示。

表 6 - 13　　　　　　　　涤/棉印染织物的折皱回能性

织物类别	（经＋纬）缓折皱回复角，不低于	
	一般整理	树脂整理
细平布、府绸	210°	260°
卡其、华达呢	160°	210°

试验参数对试验结果有相当影响。随压重时间增加，折皱回复角逐渐下降。当释重后回复时间增加，折皱回复角逐渐提高。因此，试验所得数值为条件值。

　　当试验在 65% 相对湿度和 20℃ 温度的标准条件下进行，一般称为干折皱回复性试验。也有在其他条件下进行的，应在试验结果中加以注明。图 6-35 为几种织物在不同相对湿度下的折皱回复角。由图 6-35 得知，相对湿度从 43% 提高到 65% 时，织物折皱回复角的变化并不明显，但相对湿度从 65% 提高到 80% 时，折皱回复角下降很多，尤其是棉织物、醋酯织物与粘胶织物。如果试验前织物试样在规定的浸渍液内浸渍，就称为湿折皱回复性试验。有些试验指出，织物在穿着时形成折皱的过程中受人体的影响，温度逐渐升高，回潮率逐渐加大，而折皱回复则在较低的温度与相对湿度下进行，所以测试条件应该符合实际情况，才能得出和实际服用相一致的试验结果。根据这种要求，在测试仪器上附有能改变试样周围的小气候条件的装置。

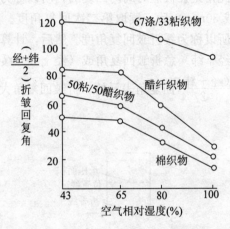

图 6-35　空气相对湿度与织物折皱回复角的关系

2. 条形法

　　试验时，将规定尺寸（如长为 4cm，宽为 1.5cm）的条形试样以一定的夹持要求夹于试样夹内，再对折加上负荷（如 500g），待一定时间（1min、5min 或 8min）后，释去负荷，然后将夹有试样的试样夹插入仪器的刻度圆盘上的弹簧夹内，如图 6-36 所示。待一定时间（15s、1min 或 5min）后，转动刻度圆盘，使悬挂试样与仪器上垂直基线重合，并记录回复角。为了消除重力影响，在回复期内悬挂试样必须经常和垂直基线保持重合。由六个试样或根据需要计算平均折皱回复角（有时称回能度），或以折皱回复率（有时称防皱度）表示：

$$折皱回复率 = \frac{折皱回复角}{180} \times 100\%$$

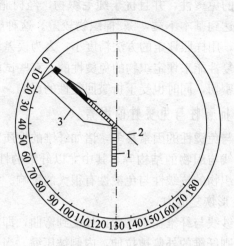

1—条形试样；2—试样夹；3—弹簧夹

图 6 - 36　条形法折皱回复性测定示意

（二）免烫性的试验方法

织物的免烫性有时又称洗可穿性能，一般是指织物经洗涤后，即使不熨烫或稍加熨烫也很平挺，形状稳定，具有良好的抗皱性。

织物免烫性的测定方法目前国内外采用较多的有拧绞法、落水变形法和洗衣机洗涤法。

1. 拧绞法

拧绞法是在一定张力下对经过浸渍过的织物试样加以拧绞，释放后由于不同织物具有不同的平挺特征或免烫能力，在织物表面就会显出不同的凹凸条纹。免烫性好的织物表现出凹凸条纹少而且波峰不高，布面平挺，反之，则条纹多而混乱，波峰也高，布面不平。评定方法是将试样与免烫样照对比，样照分为五级，"5 级"样照免烫性最好，"1 级"最差，取三块试样的平均值作为评级结果。

2. 落水变形法

落水变形法，为部颁标准中规定用于精梳毛织物及毛型化纤精梳织物的试验方法。裁取 $25cm \times 25cm^2$ 的试样两块，浸入一定温度的按要求配制的溶液内，经一定时间后用双手执其两角，在水中轻轻摆动，提出水面，再放入水中，反复几次。然后试样在滴水状态下悬挂，自然晾干，晾干到与原重相差 $\pm 2\%$ 时，在一定灯光条件下对比样照进行评级。

3. 洗衣机洗涤法

根据规定条件在洗衣机内洗涤后，也按样照评定。涤/腈、涤/粘中长纤维薄型织物凡立丁的试验结果说明，涤/腈中长纤维织物的平挺情况与毛/涤织物水平相当，具有比较良好的免烫性，并且优于纯毛织物，经树脂整理后的涤/粘中长纤维织物次之，可以达到基本不烫，涤/棉织物较差。这种顺序符合一般实际穿着情况。但应该指出，用样照评定的方法精度小，人为误差大。因此，在国内外有同时测试湿折皱回复性能来评定织物的免烫性的。有些试验指出，免烫性与湿折皱回复性关系较为密切，同时也受干折皱回复性的影响。

(三) 影响织物抗皱性与免烫性的因素

影响织物抗皱性与免烫性的因素甚多，诸如纤维的性质和几何形态尺寸、混纺织物的混纺比、纱线与织物的结构等，其中尤以纤维的性质更为重要。此外，坯布的染整工艺，对织物的抗皱性与免烫性有很大的影响。

1. 纤维的拉伸变形恢复能力

当织物折皱时，纱线与纤维在织物弯折处受到弯曲，即处于应变状态。如果织物是由单丝组成，则纤维的外侧被拉伸，内侧被压缩。当形成织物折皱的外力去除后，处于应变状态的纤维变形将恢复，恢复的程度取决于纤维的拉伸变形恢复能力。因此，纤维的拉伸变形恢复能力是决定织物折皱回复性的重要因素。纤维拉伸变形的回复能力用弹性恢复率表示，它随纤维拉伸变形值的增加而降低。因此，织物折皱时，如果纤维的拉伸变形较小，则纤维的拉伸变形回复能力较强。

当织物折皱时，如果组成织物的纤维具有较高的初始模量，则纤维产生小变形时需要较大的外力，或者在同样外力作用下纤维不易变形，因此织物的抗皱性一般也较好。

许多资料指出，织物的折皱回复性与纤维在小变形下的拉伸回复能力成线性关系。同时，还受纤维初始模量的影响。涤纶在小变形下的拉伸回复能力高，故织物的折皱回复性好。同时，涤纶的初始模量较大，所以织物的抗皱性也好。虽然锦纶的拉伸回复能力较涤纶大，但由于锦纶的初始模量很低，故锦纶织物的挺括程度不及涤纶织物好。纤维的弹性变形，有急弹性变形与缓弹性变形两个部分。大多数合成纤维在拉伸变形中，弹性变形所占的比重较大，即弹性恢复率大，但急弹性变形所占比例各有不同。锦纶的急弹性变形比例较小，缓弹性变形比例较大，涤纶则急弹性变形大，而缓弹性变形较小。因此，涤纶织物的折皱回复性特别是极短时间内的急速回跳较好，而锦纶织物的折皱回复性则是慢慢回复的。

虽然棉、麻与粘胶纤维等的初始模量高，但由于这些纤维的拉伸变形恢复能力较小，所以织物一旦形成折皱后就不易消失，即折皱回复性差。因此，目前广泛使用具有高拉伸变形回复能力和高初始模量的涤纶与棉、麻和粘胶纤维混纺，可以使织物的折皱回复性能显著改善。如表 6 - 14 所示，即使涤纶的含量较少（如 35%），织物折皱回复角也有较大提高，经洗涤后的织物平挺程度也有明显改善。

表 6-14　　　　　　　涤/棉混纺比与织物的折皱回复角

涤/棉混纺比（%）	0/100	35/65	50/50	65/35
缓折皱回复角（经＋纬）（度）	181	253	261	283

2. 纤维的表面摩擦性能与纤维之间相对移动的能力

织物由经、纬纱交织而得，纱线由纤维或长丝通过加捻组成，因此纤维之间或纱线之间的表面摩擦性能将影响它们之间的相对移动，相对移动时阻力的大小将影响纤维的受力与变形，所以织物的折皱性也和纤维的表面摩擦性能与纤维之间相对移动的能力有关。

3. 树脂整理

为了改善粘胶织物与棉织物或粘胶与棉的混纺织物的抗皱性，可以利用树脂整理。关于树脂整理的机理，目前主要认为是，至少有两个官能基团的合成树脂可以和两个纤维素的分子链中的羟基结合成交键，把纤维中相邻的分子链联结起来，于是就限制了分子间的相对滑移。这样，就提高了纤维的初始模量与拉伸变形回复能力。图 6-37 为树脂整理前后纤维的拉伸曲线。由图可知，整理后纤维的拉伸曲线斜率较高，即提高了纤维的初始模量，并且纤维的拉伸变形回复能力也增加。

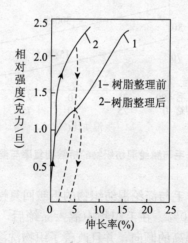

图 6-37　树脂整理前后纤维的拉伸曲线

经树脂整理后，织物的伸长率、撕裂强度和实验室耐磨性能会有所下降。

4. 混纺

富强纤维织物与普通粘胶纤维织物相比，由于富强纤维具有较高的初始模量与拉伸变形回复能力，所以，织物的折皱回复性好，身骨较好，飘荡现象不明显。

维纶织物、维/棉或维/粘混纺织物的缺点之一是织物的折皱回复性较差,并且随维纶的含量增加,织物的折皱回复性有下降的趋势。

提高化纤混纺产品质量的措施之一是选用不同纤维品种与不同混纺比。图6-38、图6-39与图6-40,表示几种纤维和不同混纺比对织物折皱回复性的影响。

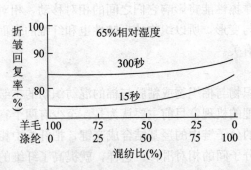

图6-38　羊毛与涤纶混纺织物的折皱回复率与混纺比的关系

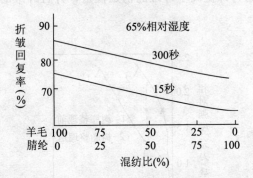

图6-39　羊毛与腈纶混纺织物的折皱回复率与混纺比的关系

由图6-38可知,羊毛与涤纶混纺织物的折皱回复性是十分优异的,300s后折皱回复率可达85%～90%。在毛织物中混入涤纶后,特别是在相对湿度高的情况下,折皱回复性有提高的倾向,并且改善了织物洗涤后的免烫性。在适当的涤纶用量下可以保持羊毛织物的固有手感。在涤纶织物中混入适量羊毛,能缓和织物的熔孔性与静电现象。

羊毛与腈纶混纺将随着腈纶混纺比的增加而降低折皱回复性,故在毛织物中混用腈纶的比例应该适当。腈纶与锦纶混纺有改善织物折皱回复性的趋势,由于腈纶的穿着牢度较差,因此腈纶与锦纶混纺有一定的价值。

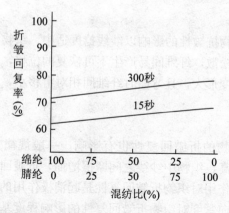

图 6-40 锦纶与腈纶混纺织物的折皱回复率与混纺比的关系

5. 纤维的几何形态尺寸

织物的抗皱性不仅与纤维的性能有关，纤维的几何形态尺寸也将影响织物的抗皱性，其中尤以纤维细度的影响较为突出。生产实践说明，涤/粘等棉型化纤混纺织物在混纺比保持不变的情况下，用 3 旦纤维比用 2～2.5 旦纤维织物的抗皱性为优。如果在 3 旦纤维中混用适当的 5 旦纤维，织物的抗皱性就更好。对 65 涤/35 粘精梳毛纺织物曾进行试验，保持粘胶纤维的细度为 3 旦，分别与 3 旦、4.5 旦和 6 旦的涤纶混纺，织物的折皱回复率如表 6-15 所示。

表 6-15 纤维的细度与织物的折皱回复率

涤纶纤维细度（旦）	织物折皱回复率（％）
3.0	77
4.5	80
6.0	84

在化纤品种相同的情况下，中长化纤织物的毛型感较棉型化纤织物为优，这是国内外发展中长化纤产品的原因之一。表 6-16 为一组国内大量生产的涤/粘混纺织物的折皱回复角。

表 6-16 几种涤/粘混纺织物的折皱回复角 单位：度

织物名称	急折皱回复角（经＋纬）	缓折皱回复角（经＋纬）
中长化纤平纹织物	200～250	270～300
棉型化纤平纹织物	170～200	250～270
棉型化纤卡其织物	120～160	180～230

6. 纱线的捻度

纱线的捻度对织物抗皱性的影响以纱线捻度适中，织物抗皱性为好。因为捻度过小，纱线中纤维松散，纤维间易产生不可恢复的位移，使抗皱性能变差；纱线捻度过大，纤维的变形大，且弯曲时纤维间相对滑移小，纱线抗弯性能差，使织物起皱。

7. 织物的紧度

织物的紧度对织物的折皱回复性也有影响。一般规律是：当经向紧度接近时，随纬向紧度的提高，织物中纱线之间摩擦增加，折皱回复角有减小趋向，这说明纤维之间的摩擦作用对织物折皱回复性是起消极作用的。有些试验指出，在平布类织物中，经纬向紧度对织物折皱回复性的影响程度基本上接近，即用调整经向或纬向密度来改善织物的折皱回复性具有相近的效果。

8. 织物组织

在织物组织中，平纹组织织物的抗皱性较差，斜纹组织织物的抗皱性好一些。一般是织物组织中联系点少的，抗皱性好，织物厚的，抗皱性好。因此对粘胶类织物进行设计时，配合适当纱支与组织结构，在一定程度上可以改善织物的抗皱性。

9. 坯布

如果坯布具有较好的折皱回复性，则最后成品的手感实物质量相应提高，这说明坯布的弹性是成品弹性的基础。但坯布经染整加工后，折皱回复性的提高幅度远比由经纬向紧度和织物组织所起的影响为大，这说明染整工艺对织物的折皱回复性的改善起着关键作用。

（四）抗皱性与织物洗可穿特性

外衣用织物，除了在穿着时的抗皱性或折皱回复性要好外，还要考虑织物的洗可穿特性。对纤维来说，影响织物洗可穿特性的主要有下面三项性质。

（1）纤维的初始模量，决定着织物的初始手感，并且在一定程度上决定着织物在穿着过程中抵抗变形的能力。

（2）湿态与干态下弹性恢复能力的比值，决定着织物经过洗涤后保持其原有外形的程度。

（3）纤维的疏水性，决定着织物在洗涤时由于纤维膨化而造成的织物变形程度。纤维的膨化与纤维的平衡回潮率有关。

纤维的这三项性能综合起来，对织物的洗可穿特性的影响如表 6 - 17 所示。

表 6-17　　　　　　　　　纤维的性能与织物的洗可穿特性

纤维的名称	纤维的初始模量	纤维在湿态与干态下的弹性恢复率	纤维的平衡回潮率	织物的洗可穿级别
涤　纶	高	高	低	高
腈　纶	中	高	低	高
锦　纶	低	中	中	中
羊　毛	低	高	高	中
醋酯纤维	中	中	中	中
棉	高	低	中	低
粘胶纤维	高	低	高	低

二、织物刚柔性

(一) 刚柔性的定义

刚柔性是指织物的硬挺和柔软程度。一种织物比较硬挺，是说这种织物抵抗其弯曲方向形状变化的能力较大，或者说抗弯曲刚度大。其相反的特性是柔软性差。织物的刚柔性是织物的一个重要性能，它与织物的美学性关系密切，与织物的舒适性也有一定关系。

(二) 刚柔性的测试方法

1. 斜面法

2cm 宽、约 15cm 长的织物试条，放在一端连有斜面的水平台上，如图 6-41所示。

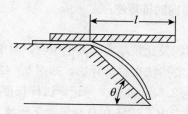

图 6-41　织物刚柔性测定仪

在试条上放一滑板，并使试条的下垂与滑板平齐。试验时，利用适当方法将滑板向右推出，由于滑板的下部平面上附有橡胶层，因此带动试条徐徐推出，直到由于织物本身重量的作用而下垂触及斜面为止。试条滑出长度 l 可由滑板移动的距离得到，从试条滑出长度 l 与斜面角度 θ 即可求出抗弯长度 c：

$$c = l \cdot f(\theta) = l \cdot \left[\frac{\cos \frac{1}{2}\theta}{8\mathrm{tg}\theta} \right]^{\frac{1}{3}} \text{（cm）}$$

抗弯长度有时称为硬挺度。可以理解，在一定的斜面角度 θ 时，滑出长度 l 越大，表示织物越硬挺，或者滑出长度 l 一定时，斜面角度 θ 越小，表示织物越硬挺。试验结果表明，以斜面法测得的结果与手感评定硬挺度所得的结果有良好的一致性。为了试验方便起见，一般固定斜面角度，如取 $\theta = 45°$，那么根据计算，抗弯长度 $c = 0.4871$。表示织物刚柔性的指标除抗弯长度外，还常用抗弯刚度 B 与抗弯弹性模量 q，它们分别可由抗弯长度求得：

$$B = G \cdot (0.4871)^3 \cdot 10^{-3} \text{（毫克力／厘米）}$$

$$q = \frac{12B}{t^3} \cdot 10^{-3} \text{（公斤力／厘米}^2\text{）}$$

式中：G——织物重量（g/m^2）；

t——织物厚度（mm）。

从材料力学可知，抗弯刚度越大，表示织物越刚硬。抗弯弹性模数越大，同样表示织物越刚硬。但抗弯刚度随织物的厚度而不同。织物厚度厚时，抗弯刚度大，其数值与织物厚度的三次方成比例。以织物厚度的三次方除抗弯刚度，所得的值就和织物的厚度无关，此即抗弯弹性模量，它是材料拉伸和压缩的综合的弹性模量。

根据需要，可以分别测得经、纬向的抗弯刚度与抗弯弹性模量。一般测定经、纬向各 3～5 块，计算其平均值。如要得到织物的抗弯刚度 B_0，一般可由经、纬向的抗弯刚度几何平均来计算：

$$B_0 = \sqrt{B_T \cdot B_W}$$

式中：B_T——织物经向的抗弯刚度；

B_W——织物纬向的抗弯刚度。

2. 心形法

斜面法适合测试毛织物及比较厚实的其他织物，对于轻薄织物和有卷边现象的织物可用心形法测试，心形法也称圆环法，如图 6-42 所示。心形法试样规格为 2cm×25cm，两端各在 2.5cm 处做一标记，试样长度有效部分为 20cm。在标记处将试样用水平夹持器夹牢，试样在自身质量下形成心形。经 1min 后，测出水平夹持器顶端至心形下部的距离 l，表示织物的柔软性，l 称为悬重高度（单位：mm），又称柔软度。l 越长，表示织物越柔软。目前已有 LFY—22B 型自动织物硬挺度试验仪测试织物刚柔性。

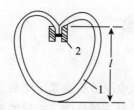

1—试样；2—水平夹持器

图 6 - 42　心形法测试织物刚柔性示意

（三）影响织物刚柔性因素

1. 纤维性质

纤维的初始模量是影响织物刚柔性的决定因素。初始模量大的纤维，其织物刚性大，织物硬挺。反之，织物比较柔软。如羊毛、粘胶纤维、锦纶等织物，因纤维初始模量低，所以织物比较柔软。而麻纤维、涤纶初始模量高，因此织物比较硬挺。纤维的截面形态也影响织物的刚柔性，一般是异形纤维织物刚性大，比较硬挺。

2. 纱线结构

纱线的抗弯刚度大时，织物的抗弯刚度也较大。因此纱线直径大、捻度大时，织物硬挺，柔软性差。

3. 织物结构

织物厚度对织物的刚柔性有明显影响。织物厚度增加，硬挺度明显增加；织物交织次数多，浮长线短时，织物的硬挺度增加。因此在其他条件相同时，平纹织物最硬挺，缎纹织物最柔软，斜纹介于两者之间。织物紧度不同时，紧度大的织物比较硬挺。机织物与针织物相比较，机织物的抗弯刚度大，比较硬挺。针织物中，线圈长、针距大时，织物比较柔软。

4. 后整理

织物通过后整理可以改变其刚柔性，即可以对织物进行硬挺整理和柔软整理。进行硬挺整理是用高分子浆液黏附于织物表面，织物干燥后变得硬挺光滑。柔软整理可采用机械揉搓方法对织物多次揉搓，使织物硬挺度下降。也可采用柔软剂整理，减少纤维间或纱线间的摩擦阻力，提高织物的柔软性。合成纤维织物在后整理加工时，在烧毛、染色、热定形中，若温度过高，会导致织物发硬、变脆。

不同用途的织物对刚柔性的要求不相同，内衣织物要求柔软才穿着舒适，而外衣织物要求硬挺与柔软皆适当，才能既满足美观的要求，同时又穿着舒适。

三、尺寸稳定性的检验

(一) 缩水性

缩水性是指织物在常温水中浸渍或洗涤干燥后发生尺寸变化的性能，是印染织物特别是服装织物的一项重要质量性能。织物的缩水降低了织物的尺寸稳定性和外观。因此，在裁制服装前应考虑织物的缩水性，特别是裁制由两种以上的织物缝合成的服装时，必须考虑织物的缩水性，才能缝制出合体美观不变形的服装。

1. 织物缩水的原理

织物浸湿或洗涤，纤维充分吸收水分，纤维吸湿后，水分子进入纤维内部，使纤维发生体积膨胀，但直径增加多，而长度增加很少。当纤维直径增加时，纱线变粗，纱线在织物中的屈曲程度增大，迫使织物收缩。其次，织物在纺织染整加工过程中，纤维纱线多次受拉伸作用，内部积累了较多的剩余变形和较大的应力。当水分子进入纤维内部后，使纤维大分子之间的作用力减小、内应力降低、热运动加剧，加速了纤维缓弹性变形的回复。因此使织物发生收缩，而且这种收缩是不可逆的。至于羊毛织物缩水，还由于羊毛织物在洗染过程中，反复承受拉伸、挤压作用后，会产生缩绒现象引起织物收缩。

2. 织物缩水性的测试方法和指标

织物缩水性的测试方法，目前常用的是机械缩水法和浸渍缩水法。两者都是将规定尺寸的试样在规定温度的水中处理一定时间，经脱水干燥后，测量经纬（或纵横）向长度。两者不同之处是前者是动态的，不仅使织物消除纺织加工中的变形，由于作用比较剧烈还可能产生新的变形。后者是静态的，只能消除纺织加工中产生的变形，不产生新的变形。浸渍缩水法适用于不宜剧烈洗涤的真丝织物和粘胶纤维织物。

织物的缩水性用缩水率表示。其计算公式是：

$$缩水率 = \frac{L_0 - L_1}{L_0} \times 100$$

3. 影响织物缩水的因素

影响织物缩水的因素很多，试验方法不同，测出的缩水率并不相同。除以上因素外主要有以下几个方面。

(1) 纤维的吸湿能力。纤维的吸湿性好，吸湿膨胀率大，织物的缩水率高。棉、麻、毛、丝，特别是粘胶纤维，吸湿性好。因此，这些纤维织物的缩水率大。合成纤维吸湿性差，有的几乎不吸湿，因此，合成纤维织物的缩水率很小。

(2) 羊毛纤维缩绒性高低。羊毛纤维的缩绒性高，羊毛织物在洗涤时因缩绒引起织物的缩水性大。因此，在洗涤毛织物时，尽量减少揉搓、挤压。最好采用干洗，避免产生变形。

（3）纱线捻度。纱线捻度大时，纱线结构紧密，对纤维吸湿膨胀引起的纱线直径变大有所限制。因此，一般纱线捻度大的织物缩水率小些。另外，一般织物经纱捻度大于纬纱捻度，因此经向缩水率大于纬向缩水率。

（4）织物结构。在织物结构方面，若织物紧度大时，缩水率小些。若经、纬向紧度不同时，经纬向缩水率也有差异。一般织物经向紧度大于纬向紧度，如府绸、卡其、华达呢等，紧度大的经向缩水率小于纬向缩水率。平纹织物经、纬向紧度接近，因此经纬向缩水率大小也基本相同。如果织物整体结构较稀松，如女线呢类织物，纱线易产生吸湿膨胀，织物的缩水率大。

（5）织物生产工艺。在生产过程中积累的剩余变形多，内应力大时，织物的缩水率也大。因此生产中张力大时，织物缩水率大。织物在后加工中，若经树脂整理、毛织物经防缩整理，织物的缩水性将明显降低。

（二）热收缩性

合成纤维及以合成纤维为主的混纺织物，在受到较高的温度作用时发生的尺寸收缩程度称为热收缩性。

织物发生热收缩的主要原因是由于合成纤维在纺丝成形过程中，为获得良好的力学性能，均受到一定的拉伸作用。并且纤维、纱线在整个纺织染整加工过程中也受到反复拉伸，当织物在较高温度下受到热作用时，纤维内应力松弛，产生收缩，导致织物收缩。对于维纶织物及以维纶为主的混纺织物来说，还由于维纶纤维大分子结构上的多羟基特点所致，缩甲醛度较低的维纶纤维制成的织物在热水中会发生较大的收缩。为了降低其热收缩性，维纶织物可通过印染厂的预缩工艺来改善其热收缩性。

织物的热收缩性可用热水、沸水、干热空气或饱和蒸汽中段收缩率来表示。与缩水率相仿，它们也为织物经各种热处理前、后长度的差值对处理前长度之比的百分率。

四、褶裥保持性检验

织物经熨烫形成的褶裥（含轧纹、折痕），在洗涤后经久保形的程度称为褶裥保持性。褶裥保持性与裤、裙及装饰用织物的折痕、褶裥、轧纹在服用中的持久性直接相关。

褶裥保持性实质上是大多数合成纤维织物热塑性的一种表现形式。由于大多数合成纤维是热塑性高聚物，因此，一般都可通过热定型处理，使这类纤维或以这类纤维为主的混纺织物获得使用上所需的各种褶裥、轧纹或折痕。

织物褶裥保持性的测试采用目光评定法。试验时，先将织物试样正面在外对折缝牢，覆上衬布在定温、定压、定时下熨烫，冷却后在定温、定浓度的洗涤液中按规定方法洗涤处理，干燥后在一定照明条件下与标准样照对比。通常分为5级，5级最好，1级最差。

织物的褶裥保持性除主要取决于纤维的热塑性外，还与纤维的弹性有一定关系。热塑性和弹性好的纤维，在热定形时织物能形成良好的褶裥等变形，使用时虽因外力而产生新的变形，一旦外力去除后，回复到原来褶裥或折痕、轧纹形状的能力也较好。因此涤纶、腈纶的褶裥持久性最好，锦纶织物的褶裥持久性也较好，维纶、丙纶的褶裥持久性较差。纱线的捻度和织物的厚度对织物的褶裥持久性也有一定影响，捻度和厚度大的织物熨烫后的褶裥持久性较好些。此外，织物的褶裥持久性还与热定型处理时的温度、压强及织物的含水率有关。实验表明，须在适当温度下才能获得好的褶裥持久性。达到一定压强才能提高折痕效果，而压强达到6～7kPa（大致相当于成年男子熨烫时的作用力除以熨斗底面积所得压强）以上，则折痕效果不再增加。熨烫时间与褶裥持久性的关系也较大，在适当温度下，厚织物熨烫10s时，大体上可获得较好折痕，30s时折痕达到平衡。织物含水率与褶裥持久性的关系很大，有一定的含水率时，折痕效果最显著，而含水率再增加，则引起熨斗表面温度下降，使折痕效果降低。提高熨斗温度，则最适宜的含水率向高的方向移动。水的存在使纤维大分子间距扩大，从而增大分子的热运动。非热熔性织物经过树脂整理后，褶裥持久性有所提高，采用树脂整理并经热轧处理，也能使这类织物获得较持久的褶裥、折痕或轧纹。

五、织物的起毛起球性和钩丝性及其评定

(一) 织物的起毛起球性

1. 织物起毛起球的机理

所谓织物起球是指在织物表面上由一根或数根纤维形成毛茸，而后相互纠缠呈球形状态。对长丝织物在表面上产生钩丝时，由一根或几根被钩出的单丝相互纠缠成球。这些毛球不但影响外观，而且成为手感等风格下降的原因。对于起球的现象，结构疏松的针织物最易产生。经研究观察，在服用过程中，织物表面的纤维受外部的摩擦作用，先被拉出形成圆环和毛茸。毛茸被拉出的条件必然是外力要大于纤维在纱内的摩擦力。因此，短纤维织物用强捻纱或摩擦系数较大的纤维对起毛的阻力较大，就不易起毛。毛茸达到一定长度之后，才能互相纠缠成球，因此，毛茸被拉出的长度对织物起球有很大的影响。此外，起球的因素还有纤维的抗弯性、强度和耐磨性能等。容易弯曲的纤维在摩擦过程中易纠缠成球，毛球的脱落在很大程度上取决于纤维的强度和耐磨强度。有些纤维在形成较长的绒毛之前已被磨断或拉断，只剩下很短的绒毛，就不易形成球。如果纤维的抗弯性和耐磨性强度较弱，织物表面的毛球在继续摩擦中很快就会脱落。如上所述，起球形成一般可分为三个阶段，即毛茸的发生、毛球的形成和毛球的脱落。既然

起球的前提是毛茸的产生，除选择合宜纤维原料和成纱加工条件，以使纤维难以从织物中抽出外，织物的树脂整理也可提高抗起球效果。但这种方法会引起手感发硬，所以使毛茸在未形成毛球前即行脱落是一种理想方法。如对纤维进行改性，以使纤维强力下降，受摩擦后即行脱落而不易成球。

2. 织物起毛起球的评定

对织物而言，以经受摩擦后起球密度，即单位面积的毛球数评价抗起球性最为合理。但由于毛球大小、形状均是不确定的，如予以同等计数，无法获得起球织物的总印象。因此，衡量织物起球程度的主要方法是将起球后的织物与标准样照进行对比，以确定试样的起球程度。国内评级采用五级制，级数越小，表示织物起球越严重，反之则抗起球性能越好。在试样评级时，根据需要在各级之间还有半级的一档。至于具体的评定，有目光评级和仪器评级两种方法。上述的评级方法只考虑了起球的形式，没有考虑在达到最大起球程度后的过程，是一个缺陷。

3. 织物起毛起球试验方法及仪器

对抗起球性的研究结果出现了多种试验方法。通常要求由试验所产生的毛球应接近实际服用条件。此外，由于实验室试验应在实际穿着试验之前先做出，故实验室试验必须迅速起球。这就使织物较之实际服用承受较强的应力。原则上是使试验的织物放在一个缓和的摩擦物上，以较小的压力和张力做多种方向的摩擦运动。

（1）试验方法。对各种起球试验方法归纳为两大类。

①试样固定。一类以耐磨试验相同的形式，使试样做积极运动。此类方法又区分为两个阶段：一是将试样用一个剧烈作用的摩擦物使试样预先起毛，二是接着改用柔和摩擦体进行摩擦。图 6-43（a）为此类试验仪原理图，加压可采用自重或加重。此法常用于长丝针织物、毛织物、化纤纯纺、混纺针织物和机织物。另一类是只用柔和的摩擦体进行试验。图 6-43（b）为此种试验仪的原理图，是将试样卷在如图所示的橡胶管上，在以软木作为内衬的旋转箱中做不规则的运动和摩擦。此法的作用与组织紧密的织物的实际穿着效果接近。

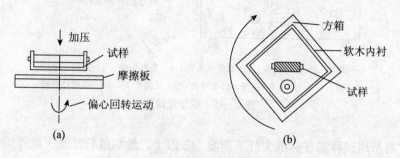

图 6-43 试样固定式起球试验仪原理

②试样置于箱内自由翻转运动的方法。图6-44为其原理图。是在以橡胶（软木）作为内衬的圆筒内，由旋转叶片将三个试样同时搅拌，赋予不规则的屈曲揉搓和摩擦作用。这种形式与实际有很高的关联性。

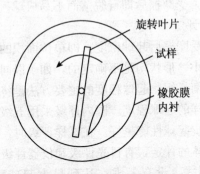

图6-44 试样翻滚式起球试验仪

图6-45为一种常用的织物起球仪。它将织物的起毛和起球分别进行，先用尼龙刷对织物试样摩擦一定次数，使织物表面产生毛茸，然后将试样与磨料织物进行摩擦起球。试样与磨料相对运动的轨迹为圆形，试样每分钟磨60次，仪器装有电磁计数器，达到预定摩擦次数时，即自动停止试验。该起球仪适用于化纤长丝织物和化纤短纤织物。在只用织物作为磨料时，可用于毛织物和其他易起球织物。

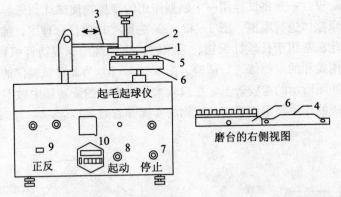

1—试样；2—试样夹头；3—试样夹头臂；4—磨料织物；5—磨料尼龙刷；
6—磨台；7—停止开关；8—启动开关；9—反向开关；10—电磁计数器

图6-45 织物起球仪

仪器所用试样需在标准大气下调湿24h以上，然后进行试验。试样应在距布边1/10幅宽内随机剪取3块（毛织物试样5块），试样直径为112.8mm。试样上不得有影响试验结果的疵点。

试样在磨料上的压力随不同类型织物而异，国内标准规定：化纤长丝织物和化纤短纤织物加压为 588cN；精梳毛织物为 784cN；粗梳毛织物为 490cN。各类织物的摩擦次数规定为：涤纶低弹长丝针织物，先在尼龙刷上，后在磨料织物上，各磨 150 转；涤纶低弹长丝和化纤短纤织物先在尼龙刷上，后在磨料织物上各磨 50 转；对精梳毛织物在磨料织物上磨 60 转；对粗梳毛织物则磨 50 转。然后将试样放在评级箱中与标准样照对比，评出织物起球等级。

马丁台尔型磨损仪的特点是：试样织物装在试样夹头上与装在磨台上的同一织物进行摩擦。试样绕轴心自由转动，试样夹头与磨台相对运动的轨迹为李沙茹图形，相对运动速度为 45～48r/min。对各种不同织物，在磨料上的压力均为196cN（200gf），等于磨头自重。此仪器适用于毛织物及其他易起球的织物，对机织物更为适宜。但不适用于厚度超过 3mm 的织物，因为这类织物装不进试样夹头。

（2）注意事项。做这种试验应考虑以下几点。

①试样面积尽可能大些，以排除织物表面特性的局部差异，并得出织物起球的全貌。

②试样应尽可能在无张力、或在可以控制的最微小的张力下进行试验，因为强烈的张紧会使纤维较强地并合，因而得出较低起球倾向的假象。

③摩擦物对试样的摩擦压力应尽量小，以达到类似实际服用的柔和的摩擦效果。

④摩擦物应耐磨，表面糙度均匀，以使摩擦效应在试验过程中保持恒定，并使试验能够重演。

⑤试样与摩擦物间的相对运动一般是做曲线运动，而不是做直线运动，这样可使试样的纤维毛茸易于纠缠。

⑥相对运动的速度要大些，以使起球试验迅速完成。

4. 影响织物起毛起球的因素

（1）纤维性质。纤维性质是织物起毛起球的主要原因。纤维的机械性质、几何性质以及卷曲程度都影响织物的起毛起球性。从日常生活中发现，棉、麻、粘胶纤维织物几乎不产生起球现象，毛织物有起毛起球现象。特别是锦纶、涤纶织物最易起毛起球，而且起球快、数量多、脱落慢。其次是丙纶、腈纶、维纶织物。由此看出，纤维强力高、伸长率大、耐磨性好，特别是耐疲劳的纤维易起毛起球。纤维长、粗的织物不易起毛起球，长纤维纺成的纱纤维少、且纤维间抱合力大，所以织物不易起毛起球。粗纤维较硬挺，起毛后不易纠缠成球。纤维截面形状对织物起毛起球也有一定的影响。一般来说，圆形截面的纤维比异形截面的纤维易起毛起球。因为圆形截面的纤维抱合力较小而且不硬挺，因此易起毛起球。为此，生产异形纤维可减少织物起球性。另外，卷曲多的纤维也易起球。细羊毛比粗羊毛易起球的原因之一是细羊毛卷曲较粗羊毛多。

（2）纱线结构。纱线捻度、条干均匀度影响织物起毛起球性。纱线捻度大时，纱中纤维被束缚得很紧密，纤维不易被抽出，所以不易起球。因此，涤棉混纺织物适当增加纱的捻度，不仅能提高织物滑爽硬挺的风格，还可降低起毛起球性。纱线条干不匀时，粗节处捻度小，纤维间抱合力小，纤维易被抽出，所以织物易起毛起球。精梳纱织物与普梳相比，前者不易起毛起球。花式纱线、膨体纱织物易起毛起球。

（3）织物结构。织物结构对织物的起毛起球性影响也很大。在织物组织中，平纹织物起毛起球性最低，缎纹最易起毛起球，针织物较机织物易起毛起球。针织物的起毛起球与线圈长度、针距大小有关。线圈短、针距细时织物不易起毛起球。表面平滑的织物不易起毛起球。

（4）后整理。如织物在后整理加工中，适当地经烧毛、剪毛、刷毛处理，可降低织物的起毛起球性。对织物进行热定型或树脂整理，也可降低织物的起毛起球性。

（二）织物勾丝性及其测试

织物特别是针织物，在使用与碰到坚硬物体时，织物中的纤维被勾出形成丝环或被勾断而凸出在织物表面，即为勾丝。织物被勾丝后会使织物外观恶化。因此抗勾丝性是织物特别是针织外衣织物的重要服用性能之一。

1. 影响织物勾丝程度的主要因素

首先，织物构成影响织物勾丝程度，主要有两点。

（1）原料性能。纤维及纱线表面摩擦系数越小，勾挂后易被拉出，纱线结构稀松也易被勾挂。化纤长丝由于其表面光滑且长丝一般不加捻或加弱捻，因而长丝织物也易于勾丝。

（2）织物结构。提花织物、长浮点织物、松软织物易被勾挂和牵拉，因而易于勾丝。经树脂整理的织物抗勾丝性较好，这是由于整理后织物结构变得紧密硬挺，纤维表面摩擦系数加大。针织物特别是纬编织物易于勾丝就是因为其线圈结构和松软性所致。

其次，外界条件影响织物勾丝程度，主要有三点。

（1）勾挂物的形态。勾挂物越尖，越易扎入织物，也就越易勾丝；勾挂物越粗糙，勾挂力越大，勾挂后不易脱开，勾丝越多、越长。

（2）勾挂状态。勾挂物插入织物的方向与其对织物的相对运动方向之夹角 θ 越大，勾挂力越大，勾丝越多、越长，如图 6-46 所示。

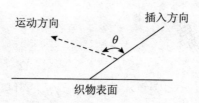

图 6-46 勾挂状态

（3）相对速度。勾挂后，勾挂物与织物相对运动速度越大，勾丝越重，越易形成长勾丝。

值得指出的是，有些已勾出的丝，再经一段时间的穿着洗涤后有的变小而有的消失。这是由于某段纱勾出后，留在织物中的部分被伸直拉紧，有的在其两侧或一侧形成紧纱段，经洗涤揉搓后就会有不同程度的回缩，而较小的勾丝就有可能完全回缩而消失。因此在实际穿着中经常洗涤对抗勾丝有益。

2. 勾丝的测定方法

目前勾丝的测定方法主要有以下几种。

（1）钉锤法。试样套在包有毛毡的转筒上，既不要绷紧，也不要松动起皱，把一个用链条悬挂的钉锤绕过导杆放在该试样表面，当转筒转动时钉锤在试样表面随机翻转、跳动，使试样勾丝。此法应用最普遍，仪器以 ICI 勾丝仪为代表。

钉锤法勾丝仪的主要结构如图 6-47 所示。装有钉子的钉锤悬挂在链条上。试验时，链条通过导杆使钉锤落在包有试样的回转转筒上，钉子与试样间便产生间歇继续接触的跳跃运动而起到钩丝作用。当钉子勾住试样上成圈的丝缕时，钉就被拖住，直至链条被绷紧，从而产生钩丝效果。当钉子与试样接触松弛时，钉锤便落下来。由于导杆的导向作用，使钉锤在转筒的一定角度的圆周上滚动。钉子与转动着的试样相接触获得的能量将钉锤抛离原来的接触点，转到另一个不同的位置而产生跳跃运动，这种运动是不规则的。链条的干扰作用使产生的勾丝力具有不同大小和方向。图 6-48 的分析说明了这种情况。使织物产生勾丝的因素有两个：一个是角钉对试样的压力 P，它是由锤体重力 G 分解而来的；另一个是角钉的插入角 α。P 越大、α 越小时勾丝程度越大。这两个因素都取决于钉锤到导杆的距离 S，S 较小时，由于 α 小，角钉易于勾挂纱线。另外，因 P 较大，角钉易于刺入织物，这两种情况勾丝程度都较大。实际上钉锤在不断翻转，在一定的 S 下，α 和 P 也在不断变化，只是其变化范围受 S 制约。实际上，钉子和试样的接触是间歇性的，故虽出现勾丝，但不致将丝拉断。这与织物服用时的钩丝情况有相似之处。钉锤式勾丝仪有四筒式和双筒式之分。英国、美国、日本以 ICI 勾丝仪（四筒）作为钉锤法标准仪器，国内常用为双筒式。

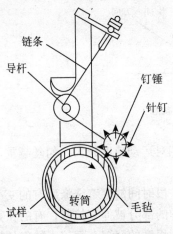

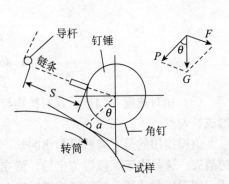

图6-47　钉锤勾丝仪主要结构　　　　图6-48　钉锤仪工作原理

（2）针筒法。条状试样一端固定在转筒上，而另一端处于自由状态。转筒旋转时使条样周期性擦过下方具有一定转动阻力的针筒，从而产生勾丝。

针筒法勾丝仪主要结构如图6-49所示。当装有试样夹的转筒转动，试样落于并滑过植有针钉的针筒，从而使试样勾丝。日本标准采用针筒勾丝仪。国内织物勾丝试验方法中也有采用此类仪器的。

织物抗钩丝性的评定是按钩丝长短分类并按所占比例确定的。

勾丝试验后试样须放置足够时间（4h以上）才可评级。评定钉锤法试样可直接套在评级板上，而针筒法的试样则先要将其缝成套再套在评级板上，套样时使缝线处于背面，只评定前面的级别。

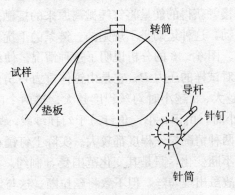

图6-49　针筒勾丝仪主要结构

（3）回转箱法。利用起球箱进行，只是在箱内装有擦伤棒、锯条、砂布、尖钉等勾丝器具。

（4）豆袋法。试样包覆在装有丸粒的袋外，放入有针棒的转筒翻滚，使之勾丝。

（5）针排法。试样在针排上移动勾丝。

3. 勾丝的评定

勾丝的评定应在规定的评级箱上进行。国内标准推荐采用图 6-50 所示的评级箱。评级箱光源采用 12V 55W 石英卤灯。评定时先不考虑勾丝大小，只看其密度，即先把所有勾丝都看作是小勾丝，对比标准样照评定级别，然后再分别比较勾丝的性状，估计中、长勾丝所占比例，据此对原定级别予以顺降（见表 6-17），但累计顺降最多 1 级，且最低降至 1 级。

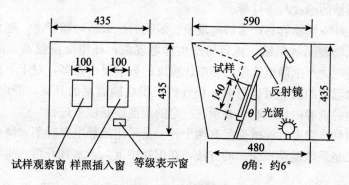

图 6-50 评级箱

表 6-17　　　　　　　　　勾丝评级

勾丝类别		占全部勾丝的比例	顺降级别（级）
名称	长度（mm）		
小勾丝	<2	首先全部按小勾丝评定级别	
中勾丝	2~10	1/2~3/4	1/4
		$\geqslant \dfrac{3}{4}$	1/2
长勾丝	>10	1/4~1/2	1/4
		1/2~3/4	1/2
		$\geqslant \dfrac{3}{4}$	1

同一向的试样之间勾丝级别如差异在 1 级以上时，则应补测 2 块，以两次所有试样的平均级别作为该项结果。

六、织物抗静电性能测试

(一) 织物的抗静电性

在织物的加工或使用过程中，某些纤维的织物容易产生静电现象，特别是合成纤维织物，静电现象尤为严重，给加工和使用带来一定的麻烦。织物抵抗静电产生的性能称为抗静电性能。静电现象主要是由于织物的摩擦作用所产生的。当两物体发生摩擦时，在两摩擦面上会带电荷，若电荷能很快消散，便无静电现象产生，如产生的电荷不能很快消散，积聚起来便产生了静电现象。

影响织物抗静电性能的因素很多，主要有纤维的种类、织物的结构、环境的温湿度、摩擦的形式与条件等。

疏水性纤维织物容易产生静电现象。织物的组织结构越紧密，越容易产生静电现象；织物表面越粗糙，越容易产生静电现象；环境湿度越高，静电现象减少；温度对织物产生静电现象的影响比湿度的影响要小得多，对于非极性或弱极性纤维织物温度的影响可以忽略，极性纤维织物随温度的升高，静电现象降低。在测定织物的抗静电性能时，必须在一定的温湿度条件下进行。

改善织物抗静电性能的途径有两个：一是采用抗静电整理剂，降低织物静电的产生；二是采取混纺或交织的方法，在织物中混入亲水性纤维，提高织物的抗静电性。

评价织物抗静电性能的指标主要有：静电电压、静电电压半衰期、带电电荷密度、表面比电阻等。

静电电压是指在接地的条件下，织物受外界作用后积聚的相对稳定的电荷所产生的对地电位；静电电压半衰期是指当外界作用撤除后，织物静电电压衰减到原始值一半所需要的时间，也可测定经过一定时间的衰减后残留的电压；带静电电荷密度是指织物经过摩擦起电后，经过静电中和或静电泄漏，在规定条件下测得的电荷量；表面比电阻是指将两电极放在织物的表面，两电极的长度和相互距离都为单位长度（cm）时，织物所具有的电阻。

(二) 织物抗静电性能的测试方法

1. 半衰期法

使试样在高压电场中带电至稳定后断开高压电源，使其电压通过接地金属台自然衰减，测定其电压的半衰期。本方法操作简便，数据重现性好，非破坏性测量，但衰减不符合指数规律，与测试电压密切相关。本法可以用于评价织物的静电衰减特性，但含导电纤维的试样在接地金属平台上的接触状态无法控制，导电纤维与平台接触良好时电荷快速泄漏，而接触不良时其衰减速率与普通纺织品类似，同一试样在不同放置条件下得出的测试结果差异极大，故不适合含导电纤维织物的评价。

2. 摩擦带电电压法

在一定张力下试样与标准布进行摩擦，使材料带电达到稳定后测量其最高电压与平均电压。本方法因试样的尺寸过小，对嵌织导电纤维的织物而言，导电纤维的分布会随取样位置的不同而产生很大的差异，故也不适合于含导电纤维纺织品的抗静电性能测试评价。

3. 电荷面密度法

将经过摩擦装置摩擦后的样品投入法拉第筒，测量样品的电荷面密度。本方法适合于评价各种织物，所测结果与试样的吸灰程度相关。由于试样与标准布间的摩擦起电是人工操作实现的，故测试结果易受人为因素的影响。

4. 极间等效电阻法

织物试样与接地导电胶板良好接触，按规定间距和压力将专门的电极夹持于试样，经短路放电后施加电压，据电流值求得极间等效电阻（Ω）。在定电压下测出流过样品的电流，从而求得极间等效电阻。

5. 脱衣时的衣物带电量法

按特定的方式将工作服与化纤内衣摩擦后脱下工作服，投入法拉第筒中，并求得带电量（微库伦/件）。本方法的测试对象限于服装，且内衣材质未做规定，摩擦手法难以一致，缺乏可比性。

6. 工作服摩擦带电量法

用内衬锦纶或丙纶标准布的滚筒烘干装置对工作服试样摩擦起电 15 min，投入法拉第筒测得工作服带电量（微库伦/件）。本方法适用于服装的摩擦带电量测试，其原理与电荷面密度法基本一致。

七、织物拒水性能测试

织物的拒水性能是指选用适当的整理剂作用于亲水性织物，通过改善织物的表面性能，使织物具有透气而拒水的性能。织物拒水性能的高低取决于纤维的性质和织物的结构，特别是与纤维的表面性能有关。织物的润湿就是水在织物的表面能迅速铺展开，而拒水是水在织物上仍保持水珠形状而不铺展开。织物拒水性能的好坏用润湿角 g 来表示。水滴在固体表面的受力情况如图 6‐51 所示。

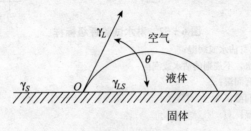

图 6‐51　水滴在固体表面的受力情况

表面张力（γ）是指液—气界面扩展单位面积所做的功，或扩展单位长度所需的拉力。从图 6-51 中可以看出，拒水的程度完全取决于固体表面张力、固液二相界面张力以及液体表面张力的相对大小，作用的结果表现为润湿角的大小，因此润湿角可以用来描述拒水性能的好坏。$g=0$ 时，完全润湿，$g=180$ 时，完全不润湿。润湿角越大，拒水性能越好。一般认为 $g>90$，拒水性能较好。为了提高亲水性纤维织物的拒水性能，可采用一些表面能低的化合物覆盖在纤维表面或与纤维发生化学作用，降低织物的表面张力，提高织物的拒水性能。测试织物拒水性能的方法有淋水性能测试法、耐水压测试法等。

（一）淋水性能测试法

取 18cm×18cm 的试样一块，紧绷在圆形的绷框上。然后将绷好的试样架置于淋水试验仪上，淋水试验装置如图 6-52 所示，并使织物的经向顺着布面水珠流下的方向将 250mL 冷水迅速倒入漏斗中，使水在 25～30s 时间内淋洒在织物表面。淋水完毕拿起试样框，手执试样框用玻璃棒轻击一下框边，然后将试样框旋转 180°，用玻璃棒轻击另一个框边。最后，以淋水试验评级标样（见图 6-52）对该试验织物进行拒水性能评定。

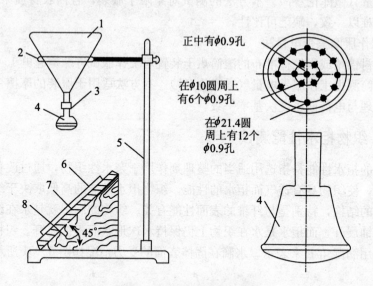

图 6-52　淋水试验评级标样

注：100 分：表面没有沾水或润湿；

90 分：表面有少量水，不规则的沾水或润湿；

80 分：表面受淋处有润湿；

70 分：表面有部分润湿；

50 分：表面全部润湿；

0 分：亮面完全湿润。

（二）耐水压测试法

耐水压试验可采用连通管型水压仪进行测试。测试结果表示织物抗渗水的性能，水柱越高（cm），表示该织物的抗渗水性越好。

测试时调整水压仪的贮水器、水柱高度和夹持器的平面在同一水平面上。把 $17cm \times 17cm$ 的试样平置于夹持器上，并将螺杆旋紧使其密封。开启电动机使水柱上升，使试样夹持器中充水（使用蒸馏水），水压随之增加，试样受水压也随之增加，直至水透过织物，在织物上有三滴水珠出现，立即关闭进水阀、出水阀以及电动机。记录此时水压值即水柱高度（cmH_2O）。要求平行做三次，求得平均值。

八、织物白度与光泽检验

（一）白度的仪器评定

白色是一群颜色的总称，一般来讲，白色是明度高、彩度低，主波长约为 $470 \sim 570nm$，亮度 $y > 70$，兴奋纯度小于 0.1 的一群颜色。就如同红色和紫色拥有"万紫千红"一样，白颜色也是非常丰富的。例如，从织物角度来讲，漂白布、加白布、本色坯布等都称为白布。

白色也是构成一组三维空间的色，这些白色位于色彩空间中相当狭窄的范围内，它们与其他颜色一样，可以用三维量（分光反射率、纯度和主波长）来表示。但在实际的生产和生活中，人们却习惯用白度这个概念来对各种白色进行排队，将不同白色物体按一维量白度排序来评价物体的白色程度。人们总是把理想的白色作为参比标准，规定其白度最高（白度值为 100），而距离此理想白的程度作为其他白色的白度。但理想白的选择却因人而异，而且在按白度排序时也被人的主观所左右。

白度的评价还依赖于观察者的喜好。如有的观察者喜好带绿光的白，有的喜好带蓝光的白，有的则喜好带红光的白。另外，白度的评价还依赖于观察条件的变化。例如，在不同亮度或在具有不同光谱功率分布的光源下观察，都可能有不同的结果。由此可见，对白度的评价比对颜色的评价更困难。特别是对于纺织品的白度测定就更复杂了。因此，无论是目测评定白度还是仪器评定白度，都必须建立公认的"标准观察者"，以限制影响白度测试结果的主观因素。

白度的评价方法在生产实践中有两种。一是比色法，即待测样品与已知白度的标准样进行比较，以确定样品的白度。标准白度样卡（白度卡）通常分十二档，以密胺塑料或聚丙烯塑料制成。前四档不加增白剂，后八档加增白剂。目前我国没有白度卡，有少数是从国外引进的，应用不甚普遍。另一方法是用仪器测量，然后再以相应的白度公式进行计算。由于白度评价的复杂性，所以人们通过各种途径建立了百余个计算公式，这些公式也像色差式那样，同时在各个国家不同企业中应用，目前还没有统一。

用仪器评定纺织品白度的方法是：先用分光光度计或滤色片或测色仪测定试样的光谱反射或三刺激值，然后计算白度值。由于此方法只提供相对评价而非白度的绝对评价，故仅适用于在等同仪器或已知其测量系数相当接近的仪器上测量试样并进行比较。

目视或仪器评定白度时，试样一般不宜太小，且应注意试样的透明度。通常试样应由多层组成，以防止影响试样背景的明度或试样的光谱反射率值。

（二）光泽度的概念与表示方法

1. 光泽度的概念

光泽是纺织品的重要外观性质。光泽是因反射光的空间分布而产生的物体表面的视觉特性。纺织品的光泽是由于包围其表面的全光源照射在层内漫反射产生的漫反射光和在表面的正射产生正反射光，两者在同一视野内导致的某种视觉现象。所以，光泽现象不仅包含物理内容，也或多或少地包含着心理内容。光泽作为纺织品外观及审美的特性，在实用上是非常重要的，不同品种、不同用途的织物对光泽的要求是不同的。运用织物光泽的某些规律还可以获得某些特殊外观效应。

织物光泽是织物外观的一个重要方面。织物光泽除了感官目测评定外，近年来正向仪器定量测试的方向发展。表示光泽的量，称为光泽度。光泽度的标志有镜面光泽度、双比光泽度和鲜明度光泽度。纺织品光泽度多选用对比光泽度为标志。对比光泽度是指试样正反射光强度对漫反射光强度的比值。光泽度的测定通常使用变角光泽仪，我国国家标准《织物光泽测试方法》（GB 8686—1988）推荐使用国产的 YG 814 型织物光泽仪。

2. 光泽度的表示方法

表示织物反射光光泽的常用指标主要有两种对比光泽度，即平面对比光泽度与旋转对比光泽度。

（1）平面对比光泽度。它是反射光的峰位光强与法向反射光强之比（通常情况下峰值反射光偏离入射光及织物法线平面不多，可以用此平面中的峰位反射光强计算）。

$$L_p = \frac{I_\alpha}{I_o}$$

式中：L_p——平面对比光泽度；

I_α——反射光的峰位光强；

I_o——法向 0°反射光强。

（2）旋转对比光泽度（Jeffris 光泽度）。当织物如图 6-53 所示绕 OZ 轴旋转时，测试反射光强变化，并做出相应曲线如图 6-54 所示，通常入射光方向在

$\alpha=-45°$，测光传感器方向在 $\alpha'=45°$ 进行测试。旋转对比光泽度计算式如下：

$$L_j = \frac{I_{\max}}{I_{\min}}$$

式中：L_j——旋转对比光泽度；

$\quad\quad I_{\max}$——最大反射光强度；

$\quad\quad I_{\min}$——最小反射光强度。

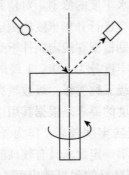

图 6－53 旋转对比光泽度反射光变化

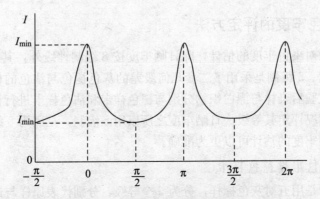

图 6－54 旋转对比光泽度曲线变化

第四节　织物的染色牢度检验

一、织物色牢度概述

织品的染色牢度是指染料与织品结合的坚牢程度以及染料发色团的化学稳定程度，即染料在纤维上对周围环境或介质的抵抗程度。织品的染色牢度是影响织品质量的重要因素，也是消费者所关心的主要问题之一。

各种织品在使用时，经常遇到日晒、摩擦、汗沤、洗灌、熨烫以及某些带有氧化、还原、酸性、碱性或其他盐类等能使染料引起化学变化的物质的作用，使不同染料及不同方法染出的各种织品的色泽产生不同程度的破坏。因此，染色牢度需用多项指标来反映，主要有日晒牢度、摩擦牢度（分干摩擦和湿摩擦）、汗渍牢度、皂洗牢度、熨烫牢度、刷洗牢度等。此外，对某些织品如毛织品等还应进行干洗牢度、水浸牢度和海水牢度的测定，对精元印染的棉织品应进行精元还原牢度的测定，对涤纶织品还应进行升华牢度的测定。

各种颜色牢度的好坏，分别根据在规定条件下受上述因素作用而引起颜色变化的程度分为5级，其中日晒牢度分为8级。1级最差，它标志着织品的颜色完全改变或完全被破坏，因此1级又称劣级。级数越高，表示染色牢度越好。

对各种织品的各项染色牢度的要求是根据其用途不同而决定的，例如，作为内衣用的织品要求耐汗渍、皂洗牢度较高；作为外衣的织品则要求耐日晒、摩擦、皂洗牢度较高；里子布就不一定要求具有较高的耐晒牢度，但其耐摩擦牢度一定要好；袜子、汗衫应具有良好的耐皂洗牢度；绒衣绒裤的耐皂洗牢度要求不高。

二、染色牢度的评定方法

我国目前对染色牢度的估计，除日晒牢度按8级制评级外，其他牢度均按5级制进行评定。5级制是采用了二套几何级差的灰色褪色与沾色的标准样卡。评定时，是将试验后染样与漂白织物分别与褪色样卡和沾色样卡进行比较，按其颜色或沾色的情况评定其等级。日晒牢度之所以用8级制，是因为8级制分得比较细致，对日晒牢度的估计可以更为准确。

（一）染色牢度褪色样卡

褪色样卡是用五对灰色标样，分为5个等级，分别代表原样与试后样相对的变化程度。

标准样卡中，5级代表褪色牢度最好，系用一对同样深浅的中性灰色标样组成，表示原样和试后样两者并无区别，色差等于零；4～1级代表褪色相对递增的程度，1级表示最严重，按5级制对褪色程度的估计如表6-18所示。

表6-18　　　　　　　　　　5级制对褪色程度的估计

级别	颜色改变情况	色差的感觉表示
5	颜色保持不变	很坚牢
4	颜色有些改变	坚牢

级别	颜色改变情况	色差的感觉表示
3	颜色有明显的改变	坚牢度平常
2	颜色改变得显著	坚牢度很低
1	颜色完全改变或完全被破坏	不坚牢

使用褪色样卡评级时，将试验染色牢度的原样和试后样平列置于样卡上，样卡的 5 级标样置于上，用附卡遮盖其他部位，使评级部分露于方孔中，然后分别与每对灰色标样比较，试样褪色程度相当于某对灰色标样，其褪色程度即评为该对灰色标样的等级；介乎两者之间的，则评为中间等级，加 2～3 级，4～5 级等。由褪色产生的颜色变化包括色相（色光）、深浅度（明亮度）及鲜艳度（纯度）三种因素，评级时应综合三者的全部差异，但不需分别评定等级。

评级时应采用晴天北面光线，采用其他光源时照度不得小于 600lx。光线投射到样卡上的角度约为 45°，视线与样卡的平面近乎垂直。

（二）染色牢度沾色样卡

沾色样卡是用五对白色及灰色标样组成，分为 5 个等级，分别代表标准的白色织物试验前后相对的沾色程度。

标准样卡中 5 级表示无沾色，系用一对相同的白色标样组成，色差等于零；4～1 级表示沾色相对递增程度，1 级表示最严重，沾色程度的估计如表 6 - 19 所示。

表 6 - 19　　　　　　沾色程度估计

级别	漂白织物的沾色情况	色差的感觉表示
5	漂白织物没有被玷污任何颜色	很坚牢
4	漂白织物有很微的沾色现象	坚牢
3	漂白织物上稍有沾色	坚牢度平常
2	漂白织物上沾有较深的颜色	坚牢度很低
1	漂白织物上沾色很浓	不坚牢

使用沾色样卡评级时，将试验染色牢度的标准白色织物和试后样平列置于样卡后面，将样卡的 5 级标样置于上端，用附卡遮盖其他部位，使评级部分露于圆孔中，然后分别与每对标样比较。试样沾色程度相当于某对沾色标样，其沾色程度即评为该对沾色标样的等级；介乎两者之间的，则评为中间等级，如 1～2 级，

4～5 级等。评级时所采用的光源条件与褪色评级要求相同。

（三）日晒牢度蓝色分级标准样卡

试验日晒牢度，采用与蓝色标准样卡比较的方法进行评级。蓝色标准样卡是利用暴晒对毛织物染样褪色影响较小的原理，由八种不同染料染成的毛织物组成的。它们之间的耐晒程度成几何级差，分为 8 个等级。以 8 级为最高（约相当于太阳曝晒 384h 以上开始褪色），1 级为最低（约相当于太阳曝晒 3h 开始褪色）。日晒牢度 8 级标样是用表 6 - 20 的染料染成的。

表 6 - 20　　　　　　　　　　日晒牢度 8 级标样染料

级别	染料名称	级别	染料名称
1	酸性艳蓝 FFR	5	酸性蓝 RX
2	酸性艳蓝 FFB	6	酸性淡蓝 4GL
3	酸性纯蓝 6B	7	可溶还原蓝 5
4	酸性蓝 EG	8	印地素蓝 AGG

评定织物的日晒牢度等级，是用已知等级的蓝色样卡与未知等级的染样同时进行曝晒，如有色织物在一定的时间内，其颜色的改变程度相当于某等级的蓝色标样的褪色程度，则染样的日晒牢度即评为这一等级。

三、织物色泽日晒牢度的检验

由于日晒而影响印染织物褪色的因素很多，但起决定因素的主要有三种。一是染料的化学结构和物理状态；二是染料与纤维的结合情况；三是外围的介质，如空间温湿度，以及和染料会发生影响的气体等。

现在规定的日晒牢度试验方法，是将供试验的染色物和标准色样同时在日光等光线下曝晒，曝晒后将试样的褪色程度与标准色样的褪色程度进行对比，得出对日晒牢度的评价。在通常的试验标准中，其照射光源是以日光为基础的。但是，由于日光照射的试验周期长，使用不便，故多改而采用人造光源。最初使用的人造光源是紫外线碳弧灯，以后又出现了日光碳弧灯、氙弧灯和一些近似日光波长分布但光谱又各不相同的光源。当然，因光源的光谱不同，无可争议的是褪色条件也不会相同。

（一）直接日光曝晒法

室外曝晒试验分直射日光法和昼夜法两种。SL 法（直射日光法）是在有日光照射时进行试验，DL 法（昼夜法）是将试样不动地每天在室外放置 24h。SL 法仅限于白天试验，且试样有玻璃覆盖，因此 SL 法曝晒的环境变化很小。至于

DL 法，由于白天和晚上的温湿度条件相差很大，即使同样采用蓝色分级标样，其试验结果也会有很大的差别。因此，两种试验方法必须严格区别。在欧美各国以采用 DL 法者居多。

用于直接日光曝晒的日晒牢度试验器，日用木料制成距离地面 70cm 高的木架，在上面放置日光曝晒玻璃柜。在玻璃柜上配有 3mm 厚的优质无色窗玻璃，在木柜的四周开有许多通风孔，柜内备有贴置试样的木板，试样与窗玻璃的距离不小于 50mm，柜面与地平线成 45°。

在被测样布上剪取 1.5cm×8cm 的布条作为试样，如被测织物是印花品，取样时应包括全花型所含全部色泽。再在蓝色标准样卡的八种标样上剪取与试样大小相同的标样各一条。

试验时，将试样与整套蓝色标样同时放在日光曝晒玻璃柜内。

曝晒时，用不透光的黑卡纸遮没试样及蓝色标样的两端和当中。遮没部分各约为全长的 1/5。然后将曝晒木柜放在曝晒木架上，向南斜置于日光下曝晒。在曝晒过程中不要使柜边阴影落在试样或蓝色标样上。并注意周围空气中不含有对染料发生影响的气体。经常揩除玻璃上的灰尘，检视试样与蓝色标样卡。当 4 级蓝色标准曝晒至其变色程度相当于《染色牢度褪色样卡》（GB 250—64）上 4 级所示程度时，为第一档，应遮没试样和蓝色标准原未遮没其中任 1/5 部分，继续进行曝晒。直晒至 4 级蓝色标准的变化程度相当于《染色牢度褪色样卡》上 2 级所示的程度时，为第二档，将试样与蓝色标准从曝晒柜中取出，置于黑暗处至少过 2h 后，以第二档为准，进行评级。

日晒牢度等级按《日晒牢度蓝色标准》（GB 730—65）规定评定。按上述方法进行试验时，蓝色分级标样是试验布样褪色程度的对比标准。即使是采用日晒牢度仪，在一定时期内进行褪色牢度试验时，蓝色分级标样也需同时曝晒，并以其褪色程度来校正所用时间的正确性。蓝色分级标样是世界通用的表示日晒牢度的分级标样，但要特别注意，在各国制造的分级标样，其日晒性能是不一致的。

试样的褪色程度相当于蓝色标样中某一级的褪色程度，即评定试样日晒褪色牢度等级为该标样级别。如试样褪色程度介于两级标样之间，则评定的牢度等级也介于两级之间，如 3～4 级，4～5 级等。如试样是多种染料印花或多种颜色织造的，在评级时以其中变化程度最大者为该试样的牢度等级。评级时，评级者的眼睛与试样距离为 30～40cm。

（二）日晒牢度试验仪曝晒法

采用直接日光曝晒的方法，试验时间很长，为了工作方便且能迅速取得试样结果，可采用人工光源的炭弧灯或氙气灯日晒牢度试验仪。但试验时须控制仪器内空气的含湿。

采用人工光源日晒牢度试验仪，既可以节省时间，同时又可以在固定的条件下进行比较科学的试验。但是在耐晒试验仪中，由于固定的条件以及所采用的光源的光谱能量分布等往往不能符合天然的条件，因此所测得的结果与在日光下曝晒的结果不甚符合。所以，我国有关标准中均规定印染织物的日晒牢度以日光曝晒后所得的结果为依据。采用耐晒试验仪所测得的结果，仅可供参考或工业内部作控制试验之用。

1. 碳弧灯光法

约 50 年前，在电流、电压规范化以后，碳弧灯光为大多数国家特别是美国和英国所采用。从光能特性看，以紫外线部分最好，并具有稳定性，因其容易操作（弧的寿命约 24h）、灰尘少等优点而被广泛采用。接着出现的是日光碳弧灯，它比紫外线和接近紫外线的可见光更近似于日光光谱。采用这种光源时，日晒牢度仪除按规定运转外，还必须对光度随时进行校正，使之保持标准状态。光度校正可采用美国国家标准局（NBS）出售的光度试验纸进行。JIS 中的日晒牢度，以日本工业技术院纤维高分子材料研究所的标准日晒牢度仪为基准。

2. 氙弧灯光法

氙弧灯光更接近日光光谱，它起源于欧洲，广泛用于美国，并被 ISO 用做日晒牢度试验的标准光源。但是，现有的氙弧试验机尚待进一步研究改进。问题之一是氙的放电能量过低，不能得到长时间持续稳定的光度，而且现有的光度校正方法也不适当。在美国，国家标准局（NBS）已制成"黄色标祥"等，并正努力使之标准化。当前，正期待着能得到新的研究成果。因此，在合乎标准的氙灯日晒牢度仪上，由于氙灯能量逐渐减弱，所以不希望把规定的运转时间作为评定试验结果的标准。

另外，我国生产的日晒牢度试验仪的光源有汞弧灯和氙氖灯两种。因为它们的光谱和天然日光有差异，所以测得的结果与天然光也有差异。目前常用是 Y581 型日晒牢度试验仪，可用作参考性试验。该仪器的试验方法可参照直接日晒试验方法进行。

四、织物皂洗牢度的检验

皂洗牢度是指印染织物的色泽耐皂液洗涤的坚牢程度，以褪色及沾色样卡评定。印染织物在服用过程中总是需要洗涤的，常用的洗涤剂即是肥皂溶液，因此，皂洗牢度的高低就成为评定印染织物的主要指标之一。目前测定皂洗牢度的方法有以下两种。

（一）烧杯试验法

在被测的样布上距边至少 5cm 处，剪取 5cm×10cm 试样一块，并在试样的正面附以面积相同的标准白织物，使其完全吻合，用白棉线沿四边缝好，针距为 2～3 针/厘米，组成一份试样。被测织物如是印花织物，取样应包括同色位的全部色泽，如一块 5cm×10cm 试样上，同一色位上各种色泽无法取全时，可分别取两块同样大小的试样，使各种色泽均能取全。

试验不同纤维织物的皂洗牢度，按照标准规定需采用不同的标准的织物。不同纤维织物所附标准白织物的种类规定如表 6-21 所示。

表 6-21　　　　　　　不同纤维织物所附标准白织物的种类规定

印染织的品种	应附标准白织物种类
棉印染织物	漂白棉细布（5cm×10cm）
粘纤印染织物	漂白粘纤布（5cm×10cm）
合成纤维印染织物	漂白棉细布（5cm×5cm），漂白合成纤维布（5cm×5cm）
混纺纤维印染织物	漂白棉细布（5cm×5cm），漂白混纺布（5cm×5cm）
丝印染织物	漂白棉细布（5cm×5cm），漂白丝织物（5cm×5cm）
毛织物	漂白棉细布（5cm×5cm），白羊毛织物（5cm×5cm）
棉针织物	漂白棉细布（5cm×10cm）

对各种标准白织物的要求如下：漂白棉细布经纬纱号 18×18，密度 313×307 根/10 厘米。加工时进行烧毛、退浆、煮炼、漂白，但不丝光、不轧光、不上浆、不加蓝，不上加白剂。质量要求为烧毛洁净，毛细管效应 8～10cm，白度在 80％以上；漂白粘纤布，经纬纱号 19.5×19.5，密度 268×268 根/10 厘米。加工时进行烧毛、退浆、漂白，但不轧光、不上浆、不上蓝、不上加白剂。质量要求为毛细管效应 8cm 以上，白度在 80％以上；漂白合成纤维纯纺或混纺布，规格和加工过程与试样相同，但不丝光、不上浆、不上蓝、不上加白剂。质量要求为白度在 80％以上。

试验时在 250mL 的烧杯中加入预先配制好的试验溶液 100mL，将烧杯置于水浴中，升至规定温度时放入准备好的试样，并用玻璃棒稍加搅拌，以便试样完全湿透，然后用表面玻璃盖上，防止蒸发和保持温度，处理时间共 30min。在 10min 和 20min 时，各需将试样剧烈搅拌一次，每次搅拌 10s（约搅拌 30 转）。试验完毕将试样取出，用 200mL40℃左右的软水冲洗两次，去除试液，然后将试样与白布分开，略加挤压，去除水分，在室温或 40℃以下的条件下使之干燥，最后贴于白纸卡上，进行评级。

试液的组成和试验温度根据印染织物所用纤维原料种类和印染品种均有不同的规定，如表 6-22 所示。

表 6－22 　　　　　　　　　　　试液的组成和试验温度的规定

印染织物品种	试验溶液	试验温度
粘纤印染织物，直接染料印染织物（不包括铜盐染料）	蒸馏水配置，每升含皂片（脂肪酸含量80％）4g 的溶液	40℃±2℃
合成纤维印染织物	蒸馏水配置，每升含皂片（脂肪酸含量80％）4g，纯碱2g 的溶液	60℃±2℃
棉印染织物	同上	40℃±2℃
涤印染织物	蒸馏水配置，每升含中性皂片（丝光皂含脂肪酸含量80％）5g	40℃±1℃
毛织物	蒸馏水配置，每升含中性皂片（丝光皂含脂肪酸含量80％）10g，纯碱5g	40℃±1℃
棉针织物	蒸馏水配置，每升含中性皂片（丝光皂含脂肪酸含量80％）5g，纯碱3g	直接染料 40℃±2℃ 坚牢染料 95℃±2℃

　　混纺印染织物的试验温度，以混纺织物中应用较低试验温度的纤维种类而定。例如，棉/维（50∶50）混纺织物应采用 60±2℃；粘/维（70∶30）混纺织物应采用 40±2℃。试验溶液也按同一原则选择使用。

　　印染织物皂洗牢度评级，是将试验后的试样与白色织物分开后，分别按《染色牢度褪色样卡》（GB 250—64）和《染色牢度沾色样卡》（GB 251—64）规定评定。评级时，评级人员的眼睛与试样距离为 30～40cm。样卡和试样放在同一平面上，样卡放在评级者的左方，试样放在右方；5 级放在上方，1 级放在下方，印花布的各种色泽（包括白地或白花）分别评级，并以其中最低等级评定，如实际评定等于 1 级标准时，仍评为 1 级。同时在评定结果的报告单上，应注明试验温度及使用溶液。

（二）仪器试验法

　　印染织物的皂洗牢度也可以在皂洗牢度试验机中进行实验，试样和试液的准备均与上述方法相同，试验时取试液 100mL 注入试验机的试瓶中，另加不锈钢球 10 粒，待试液温度升至规定温度时，将准备好的试样放入瓶内，密封好，并将它旋牢在试验机的旋转轴上。在水浴中以 42 转/分的速度旋转 30min，然后将试样取出，倒去试液，用 40℃温水洗两次。每次漂洗时，应将瓶密闭振摇 1min。最后将试样取出，略加挤压，将试样与白织物分开，在室温下干燥，其评级方法与上述用手工操作的烧杯法完全相同。

　　应用皂洗牢度试验机进行试验时，必须使试验条件尽量与上述手工操作的烧杯法相同，但由于各种类型的皂洗牢度试验机各有特点，以致试验结果与手工操作的烧杯法的试验条件并不能完全一致。因此，我国有关标准规定皂洗牢度试验机的试验结果仅作为参考使用，正式试验仍然按上述手工操作的烧杯方法进行。

在印染织物皂洗牢度试验中，被测的试样凡经过特殊整理工序，如电光、轧光上浆等而影响原有色泽者，应先将试样在 40℃温水中轻轻浸洗 15min 后晾干作为原样。

在印染织物皂洗牢度试验中尚应注意，使用的皂片中不得含有加白剂及着色物质；使用的纯碱应为化学纯，含 Na_2CO_3 98％以上，配制试液时要严格要求。

五、织物色泽摩擦牢度的检验

摩擦牢度是指印染织物经摩擦处理落色程度的一种估计。印染织物染色摩擦牢度的好坏是用漂白棉布与试样摩擦，根据白布沾色的多少和浓淡与染色牢度沾色样卡比较评定的。摩擦牢度分干摩擦和湿摩擦两种，湿摩擦较干摩擦落色多一些。

摩擦牢度的试验方法，开始是利用玻璃棒在其一端用白布撑成圆形，然后沿试样表面进行摩擦试验。现在是在试验机上按规定摩擦条件进行，摩擦牢度主要是以白布沾色程度来评定的。除此之外，还有以试样的褪色程度来评定牢度级别的特殊摩擦牢度试验机。

摩擦牢度试验机，国际上通用的是克罗克摩擦试验机，日本普遍采用学振型摩擦试验机，而 AATCC 等均采用旋转垂直的克罗克摩擦试验机。克罗克摩擦试验机为平面摩擦，学振型为曲面接触，新型的旋转垂直克罗克试验机则呈平面旋转摩擦运动。这类试验机有着不同的摩擦作用，再加上各种试验方法在摩擦时的压重和次数不同，因此各种试验机均能分别得到各自精密的试验结果。

试验时是采用 Y571A 型往复式摩擦牢度试验进行的，摩擦圆柱头的摩擦面直径为 1.5cm，受压力为 1kg，摩擦时动程为 10cm，摩擦平板上垫有粗梳女式呢坯块。

摩擦时使用的漂白棉细布，纱号 18×18，密度 313×307 根/10cm。加工生产时只进行烧毛、退浆、煮炼、漂白，但不丝光、不轧光、不上浆、不上蓝、不上加白剂。质量要求为要烧毛洁净，毛细管效应 8～10cm，白度在 80％以上。

试样准备是从被测样布上，距布边 5cm 处，剪取 8cm×25cm 的试样两块。花布应使色泽取全。对大花或散花的织物，在规定面积内色泽有取不全的，可按分布情况，适当剪取试样几块，分别进行试验。

进行试验时，是将试样平铺在摩擦牢度试验机摩擦平板所垫呢坯的上面，两端以夹持器固定。然后用漂白棉细布一块（约 5cm×5cm）包在摩擦机的摩擦圆柱上，使漂白棉细布的经、纬纱方向与试样的经、纬纱方向相效成 45°，试样受摩擦部分长 10cm。

试验时，摇动摩擦牢度试验机的旋转柄，按试样经向往复摩擦 10 次（即 10 转），每往复一次的时间约 1s。进行干状摩擦牢度试验时，用干试样及干漂白棉细布（含水量为 100％±5％）。湿状摩擦牢度试验完毕后，漂白细布应在室温或 40℃以下干燥，最后将沾色漂白细布贴在白纸卡上进行评级。

染色摩擦牢度试验一律应在试样正面进行，花布上各种色样均应受到摩擦试验。同一试样应在经向摩擦至少三处，以其沾色最严重者评定等级。

试验时，不得用手抚试试样和漂白布。试样的回潮率必须在 4％～15％，避免影响试验结果的准确程度。

试验后评定等级时，均按《染色牢度沾色样卡》（GB 251—64）规定评级。

六、织物色泽汗渍牢度的检验

汗渍牢度是指某些印染织物上的颜色遇到汗渍时会发生变化，使颜色脱落。因此，在评定内衣、袜子或其他与人体直接接触的印染织物的染色牢度时，就必须首先考虑织物颜色的汗渍牢度。从生活实践中我们了解到，人体所排泄的汗液是酸性的，但后来经过发酵又变为碱性，因而染料的不耐汗渍，可以认为是它们不耐酸碱的结果。尤其是汗液能使经过铜盐后处理的直接染料中的金属析出，其结果也会降低它们的日晒和皂洗牢度。

（一）汗渍牢度试验的目的

用人工配制相当于人体排出汗液的试液，用它来试验印染织物耐汗渍的牢度和沾色牢度。

（二）汗渍牢度试验所用的试剂

汗渍牢度试验所用的试剂是由氯化钠、24％氢氧化铵溶液、36％冰醋酸等与蒸馏水配成的。配制时分甲、乙两液，甲液每升溶液中含 5g 氯化钠和 6mL 氨液，乙液每升溶液中含冰醋酸 100L。

（三）实验方法

印染织物染色汗渍牢度的试验方法较多，常用的有以下两种。

第一种：在被测样布上距边 5cm 处剪取 5cm×5cm 试样一块，被测织物如是花布，取样应包括同色位的全部色泽，如一块试样上，各种色泽无法取全时，可分别取数块同样大小的试样，使各种色泽均能取齐。然后在每块试样的正面附上一块面积相同的标准白织物，使之完全吻合，组成一份试样。

试验时，取 40mL 甲置于玻璃皿中，预热至 37℃±2℃，然后将试样在试液中浸透，两面各夹以玻璃片放入玻璃皿中，使之完全浸没，保持 37℃±2℃，待 30min 后，同时取出玻璃片和试样，并用双手挤压玻璃片，挤去多余试液，移去玻璃片。再加乙液 2.8mL 酸化甲液,并按上述方法使试样在试液中浸透两面。再用玻璃片夹起,浸入蒸发皿中,保持 37℃±2℃,待 30min 后,同时取出玻璃片和试样。挤去试液,移去玻璃片,分开试样及白布,不经洗涤,在室温或 40℃以上干燥后,贴于白纸卡上,进行评级。

第二种:将按第一种方法剪取的试样在正面附上面积相同的标准白织物,用直径约 2cm 的玻璃管将试样卷成圆管状,用白线扎紧,然后由玻璃管上退下,即成为一份试样。以试样重量计算,浴比为 1:50。将试液盛于烧杯中,在水浴锅上加热至规定温度,投入试样,浸没处理 30min 后,取出试样用手挤压一次,再放入试液内,待浸透后又取出挤压,在 3min 内反复挤压 10 次。然后在原试液中加入冰醋酸(每 50mL 试液中加入 70g/L 醋酸液 5mL)。再将试样浸入,保持规定温度处理 30min,取出后再于 3min 内挤压 10 次,最后将试样与白织物分开,在室温或 40℃以下条件下干燥试样,干后贴在白纸卡上,进行评级。

汗渍牢度的褪色及沾色评级,分别按《染色牢度褪色样卡》(GB 250—64)和《染色牢度沾色样卡》(GB 251—64)规定评定。

评级时,评级者眼睛与试样距离为 30~40cm,样卡与试样放在同一平面上。样卡在评级者左方,试样在右方;5 级在上方,1 级在下方。对印花布的各种色泽(包括白地或白花)分别评定,并以其中最低等级评定。评级时,如实际等级低于 1 级标准时,仍评为 1 级。被测织物如经过特殊整理工序如电光、轧光、上浆等而影响色泽者,应先将试样在 40℃温水中浸洗 15min 后,晾干作为原样。

七、织物色泽耐唾液色牢度的检验

(一) 原理

将试样与规定的贴衬物贴合在一起,于人造唾液中处理后去除试液,放在实验装置内两块平板之间并施加规定压力,然后将试样和贴衬织物分别干燥,用灰色样卡评定试样的变色和贴衬织物的沾色。

(二) 试剂和材料

氯化钠(NaCl),氯化钾(KCl),硫酸钠(Na_2SO_4),乳酸[$CH_3CH(OH)COOH$],尿素(H_2NCONH_2),三级水,贴衬织物。每个组合试样需两块单纤维贴衬织物或一块多纤维贴衬织物,每块尺寸为 10cm×4cm。如使用单纤维贴衬,第一块用试样的同类纤维制成,第二块则由表 6-23 规定的纤维制成。如试样为混纺或交织品,则第一块用主要含量的纤维制成,第二块用次要含量的纤维制成,使用的贴衬织物的规格应符合《纺织品色牢度 试验 毛标准贴衬织物规格》(GB 7564—1987)、《纺织品 色牢度试验 标准贴衬织物 第 2 部分:棉和粘胶纤维》(GB7568.2—2008)、《纺织品 色牢度试验 聚酯标准贴衬织物规格》(GB 7568—1987)、《纺织品 色牢度试验 聚丙烯腈标准贴衬织物规格》

(GB 7567—2008) 和《纺织品色牢度试验　多纤维标准贴衬织物规格》(GB 11404—1989)的规定。

表 6-23　　　　　　　　　　　　　贴衬织物的选用

第一块贴衬织物	第二块贴衬织物	第一块贴衬织物	第二块贴衬织物
棉	羊毛	醋酯	粘纤
羊毛	棉	聚酰胺纤维	羊毛或粘纤
丝	棉	聚酯纤维	羊毛或棉
麻	羊毛	聚丙烯腈纤维	羊毛或棉
粘纤	羊毛		

评定变色用及沾色灰色样卡用根据《染色牢度褪色样卡》（GB 250—64）和《梁色牢度沾色样卡》（GB 251—64）进行选择。

(三) 织物色泽耐唾液色牢度的试验

1. 试验设备

不锈钢架一个，一组重约 5kg、底部面积为 11.5cm×6cm 的重锤，尺寸为 11.5cm×6cm，厚度为 0.15cm 的玻璃板，10cm×4cm 组合试样夹于板的中间。仪器结构应保证试样受压 12.5kPa，恒温箱（保温 37℃±2℃）。

2. 试样准备

织物：取 10cm×4cm 试样一块，夹在两块贴衬织物之间，或与一块多纤维贴衬织物相贴合并沿一短边缝合，形成一个组合试样。印花织物试验时，正面与两贴衬织物每块的一半相接触，剪下其余一半，交叉覆于背面，缝合两短边，或与一块多纤维贴衬织物相贴合，缝一短边。如不能包括全部颜色，需用多个组合试样。

纱线或散纤维：取质量约为贴衬织物总质量的一半夹于两块单纤维贴衬织物之间，或夹于一块 10cm×4cm 多纤维贴衬织物和一块同尺寸但染不上色的织物之间缝四边。

3. 试液配制

试液用三级水配制，现配现用，每升溶液中含有乳酸 3.0g，尿素 0.2g，氯化钠 4.5g，氯化钾 0.3g，硫酸钠 0.3g，氯化铵 0.4g。

4. 操作程序

在浴比 50:1 的人造唾液里放入一块组合试样，使其完全润湿，然后在室温下放置 30min，必要时可稍加按压和搅动以保证试液能良好而均匀地渗透。取出试样，倒去残液，用两根玻璃棒夹去组合试样上过多的试液，或把组合试样放在试样板上，用另一块试样板刮去过多的试液，将试样夹在两块试样板的中间，然后使试样受压 12.5kPa。

把带有组合试样的仪器放在恒温箱里，在 37℃±2℃ 的温度下放置 4h。拆去组合试样上除一条短边外的所有缝合线，展开组合试样，悬挂在温度不超过60℃的空气中干燥。用灰色样卡评定试样的变色和贴衬织物与试样接触一面的沾色。

对试样变色和每一种贴衬织物的沾色技术分别进行分析对比。

第五节　织物舒适性检测

一、织物透气性检验

舒适性是织物服用性能的一个重要指标，它涉及的领域很广，既有物理学、生理学方面的因素，也有社会学、心理学等方面的因素。织物透过空气的性能称为透气性。夏季服装应具有较好的透气性，而冬季服装则应具有较小的透气性，使衣服中能储存较多的静止空气，以提高保暖性。

影响织物舒适性的一个重要因素是织物的透气性。运动服、防风防寒服均对织物透气性有较高要求。有些工业纺织品如飞机降落伞、滤布等对织物透气性有特殊要求。织物透气性决定于织物中经纬纱线间以及纤维间空隙的数量与大小，亦即与经纬密度、经纬纱线特数、纱线捻度等因素有关。此外，还与纤维性质、纱线结构、织物厚度和体积重量等因素有关。

（一）影响透气性的因素

织物的透气主要与织物内纱线间、纤维间的空隙大小和多少及织物厚度有关，即与织物的经纬密度、纱线线密度、纱线捻度等有关。

纤维几何形态关系到纤维集合成纱时纱内空隙的大小和多少。大多数异形截面纤维制成的织物透气性比圆形截面纤维的织物好。压缩弹性好的纤维制成的织物透气性也较好。吸湿性强的纤维，吸湿后纤维直径明显膨胀，织物紧度增加，透气性下降。

纱线捻系数增大时，在一定范围内使纱线密度增大，纱线直径变小，织物紧度降低，因此织物透气性有提高的趋势。在经、纬（纵、横）密度相同的织物中，纱线线密度减小，织物透气性增加。

织物几何结构中，增加织物厚度，透气性下降。织物组织中，平纹织物交织点最多，浮长最短，纤维束缚得较紧密，故透气性最小；斜纹织物透气性较大；缎纹织物更大。纱线线密度相同的织物中，随着经、纬密度的增加，织物透气性下降。织物经缩绒（毛织物）、起毛、树脂整理、涂胶等后整理后，透气性有所下降。

宇航服结构中的气密限制层，通常采用气密性好的涂氯丁锦纶胶布材料制成。

（二）织物透气性测试

所谓织物透气性是指织物两面存在压差的情况下，织物透过空气的性能。习惯上用透气量表示，即织物两面在规定的压差下，单位时间内流过织物单位面积的空气体积，单位为 L/（m² · s）。因为压差是空气赖以流动的必要条件，只有在被测织物两面保持一定的压差，才能在织物中产生空气流动。实验研究表明，织物透气量并不与织物两面压差成线性关系。一般可用下列幂函数形式表示：

$$Q = c + a(\Delta P)^b$$

式中：Q——织物透气量 [L/（m² · s）]；

ΔP——织物两面压差（Pa）。

系数 a、b、c 与原料的类别、织物的组织结构、工艺参数及后整理等因素有关。回归分析表明幂指数的幅度变化较大，其值在 0.5～0.7。

鉴于透气量并非与织物两面压差成线性关系，因此透气量试验应测定透气量—压差曲线，才能推求出织物的透气性能。但这样试验的工作量大，实用上规定固定压差作为透气量试验的基准。各国试验标准规定的压差并不一致，例如美国 ANSI/ASTM、D773、FS191/5450 及日本的 JISIA096 规定为 127.4Pa（约 13mm 水柱）；法国 NFG07—111 规定为 196Pa（约 20mm 水柱）；德国 DIN53887 规定服装织物为 100Pa（10mm 水柱）、降落伞织物为 160Pa（16mm 水柱）、过滤织物及工业用织物为 200Pa（20mm 水柱）；英国 BS5636 规定为 98Pa（约 10mm 水柱）等；我国规定为 127Pa（约 13mm 水柱）。

对不同织物的透气性要求有很大不同，即使同一织物，由于使用要求不同，织物两面压差情况往往是不同的。对于特殊要求的透气性试验，还应测定透气量与压差曲线。

（三）织物透气仪

定压式低压织物透气试验仪的原理如图 6 - 55 所示。抽气风扇，将空气抽入并通过织物，再通过空气室 A、气孔和空气室 B，由排风口排出。空气室与大气间的压力差由定压压力计表示。空气室 A 与空气室 B 之间的压力差由压力计表示。定压压力计内装有比重为 0.834mg/mm³ 的变压器油，而压力计内则装有蒸馏水。

测量时将织物固定在空气入口架的夹环上，用弹簧夹持杆固定。

打开空气室的盖板，在隔板的螺孔内装入适当直径的气孔接通电源，打开变阻器开关，调节变阻器把手，增大风扇的排风量，空气由排风口排出。当定压压力计的液面下降至一定压力时，记下压力计的水柱在刻度尺上的高度。根据图表依气孔直径的大小，可查得被测织物的透气量 [L/（m² · s）]。

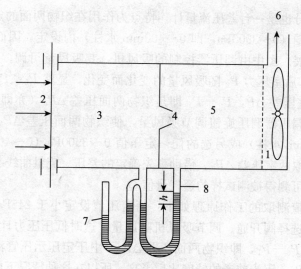

1—抽气风扇；2—织物；3—空气室 A；4—气孔；
5—空气室 B；6—排风口；7—定压压力计；8—压力计

图 6-55 定压式织物透气试验仪原理

图 6-56 所示为织物中压透气性试验仪结构原理图。

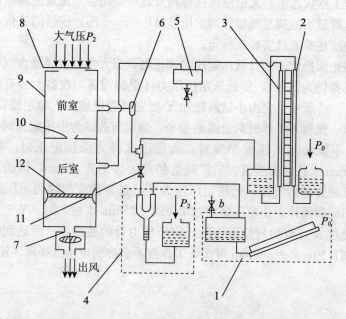

1—低压定压压力计；2—中压定压示压管；3—流量差示压管；4—低压保护装置；5—溢流瓶；6—气阻器；
7—吸风机；8—被测试样；9—差动流量计；10—喷嘴；11—定压选择阀；12—滤气阻件

图 6-56 中压透气性试验仪结构原理

其主要部分也是一台差压流量计。特点为作用在织物两面的定压压差 ΔP 可在一较大的范围（$0 \sim 3900\text{Pa}$，即 $0 \sim 400\text{mm}$ 水柱）内设定，因而使可测产品范围有较大的扩展。图中由调压器控制的吸风机，其吸风量可调。当仪器工作时，前室压力 P_1 和后室压力 P_2 随吸风量的变化而变化，显然 $P_2 < P_1 < P_0$。我们称 $P_1 - P_2$ 为两室压差 ΔP，$P_0 - P_1$ 即是织物两面压差 ΔP_0（亦即定压值）。测试时，缓缓转动调压器调压旋钮调节吸风量，使织物两面压差 ΔP_0 达到规定标准值 127Pa（13mm 水柱）或另选的任一定压值 $0 \sim 3900\text{Pa}$（$0 \sim 400\text{mm}$ 水柱）间任一定值，测取两室压差 ΔP_0。借助事先确定的差压—流量曲线（或差压—透气量查数表）即可测得被测试样的透气量值 Q。

仪器定压值测取的工作原理如下：当定压值设定小于 245Pa（25mm 水柱）时，应使定压选择阀开通。调节吸风机吸风量，这时低压压力计斜管液面下降，其读数显示是 $P_0 - P_1$，即织物两面压差 ΔP_0，中压定压示压管液面上升，其读数显示也是 ΔP_0。因为前者的精度比后者高，所以在这种情况下应从低压定压压力计测取定压值，这就称低压定压。

当定压值设定大于 245Pa（25mm 水柱）小于 3900Pa（400mm 水柱）时，要将定压选择阀闭合，这时通往低压定压压力计的 P_1 气路被封死，其斜管液面静止，而中压定压示压管仍可显示 ΔP_0，这就是中压定压。

在仪器工作状态下，无论定压选择阀开通还是闭合，流量差压示压管液柱应上升，其读数显示的就是流量计两室压差 $\Delta P = P_1 - P_2$。仪器的流量与两室压差的关系如前所述要通过实验来标定。

为了防止因操作不当（低压定压时调压器调压太快）或误操作（中压定压测试时定压选择仍为低压），使低压定压压力计受到损坏，仪器上装有低压保护装置，如图 6-57 所示。它由小储液瓶和 Y 型三通管组成。下端用胶管联接相通，内注蒸馏水。仪器不工作时两边液面相平。当定压选择为中压定压时，流量计前室压力 P_1 不能传至低压保护装置；当定压选择为低压定压时，若定压值为 127Pa（13mm 水柱）标准值，Y 三通管的液面将上升 13mm，因而不会封死通往低压定压压力计的气路。低压定压压力计可正常测定织物两面压差 ΔP_0。如因操作不当或误操作而使定压值超过 245Pa（25mm 水柱）时，Y 三通管的液面会上升，超过 A 点自动封住通往低压定压压力计的通路，从而达到保护低压定压压力计的目的。$h_2 = 360\text{mm}$ 可保证工作液不会冲到定压选择阀而使它堵塞。

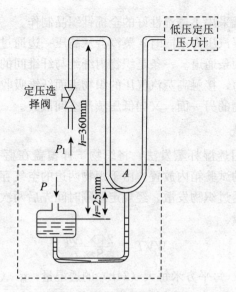

图 6-57 低压保护原理示意

仪器上的气阻器是与低压保护装置安装于同一块安装板上的。它实际上是一只针阀，阀针与阀体针孔间的间隙可调，此间隙很小。因而压力波动较大的气流流过气阻器后会变得平稳得多。各测压管的液柱将较少跳动，有利于读数。

仪器主要技术参数如下：

(1) 定压压力计量程：低压 0～245Pa（0～25mm 水柱）

中压 0～3900Pa（0～400mm 水柱）

(2) 喷嘴数：九只（口径分别为 2mm，3mm，4mm，6mm，8mm，10mm，12mm，16mm，20mm）

(3) 可测透气量范围：20.7～11932L（$m^2 \cdot s$）

(4) 试样直径定值圈：2 个（定值孔径分别为 $\phi70$ 和 $\phi50$）

(5) 吸风机性能：功率 800W

风量 120m³/h

风压 1740Pa（1800mm 水柱）

(6) 被测织物厚度：≤8mm

二、织物透气性检验

织物的透气性也称透湿性，是指织物透过水汽的性能。服装用织物的透湿性是一项重要的舒适、卫生性能，它直接关系到织物排放汗汽的能力。尤其是内衣，必须具备很好的透湿性。当人体皮肤表面散热蒸发的水汽不易透过织物陆续排出时，就会在皮肤与织物之间形成高温区域，使人感到闷热不适，如宇航服结构中的内衣舒适层就采用了透湿性好的全棉针织品制作。

当织物两边的蒸汽压力不同时，蒸汽会从高压一边通过织物流向另一边，蒸汽分子通过织物有两条通道。一条是织物内纤维与纤维间的空隙。另一条通道是凭借纤维的吸湿能力，接触高蒸汽气压的织物表面纤维吸收了气态水，并向织物内部传递，直到织物的另一面，又向低压蒸汽空间散失。

（一）测试方法

织物透湿性多用透湿杯蒸发法，将织物试样覆盖在盛有一定量蒸馏水的杯上，在规定温湿度的试验箱内放置。由于织物两边的空气存在相对湿度差，使杯内蒸发产生的水汽透过织物发散。经规定间隔时间先后两次称量，根据杯内水量的减少来计算透湿量。

$$WVT = \frac{24 \times \Delta m}{S \times t}$$

式中：WVT——每平方米每天（24h）的透湿量，$g/(m^2 \cdot h)$；

Δm——同一个试验杯两次称量之差（g）；

S——试样试验面积（m^2）；

t——试验时间（h）。

此外，也可采用透湿杯吸湿法来测试织物的透湿量。它是在干燥的吸湿杯内装入吸湿剂，将试样覆盖牢，然后置于规定温湿度条件的试验箱内，经规定间隔时间，先后两次称量来计算透湿量。

近年来，也开始采用模拟出汗假人来测定透湿性。

（二）影响吸湿性的因素

织物的透气性主要决定于织物的结构。织物结构松散时，透气量大。其次是纤维性质，亲水性纤维织物的透气性比疏水性纤维织物的透气性好。棉、麻、毛、蚕丝以及粘胶纤维、醋酯纤维等吸湿性好，因此这些纤维织物的透气好。其中尤以苎麻纤维最佳，吸湿量大、吸湿放湿速度快，所以透气性最好。并且由于该纤维织物硬挺、不贴身，所以麻织物是理想的夏季服装面料，合成纤维大都吸湿性差，因此合成纤维织物的透气性也差。但丙纶例外，它的吸湿性很差，平衡回潮率接近于零，但丙纶纤维织物的透气性却很好，主要是因为它具有很好的芯吸作用。应该指出，织物的透湿性与透气性是密切相关的。

实验表明，织物透湿性随环境温度的升高而增加，随环境相对湿度的增加而减小。

三、织物透水性检验

织物透水性是指液态水从织物一面渗透到另一面的性能。由于织物用途不同，有时采用与透水性相反的指标——防水性来表示织物阻止水分子通过的性能。工业用过滤布要有良好的透水性，雨伞、雨衣、篷帐、鞋布等织物要有很好的防水性。

（一）织物透水机理

水分子通过织物有以下三种通道。首先水分子通过纤维与纤维、纱线与纱线间的毛细管作用从织物一面到达另一面。其次是纤维吸收水分，使水分子从一面到达另一面。第三条通道是水压作用，迫使水分子通过织物空隙到达另一面。因此，织物的透水性、防水性就与织物结构、纤维的吸湿性、纤维表面的蜡脂、油脂等有关。为满足特殊需要，可对织物进行防水整理，生产出高防水的织物，还可以生产既防水又透气的织物。

对抗淋湿织物来说，水滴附着于织物表面时，水滴在织物表面接触点上的切线所形成的角 θ 称为接触角，如图 6-58 所示。

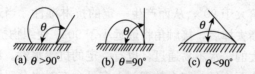

(a) $\theta > 90°$ (b) $\theta = 90°$ (c) $\theta < 90°$

图 6-58 水滴在织物表面的接触角

接触角是水分子间凝聚力和水分子与织物表面分子间附着力的函数。接触角越大，水分子与织物表面分子间附着力比水分子间凝聚力越小，水分子越不易附着，故抗淋湿性越好。反之，抗淋湿性越差。一般当 $\theta > 90°$ 时，织物抗淋湿性较好；当 $\theta < 90°$ 时，织物容易被水润湿，抗淋湿性较差。

（二）织物透水性测试方法及指标

织物渗水性的测试常用静水压式抗渗水性测定仪。它采用将水位玻璃筒以一定速度提起，增加水位高度的方法，逐渐增加作用在试样上面的水压。当从试样下方反光镜观察到试样下面三处出现水滴时，立即停止水位玻璃筒的上升，由刻度尺读出水位玻璃筒的水柱高度（cm），水柱越高，织物的抗渗水性越好。

织物抗淋湿性的测试常用绷架式抗淋湿性测定仪，又称沾水试验。试验时将试样夹在环形夹持器中，并放于绷架上，使试样平面与水平面成 45°角。常温（20℃）定量水通过喷头喷射到试样表面。喷完后，取下夹持器，在绷架和试样平行方向轻击数下，去除浮附在试样表面的水分，最后，与标准样照对比评分。100 分为无湿润，90 分为稍有湿润，80 分为有水滴状湿润，70 分为有相当部分湿润，50 分为全都湿润，0 分为正反面完全湿润。也有将试样称量来测定沾水量的。

还有一种邦迪斯门淋雨法测试织物拒水性的方法，它也是在指定的人造淋雨器下，评定织物经规定时间抗淋湿的能力，也可评价织物的渗水量和沾水量。试验时，试样夹在15°倾斜的样杯上，在规定条件下经受常温水淋，然后参比样照与润湿试样目测对比评定抗渗水性，共分1～5级，1级为整个表面润湿，5级为小水球快速滴下（无润湿）。称量试样吸收的水分，按下式计算吸水率：

$$W = \frac{m_2 - m_1}{m_1}$$

式中：W——吸水率（%）；

m_1——试验前的试样质量（g）；

m_2——试验后的试样质量（g）。

(三) 影响织物拒水性的主要因素

织物的拒水性在一定程度上也受纤维性质及织物结构的影响。吸湿性差的纤维织物一般都具有较好的抗渗水性，而纤维表面存在的蜡质、油脂等可使水滴附着于织物上的接触角大于90°，从而产生一定的抗淋湿性，当这些蜡质、油脂随织物多次洗涤而逐渐去掉后，接触角将远远小于90°，使织物抗淋湿性大为降低。织物结构中，紧度大的，水不易通过，也有一定的抗渗水性。织物的防水整理是获得抗淋湿要求的主要途径。防水整理剂大多是含有对水分吸附力很小的长链脂肪烃化合物，织物经这种化合物整理后，纤维表面布满了具有疏水性基团的分子，使水滴与织物表面所形成的接触角增大，水分子不易附着，从而提高了抗淋湿性。织物表面涂以这种不透水的薄膜层后，解决了抗淋湿问题，但由此产生不透汗的新问题。对雨衣织物来说往往要求既防雨又透汗，为解决这一矛盾，近年来已研制成一种既防雨又透汗的雨衣布，其基本原理是根据水滴与汽滴的大小差异（水滴直径通常为100～3000μm；汽滴直径通常为0.0004μm），由此出发，通过特殊加工，使织物表面构成的微孔只让汽滴通过，不让水滴通过，从而获得既防雨又透汗的双重功能。加工方法有在织物上压上有无数微孔的树脂薄层，通过特殊涂层处理，在织物表面形成无数微孔以及用超细纤维制造超高密结构的织物等。

第六节　织物安全卫生性检测

一、皮肤损害性

衣料对皮肤损害的原因，有的是由于纤维形状、织物结构等的物理刺激，也有的是由于染料、整理剂等的化学刺激和变态反应，其他还涉及穿着者因调节体温而出汗的皮肤状态以及外界环境等的影响。由于这些原因所形成的损害，可以说是过敏性的变态反应，也可说是在作用部位造成的过渡性的急性皮炎。在这里，湿疹性接触皮炎、一次刺激性接触皮炎在作用部位可生成红斑、睡胀，有时还形成水疱和脓疱。在接触性皮炎中，有因漆树、白果、无花果等植物毒素生成的皮炎，有因肥料、涂料、酸、碱等工业药物生成的毒物性皮炎，有因外敷用的软膏、化妆品等生成的药物性皮炎，以及因与衣料、手表带等接触生成的急性皮炎。接触性皮炎，就是由于以上原因接触生成的皮炎的总称。

（一）皮肤出现过敏症状的过程

在和接触源作用时，一般当时即出现症状，但也有经过长时间才出现症状的情况。

1. 第一阶段

出现接触性皮炎的第一阶段是，从外界通过皮肤并进入皮肤内的物质由于引起接触性变态反应而和皮肤的蛋白结合，而且这种蛋白必定具有免疫学特性。在没有蛋白或是缩多氨酸等有机物质的部位的大部分接触物，其本身不成为抗原。称作不完全抗原的原因是由于和蛋白结合即能成为完全抗原。而且只要不到一定数量，不能引起抗体的产生。换言之，即在化学上看作是抗原，但其数量在一定限度以下时，这些抗原在生物学上不起作用。

2. 第二阶段

第二阶段是，一定量以上的抗原经过淋巴管运送到淋巴结，产生抗体的细胞因抗原刺激而产生出与抗原截然不同的抗体。这时在抗原里对产生细胞的反应性能具有先天的强弱之分。一定量以上的抗原，在一定期间内也刺激产生抗体的细胞，使某人产生抗体，而某人不产生抗体。

3. 第三阶段

第三阶段是，在淋巴结内产生的抗体附着在流动血液中的淋巴球上，经过血液循环而归述给皮肤，与皮肤细胞结合。皮肤的这一状态叫作致敏。在这以后，如有使皮肤致敏的少量相同物质进入皮内，即引起抗原抗体反应，出现接触性皮炎。接触变态是由形成抗原的蛋白产生的，分为表皮变态和真皮变态，在临床上往往存在两种形式，而又很难将其分开。

（二）确证致敏的方法

织物的处理剂对人的损害因人而异，但完全无害的东西是不存在的。

为了证明接触变态，即要确证致敏与否，用特定物质来证明抗体的存在即可达到目的。但还不可能分离出迟延性变态的抗体，用血清的试管反应也没有意义，因而仅能采用下面的间接证明法。

1. 动物试验

(1) 在小白鼠的腹壁肌处贴敷被检物质，15min 后观察刺激情况。

(2) 在奚鼠的腔部涂上被检物质，每日观察其影响。

(3) 在小白鼠身上，每隔一日，对不同部位以 0.1mL 分 10 次进行皮下注射，停止注射两星期后，再在皮内注射 0.05mL。这时观察（产生变态）24～48h 的反应（发红、肿胀的大小）到比前 10 次的平均水平有显著的特征时，即认为是产生了变态。在动物实验中，多数情况下不能观察到弱（的）抗原的影响。

2. 人体试验

(1) 贴敷试验。人致敏后，即在形成所谓变态时，能测知抗原抗体的方法，最熟悉的有贴敷试验、一般皮内试验、擦伤试验、他作用转化试验、普—屈二氏反应试验五种。目前，皮肤科主要采用贴敷试验。此法是将被检物质的浓度降低到不足以造成一次刺激性皮炎的程度，用 2～3cm 大小角形的绒布、纱布或吸水纸包妥，并贴敷在前腕的屈侧部或背中，用玻璃纸盖覆和用胶布固定。在 48h 后剥开，观察皮肤表面。也可将被检物质溶解在凡士林、羊毛脂中，按不同浓度进行贴敷试验，如出现同样反应，可确定为阳性。呈阴性反应时，则说明被检物质不能造成反应或是不能透过皮肤。

评定标准：（一）阴性；（±）可疑阳性，呈微度红斑；（＋）弱阳性，红斑；（＋＋）中等阳性，红斑，浮肿，疹块，小水痘；（＋＋＋）强阳性。

(2) 皮内反应。如将强的抗原像种痘那样胡乱进行皮下注射试验，将会产生危险。

为了弄清织物处理剂对皮肤是否有刺激作用，要用处理剂做较长时间的致敏试验。同时，由于个别人的体质关系，其致敏反应不一定一致，这给评价处理剂带来一定困难。因此，将因衣料而引起皮炎的人集合起来进行贴敷试验，从呈阳性反应作为依据并确定其变态性，是最简便的方法。

二、防霉、防菌和防虫性

(一) 防霉性和防菌性

纤维材料如被微生物侵害，将产生霉臭味和着色现象，并由此引起变色、着色、脆化等后果；如是织物，还将引起厚度和重量的减少。另外，如原棉在储存时发霉，在一般情况下，发霉处对染料的亲和力就增加，从而造成染色不匀。

以穿着、家具和装饰为目的的织物，在可能的范围内，应在无微生物的处所使用和储存。医院或类似场所使用的衣料，应尽量避免病菌或传染菌的沾染，特别是毛毯、被单、手术绷带之类的纤维制品。

1. 寄生在纤维中的微生物的种类

寄生在纤维中的微生物，有能分解纤维素、喜好在羊毛中繁殖和寄生在耐纶等合成纤维中的很多种类。

据抗霉试验法规定，纤维制品试验用霉种类如下。

黑曲霉 ATCC 6275：其孢子呈黑褐色，广泛分布在羊毛、棉花、化学纤维中。

桔青霉 ATCC 9849：为黑曲霉的一种，产生黄色素。

球毛壳 ATCC 6205：已知为纤维素的分解菌，也能分解羊毛。

疣孢漆斑菌 USDA 1334.2：在降低纤维品质的微生物中，是最危险的一种霉菌。

关于细菌或放射线菌，在日本没有规定。在做衣料的卫生性试验时，系采用下列菌种。

金黄色酿脓葡萄球菌 209P，为黄色葡萄状球菌，一般为化脓性病原菌，广泛分布于自然界中，多见于皮肤、黏膜、空气、水、牛奶等，能造成化脓性疾病和食物中毒，也认定是发生腐臭、汗臭的原因。

普通变形杆菌：尿素分解菌，属肠内细菌科。此菌能将尿素迅速分解。婴儿常因用尿布，由于尿分解产生氨而出现氨的炎症。

大肠埃希氏杆菌：大肠菌，是哺乳类动物肠道内的常住菌，多见于粪便等排泄物。

须发癣菌：为皮肤线状菌的白放射线菌属。此菌在世界广为分布，动物最易感染，已知是造成脚气的原因。

其他如枯草杆菌和绿脓杆菌等，也可供做试验。

2. 防菌防霉效果试验

防菌防霉效果试验，日本在 JIS Z 2911（1960）中规定有干法和湿法试验，以用于抗霉性测定，而抗细菌试验则未做规定。在美国，也曾有过细菌、霉菌的试验法，记载在 ASTMD684、D682 中。另外，在 AATCC 中也记载有抗菌试验及其方法。这些方法是将试样贴敷在培养基上，测定试样周围无菌地带的细菌量。这一方法一般叫做晕圈试验法。

（1）晕圈试验法

此法见 AATCC，曾广泛应用。将试验菌即白色化脓性葡萄球菌 209、金黄色酿脓葡萄球菌接种在冻菜培养基表面，根据培养后生成的晕圈程度评价。即是将 1.8％的冻菜注入无菌的佩蒂尔式培养皿中，待凝固后，将预先用消毒水浸泡过的试样（直径 2cm）贴在中心部位，然后将调培好的菌液 1.5mL 混在 100mL 冻菜培养基中，取这种混合液 4mL，均匀浇在各培养皿的试样表面，待凝固后，在 32℃下平面培养 48h，观察防菌能力。防霉试验是采用 500mL 培养基，混入 20mL 调配好的菌液，按前记方法，在 29℃平面培养 96h，再观察防霉能力。这时，要准备作为对照的试样，并分别将每种试样进行多次反复试验，先用肉眼观察培养皿上菌落发展的被阻实况，再用低倍放大镜观察试样上是否繁殖有细菌、霉菌，并与对照试样比较分析，还要测定阻止区域的距离。

此外，还可用条形法、梅杰斯试验法、AATCC暂行试验法、培养管试验法测试。

（2）防臭效果试验

T. M. 萨尔斯比里曾发表关于产生体臭的原因和细菌试验法关系的报告。报告中，由于没有实际体臭产生的标准测定法，所以是以和晕圈试验的相关性来求穿着试验结果的，晕圈试验效果好时，实际的防臭效果也好。另外，也有关于促使建立适当的体臭测定法的报告。

（二）防虫性

主要以羊毛等纤维为食的蛀虫的种类很多，主要的为衣娥和鲣节虫。其中，属于鳞翅目蛾蝶类的有衣娥、小衣娥、地毯娥。属于鞭翅目甲虫类的有姬鲣节虫、姬圆鲣节虫、圆鲣节虫、白星鲣节虫。

防虫试验法（ASTM标准）是将进行过防虫处理和未进行防虫处理的织物，分别和一定数量的幼虫一起放入培养皿，在恒温、恒湿和暗光条件下，经一定时间后，检查虫蛀状态。虫蛀状态可通过测定幼虫的粪便量或织物经虫蛀后的失重量得到了解。幼虫的粪便量多，表明织物受蛀虫蛀伤严重，在测定织物失重量时，由于空气湿度关系，对织物的净重要用织物的含潮率加以修正，即设置不挡住蛀虫的试验区，测定试验前和试验后的织物重量。这里的重量变化包含着所含水分的变化，故须按下式求得织物的真正失重量。

$$L = \frac{AC}{B} - D$$

式中：L——虫蛀后织物失重量；

B——试验前无虫区织物的重量；

C——试验后无虫区织物的重量；

A——试验前织物的重量；

D——试验后织物的重量。

还可根据蛀虫的粪便量和织物失重量，按下式求得防虫率。

$$防虫率 = \left(1 - \frac{L}{L_0}\right) \times 100$$

式中：L——防虫处理织物的粪便量（mg）或试样的失重量（mg）；

L_0——未处理试样的粪便量（mg）或试样的失重量（mg）。

断定虫蛀程度，除测定蛀虫的粪便量和织物的失重量外，还可用肉眼观察虫害状态，用放大镜检查或用摄影办法分析和记录虫穴的增加程度、织物表面状态和吃掉的纤维状态等。

由于幼虫有相互蚕食的习性，故在试验后有必要记录某些幼虫的生存情况。

关于称作防蛀织物的合乎标准的界限，目前在日本尚没有规定，在瑞士标准（SNV）中，规定防蛀处理织物的失重量和未处理织物的失重量的比值乘上 100 后，其数值不超过 12 时，称为防蛀处理织物。另外，要把蛀虫的幼体预先用羊毛之类的物质饲养，并选择体长和活动力较为完善的供做试验。要有丰富的经验才有利于进行确实的判断，对蛀虫的饲养，也应十分细心。

三、残留物和残臭

（一）织物处理剂的鉴别

对于织物，可因各种目的而采用各式各样的处理剂。如以防缩、防皱处理为目的，一般使用 N—羟甲基系树脂，尿素，三聚氰胺等与纤维素呈反应型的树脂处理剂，除此之外，尚有以 WW（洗可穿）整理，PP（压烫）整理、防燃、防污，SR（易去污）、防静电、防水、柔软整理，硬挺整理，防滑，防霉，防菌，防虫等以及其他目的的整理，这些整理要采用一系列的整理剂。因此，这些整理剂及其药物附着于织物上的定性或定量测定，是一个重要课题。

从整理织物上提取整理剂，必须根据整理剂的种类选择恰当的提取溶剂。在提取操作中，要注意某些溶剂的可燃性、有毒性和爆发性等性质。

另外，还有如下方法：用各种氨基甲醛树脂处理的棉布在用盐酸提取这类整理剂后，再用红外吸收光谱测定这类整理剂。在提取中常出现水解等化学变化，因此，在对这些提取成分进行红外光谱测定的同时，应采用比较法，对整理剂本身也进行同样的分析。

（二）树脂整理织物的甲醛臭

从树脂整理织物产生的甲醛臭味，是游离甲醛和处理织物的树脂因空气中水分的存在而水解为甲醛的缘故。测定游离甲醛的定量法和提取法系分别考虑。采用何种提取方法，是以看得到的测定值是否符合实际情况而定。提取方法大致分为液相提取法、气相提取法、气相—液相提取法三种。

1. 液相提取法

液相提取法常被采用。在测定方面，JIS 中有间苯三酚法和碘滴定法。间苯三酚法须采用比色计。碘滴定法系采用滴定分析，因此这个方法非常简便。可是，由于能将氧化物着色，因此存在其他物质能影响测定结果的缺点。

2. 气相提取法

此法是将产生于潮湿空气中的游离甲醛收集起来进行测定，并求得平衡值，是一个快速、简单的方法。定量采用间苯三酚祛、碘法和铬酸法。

3. 气相—液相提取法

此法是气相提取法和液相提取法的中间法。将试样放置在有水的提取瓶中，在一定温度下经一定时间，整理织物的游离甲醛被提取瓶中的水吸收，然后进行测定。这个方法有 AATCC 的 Sealed Jar 法和 Protable Jar 法等。

（三）树脂整理织物的氨臭

树脂整理织物产生的氨臭的测试，JIS 标准以纯碱试验为准。此外，还有克劳斯等试验方法。

四、皮肤接触毒性和口服毒性

织物作为被服穿用时，织物上的整理剂和染色用剂通过口或皮肤可侵入人体，从而要考虑这些有毒物质对人体正常机能的破坏。整理剂在织物上的含量一般很少，但大多是与皮肤直接接触，并形成适当的温度和湿度条件，加之从皮肤上分泌出的各种有机和无机物质的影响，因此整理剂是可能产生某种变化的，并容易被皮肤吸收。另外，对婴儿的部分服装，还必须考虑织物及其整理剂的口服毒性。

皮肤接触毒性试验，一般采用奚鼠、土拨鼠等进行，系将药物涂于动物皮肤，然后观察皮肤的浮肿、出血、粗糙等炎症，还可分析尿和血液中的药物成分以及对动物内脏务器官进行解剖。

至于口服毒性，对人是测定口嚼后唾液中的药物含量，而对动物是将药物混入饲料，使之进入消化系统，然后按皮肤接触毒性相同的方法进行分析。另外，还要求出作为毒物标准的平均致死量 LD_{50}。如 DDT 的 LD_{50}（奚鼠口服毒性）是 $200\sim300mg/kg$，这是表示平均 1kg 体重口服 $200\sim300mg$ 的药剂量，待药物进入体内时，有一半的奚鼠死亡。

五、防紫外线性能检验

根据光谱学，紫外线分为长波段紫外线（UV－A）、中波段紫外线（UV－B）和短波段紫外线（UV－C）。《半导体器　集成电路　第 2 部分：数字集成电路》（GB/T 17023—1997）主要针对致癌作用较强的中波紫外线，采用紫外线强度计法测定织物的紫外线通过率。紫外线通过率定义为有试样时透过的紫外线辐射强度与无试样时紫外线辐射强度之比的百分数。

1. 原理

采用辐射波长为中波段紫外线的紫外光源及相应紫外线接受传感器，将被测试样置于两者之间，分别测试有试样及无试样时紫外光的辐射强度，计算试样阻断紫外光的能力。

2. 仪器

织物紫外性能测试装置主要包括：紫外光源（主波峰长 297nm，辐射强度≥

$60W/m^2$)、紫外传感器（相应波长范围为 $290\sim320nm$，检测量程为 $0\sim300\ W/m^2$)、仪器准确度（示值误差小于 0.5％)。

3. 调湿和试验用大气条件

一般不要用对试样调湿，仲裁试验按照《纺织品　调湿和试验用标准大气压》(GB 6529—2008) 规定的三级标准大气进行调湿和试验。

4. 样品

按产品标准的规定或按有关方面达成的协议抽取样品；试样抽取的数量及尺寸应满足指标计算和仪器的要求；试样可不进行裁剪，如需裁剪试样直径需大于 20mm。

5. 试验程序

开启仪器电源后，预热 30min 以上，调整仪器零点旋钮，使数据显示器读数位于零位上；在无试样时，将紫外传感器置于紫外辐射区，并调整量程旋钮，使读数在表头范围内，测试紫外辐射强度 I_0；避开织物边沿 10cm 以上，将织物试样置于仪器上（紫外光源与传感器之间），调整量程旋钮，测试有试样时紫外透过辐射强度 I_1；重复上一个程序，保证测试随机地在不同位置上进行，试验次数不少于 10 次。

6. 计算

计算试样的紫外线通过率：

$$T(\%) = (\frac{I_1}{I_0}) \times 100\%$$

式中：I_0——无试样遮盖时紫外辐射强度；

　　　I_1——有试样遮盖时紫外透过辐射强度。

计算紫外线通过率的平均值及变异系数，最终结果计算值的数值修约按照《数值修约规则与极限数值的表示和判定》(GB/T 8170—2008) 的规则进行。

第七节　织物的风格检验

一、织物风格的含义

织物风格是织物的物理机械特性作用于人的感觉器官而在人脑中产生的综合反映。

广义的织物风格包括视觉风格和触觉风格。视觉风格是指织物的外观特征，如色泽、花型、明暗度、纹路、平整度、光洁度等刺激人的视觉器官而在人脑中产生的生理、心理的综合反映。触觉风格是通过人手的触摸抓握，某些物理机械性能在人脑中产生的生理和心理上的反映。狭义的风格仅指触觉风格，也称为手感。

视觉风格受人的主观爱好的支配，很难找到客观的评价方法和标准；而触觉的刺激因素较少，信息量小，心理活动简单，可以找到一些较为客观的、科学的评定方法和标准。因此，在一般情况下所说的织物的风格是指狭义的风格，即手感。

这里以后者的研究对风格进行解释，并使用了与英语有关风格的术语，如hand、handle、feel、texture 等。因为风格具有多方面的综合特性，从什么观点出发能抓住风格的要点，值得进一步研讨。

各人对分类法的想法多少有所不同，但总的来说有以下几点。

(1) 风格有复合的形容和单一的形容两种表达方式。例如，丝状风格是复合的形容，而柔软和滑溜等是单一的形容。

(2) 综合风格或全风格是根据价值判断或特点分析，改变为形容其他的形状风格，例如美感风格（价值风格）、规定性格风格等。

(3) 美感风格或价值风格是由机能性或美的爱好性决定的，因为受流行、风土习惯、个人的爱好性等而大不相同，所以极为客观地评定是困难的。

(4) 按风格来决定织物的种类和用途时，得视情况加以考虑。

(5) 以不同纤维材料为基础进行考虑时，是以丝状、羊毛状、麻状、棉状为基础的为多。但是，就其分类分组来讲，也有必要进一步分为有代表性的小类目。

二、织物风格的分类

(一) 按材料分类

织物可以分为四类：棉型风格、毛型风格、真丝风格和麻型风格。

1. 棉型风格

一般要求纱线条干均匀，捻度适中，棉结杂质少，布面匀整，吸湿透气性好。此外，不同的棉织物还有各自不同的风格特征，如细平布的平滑光洁、质地紧密；卡其织物手感厚实硬挺，纹路突出饱满；牛津纺织物柔软平滑，色点效果；灯芯绒织物绒条丰满圆润，质地厚实，有温暖感。

2. 毛型风格

毛型织物光泽柔和、光泽自然、丰满而富有弹性、有温暖感；精梳毛织物质地轻薄、组织致密、表面平滑、纹路清晰，条干均匀；粗纺毛织物质地厚重，组织稍疏松，手感丰厚，呢面茸毛细密，不起毛、不起球。

3. 真丝风格

真丝织物具有轻盈而柔软的触觉，良好的悬垂性，珍珠般的光泽及特有的丝鸣效果。

4. 麻型风格

麻织物的外观有一种朴素和粗犷的特征，质地坚牢，抗弯刚度大，具有挺爽和清凉的感觉。

（二）按用途分类

织物可以分为外衣用织物风格和内衣用织物风格。外衣用织物风格要求布面挺括，有弹性，光泽柔和，褶裥保持性好。内衣用织物质地柔软、轻薄、手感滑爽，吸湿透气性好等。

（三）按厚度分类

织物可分为厚重型织物、中厚型织物和轻薄型织物。厚重型织物要求手感厚实、滑糯和温暖的感觉；中厚型织物一般质地坚牢、有弹性、厚实而不硬；轻薄型织物质地轻薄、手感滑爽、有凉爽感。

三、风格测试方法的设想

风格的测试方法还没有达到系统化。但是，因为风格在具有官能特性的同时，主要是它的特性与织物的力学性质有关，所以如何把官能特性的风格影像用织物的力学特性表现出来，是风格测试的重要的一环。

使官能特性和物理特性如何适当地结合，这是重要的一个阶段。为了恰当处理官能特性和物理特性之间的对应关系，可用统计学的方法、心理学的方法、力学的方法等。

1. 统计学的方法

在统计学方法方面，回归分析法、因子分析法和判别相关系数法等多变量解析法是适用的。这些方法多数是在想要把风格和织物的物理特性具体地找出对应关系的情况下，将风格（y）和物理特性值（x_i）之间的相关系数用 $y = a x_i$ 表示。但是，这样的方法得出的相关关系只限于代表此试样的范围内。考虑到纤维制品的多种多样和风格的多方面性，一个一个地归纳求出相关关系，势必花费很多劳力。

2. 心理学的方法

心理学的方法是精神物理学或正统心理学的手段。这些手段是改变给予评定者的物理刺激，根据研究评定者的刺激反应而明了官能量（反应）和物理量（刺激）的关系。求出辨别界限和主观的等价点等是其求法之一。精神物理学的手段的对象，只是关于本来就是单纯的物理刺激，当然其适用范围是有限的。

3. 力学的方法

力学的方法，由官能特性和物理特性的对应关系做比较，是物理特性本身所要研究的问题。最近，此方法多用于织物的力学特性的解析，已成为影响风格的物理因素，特别是伸长、压缩、屈曲、剪切等变形特性，由滞后曲线的形式不同来表示风格特性的差异。有关这些变形特性将在后面逐个加以叙述。存在的问题是测得的曲线的某种值能否完善地表示出风格的差异。从风格评价角度来看，希望能够得出测试值的比较简单的数字值。

在风格测试方面，有以下几点很重要。

（1）风格的官能特性如何表现，并将其尺度化。

（2）如何确切地运用何种测定法和能正确得到测定数值，来掌握具有复杂性能的风格的力学特性。

（3）对风格的多面性以及为了找出官能量和物理量的对应关系，用何种软件进行处理。这些是需加考虑的各个要点。

如前所述，风格测试法还没有达到系统化，仍处于继续研究的阶段。所以，关于风格测试的想法也因人而异。

四、手感的主观评定

主观评定是一种最基本、最原始的手感评定方法，主要是通过手指对织物的触觉来感觉并判断出织物手感的优劣。

1. 主观评定的动作

主观评定织物的手感时，常用以下的几种动作来感觉织物的风格。

（1）摸。用手轻轻触摸织物，以此觉察织物的厚薄、滑涩情况及刚柔性。

（2）捏。把织物紧紧地抓一把，然后放松，观察织物的皱痕，以了解织物的抗弯刚度和抗皱性，在放松过程中，可以感觉织物的弹性及活络情况。

（3）压。用手轻轻地按压织物，然后放松，感觉织物的压缩弹性和蓬松性。

（4）拉。用手拉扯织物的两端，观察织物的伸长情况。放松后观察织物的回复情况，以此评定织物的拉伸弹性和初始模量。

（5）揉搓。通过揉搓，感觉织物的音响特性和织物内纤维的摩擦与抱合情况。

2. 常用术语

织物手感是对织物物理机械性能的综合评价，涉及的内容十分广泛，在主观评定时，常常是将织物风格分成若干基本要素进行分别评价，称为基本风格。常用的基本风格术语及含义如下。

（1）硬挺度。手触摸织物时具有刚硬性、回弹性和弹性充实的感觉，例如用弹性纤维和纱线构成的或者是纱线密度高的织物的感觉。

（2）光滑度。在细而柔软的羊毛纤维上具有光滑性、刚硬性和柔软性混合在一起的感觉，例如羊绒的感觉。

（3）丰满度。织物蓬松性好，给人以疏松丰满的感觉。压缩回弹好，给人以温暖和厚实的感觉。

（4）挺爽度。粗硬的纤维和捻度大的纱，手摸时具有挺爽的感觉，例如麻纱类织物反映的感觉。主要是织物表面的感触，具有一定刚度的各种织物都会有这种感觉。

（5）丝鸣感。丝鸣感在丝织物上感觉很强，丝鸣感是丝绸上特有的感觉之一。

（6）柔软度。柔软度是指弯曲柔软性，没有粗糙感，蓬松，光泽好，硬挺度和弯曲刚度稍低的感觉。

3. 评定程序

主观评定时，首先选定有经验的检验人员分成若干小组，事先制订出适合于评定目的的妥善方案，统一评定方法，然后根据个人的主观判断进行评分。

对几种织物进行评定，决定其相对优劣时，通常采用秩位法。对需评定的织物，由检验人员分别进行评定，根据各自的判断对手感排定其优劣秩位，再按各种织物的总秩位数评出织物的优劣。

4. 注意事项

既然风格是属于官能特性，那么对风格的评价一般要应用官能检查，根据官能检查的实施，检查后的官能量的尺度化这一操作进行。但是，最重要的阶段是实施以前的官能检查的计划阶段。此时如不进行充分研讨，以找出适合检查目的的妥善方法，则进行官能检查时，即使采用任何高明的手段和详细的考察，也都是没有用处的，而且还会得出错误的结果。

在官能检查方面，包括试样的选择、检查员的组成、评定环境和评定标准的确定、评定用语和评定法的选择等，还有许多问题。下面，只涉及其中主要之点。

（1）试样。风格的官能检查是靠触觉评定的，因而要注意不使试样性能有变化，检查人员要注意尽最大努力采取同样状态的试样进行评定。试样尺寸一般以略大些好，最小的尺寸是 30cm。

关于风格问题之一，是容易把解析结果只限于试样的范围内，这是个缺点。为了解决受试样范围的限制问题，希望能创造出根据软件系统计算程序对风格进行测试的方法。

（2）检查员。风格的官能检查由专家担任是适当的。由其他检查员代替专家时，就要进行预备性检查等，要给予检查员以有关技术情报知识。同时，检查员的人数与官能量的尺度构成是有关系的，根据统计检验后的有效数据，以 10 人为妥。

（3）评定的环境。重要的是检查员要和一般的官能检查一样，有最适宜于评定而效果好的环境。同时，要充分注意不因检查引起疲劳，必须妥善安排休息时间。

（4）评定方法。常用顺位法和成对比较法。这两种方法各有优缺点。顺位法，能节省劳力和时间，但试样数量增多时则评定困难。与此相反，成对比较法能提高评定精度，但耗费时间和劳力多。通常考虑到检查员的疲劳等，成对比较法的试样数为 8 个，即一次实验的提示次数，以达到同时提示 28 次的程度较为适当。

（5）风格用语。风格用语的内容，不仅是根据使用的人而异，而且根据制品的种类也有所不同。例如，"坚硬"的说法，既含有对屈曲的坚硬的意义，又含有对挤压的坚硬的意义。

"风格好"的说法，其判断标准更是因人而异。风格用语有必要对容易引起误解的形容词，或判断标准不同的复杂内容的形容词，应尽可能避免使用。

（6）视觉的关系。风格的官能检查，几乎全靠视觉和触觉。用手感评定性质常与视觉有关，心理学者指出了这一点。所以，在要求只靠触觉来进行评定时，有必要用隔板将试样隔开，使评定者看不见试样，以消除视觉的影响。但是，如果从日常的风格评价上考虑，同时兼用视觉进行评定是妥当的。在将风格官能量与物理量相对应时，应该如何处理视觉的影响，还是风格测试上的遗留问题。

（7）评定基准的变动。为了尽可能消除评定基准的变动，使评定基准达到比较稳定的阶段，将风格的官能量分开考虑是必要的。但是，美感风格和价值风格等，由于关系到人们爱好的价值观判断，要找到客观性是困难的。

五、织物风格的客观评定

客观评定是通过测试仪器对织物的相关物理机械性能进行测定，然后在各自的评价体系下对织物的风格进行定量的或定性的描述。风格是将织物的力学特性用官能进行检查的东西，所以在风格的测试上采用何种方法，找出与织物的力学特性的关系，是最重要的课题。此时，考虑到风格的多面性，要得出织物的力学特性的综合测定法是困难的。逐个地测定力学特性，难于找出其与官能特性的对应关系。

关于风格的织物力学因素（包括重量、厚度），可统一成以下七个因素：①重量；②厚度；③拉伸变形特性；④压缩变形特性；⑤屈曲变形特性；⑥剪切变形特性；⑦表面摩擦特性。这些因素采用何种测定法、采用何种测定值表示为好，这点是风格测定难于解决的一个问题。

（一）厚度风格

厚度风格，是厚度加上膨体性意义的风格特性。根据调查，在与厚度有关的风格用语中，用得较多的有"厚的""厚实""薄""手感薄""手感极薄""有体积的感觉"等。

厚度风格的主要物理因素是厚度。这种厚度的测定法，最成问题的是加压压力的范围。在 JISL 1002、JISL 1004、JISL 1006、JISL 1018、JISL 1079 中，对厚度的测定法和压力有所规定，丝织物为 $50g/cm^2$、棉织物为 $240g/cm^2$、普通化纤织物为 $240g/cm^2$、化纤起毛织物为 $7g/cm^2$、普通针织物为 $7g/cm^2$、起毛针织物为 $3g/cm^2$。但是，从风格的评价上考虑，这样的负荷过大。

有关膨体性的物理因素，比容积为由厚度/重量求出的表观比容积。此比容积在 JIS 中称为膨体度。关于计算比容积必要的重量，在《绢织物试验方法》(JISL 1002)、《棉织物试验方法》(JISL 1004)、《毛织物试验方法》(JISL 1006)、《棉系试验方法》(JISL 1018)、《化学纤维织物试验方法》(JISL 1079) 中已有规定。

除了比容积外，与膨体性有关的参数，还有密集因素（Paeking Factor）（比容积/纤维密度）。

一般与厚度有关的官能量，在风格特性中也属于基本的官能量，与厚度的物理量存在较好的相关关系，这是普通的情况。与薄织物相比较，厚织物和针织物的厚度风格存在的问题较多。

（二）屈曲风格

屈曲风格同样在风格特性中是重要的官能量，与屈曲刚度有关的，有"柔软"、"有身骨"、"坚硬"、"软"、"纸状"等，与屈曲回复性有关的，有"有回弹性"、"有筋骨"、"有弹性"、"柔软而有弹性"、"纸状"、"有反弹性"等。

与屈曲风格有关的主要物理因素是屈曲变形特性。屈曲变形的测定法，自皮尔斯研究以悬臂梁法和心形圈法为代表的方法以来，又有许多方法被研究出来。其中，JIS 中采用的方法有《棉织物试验方法》(JISL 1004)、《毛织物试验方法》(JISL 1006)、《棉系试验方法》(JISL 1018)、《化学纤维织物试验方法》(JISL 1079) 中的 45°悬臂梁法、滑动法、克拉克法，心形圈法、织物手感测定仪法、悬垂法、弯曲法、葛莱法等。将屈曲变形特性分为屈曲刚度和屈曲回复性来研究时，上述 JIS 法都是屈曲刚度的测定法，未涉及屈曲回复性。但是，从风格上来看，测定屈曲刚度和屈曲回复性两项特性都是必要的。

（三）压缩风格

压缩风格，是与厚度风格有连带关系的风格特性，它涉及厚织物、蓬松性织物、针织物等。有关压缩刚度的有"有膨松"、"刚硬的"、"有厚实感"、"有蓬松性"等。

压缩风格的主要物理因素，是压缩变形特性。压缩变形的动态可分为压缩刚性和压缩回复性来研讨。前者的测定值之一是压缩率，后者的测定值是压缩弹性率。压缩率在《化学纤维织物试验方法》JISL1079 中有规定，压缩弹性率在《毛织物试验方法》(JISL 1006)、《棉系试验方法》(JISL 1018)、《化学纤维织物试验方法》(JISL 1079) 中有规定。此时用三块试样重叠进行测定，初始负荷规定如下：毛织物和化纤织物为 $50g/cm^2$，普通针织物为 $7g/cm^2$，起毛针织物为 $3g/cm^2$。但是，考虑毛羽等表面特性的影响时，希望用一块试样测定，初始负荷一般也大一些。

简单地用压缩弹性试验机，能求出压缩率和压缩弹性率。因为织物的压缩变形动态有滞后性，在详细研究压缩风格时，用英斯特朗型压缩试验机测定压缩应力，厚度曲线是必要的。以压缩曲线为基础，能求得压缩率，压缩弹性率、功、能量损失等测定值。布朗在横编针织物的膨板感的分析中，采用了回弹性和压扁系数的测定值。

（四）拉伸风格

拉伸风格的主要物理因素是伸长变形特性。伸长变形动态，能分为拉伸刚度和拉伸回复性来研究。在 JISL 1006、JISL 1018、JISL 1079 中对拉伸回复性规定了拉伸弹性率，而对拉伸刚度没有规定。

织物的伸长变形特性也有滞后性，在风格的研究方面，用英斯特朗型拉伸试验机等测定伸长应力—伸长曲线是必要的。伸长型式有一轴伸长和二轴伸长，一般用英斯特朗型拉伸试验机的测定法是一轴伸长。从伸长应力—伸长曲线中，能求出杨氏模数、拉伸弹性率，功、能量损失等测定值。因此，在风格特性上，除伸缩性织物和针织物外，对一般织物来说，重要的是掌握其 5％～10％以下比较小的伸长变形范围的伸长动态。

（五）滑溜风格

关于滑溜风格，必须从摩擦特性和表面状态等有关的许多官能量方面来探讨。有"滑溜的""光滑的""粗涩的""易打滑""粗糙的""有平滑性""滑溜溜的""发涩的""手感好"等。

滑溜风格的主要物理因素是表面摩擦、凹凸性、毛羽状态等表面特性。与这些特性有关的测定法，在 JIS 中没有规定，有关在整体上的表面特性的测定法，当前已处于落后状态。

织物的摩擦特性与非常复杂的风格有很大关系。例如，毛糙感和光滑感等与摩擦系数有何种关系，至今仍是一个不清楚的问题。织物的摩擦因摩擦物体的种类而异，也受方向性所左右。摩擦的测试采用织物对其他物体或织物与织物进行摩擦。它与触感有关联性，用具有类似皮肤表面的物体进行摩擦试验，例如，用皮革等物体测定摩擦特性是适当的。摩擦特性有静摩擦和动摩擦，在风格的评价上以动摩擦特性为重要。再者，静摩擦系数和动摩擦系数的差值，对风格特别是丝鸣等性质有很大的关系。摩擦特性的测定，有由倾斜法求静摩擦系数的方法，由平面滑动法求静摩擦系数和动摩擦系数的方法。后一方法以记录方式进行时，从摩擦曲线的振幅和规律性等方面也能进行研究，因而从风格的测定方面来看是适宜的。

另外，对摩擦时产生的声音，有用微音器装置加以集中，以分析摩擦声音的方法。这种关于风格的摩擦特性的测定法很有趣。

凹凸性和毛羽状态等表面状态，是风格的物理因素中最复杂的项目之一，有关这方面的测定技术还没有确立。用光电管检测光学的阴影的方法，接触圆形钢棒等物体的侧面使其移动而进行检测的方法，表面状态的照相，是已经例行的研究方法。在表面状态的测试法方面，遗留的问题还很多。

（六）剪切风格

剪切风格是与屈曲风格有密切关系的风格特性。此风格的主要物理因素是剪切变形特性。剪切变形的测定法，虽在 JIS 中没有规定，但在风格上是个重要的因素。

剪切变形的测定法已有些发展，但基本上是相同的。

因织物的剪切变形特性有滞后性，在风格的研究方面有必要测定剪切应力—应变曲线。如果纵坐标的屈曲力矩相当于剪切应力，则可与屈曲特性的情况做同样处理。在剪切应力—应变曲线上，剪切刚性（斜度）和切片剪切摩擦（切片宽度）是重要的参数，与柔软弹性和悬垂性的关系很密切。除这些参数外，与屈曲特性的情况一样，能求得剪切回复率、功、能量损失等。

剪切变形特性的一个参数，是在剪切变形时造成折皱点形成的剪切角。如果将此角作为临界剪切角，则此角容易把风格的特点的比较值表示出来。

风格特性如上述那样，以力学特性为中心能区分出来，而在研究综合的风格时，必须从各项力学的测定值做整体的研究。

风格的物理测定法还遗留下列问题，希望研究出比较简单而精确度高的测定法。

（1）研讨从力学的特性看，非线型性和滞后性进行数量化的方法。

（2）研讨关于如何处理经向、纬向和斜向等方向性效应的方法。

（3）研讨关于毛羽和凹凸性等表面特性的测定方法。

（4）研讨关于滑溜感和毛糙感等的测定方法。

（5）研讨关于膨松织物和针织物的风格的测定方法。

（6）针对织物所具有的随机性引起的测定值的变化，研讨有效地处理这些变化的方法。

目前风格的测定法还没有规定，风格的研究方法也不统一，所以上面介绍的研究方法不是绝对的，有笔者自己的见解之处。此外，关于试样的大小，试样的固定条件、负荷和应变等，也不能适当确定。

六、风格仪系统

川端风格仪（KRS—F）系统是选择拉伸、压缩、剪切、弯曲和表面性能五项基本力学性能中的 16 项物理指标,再加上单位面积质量,共计 17 项指标作为基本物理量,用川端风格仪将这些物理量分别测出。该系统在大量工作的基础上,将不同用途织物的风格分解成若干个基本风格,并将综合风格和基本风格量化,分别建立物理量和基本风格值之间、基本风格值和综合风格值之间的回归方程式。在评定织物风格时,先用风格仪测定计项物理指标,然后将这些指标代入回归方程,求出基本风格值,再将基本风格值代入回归方程式求出综合手感值。

国产风格仪共选择五种受力状态(13 项物理指标),与川端风格仪不同的是:国产风格仪选择的受力状态不是简单的力学状态,而是取自织物在实际穿用过程中的受力状态。

在评价织物的风格时,该系统是采用一项或几项物理指标并结合主观评定的术语对织物给出评语。各种物理指标与织物风格的关系如下。

(1)最大抗弯力大,织物手感较刚硬;抗弯力小表示织物手感较柔软。

(2)活泼率大,弯曲刚性指数大,表示织物手感活络、柔软;活泼率小,弯曲刚性指数大,说明织物手感呆滞、刚硬;活泼率小,弯曲刚性指数小,表示织物手感呆滞。

(3)静、动摩擦系数均小时,表示织物手感光滑,反之则粗糙;静摩擦系数的变异系数较大时,织物有爽脆感;静摩擦系数的变异系数较小时,织物手感滑爽。

(4)蓬松率大,表示织物蓬松丰厚;全压缩弹性率值高,表示织物手感丰满。

(5)最大交织阻力大时,织物手感偏硬,较板糙;最大交织阻力过小,则织物手感稀松。

第八节　常见织物品质的检验

一、棉本色布品质检验

棉本色布目前按照国家标准《棉本色布》(GB/T406—1993)进行品质检验和评等。棉本色布的品等分为优等品、一等品、二等品、三等品,低于三等品的为等外品。棉本色布品质检验包括内在质量检验和外观质量检验。内在质量检验包括织物组织、幅宽、密度、断裂强力,外观质量检验包括棉结疵点格率、棉结杂质疵点格率、布面疵点。棉本色布的评等以匹为单位,织物组织、幅宽、布面疵点按匹评等,密度、断裂强力、棉结疵点格率、棉结杂质疵点格率按批评等,以七项中最低的一项品等作为该匹布品等。

（一）内在质量检验

1. 织物组织

检查织物组织是否符合设计要求。符合设计要求的评为优等、一等，不符合设计要求的评为二等。

2. 幅宽

按《机织物幅宽的测定》（GB/T 4667—1995）执行。

3. 经纬向密度

按《机织物密度的测定》（GB/T 4668—1995）执行。

4. 经、纬向断裂强力

按《纺织品　织物拉伸性能　第 1 部分：断裂强力和断裂伸长率的测定》（CB/T 3923.1—1997）执行。

5. 内在质量评等

内在质量评等如表 6-24 所示。

表 6-24　　　　　　　　　　　　内在质量评等

项目	标准	允许偏差			
		优等品	一等品	二等品	三等品
植物组织	设计规定	符合设计要求	符合设计要求	不符合设计要求	—
幅宽（cm）	产品规格	+1.5% −1.0%	+1.5% −1.0%	+2.0% −1.5%	超过+2.0% −1.5%
密度 [根·(10cm)$^{-1}$]	产品规格	经密−1.5% 纬密−1.0%	经密−1.5% 纬密−1.0%	经密超过−1.5% 纬密超过−1.0%	—
断裂强度（N）	按断裂强力公式计算	经向−8% 纬向−8%	经向−8% 纬向−8%	经向超过−8% 纬向超过−8%	—

（二）外观质量检验

1. 棉结杂质检验

棉结杂质检验按《棉及化纤纯纺、混纺本色布棉结杂质疵点格率检验》（FZ/T 10006—2008）执行。

（1）棉结、杂质一律在日光灯照明装置下检验，工作台为靠白色墙壁的平面台，台下装置斜面长 220mm，倾斜角度 25.5°的斜面台，棉布放在斜面台下检验，照明装置位于斜面台后面上方，在斜面台中间放置玻璃板时，玻璃板中心位置照度为（400±100）lx。

（2）棉结杂质的试验样布由每批棉布中随机抽取，取样数量不少于总匹数的0.5%，不得少于3匹。

（3）棉结杂质合并检验，每匹样布在不同折幅，不同经向的布面上检验4次，检验位置应在距布的头尾5m，距布边5cm的范围内。

（4）棉结的确定。棉结是由棉纤维、未成熟棉或僵棉，阅轧花或纺织工艺过程处理不善集结成团（不论松紧）。

①棉结不论其大小、形状、色泽，以检验者的目力能辨认为准。

②棉结上附有杂质的只算棉结，不算杂质。

③细纱接头、布机接头、飞花织入或附着、经缩、纬缩和松股（股线织物）不算棉结。

（5）杂质的确定。杂质是附有或不附有松纤维（或绒毛）的籽屑、碎叶、碎枝杆、棉籽软皮、麻、草、木屑、织入布内的色毛及淀粉类杂质等。

①杂质以检验者一般目力一看即能辨认为准。

②杂质下有松纤维附于布面但不成团的，只算杂质。

③油污纱、色纱及黄棉纺入纱身的均不算杂质。

④附着的杂质仍以杂质计。

（6）棉结杂质用棉结疵点格率和棉结杂质疵点格率表示。用15cm×15cm的外观疵点检验玻璃板（其上刻有225个方格，每格面积为1cm²）罩在布样上，数其疵点格。凡方格中有棉结者即为棉结疵点格，凡方格中有棉结杂质者即为棉结杂质疵点格，分别计数。最后将棉结疵点格数与取样总格数相比，所得百分率即为棉结疵点格百分率。同样，将棉结杂质疵点格数与取样总格数相比，所得百分率即为棉结杂质疵点格率。

（7）疵点格确定需要考虑四种情况。

①1格有棉结杂质，不论大小和数量多少即为1个疵点格。

②棉结、杂质在2格的线上时，若线上下（或左右）2格均已为疵点格，则仍算2个疵点格；2格中有1格已为疵点格，仍算为1个疵点格；2格均为空格，则线上的棉结杂质即算1个疵点格。

③棉结、杂质在4格的交叉点上时，若4格均已为疵点格，则仍算4个疵点格；4个中任1个、2个或3个已为疵点格时，仍算1个、2个或3个疵点格；4个均为空格，则交叉点上的棉结、杂质即算为1个疵点格。

④1个或1条杂质延及数格（2格以上）时，只算1格，如延及的格子是疵点格，则不再计入。

（8）棉结疵点格率、棉结杂质疵点格率的评等规定如表6-25所示。

表 6 - 25　　　　　　棉结疵点格率、棉结杂质疵点格率的评等规定

织物分类		织物总紧度	棉结杂质疵点格率≤（%）		棉结疵点格率≤（%）	
			优等品	一等品	优等品	一等品
精梳织物		85%以下	18	23	5	12
		85%及以上	21	27	5	14
半精梳织物			28	36	7	18
非精梳织物	细织物	65%以下	28	36	7	18
		65%～75%以下	32	41	8	21
		75%及以上	35	45	9	23
	中粗织物	70%以下	35	45	9	23
		70%～80%以下	39	50	10	25
		80%及以上	42	54	11	27
	粗织物	70%以下	42	54	11	27
		70%～80%以下	46	59	12	30
		80%及以上	49	63	12	32
	全线或半线织物	90%以下	34	43	8	22
		90%及以上	36	47	9	24

2. 布面疵点检验

（1）布面疵点逐匹检验评分，按匹评等，评分以布的正面为准。布面疵点检验与评分按《棉本色布》（CB/T 406—1993）第 5 款有关规定执行。

（2）检验时将样布平放在工作台上，布面上的光照度为（400±100）lx。检验人员站在工作台旁，以能清楚看见的为明显疵点。

（3）评分以布的正面为准，乎纹织物和山形斜纹织物以交接班印一面为正面，斜纹织物中纱织物以左斜（↖）为正面，线织物以右斜（↗）为正面。

（4）布面疵点评等规定有以下几方面。

①每匹布允许总评分＝每米允许评分数（分/米）×匹长（米）。

②一匹布中所有疵点评分累计超过允许总评分为降等品。

③0.5m 内同名称疵点或连续性疵点评 10 分为降等品。

④0.5m 内半幅以上的不明显横档、双纬加合满 4 条评 10 分为降等品。

布面疵点评分限度、布面疵点评分如表 6 - 26、表 6 - 27 所示。

表 6-26　　　　　　　　　布面疵点评分限度

品等幅度（cm）	110 及以下	110~150	150~190	190 及以上
布面疵点评分限度平均（分/米） 优等品	0.2	0.3	0.4	0.5
一等品	0.4	0.6	0.6	0.7
二等品	0.8	1.2	1.2	1.4
三等品	1.6	2.4	2.4	2.8

表 6-27　　　　　　　　　　布面疵点评分

疵点分类疵点长度评分数		1	3	5	10
经向明显疵点条		5cm 及以下	5cm~20cm	20cm~50cm	50cm~100cm
纬向明显疵点条		5cm 及以上	5cm~20cm	20cm~半幅	半幅以上
横档	不明显	半幅及以下	半幅以上	—	—
	明显	—	—	半幅及以下	半幅以上
严重疵点	根数评分	—	—	3~4 根	5 根及以上
	长多评分	—	—	1cm 以下	1cm 及以上

　　(5) 布面疵点具体内容有以下几方面。

　　①经向明显疵点：竹节、粗经、特克斯数用错、综穿错、筘路、筘穿错、多股经、双经、并线松紧、松经、紧经、吊经、经缩波纹、断经、断疵、沉纱、星跳、跳纱、棉球、结头、边撑疵、拖纱、修正不良、错纤维、油渍、油经、锈经、锈渍、不褪色色经、不褪色色渍、水渍、污渍、浆斑、布开花、油花纱、猫耳朵、凹边、烂边、花经、长条影、针路、磨痕。

　　②纬向明显疵点：错纬（包括粗、细、紧、松）、条干不匀、脱纬、双纬、纬缩、毛边、云织、杂物织入、花纬、油纬、锈纬、不褪色色纬、煤灰纱、百脚（包括线状及锯状）。

　　③横档：折痕、稀纬、密路。

　　④严重疵点：破洞、豁边、跳花、稀弄、经缩浪纹（三棱起算）、并列 3 根吊经、松经（包括隔开 1~2 根好纱的）、不对接轧梭、1cm 的烂边、金属杂物织入、影响组织的浆斑、霉斑、损伤布底的修正不良、经向 5cm 内整幅中满 10 个结头或边撑疵。

　　⑤经向疵点及纬向疵点中，有些疵点有共性，如竹节、跳纱等。在分类中只

列入经向疵点一类，如在纬向出现时，应按纬向疵点评分。

⑥如在布面上出现上述未包括的疵点按相似疵点评分。

二、毛织物品质检验

毛织物品质检验包括内在质量检验和外观质量检验。内在质量检验有实物质量、物理性能、染色牢度等项指标，外观质量检验包括局部性疵点和散布性疵点两类。毛织物的品等以匹为单位，按实物质量、物理性能、染色牢度和散布性外观疵点四项检验结果评定，并以其中最低一项定等。它分优等品、一等品、二等品、三等品和等外品。当实物质量、物理性能、染色牢度和散布性疵点（指规定加降的疵点）四项中最低品等有两项及以上同时降为二等品或三等品时，则需在原评等的基础上加降一等。

（一）内在质量检验

1. 实物质量

实物质量是指毛织物的呢面、手感和光泽等。不同规格的产品正式投产时，应分别建立产品封样，检验时逐匹比照封样评等。

2. 物理性能

精梳毛织物的物理性能包括幅宽要求、平方米重量、缩水率、纤维含量、断裂强力、起球、汽蒸收缩、撕裂强力、含油脂率和落水变形十项指标，以其中最低项的品等定为该批品等。与精梳毛织物相比，粗梳毛织物的物理性能检验减少了落水变形一项。精梳毛织物物理性能评等规定如表 6 - 28 所示。

表6-28　　精梳毛织物物理性能评等规定

项目		单位	最高或最低	允许公差及考核指标 优等品	一等品	二等品	三等品	重要性	备注
幅宽不足		cm	最低	2	2	5	8	强制	
平方米重量不足		%	最高	4.0	5.0	7.0	15.0	强制	
缩水率	涤纶含量50%及以上 经纬	%	最高	1.0	1.0	2.0	大于2.0	强制	松结构织品按合约要求
	羊毛含量70%及以上或涤纶(50%以下)和羊毛的混合含量70%及以上 经	%	最高	2.0	3.0	3.5	大于3.5		
	纬	%	最高	1.5	2.5	3.0	大于3.0		
	其他织品 经纬	%	最高	2.5	3.5	4.0	大于4.0		
纤维含量 毛混纺织品中羊毛含量的减少或性能最差纤维含量的增加		%	最高	3	3	5	10	强制	装饰纤维不考核
起球	光面织品	级	最低	3~4	3	2~3	2及以下	制	特种动物纤维及松结构织品按约要求
	绒面织品	级	最低	2~3	2~3	2~3	2及以下		
断裂强力		N	最低	196.0	196.0	196.0	196.0	强制	实际强力低于196N为等外品;高支纱、薄型及单纱织物按约要求;纤维脆化不能服用者按废品处理
汽蒸收缩	经纬	%	最高 最低	−1.5 −1.0	大于1.0			强制	
含油脂率		%	最高	1.0	大于1.0			参考	
落水变形		级	最高	2.5				参考	
撕裂强力		N	最低	15				参考	340g/m以下织品及单而华达呢指标10N,采用五峰计算法

3. 染色牢度

精梳毛织物的染色牢度主要考核耐洗、耐汗渍、耐水、耐光、耐热压和耐摩擦色牢度。与精梳毛织物相比，粗梳毛织物的染色牢度检验减少了耐汗渍色牢度一项。精梳毛织物染色牢度评定如表 6 - 29 所示。

表 6 - 29 　　　　　　　　　　精梳毛织物染色牢度评定

项目		单位	最高或最低	考核级别		重要性	备注
				优等品	一等品		
耐洗	色泽变化 毛布沾色 棉布沾色	级	最低	3～4 4 3	3～4 3 3	强制	
耐汗渍	色泽变化 毛布沾色 棉布沾色	级	最低	3～4 4 3	3～4 3 3	强制	
耐水	色泽变化 毛布沾色 棉布沾色	级	最低	3～4 3 3	3～4 3 3	强制	
耐光	浅色 深色	级	最低	3 4	3 3～4	强制	
耐热压	色泽变化 棉布沾色	级	最低	3～4 3	3～4 3	强制	
耐摩擦	干摩擦 湿摩擦	级	最低	3～4 3	3 2～3	强制	
降等办法	优等品、一等品只允许有一个项目低半级，有一个项目低于二等品者降为三等品						

（二）外观质量检验

外观疵点按其对服用的影响程度与出现状态不同，分局部性疵点和散布性疵点两类，分别予以结辫和评等。

（1）局部性外观疵点：按其规定范围结辫，每辫放尺 10cm，在经向 10cm 范围内不论疵点多少仅结辫一个。

（2）散布性外观疵点：刺毛痕、边撑痕、稀缝、小跳花、严重小弓纱、缺纱、经档、边深浅、折痕、剪毛痕、纬档、厚薄段、轧梭、补洞痕、斑疵和磨损中有两项及以上最低品等同时为二等品或三等品时，则加降一等。

精梳毛织物外观疵点的结辫、评等如表 6 - 30 所示。

表 6‐30 　　　　　　　　精梳毛织物外观疵点的结辫、评等

疵点名称		疵点程度	局部性结辫	散布性降等	备注
	粗纱、细沙、双纱、松纱、紧纱局部狭窄	明显，10～100cm 大于 100cm，每 100cm 明显散布全匹 严重散布全匹	1 1	2 3	
	油纱、污纱、异色纱、边撑痕、剪毛痕	明显，5～50cm 大于 50cm，每 50cm 散布全匹 明显散布全匹 严重散布全匹	1 1	2 3 等外	
	缺经、死折痕	明显，经向 5～20cm 大于 20cm，每 20cm 明显散布全匹 严重散布全匹	1 1	3 等外	
经向	经档、折痕、条痕水印、经向换纱印、边深浅、呢匹两端深浅	明显，经向 40～100cm 大于 100cm，每 100cm 明显散布全匹 严重散布全匹	1 1	2 3	
	条花、色花	明显，经向 20～100cm 大于 100cm，每 100cm 明显散布全匹 严重散布全匹	1 1	2 3 或等外	
	刺毛痕	明显，经向 20cm 及以内 大于 20cm，每 20cm 明显散布全匹 严重散布全匹	1 1	3 等外	
	边上破洞、破边	2～100cm 大于 100cm，每 100cm 明显散布全匹 严重散布全匹	1 1	2 3	不到结辫起点的边上破洞、破边1cm以内累积超过 5cm 者仍结辫一个

疵点名称	疵点程度	局部性结辫	散布性降等	备注
经向 刺毛边、边上磨损、边字发毛、边字残缺、边字严重沾色、漂白制品的边上针绣、自边缘深入1.5cm 以上的针眼、针绣、荷叶边、边上稀密	明显，20～100cm 大于 100cm，每 100cm 散布全匹	1 1	2	
粗纱、细纱、双纱、松纱、紧纱、换纱印	明显，10cm 到全幅 明显散布全匹 严重散布全匹	1	2 3	
缺纱、油纱、污纱、异色纱、小辫子纱、稀缝	明显，5cm 到全幅 散布全匹 明显散布全匹 严重散布全匹	1	2 3 等外	
厚段、纬影、严重搭头印、严重电压印、条干不匀	明显，经向 20cm 以内 大于 20cm，每 20cm 明显散布全匹 严重散布全匹	1 1	2 3	
薄段、纬影、织纹错误、蛛网、织稀、斑疵、补洞痕、大肚纱、吊经条	明显，经向 10cm 以内 大于 10cm，每 10cm 明显散布全匹 严重散布全匹	1 1	3 等外	大肚纱 1cm 为起点；0.5cm 以内的小斑疵按规定
破洞、严重磨损	2cm 以内 散布全匹	1	等外或按质论价	
毛粒、小粗节、草屑、死毛、小跳花、稀隙	明显散布全匹 严重散布全匹		2 3	

疵点名称		疵点程度	局部性结辫	散布性降等	备注
经向	呢面歪斜	素色织物（4m 起）、格子织物（4m 起） 40～100cm 大于 100cm，每 100cm 素色织物： 4～6cm 散布全匹 大于 6cm 散布全匹 格子织物： 3～5cm 散布全匹 大于 5cm 散布全匹	 1 1 	 2 3 2 3	优等品格子织物 2cm 起，素色织物 3cm 起

三、丝织物品质检验

丝织物品质检验包括内在质量检验和外观质量检验。蚕丝、粘胶长丝、合成纤维长丝的丝织物，均以物理指标、染色牢度为内在质量，绸面疵点为外观质量。外观质量和内在质量中密度、幅宽（合成丝织物中包括长度）按匹评等，其他按批评等，分为优等品、一等品、二等品、三等品，低于三等品为等外品。内在质量的评等，以其各项指标中最低等级的一项评定。内在质量与外观质量两项评等按其中最低的一项评，两者都降为二等品或三等品时，再加降一等。

（一）内在质量检验

1. 匹长

在经向验绸机上检验匹长时，核对标签长度与验绸机上计长器实际长度是否相符；纬向台板检验匹长，先量其折幅，清点码折页数，算出实际匹长，核对实际匹长与标签匹长是否相符。

2. 幅宽

在每匹绸中间和距离两端至少 3m 处测量其三处的宽度，求其算术平均值作为该匹绸的幅宽。

3. 经、纬向密度

经纬向密度用密度镜在匹绸中间和距离两端 3m 处进行测量。经密需在每匹的全幅上同一纬向三个不同位置测量，纬密需在每匹四个不同位置进行测量，分别求其算术平均值作为该匹绸的经纬向密度。

4. 平方米重量

平方米重量按《纺织品　机织物　单位长度质量和单位面积的测定》

(GB/T 4669—2008)标准中方法四执行。

5. 断裂强力

断裂强力按《纺织品 织物抻位性能 第1部分：断裂强力和断裂伸长率的规定》（GB/T 3923.1—1997）标准执行。

6. 尺寸变化

丝织物尺寸变化率试验方法按《测定尺寸变化的试验中织物试验和服装的准备、标记不测量》（GB/T 8628—2001）、《纺织品 试验用家庭洗涤和干燥程序》（GB/T 8629—2001）、《纺织品 洗涤和干燥后尺寸变化的测定》（GB/T 8630—2002）执行，分甲、乙、丙三种试验方法。甲法试样规格为 25cm×25cm，将试样无规则地全部浸没于溶液中处理 30min。乙法试样经向 60cm，纬向全幅，将试样无规则全部浸没于清水中，可揿压 10 次，处理 30min。丙法适用于合纤丝织物，试样规格为 50cm×50cm，将试样放置缩水率试验机经机械洗涤测量洗前洗后尺寸。

尺寸变化率计算方式：

$$S = \frac{L_2 - L_1}{L_1} \times 100\%$$

式中：S——尺寸变化率；

L_1——试验前实测距离（cm）；

L_2——试验后实测距离（cm）。

7. 染色牢度

耐洗色牢度试验方法按《纺织品色牢度试验耐皂洗色牢度》（GB/T 3921—2008）标准执行；耐水色牢度试验方法按《纺织品 色牢度试验 耐水色牢度》（GB/T 5731—1997）标准执行；耐摩擦色牢度试验方法按《纺织品 色牢度试验 耐摩擦色牢度》（GB/T 3920—2008）标准执行；耐光色牢度试验方法按《纺织品 色牢度试验 耐人造光色牢度：氙弧》（GB/T 8427—2008）标准进行（氙弧）；耐干洗色牢度试验方法按《纺织品 色牢度试验耐干洗色牢度》（GB/T 5711—1997）标准执行；耐熨烫色牢度试验方法按《纺织品 色牢度试验 耐热压色牢度》（GB/T 6152—1997）标准执行；评定变色和沾色按《纺织品 色牢度试验 评定变色用灰色样卡》（GB/T 250—2008）、《纺织品 色牢度试验 评定沾色用灰色样卡》（GB/T 251—2008）标准执行。

（二）外观质量检验

丝织物外观质量检验按经向在验绸机上进行。台板为黑色，与水平面夹角为 65°。光源采用荧光灯，灯管与台面夹角为 30°±2°，台面平均照度为 600～700lx，外部光源应控制在 150lx 以下。验绸速度为（20±5）m/min。检验内容有两项。

1. 手感、花型、色泽的检验

检验印染绸、练白绸手感是否柔软。印染绸、色织绸应核对实物的花型、色泽是否与成交样相符，实物与同品种、成交样间的色差不得低于3～4级，与异品种成交样的色差不低于3级，与纸样间的色差不低于2～3级，同批内匹与匹之间的色差不低于3级，同箱内匹与匹之间的色差、染色和色织绸不低于3～4级，印花绸不低于3级。

2. 外观疵点检验

丝织物外观疵点按其加工工艺可分为织造疵点、练染疵点和印花疵点三大类。织造疵点又可分经向疵点、纬向疵点和其他疵点。桑蚕丝及交织丝织物外观疵点可归几大类，即经向疵点、纬向疵点、色泽深浅、纬斜、幅不齐、边不良、松板印、撬小、印花疵、破损、污渍、整修不净。每种疵点按程度不同给出了评分和限度。评分累计后，定出等级。

四、麻织物品质检验

(一) 苎麻本色布品质检验

苎麻本色布的品质检验包括内在质量检验和外观质量检验两个方面。内在质量按织物组织、幅宽、经纬向密度、断裂强力四项质量指标进行检验和评定，并以其中等级最低一项作为内在质量的品等。外观质量检验主要是布面疵点的检验，布面疵点分经纬纱粗节、经向明显疵点、纬向明显疵点、横档和严重疵点共五大类，每类分别评分，并采用考核分/m来评定布面疵点的品等。苎麻本色布的品等由其内在质量和外观质量结合来评定，分为优等品、一等品、二等品、三等品和等外品。

(二) 苎麻印染布的品质检验

苎麻印染布的品质检验包括内在质量检验和外观质量检验两个方面。内在质量检验有经纬向密度、断裂强力、缩水率和染色牢度四项质量指标。外观质量检验包括局部性疵点检验和散布性疵点检验。苎麻印染布的分等，内在质量采用分批试验后定等方法，外观质量采用逐匹检验后定等方法，再由内在质量结合外观质量综合评定为优等品、一等品、二等品、三等品和等外品。各类印染布以30m长为约定匹长，在同一布段内，有两项及以上内在质量同时降等时，以最低一项评等，有两项及以上散布性疵点同时存在时，按严重的一项评等。

1. 内在质量检验

苎麻印染布内在质量评等规定如表6-31、表6-32和表6-33所示。

表 6-31 苎麻印染布内在质量评等规定（1）

质量项目	标准	规定指标				
		优等品	一等品	二等品	三等品	等外品
经纬密［根·(10cm)$^{-1}$］	按设计规定	−2.5%以内	−2.5%以内	超过−2.5%		
缩水率（%）	按品种规定	符合标准	符合标准	大于标准		
强力（N）	按设计规定	−10%及以内	−10%及以内	−10%～−16%	−16%～−20%	超过−20%
染色牢度（级）	按实验项目规定	允许二项低于1/2级	允许二项低于1/2级	低于一等品允许偏差		

表 6-32 苎麻印染布内在质量评等规定（2）

产品名称	缩水率不大于（%）	
	经向	纬向
本光苎麻布	4.5	2.5
丝光苎麻布	3.5	3.5

表 6-33 苎麻印染布内在质量评等规定（3）

产品加工类别	耐日晒色牢度	耐洗色牢度		耐摩擦色牢度		耐熨烫色牢度	耐刷洗色牢度	耐汗渍色牢度	
		原样变色	白布沾色	干摩擦	湿摩擦			原样变色	白布沾色
深、中色	4	3	3	3	2	3	2～3	—	
浅色	4	3～4	3～4	3～4	2～3	3	—	3～4	4
印花布	4	3	2～3	2～3	2	2～3	2～3		

注：色牢度分为5个等级，即5、4、3、2、1。5级最好，1级最差。

2. 外观质量检验

局部性疵点采用平均每米允许评分的方法评定等级，散布性疵点采用以疵点程度不同逐级降等的方法。在同一段布内，同时存在局部性疵点和散布性疵点时，先计算局部性疵点的平均米分数评定等级，再与散布性疵点的等级结合定等，作为该段布外观质量的等级。外观质量评等规定如表6-34所示。

表6-34 外观质量评等规定

品等评分限度（分/米） 幅宽（cm）	100及以下	100.1～110	110以上
优等品	0.8及以下	1及以下	每增宽10cm，各品 等各增加0.2分/米
一等品	1.0及以下	1.2及以下	
二等品	1.3及以下	1.5及以下	
三等品	1.5及以下	1.7及以下	

(三) 亚麻本色布品质检验

亚麻本色布的品质检验也包括内在质量检验和外观质量检验两个方面。内在质量检验有织物组织、幅宽、平方米重量、密度、断裂强力五项质量指标。外观质量检验主要是布面疵点的检验，布面疵点分经纬纱粗节、经向明显疵点、纬向明显疵点、横档和严重疵点共五大类。亚麻本色布的评等以匹为单位，织物组织、平方米重量、幅宽、布面疵点按匹评等，密度、断裂强力按批评等，并以其中最低的一项品等作为该匹布的品等，可分为优等品、一等品、二等品、三等品和等外品。

1. 内在质量检验（见表6-35）

表6-35 内在质量检验

项目		标准	允许偏差			
			优等品	一等品	二等品	三等品
织物组织		按产品规定	符合设计 要求	符合设计 要求	符合设计 要求	—
幅宽（cm）		按产品规定	±1.5%	±1.5%	±2.0%	超±2.0%
平方米重量（g/m²）		按产品规定	−6.0%	−8.0%	超−8.0%	—
密度 （根/10厘米）	经向	按产品规定	−1.0%	−1.0%	超−1.0%	—
	纬向		−1.5%	−1.5%	超−1.5%	—
断裂强度（N）	经向	按撕裂强力 公式计算	−0.8%	−0.8%	超−0.8%	—
	纬向		−0.8%	−0.8%	超−0.8%	—

续 表

项目		标准	允许偏差			
			优等品	一等品	二等品	三等品
布面疵点评分 （平均分/米）	幅宽 100cm 及以下		0.20	0.40	0.80	1.60
	幅宽 100～150cm		0.30	0.50	1.00	2.00
	幅宽 150～200cm		0.40	0.60	1.20	2.40

2. 外观质量检验

外观质量检验主要是布面疵点检验，检验时布面上的照度为（400±100）lx。检验 T 机质量时，验布机线速度不大于 20m/min。评分以布的正面为准，平纹织物和山形斜纹织物以交接班印一面为正面。斜纹织物中纱织物以左斜（↖）为正面，线织物以右斜（↗）为正面（指客户无特殊需要）。

布面疵点评分规定如表 6-36 所示。

表 6-36　　　　　　　　　布面疵点评分规定

疵点类别		评分分数			
		1	3	5	10
经纬纱粗节	不明显	7.5cm 及以下	7.5～15cm	—	—
	明显	2.5cm 及以下	2.5～7.5cm	7.5～15cm	—
经向明显疵点，条		5cm 及以下	5～25cm	25～50cm	50～100cm
纬向明显疵点，条		5cm 及以下	5～25cm	25cm～半幅	半幅及以上
横档	不明显	半幅及以下	半幅以上	—	—
	明显	—	—	半幅及以下	半幅以上
严重疵点		—	—	—	100cm 及以下

五、针织物品质检验

（一）棉针织内衣品质检验

针织内衣无论是棉针织内衣还是其他纤维的针织内衣，评等规定基本相同。

棉针织内衣的品质检验分为内在质量检验和外观质量检验两个方面。内在质量包括干燥重量公差、顶破强力、缩水率和染色牢度四项指标。外观质量包括表面疵点、规格尺寸公差和本身尺寸差异三项指标。棉针织内衣的定等以件为单位，分为优等品、一等品、二等品、三等品和等外品。由内在质量和外观质量结合评等，并以其中的最低等定等，两者都降为二等、三等或其中一项为二等，另一项为三等时，再加降一等。

1. 内在质量检验

棉针织内衣内在质量的评等规定如表 6-37 至表 6-40 所示。内在质量按批（交货批）评等，以其各项指标中等级最低一项作为该批产品的品等。

表 6-37　　　　棉针织品内衣内在质量的评等规定

项目	优等品	一等品	二等品	三等品
每平方米干燥重量	符合标准公差		超过标准时，由供需双方协商评等	
弹子顶破强力	符合标准			
缩水率	符合标准		缩水超过标准时按缩水率的大小由供需双方协商评等	
染色牢度	符合标准	允许二项低半级	允许三项低半级或二项低一级	低于二等品允许偏差

表 6-38　　　　棉针织内衣平方米干重公差、顶破强力

产品分类	平方米干燥重量公差/%		弹子顶破强力≥/N
	优等品	一等品	不分品等
单面织物、弹力螺纹织物	-4	-5	180
双面织物、绒织物	-4	-5	240

表 6-39　　　　棉针织内衣缩水率

产品分类		缩水率不大于			
		优等品		一等品	
		直向	横向	直向	横向
绒织物		7	5	8	6
双面织物	深、中、浅色	5	7	7	9
	本色	6	—	7	—
弹力螺纹织物		5	—	7	—

续 表

产品分类		缩水率不大于			
		优等品		一等品	
		直向	横向	直向	横向
单面织物	纱	4	5.5	5	6.5
	线	3.5	4.5	4.5	5.5

表 6 - 40　　　　　　　　　　　　棉针织内衣染色牢度

品等	染料名称		色别	耐洗色牢度		耐汗渍色牢度		耐摩擦色牢度	
				原样变色	白布沾色	原样变色	白布沾色	干摩擦	湿摩擦
优等品	不分染料与色别			4	3	4	3	4	3
其他品等	间接色	还原及可溶性还原染料	深中	3～4	4	4	4	3～4	2～3
			浅	3～4	4～5	4	4	3～4	2～3
		硫化及海昌染料	硫化元	3	3	3	3	2	1～2
			深，中	3	3	3	3	3	1～2
		一般活性	—	2～3	3	3	3	3	2～3
	直接色		深色	3	1～2	3	3	4	1～2
			中色	3	2～3	3～4	3	4	2～3
			漂底中色	3	1～2	3～4	3	4	1～2
			浅色	3～4	3～4	3～4	3～4	4～5	4
			果绿、烤蓝	2～3	3	2～3	3	4	3～4

2. 外观质量检验

（1）棉针织内衣外观质量按件评等。同一件产品上，若发现属于不同品等的外观疵点时，按其中最低一项定等。

（2）在同一件产品上只允许有两个同等级的极限表面疵点，超过者应降低一个等级。

（3）表面疵点的评等规定与技术要求评定详见标准《棉针织内衣》（GB/T 8878—2002）。表面疵点包括纱疵、织疵、染整疵点、印花疵点、缝烫疵点、污色渍等。

（4）规格尺寸公差包括身长、胸（腰）宽、挂肩（背心）、肩带（背心）、袖长、直裆、横裆等，其技术要求详见标准《棉针织内衣》（GB/T 8878—2002）表4。

（5）本身尺寸差异包括身长不一（门襟及前后身和左右腰缝）、袖长不一、袖宽不一、挂肩不一、背心肩带和背心胸背不一、胸宽上下不一及前后片宽度不一、裤长不一、腿阔不一等。

（二）毛针织物（羊毛衫）品质检验

精梳毛针织物品质检验包括内在质量检验和外观质量检验两个方面。内在质量检验包括纤维含量、单件重量偏差率、顶破强度、腋下接缝强力、起球、二氯甲烷可溶性物质、染色牢度、松弛收缩和毡化收缩等指标。其中染色牢度包括耐光、耐洗、耐水、耐汗渍和耐摩擦色牢度。外观质量检验包括表面疵点、规格尺寸公差、本身尺寸差异、缝迹伸长率、领圈拉开尺寸等指标。评定时以件为单位。精梳毛针织物的品等由其内在质量和外观质量结合来评定，分为优等品、一等品、二等品、三等品和等外品。粗梳毛针织物品质检验和评定与精梳毛针织物相类似，粗梳毛针织物的内在质量检验还要增加考核编织密度系数一项。

第九节　产业用纺织品质量的检验

一、土工布性能的检验

土工布是一种具有透水性的新型建筑材料，通过针刺或编织合成纤维而成，一般分为有纺土工布和无纺土工布，具有质量轻、抗拉强度高、耐高温、渗透性好等优点，广泛应用于岩土工程和土木工程，起排水、隔离、过滤、加筋、防渗等作用。

（一）我国土工布的应用情况

土工布是继钢材、水泥、木材之后的第四种应用于岩土工程中的一种新型建筑材料，在铁路、公路、水利、电力、冶金、矿山、建筑、军工、海港、农业等领域中推广应用，具有排水、过滤、隔离、加固、保护、防渗、防漏等作用。土工合成材料在我国的应用开始于20世纪60年代中期，首先是把塑料薄膜用于灌溉渠道防渗，以后推广到蓄水池、水库和闸坝工程。1980年以后，土工布的应用日渐增多，尤其是针刺型土工布在水利工程中的应用发展更为迅速。至20世纪90年代末期，由于土工合成材料所具有的功能和特性及其在工程实践中的卓越成效，引起了全国有关部门的充分重视，土工合成材料开始在一些国家大型重点工程中得以应用，如三峡工程、秦山核电工程等，并获得了较大的技术经济效益和社会效益。

（二）土工布的分类及特点

按土工布生产工艺，土工布大体分为四种类型：织造型、非织造型、合成型和复合型。

1. 织造型土工材料

织造型主要采用传统纺织工艺制造，按其加工的方法可细分为编织型、机织型和针织型。编织型土工织物主要采用聚丙烯（PP）吹膜切割的扁丝在圆织机上编织而成，其特点是成本低，抗张强力较非织造土工材料高一倍以上，是适用于隔离、增强、加筋的首选材料。但其存在横向排水功能弱、孔径和渗透系数偏大等缺点；机织型土工织物通常采用 PET、PP 等单丝或复丝以经纬织造而成，是一种各向异性、变形性较小的长丝土工布。它的特点是性能稳定、强力高，缺点是反滤差，其适用于增强、加筋功能为主的工程应用场合；针织型土工织物是最新开发的高性能土工布，以经编为主，其纵向强力高达 4kN/5cm（指规格为 $300g/m^2$ 的产品），远远高于其他各类土工布，适用于强力要求高的工程领域，但其横向强力较低，使用中应予以注意。

2. 非织造型土工材料

非织造布用于土木工程应用领域，具有无可比拟的优点，其应用于土工材料的产品主要有针刺型和纺粘型两大类。针刺型土工材料采用短纤或长丝经过针刺固网所得，其特点是织物较厚、质地柔软、外形与毛毡相仿，具有良好的反渗性能和排水性、压缩性能，而且可以通过改变纤维原料的规格参数、针刺工艺参数等来控制产品的孔径以满足实际应用的要求，缺点是抗张强力、撕裂强力较低。针刺型土工材料是当前应用量最大的一种土工材料；纺粘型土工材料采用直接纺丝成网、经过热黏合加固的方法制成，也可再经过针刺加固以提高强力。产品特点是较针刺型土工布薄而硬，厚度、透水性和压缩性较小，它能兼顾强力与过滤性能，但较针刺型土工材料在幅宽方面有待于提高。

3. 合成型土工布

合成型按产品分类可以细分为土工膜、格栅等。土工膜作为防渗材料，一般采用高密聚乙烯（HDPE）或高密聚氯乙烯（HDPVC）成膜；土工格栅用于增强加筋作用，主要有聚氯乙烯、玻璃纤维、聚酯纤维的经编产品三种。

4. 复合型土工布

复合纺织品主要是指以纺织物（或非织造布）作为载体，或称基布，通过涂层加工或者通过浸渍、组合、层叠、层压加工技术，或者上述任意两种（或以上）加工技术在某种程度的交叉结合所得到的材料。纺织物的复合化反映了当前纺织品发展的技术性、与其他相关产业关联的渗透性特点。

复合型土工布一种是采用土工织物（机织、针织基布）与塑性薄膜（PVC，PU）复合而成的防渗性建材。在这里，织物提供其强力等机械性能，薄膜增强其防渗性能。尤其是经编双轴向织物与 PVC 涂层复合,所得产品的结构尺寸稳定、与树脂结合性好、耐剥离性好,目前其已广泛用于土工建筑、水利、垃圾处理等方面。

另一种是根据各种纺织成型工艺所得的纺织物特点,采用不同成型工艺的交叉结合对纺织物进行的加工,它赋予了织物以新的特性。例如,机织基布与针刺非织造布结合生产的过滤材料,其机织基布赋予产品强力、尺寸稳定性等机械性能,针刺布提供产品以过滤性能。机织与针刺非织造工艺结合生产土工织物,使土工织物既有强力高、尺寸稳定等机织物特点,同时又增强其防渗性、排水性、过滤等性能。利用工艺的组合可以取长补短,增强织物性能,扩大产品的应用领域。

上述四种类型中,非织造型土工布价格较低,但抗拉强度及初始模量都不及织造型土工布,对于抗拉强度要求高的用途,一般使用针织型土工布。虽然织造型土工布的孔眼大小和孔隙率可以在生产中加以控制,但其组织交织点处不联结,在机械力作用下容易使纤维或纱线游移,导致孔径变大甚至局部破损、纤维断裂,造成纱线绽开、脱落。而非织造型土工布除了具有较高的抗张强度外,其变形模量、孔径等指标都可按需要调节。当然,合成型和复合型土工布是高科技含量、高附加值的产品,它们具有非织造型和织造型土工布两者的优点,是当今国内外大力推广的土工布。

(三) 土工布的性能

(1)滤层性能:土工布具有良好的透气性和透水性,当水和土颗粒、小石子、黄沙等一起通过土工布时,水能够滤过,而沙粒被有效截留,从而保持了土石工程的稳定。

(2)隔离性能:土工布可对不同粒径大小、分布、稠度等物理性质的建筑材料进行隔离,确保多种材料之间不会相互混杂,保持整体结构、各层功能独立,加强建筑物承载能力。

(3)排水性能:土工布具有良好的导水功能,土体内多余的水和气通过内部形成的排水通道排出。

(4)加筋性能:土工布具有抗拉强度高、断裂强度大等特点,能够承受较大的冲击力,将土工布加入到土体之后,能够增强土体的抗变形能力,使建筑的稳定性得到提高。

(5)防护性能:土工布在收到外力冲击时,能够将集中应力分解,转移扩散,防止土体受到冲击破坏。

(四) 土工布的检测方法

随着土工布在大规模工程中的应用,工程要求也逐渐提高,这就要求土工布的质量能够符合工程应用的标准,对土工布的检测也得到了人们的重视。土工布的检测主要包括物理性能、力学性能、水力学性能及耐久性能四个方面。

1. 物理性能的检测

土工布的物理性能主要包括平方米质量和厚度等。平方米质量的检验要取 10cm×10cm 的样品进行称重，然后取平均值。厚度的检验是将土工布样本水平铺放在基准板上面，然后用与土工布平行的圆形压脚向样品施加压力，根据要求，可选用的压力大小为 2 kPa、20 kPa、200 kPa，基准板之间的距离就是土工布的厚度值。

2. 力学性能的检测

土工布的力学性能比较多，主要包括抗拉强度、撕破强度、顶破强度、土工布和土的摩擦性能、抗磨损性能、动态穿孔、接头强度等。

抗拉强度和伸长率检测：随机抽取 5 cm 块的土工布样品进行测试，非织造土工布在负荷下有颈缩现象，为了防止这一现象引起的检测结果偏差，通常采用宽 10cm、长 20cm 的样品，伸长速率为 2cm/min，在 CRE 强力试验机测试。抗拉强度和伸长率是土工布最重要的质量指标。

撕破强度的检测：将样品夹持在强力机的上下夹钳内，拉伸速度为 50cm/min，然后缓慢增加负荷，使样品沿剪切力防线逐渐撕裂，等到全部断裂时的负荷就是最大撕破力。

顶破强度的检测：随机抽取样品，固定在标准环形夹具内，然后用直径为 5cm 的平头圆柱缓慢的垂直作用于试样，直至样品破裂，等到样品破裂时的力就是最大顶破力。

土工布和土的摩擦性能的检测：利用直剪仪对土和土工布的接触面进行直接剪切试验，测定接触面的摩擦特性。

抗磨损性能的检测：将土工布与规定表面性能的磨料进行摩擦，然后测定土工布的试样拉伸强力，通过拉伸强力的损失率来表示抗磨损性能。

动态穿孔的检测：随机抽取试样，水平夹持在夹环中，然后将表面光滑、直径为 5cm、重 1kg、锥角为 45° 的钢锥，从 50cm 的高度自由跌落体，在试样上面形成破洞，然后量测破洞直径值大小，土工布破洞的直径大小表示抗动态穿孔性能的好坏。

接头强度的检测：检测方法与抗拉强度的试验方法一致，不过样品中需含有一个接头。

3. 水力学性能的检测

土工布具有良好的防渗性和透气性，其水力性能的检测主要包括渗透系数、等效孔径和堵塞。

渗透系数的检测：渗透系数指的是渗流的水力梯度等于 1 时的渗流速度。在以达西定律为前提下，通过测定上下游水位差、土工布厚度和渗流速度，就可以计算出渗透系数。当土工布与水流方向垂直时，应检测垂直渗透系数；当土工布与水流方向平行时，此时应考核平面渗透系数。

堵塞的测定：堵塞的情况用指标"孔隙率"表示。孔隙率是指其所含孔隙的体积与总体积之比。可由下式计算：

$$n_\rho = 1 - \frac{M}{\rho\delta}$$

式中：n_ρ——土工织物的孔隙率；

$\quad\quad M$——土工织物的单位面积质量；

$\quad\quad \rho$——原材料的密度（g/cm³），一般为 0.91～1.39g/cm³；

$\quad\quad \delta$——土工织物的厚度（mm）。

等效孔径的检测：主要包括干筛法、湿筛法、流体过滤法。目前最为常用的是干筛法。干筛法就是将检测样品作为筛布，然后将已知直径和质量的玻璃珠放在筛子上面，震荡筛子，使玻璃珠尽可能多地通过筛子，称量通过筛布的玻璃珠重量，计算出过筛率。通过更换不同粒径的玻璃珠进行试验，通过做图绘出土工布分布曲线，最后求出等效孔径。

4. 耐久性能的检测

土工布大多是由高分子聚合物合成的，由于一般设置在环境较恶劣的环境，容易老化、侵蚀，这就要求它具有很好的抗老化、抗腐蚀、抗氧化等性能。试验方法就是将试验样品放置在强紫外线、酸、碱、低温等恶劣条件处理一段时间，然后通过测定其强度保持率来证明耐久性能。

二、农业用纺织品性能检验

农作物的生长与光照、温度、湿度等气候条件息息相关，并要预防风、雪、霜、虫等自然灾害。我国早期保护的栽培设施是窗纸、温室，由于玻璃工业的发展出现了玻璃温室，玻璃阳畦，由于塑料工业的兴起又随之出现了塑料温室，主要是塑料大棚和小棚、塑料薄膜地面覆盖栽培等，对农业增产起了积极的作用。随着科学技术的发展和人民生活水平的提高，需要更多有营养、高质量的蔬菜，塑料地膜还不能满足这种需求，因此寒冷纱、丰收布、农用无纺布等农业纺织品也就应运而生了。

农业用纺织品是产业用织物的一个主要方面，它可以改善农作物的微气候条件，以适合农作物的成长，并能对各种自然灾害有一定程度的防护作用。农业用纺织品主要有寒冷纱、丰收布、育秧布、草坪布等，起到保温、防寒、防霜、节能、遮光、防火、防风等作用。日本从 1957 年开始在农业中使用寒冷纱，我国在 1980 年研制成功寒冷纱，并在少数地区使用，取得了良好效果。根据国外多种使用经验及我国北京等地使用丰收布的效果表明，丰收布对提高农业生产效率具有极高的使用价值，一般可使农作物增产 10%～15%。农业用纺织品由于我国的国情，价格偏高，未能大量推广使用，只在某些地区某些作物上应用，随着工农业技术的发展，农业用纺织品的开发和使用将会有更大的发展。

（一）机械性能

农业用纺织品在使用过程中会受到各方面的作用力，如会受到各种各样的拉伸作用力，常与大地、支架、人体等的摩擦作用等。为了延长使用寿命，作为农用纺织品必须具有一定的断裂强力、延伸度以及良好的耐磨损性能。

（二）耐气候性

农用纺织品长时间暴露在室外，要承受日晒、雨淋等各种复杂气候的变化，其强力不能因气候或日晒雨淋而下降太快。试验方法有户外自然光照试验方法、碳弧灯光照法、碳弧灯光照并润湿试验方法，测试强度损失率。

（三）保温性

为防止菜园及苗圃在夜间受霜害，需提高蔬菜大棚的气温，促进作物生长，因此要进行保温，所用的大棚覆盖纺织品要具有良好的保温性能。

（四）耐腐蚀性

在农用纺织品使用过程中主要需要遮盖作物，固定时农业用纺织品会有部分埋在土壤当中，由于土壤具有一定的腐蚀作用，所以需要考虑该纺织品具有耐腐蚀的特性。可以根据《纺织织品试验——纤维素纤维的纺织品抗腐蚀性测定（土埋法）》，测试强度损失率。

（五）遮光性

有些农业物无法承受强烈的日光照射，所以需要采用大棚进行遮光，大棚所用材料必须有良好的遮光性能。通过美国染化工作者协会标准，采用窗帘材料的遮光效果试验方法，以遮光率表示农用纺织品的遮光效果。

三、渔业和水产养殖业纺织品的性能检验

渔业和水产养殖业的主要用具为渔网、钓钩和其他工具。以渔网为例，主要的性能要求是网片的抗张强度要高、有适当的延伸度，一般要求网目的破断延伸度为 22%～25%；耐海水腐蚀性能要好；耐冲击性好，因为用渔捞机投网、扬网时，网上所加负荷大，因此要求渔网的耐冲击性好；保形性好，浸入水中后长度变化小；耐磨损性好；有一定的结节强力，结节必须不斜歪，缩结要适当。

我国关于渔业和水产养殖业纺织品的性能检验标准主要如表 6-41 所示。

表 6 - 41　　　　　　　　　　渔业和水产养殖业纺织品的检验

项目	标准	名称
抗张强度	GB 7742—87	纺织品抗张强度
网片基本术语	ISO 1107—74	渔网—网片—基本术语
打结	ISO 1530—73	渔网—打结网片的描述和标示
缩结	ISO 1531—73	渔网—网片缩结—基本术语和定义
网线断裂强力和结节张力	ISO 1850—73	渔网—网线断裂强力和结节张力测定
裁剪	ISO 1532—73	渔网—打结网片裁剪成形
伸长	ISO 3790—76	渔网—网线伸长的测定
网目的断裂强力	ISO 1806—73	渔网—网目断裂强力的测定
保形性	ISO 3090—74	绳索和绳索制品—网线—浸入水中后长度变化的测定
装配和缝合	ISO 3660—76	渔网—网片的装配和缝合—术语和图解

四、汽车用纺织品性能检验

随着汽车工业的快速发展，汽车用纺织品呈现出多样化、个性化和时尚化的特点。汽车用纺织品作为汽车内配套产品之一，除了满足织物性能要求外，还必须严格符合汽车零件产品的要求和检测的标准。

(一) 我国汽车用纺织品应用现状

目前我国汽车用纺织品产品较齐全，主要有六大类产品：座椅面料、地毯、气囊、车厢和顶棚内侧面、消音材料和过滤材料。织物种类主要有针织物、机织物、非织造布和簇绒织物。针织物的结构较松散，弹性、延伸性、透气性好，表面毛绒不易脱落，多用于座椅面料、顶棚和车厢内侧面的表层材料及少量过滤材料；机织物的结构紧密，尺寸稳定，布面光滑平整，坚牢耐磨，但透气性、弹性差，常用于气囊织物、座椅面料和过滤材料；非织造布具有质量轻、产量高、成本低、延伸性好、适应模压成型工艺等优势，能满足汽车不同部位的需求，可用于地毯、顶棚和车厢内侧面的表层及底层材料、消音材料、过滤材料等；簇绒织物是一种线圈状表面的织物，主要用于汽车地毯。

汽车用纤维原料有聚酯、聚酰胺、聚丙烯、玻璃纤维、麻纤维、羊毛纤维等，但使用最多的还是前三者。目前聚酯纤维的用量仍是第一位，占汽车用纺织品市场83％的份额，聚酰胺纤维用量有所下降，聚丙烯纤维的用量呈上升趋势。

汽车用纺织品通常要进行后整理，常用的有阻燃、防静电、轧光、防水拒污、易去污等方式，以达到车用内饰材料的性能要求。

（二）汽车用纺织品性能检验

1. 车用纺织品的性能要求

汽车内饰用纺织品除了应具备传统纺织品的各种性能要求之外，还应满足一些特殊要求，特别是在耐磨、防污、阻燃、抗静电、易清洁、耐日晒等方面有较高的要求。

（1）耐磨性。对车用座椅套最重要的性能要求是高耐磨性和抗紫外降解性。车用座椅套的耐用性必须跨越汽车的整个生命周期，很可能要超过 10 年。纺织品的耐磨性主要受织物结构、纱线结构及其材料、后整理方法和涂层的影响。过多的湿加工、过长的染色工序或过度的还原清洗都可能降低织物的耐磨性能。一般而言，原液着色的纱线比同色的湿态染色的色纱耐磨性更好一些。织物结构对织物表面的耐磨性也有很大的影响，在结构中带有浮线或摩擦应力集中的地方耐磨性较差。合适的织物后整理可以大大改善织物的耐磨性，但应注意尽量避免因使用整理剂或助剂不当而引起雾凇现象。与此同时，在织物后整理过程中使用的整理剂或助剂也有可能在受热、受潮和光辐射的情况下发生挥发、迁移、分解、变色等现象，影响织物的外观。

（2）染色牢度性能。车用内饰面料的色彩（图案）都是通过染色、印花等工艺完成的。对汽车座椅用织物的染色牢度要求主要包括耐日晒色牢度、耐水浸色牢度、耐汗渍色牢度和耐摩擦色牢度。由于汽车前挡风玻璃的倾斜度较大，汽车座椅可能长期暴露在阳光照射下，因此，座椅用纺织品应具有良好的耐日晒色牢度性能。此外，因驾乘人员长期与座椅大面积接触，使座椅面料有可能受到汗渍侵蚀以及长时间的摩擦，良好的耐汗渍色牢度和耐摩擦色牢度也是对车用座椅面料性能的基本要求。在汽车使用的整个生命周期中，座椅面料被水淋浸的可能也是存在的，因而，耐水浸色牢度也是车用座椅用织物重要的性能考核要求。

（3）防污性能。车用装饰织物固定在车内，在整个汽车的使用生命周期中，不可能像服装一样可以经常洗涤，所以车用内饰纺织材料的抗污性能备受关注。含氟织物整理剂显示出一般烃类或硅酮类防水剂所不具备的优越性，成为当今防水防污整理剂的主流，并且多功能化已成为该类整理剂发展的追求目标，即经含氟整理剂处理后的织物不仅具有防水防污的功能，而且具有防静电、耐干洗、耐水洗等其他多种特性。由于含氟整理剂价格要比一般的织物整理剂昂贵得多，这在很大程度上影响了它的应用。将含氟整理剂和其他类型的整理剂混合使用，并产生持久的耐洗性，不仅可提高产品的性能，还可降低生产成本。目前，含氟整理剂遇到的一个新的挑战是防水、防污性能优良的含氟辛烷基化合物（PFOS）因被列为高度持久稳定的环境污染物而被广泛禁用，而具有相似的防水、防污性能的新型环保型含氟整理剂的开发和应用却面临诸多的技术难题。

（4）抗静电性能。车用内饰织物，特别是由化纤材料制成的织物，其静电现象是一个不容忽视的问题。首先，静电会使乘坐者（特别是穿着化纤服装时）感到不适，离开座位时会产生摩擦放电现象，司机因静电打手也极易引发意外事故。其次，静电荷在纤维表面聚集容易吸附灰尘，给车内的清洁和保养造成很大麻烦。另外，车内可能存在汽油蒸汽或由于吸烟产生的烟气，在静电作用下容易引发火灾。同时，静电还会降低车内电子元件的灵敏度。

通常，车用内饰纺织品的抗静电性能可通过两种途径实现。一是采用纤维结构或共混改性的办法，使织物本身具有抗静电功能，但其成本相对较高；二是采用对常规车用内饰合成纤维织物进行抗静电整理，不仅更具机动灵活性，且加工流程短、投资少、见效快。由于车用内饰织物并不会被经常洗涤，故其抗静电整理效果的耐久性问题并不突出。

（5）阻燃性能。汽车内饰材料必须要有很好的阻燃性能或延烧性能，其阻燃性能一般也是通过后整理的方式获得的。但由于车用纺织材料中各种合成纤维的组成和化学结构各不相同，它们的热性能和燃烧性也不一样，因而对由不同纤维材料制成的车用内饰纺织材料必须使用不同的阻燃剂和阻燃整理工艺进行处理和加工。聚酯纤维为熔融热收缩性纤维，接触火焰形成熔滴而滴落，纤维本身不易燃烧，但聚酯织物因在染整工艺中会使用各种化学助剂进行处理，妨碍了熔融时的熔滴效应，使其变得易燃。用于聚酯纤维的阻燃剂主要为磷和溴的化合物。聚丙烯纤维属于易燃性纤维，燃烧时不易炭化，全部分解成可燃性气体，气体燃烧放出大量的热，促进燃烧迅速进行。因此，聚丙烯纤维的阻燃主要应用含卤素的阻燃剂与阻燃助剂的协同效应抑制气体的燃烧反应。而聚酰胺纤维在受热分解时，其 N—C 和 CH_2—CO 键均断裂，添加含氮化合物作为阻燃剂有助于聚酰胺的阻燃。

（6）耐光和抗紫外线性能。汽车内饰纺织材料因长期受阳光中的紫外线辐射，加上热和湿气的综合作用会引起纤维材料的降解。在车用纺织品所采用的纤维材料中，腈纶的抗紫外线性能要优于其他纤维，但其耐磨性不及涤纶和锦纶，实际应用不多。而涤纶具有很好的耐磨性，抗紫外线性能也不错，所以使用较多。对内饰织物进行适当的抗紫外线整理，可有效提高其抗紫外线性能，减缓纤维材料的降解。

（7）雾淞现象。某些汽车内装饰材料如皮革、塑料、纺织物以及胶黏剂等，通常都含有一些挥发性物质，当在阳光的照射下和车内温度升高时，这些挥发性物质的挥发会加剧，它们在挥发时会形成微小的液滴并在汽车的窗户或挡风玻璃上凝结，形成一层薄雾，即雾淞现象。雾淞现象很难去除，会造成驾驶员视线不良，严重影响行车安全。车用内饰织物在纺纱、织造、染色和整理过程中所用的化学助剂也是雾淞的主要来源之一，绒类织物正面的纤维表面积大，雾淞现象会更严重。因此，减少挥发性物质的使用是防止雾淞现象产生的主要措施。

（8）抗挥发性有机化合物综合指数。汽车内饰部件所含的挥发性有机化合物是影响车内空气质量的主要因素之一。通常所说的挥发性有机化合物主要包括烷烃、烯烃、芳烃、醛类或酮类等物质，具有特殊的气味刺激性，而且部分已被列为致癌物，如氯乙烯、苯、多环芳烃等，部分 VOC 对臭氧层还有破坏作用，如氯氟烃和氢氯氟烃等。

汽车在行驶过程中，车内是一个相对封闭的环境，长期处在高浓度挥发性有机污染物的环境中可导致人体的中枢神经系统、肝、肾和血液中毒。欧盟对车内的 VOC 释放有强制标准规定，超出指标的材料将不可用于汽车内饰。被列入监控范围的 VOC 主要成分包括两大类。

烃类：苯、甲苯、乙酸丁酯、乙苯、对二甲苯、间二甲苯、邻二甲苯、苯乙烯、对二氯苯、十一烷。

醛酮类：甲醛、乙醛、丙烯醛、丙酮。

2. 车用内饰纺织品的主要检测项目

物理机械性能检测：织物规格（织物密度、线密度）、耐磨性能（Martindale 法、Schopper 15 ~ 30 min 法、Table 1 ~ 2h 法）、剥离强力（在环境老化之后进行）、顶破强力、接缝强力、尺寸稳定性、织物表面摩擦系数、透气性、清洁性能等。

安全性能检测：雾化测试、阻燃性、气味、甲醛释放量测定（密封瓶法）、挥发性化合物发散气体测定（容器采样法、固相吸附—热脱附法、固相吸附—溶剂萃取法和专门测定醛、酮的方法）。

功能性检测：抗微生物测试、抗静电性测试（静电压半衰期的测定、摩擦式静电测试、比电阻的测试）等。

环境老化性能测试：人工加速老化测试（SAE J 1885：老化后进行强力试验）、暴晒测试、高温高湿—低温循环加速老化测试。

安全带和安全气囊性能测试：座位安全带（织物强力和耐磨性能）、安全气囊性能测试（织物性能要求：强度高、摩擦系数小、弹力好、熔点高、一定的气密性、化学稳定性和热稳定性）。安全气囊的技术要求如下：

涂层底布克重（g/m^2）：$\leqslant$ 260；

织物厚度（mm）：$\leqslant$ 0.40；

强力（N/5 cm）：经向 > 2500，纬向 > 2500；

撕裂强力（N）：经向 > 110，纬向 > 110；

抗热能力：难燃，耐 100 ℃高温；

抗冷能力：在 −30 ℃下可折叠和弯曲；

抗老化能力：在 100 ℃和最大压力下存放 7 天，在 40 ℃和 92% 相对湿度下存放 6 天，不得有任何变化；

抗弯折强度：10 万次；

使用寿命：15 年；

残留物：< 0.4%，织物不能有织疵、污斑、漏纱等。

3. 国内外现行的车用内饰纺织材料主要性能试验方法标准

表 6 - 42 所列的是目前我国实验室对于汽车内饰纺织材料质量检验时执行的一些国内外标准汇总。

表 6 - 42　　　国内外主要的车用内饰纺织材料的检测方法标准

测试项目	标准号	标准主要描述
织物密度	ASTM 3775—08	织物线密度测试
耐日晒牢度	GMW 3414	采用可控辐射水（冷）氙弧仪对汽车内装饰材料加速暴晒
耐摩擦色牢度	AATCC 8	摩擦色牢度
耐汗渍色牢度	AATCC 15	汗渍色牢度
耐水渍色牢度	AATCC 107	水渍色牢度
耐光色牢度	SAE J 2229	采用室外玻璃可变角度温度可控仪对汽车内饰材料加速暴晒
	SAE J 2230	采用室外借助玻璃可控制阳光跟踪温度和湿度仪对汽车内饰部件加速暴晒
阻燃性能	SAE J 369	确定汽车内聚合物材料用品的阻燃性——水平测试方法
	FM VSS 302	美国联邦汽车安全标准 302—水平燃烧，要求燃烧速率< 4 英寸/min
	95—28—EC	欧盟机动车辆（汽车）内部结构用材料的燃烧性
	NF P 92—505	法国滴落实验，在某些汽车应用领域作为 FMVSS 302 的补充试验方法
	ISO 6940	欧盟地区旅游客车的窗帘材料的防火性能测试
	GB 8410—2006	中国国家强制标准汽车内饰材料水平燃烧特性，要求燃烧速率< 4 英寸/min
	GB/T 5455—1997	垂直法

测试项目	标准号	标准主要描述
雾化	DIN 75201	汽车内部材料雾化性能确定
	ISO 6452	橡胶、塑料、人造革——汽车内饰件雾度特性测定
	SAE J 257	确定车内装饰材料窗口抗雾凇性能的测试
	GME 60236	A/B法
	QB/T 2728：2005	用于车前氙气灯高温雾化现象的测定
抗油性	AATCC 118	耐烃测试
尺寸稳定性	SAE J 883	
	GM 9452P	
吸水性	SAE J 913	
易清洁性	GM 9900P	
	GM 9126P	
	GMW 3402	
耐磨损性	GMW 3283	橡胶材料
	DIN EN ISO 12947	2万次以下
	GB/T 13775	棉，麻，绢丝
拉伸强力	ASTM D 5034	
	ASTM D 5035	
	GMW 3010	
	DIN EN ISO 13934－1	

第七章　生态纺织品及检测

第一节　生态纺织品的概念

从目前大多数的要求和标准情况来看，生态纺织品的检测主要还是注重最终产品的安全性，因此，生态纺织品狭义地理解为生态的产品，即产品满足生态的要求。而广义地讲生态纺织品，应该是指从生产、使用到废弃处理对人类和环境的影响都很小的纺织品，生产开始一直到处理，对生态环境无害或少害的纺织品，才是严格的、科学的生态纺织品的含义。

生态纺织品的评定应该包括纺织品的整个生命周期，从生产到销毁整个过程是不是生态的。应包含对纤维原料的种植、养殖或生产、纺织染整等加工、包装、运输、消费和纺织品固体废弃物的处理等每个阶段的评定。仅仅评价纺织品的某一阶段的生态性，甚至只评定某一阶段的某一要素，不能保证获得整体的生态性。从这个观点出发，纺织工业中使用可再生资源生产可降解纤维、清洁生产、环境保护、纺织品有毒有害物质的控制等许多工作都属于生态纺织品的范畴；反之，某一方面的生态性不能够保证整个纺织品的生态性。因此，生态纺织学的理念应包括生产生态学、消费生态学和处理生态学。

一、生产生态学

生产生态学是指从原料的生长到加工过程必须考虑保护产品不受污染，同时还要保护生产者，保护生产环境。

如天然纤维产品，资源可再生、回收利用，可降解，应该属于绿色产品，但是实际上并不一定就是绿色产品，与其加工过程是否受污染，使用的染化药剂、存留在产品上的染化药剂是否属于绿色等都有关。如彩棉，可避免染色带来的污染，但是彩棉还是必须要进行前处理。Tencel（天然）的生产过程污染小，并且纺丝废液可回收，废弃物可降解，大豆、牛奶蛋白纤维、甲壳素纤维与 Tencel 一样，都属于资源可再利用、可回收、可降解，是值得推广的，关键是在染整加工过程中控制污染问题。而粘胶纤维属于可利用再生资源，并且可降解，但是纤维的生产过程污染严重。合成纤维不可降解，资源不可再利用，焚烧时有毒，属非生态纺织原料。

二、消费生态学

消费生态学的核心问题是纺织品上不能有毒性物质和使用过程中不能释放出有毒物质。目前提出的主要有致癌染料、致敏染料、可溶性重金属离子、甲醛、有机氯整理剂、农药残留物等。

现在这方面强调得比较多，这也是目前一般人对生态纺织品的认识，并且人们在这方面的认识还在不断提高和完善，只要认为对人体健康可能有影响就提出来。国外的一些生态纺织品标准之间也有一定的差异，并且在不断变化中。最有影响力的生态纺织品标准"Oeko-Tex Standard 100"和欧盟生态标准"Eco-label"也在不断变化之中。

三、处理生态学

处理生态学是指纺织品的回收再利用必须符合生态要求，关注的是废弃物的处理、降解、焚化等可能给环境带来的影响等问题。

总之，生态纺织学不仅研究纺织品的生产过程和使用过程的无毒、无污染，而且关心纺织品废弃物处理的无毒、无污染和回收再利用问题。

第二节　生态纺织品技术简介

一、Oeko-Tex Standard 100

Oeko-Tex Standard 100 称为生态纺织品标准 100，是由国际纺织品生态学研究与检验协会制定颁布的。Oeko-Tex Standard 100 是世界上最权威、影响最广的生态纺织品标签之一，用以测试纺织品和成衣制品在影响人体健康方面的标准。Oeko-Tex Standard 100 中规定了在纺织、服装制品上可能存在的已知有害物质，包括 pH 值、甲醛，可萃取重金属、杀虫剂/除草剂、含氯苯酚、可分解有害芳胺染料、致敏和致癌染料、有机氯载体、有机锡化合物、PVC 增塑剂等相应的限量和测试项目。如果经纺织品协会成员测试，符合了标准所规定的条件，生产厂商可获得授权在纺织品上悬挂"信心纺织品，通过有害物质检验"的 Oeko-Tex Standard 100 标签（见图 7-1）。

图 7 - 1　Oeko-Tex Standard 100 标签

Oeko-Tex 标志：有单语言标志及多语言标志两种。该标准的使用范围是纺织品、皮革制品及生产各阶段的产品，包括纺织及非纺织的附件。不适用于化学品、助剂和染料。

Oeko-Tex Standard 100 关心的是产品的生态性，而不包括生产过程的生态性。在 Oeko-Tex Standard 100 中对有害物质的定义是：存在于纺织品或附件中并超过最大限量，或者在通常或规定的使用条件下会释放出并超过最大限量，在通常或规定的使用条件下会对人们产生某些影响，根据现有科学知识水平推断，会损害人类健康的物质。

（一）Oeko-Tex Standard 100 对检测对象分类

1. 婴幼儿用品（Ⅰ类产品）

提供给婴幼儿使用的（提供给 3 周岁及以下的婴幼儿使用的），除皮革服装以外的制品、基本材料和附件。

2. 直接接触皮肤的产品（Ⅱ类产品）

使用时大部分与皮肤直接接触的产品（如裤子、衬衣、内裤等）。

3. 不直接接触皮肤的产品（Ⅲ类产品）

使用时只有小部分与皮肤直接接触的产品（如填充料、内衬等）。

4. 装饰材料（Ⅳ类产品）

用于装饰的产品和附件（如桌布、墙面覆盖物、家具织物、窗帘、装饰织物、地板覆盖物、床垫等）。

（二）检 测 指 标 及 限 量

1. 酸碱值（pH 值）

皮肤表面带有弱酸性，可以防止细菌入侵。Oeko-Tex Standard 100 对纺织品的 pH 值要求为：

Ⅰ	Ⅱ	Ⅲ	Ⅳ
4.0～7.5	4.0～7.5	4.0～9.0	4.0～9.0

注：在下一步的处理工艺中必须要经过湿处理的产品，pH 值可以在 4.0～10.5；产品分类为Ⅳ的皮革产品，涂层或层压（复合）产品，其 pH 值允许在 3.5～9.0。

2. 甲醛

甲醛对人体（或生物）细胞的原生质有害，可与人体的蛋白质结合，改变其内部结构并凝固，且具有杀伤力。甲醛对皮肤和黏膜有强烈的刺激作用。如手指接触后皮肤变皱，汗液分泌减少，指甲软化变脆。长期接触甲醛气体可引起头痛、软弱无力、感觉障碍、排汗不规则、体温变化、脉搏加快、皮炎、湿疹、红肿痛等，甚至将引起结膜炎、鼻炎、支气管炎、胃炎、肝炎、手指及脚趾发痛等症。甲醛是过敏症的显著引发物，亦可能会诱发癌症。从织物上释放的甲醛仅为百万分之几的含量时就会引起以上病症。

甲醛的来源主要有树脂整理剂（如 2D 等）、固色剂（如固色剂 Y、固色剂 M）、防水剂（如防水剂 AEG、防水剂 MDT、防水剂 703 等）、阻燃剂（如 FRC - 2、CFR - 201、THPN）、柔软剂（如柔软剂 MS—200、柔软剂 TR 等）、自交联黏合剂（如东风网印黏合剂 MY、东风网印黏合剂 RF）、分散剂（如分散剂 NNO、分散剂 N、分散剂 MF、分散剂 CNF 等）、雕白粉等。

甲醛最高允许极限值（mg/kg）为：

Ⅰ	Ⅱ	Ⅲ	Ⅳ
20	75	300	300

3. 重金属

重金属的危害主要是会在肝、骨骼、肾、心脏及脑中积累。当受影响的器官重金属积累到某一程度时，便会对健康造成巨大的损害。这种情形对儿童尤为严重，因为儿童对重金属有较高的消化吸收能力。

重金属离子的主要来源为金属络合染料。如直接铜盐、铜络染料，酸性媒染及含媒染料、酞菁染料等。其中有的是在染料加工过程中混入的，也有的是在印染加工过程中使用重金属盐固色剂。

纺织品上重金属离子的最高允许极限值如表 7-1 所示。

表 7-1　　　　　　　　纺织品上重金属离子的最高允许极限值

可萃取值（mg/m³）	Ⅰ	Ⅱ	Ⅲ	Ⅳ
铬	1.0	2.0	2.0	2.0
铜	25.0	50.0	50.0	50.0

可萃取值（mg/m³）	I	II	III	IV
镍	1.0	4.0	4.0	4.0
铅	0.2	1.0	1.0	1.0

4. 杀虫剂

表 7-2 中列出的杀虫剂对人类的毒性强弱不一，有些很易被皮肤吸收。例如，六六六被视为一种会诱发癌症的杀虫剂。

表 7-2 纺织品上杀虫剂的最高允许极限值

极限值（mg/m³）	I	II	III	IV
DDT、DDD	0.5	1	1	1
六六六	0.5	1	1	1
艾氏剂	0.1	0.2	0.2	0.2
毒杀酚	0.5	0.5	0.5	0.5

这些杀虫剂的来源主要是在棉花的培植过程中使用的杀虫剂以及在储存时常用防蛀剂等。

5. 含氯酚及 OPP

五氯苯酚是一种重要的防腐剂，常作为皮革、木材、浆料等防腐剂。纺织品在煮漂及印染加工过程中可以被部分去除，并排入废水中。但它不易生物降解，本身是有毒的，会在人体中产生生物蓄积作用而导致癌症（见表 7-3）。

表 7-3 纺织品上含氯酚及 OPP 的最高允许极限值

极限值（mg/m³）	I	II	III	IV
五氯苯酚	0.05	0.5	0.5	0.5
2，3，5，6-四氯苯酚	0.05	0.5	0.5	0.5
邻苯基苯酚	0.5 (50)	1 (100)	1 (100)	1 (100)

6. 有机锡化合物

常作为防腐剂使用（见表 7-4）。

表 7 - 4　　　　　　　　　纺织品上有机化合物的最高允许极限值

极限值（mg/m³）	I	II	III	IV
三丁基锡	0.5	1.0	1.0	1.0
二丁基锡	1.0	—	—	—

7. 有机氯染色载体

分散染料用载体法染涤纶时，常使用一氯邻苯基苯酚、甲基二氯苯氧基醋酸酯、二氯化苯、三氯化苯等作为染色促进剂，这些有机氯载体大多有毒，故禁止使用。

最高允许极限值均为 1.0mg/kg。

8. 染色牢度（级）

染色牢度包括：耐水牢度（分皂洗原样褪色、白布沾色）、耐汗渍牢度（分酸性、碱性）、耐唾液牢度（不考核级别，只考核及格与否）、耐摩擦牢度（分干摩擦、湿摩擦）（见表 7 - 5）。

表 7 - 5　　　　　　　　　纺织品染色牢度允许值

色牢度（沾色）	I	II	III	IV
耐水	3	3	3	3
耐酸性汗渍	3～4	3～4	3～4	3～4
耐碱性汗渍	3～4	3～4	3～4	3～4
耐干摩擦	4	4	4	4
耐湿摩擦	2～3	2～3	2～3	2～3

注：色牢度（沾色）分为 5 个牢度等级，即 5、4、3、2、1。5 级最好，1 级最差。

9. 可挥发物极限值（mg/m³）（见表 7 - 6）

表 7 - 6　　　　　　　　　纺织品可挥发物极限值

极限值（mg/m³）	I	II	III	IV
甲醛	0.1	0.1	0.1	0.1
苯乙烯	0.005	0.005	0.005	0.005
芳香烃化合物	0.3	0.3	0.3	0.3
有机挥发物	0.5	0.5	0.5	0.5

10. 禁用染料

禁用染料主要包括：可分解出 24 种致癌芳香胺的染料、致癌染料（有 9 种）以及致敏染料。标准中规定不能使用这些染料。

二、我国生态纺织品标准

我国在 2001 年 12 月 10 日正式加入世界贸易组织后，欧美及其他发达国家设置"绿色壁垒"的速度进一步加快，设置力度也进一步加大，仅 2002 年年初—2004 年年初的两年时间内就超过了 13 个，为了应对这一局面，我国也适时地制定实施了一系列相关标准。我国关于生态纺织品方面的标准主要有：2000 年 1 月 7 日实施的《环境标志产品技术要求生态纺织品》（HJB Z 30—2000）、2003 年 3 月 1 日正式实施的《生态纺织品技术要求》（GB/T 18885—2002）以及 2005 年 1 月 1 日实施的《国家纺织产品基本安全技术规范》。

(一)《生态纺织品技术要求》

1. 产品分类

按照产品（包括生产过程各阶段的中间产品）的最终用途分为四类。

（1）婴幼儿用品：供年龄在 2 岁及以下的婴幼儿使用的产品。

（2）直接接触皮肤用品：在穿着或使用时，其大部分面积与人体皮肤接触的产品（如衬衣、内衣、毛巾、床单等）。

（3）非直接接触皮肤用品：在穿着或使用时，不直接接触皮肤，或其小部分面积与人体皮肤直接接触的产品（如外衣）。

（4）装饰材料：用于装饰的产品（如桌布、墙布、窗帘、地毯等）。

2. 标准内容

生态纺织品技术要求如表 7-7 所示。

表 7-7 生态纺织品技术要求

项目		单位	婴幼儿用品	直接接触皮肤用品	非直接接触皮肤用品	装饰材料
pH 值		—	4.0～7.5	4.0～7.5	4.0～9.0	4.0～9.0
甲醛	游离	mg/kg≤	不可检出	75	300	300

续　表

项目		单位	婴幼儿用品	直接接触皮肤用品	非直接接触皮肤用品	装饰材料
可萃取的重金属	锑	mg/kg≤	30.0	30.0	30.0	30.0
	砷		0.2	1.0	1.0	1.0
	铅		0.2	1.0	1.0	1.0
	镉		0.1	0.1	0.1	0.1
	铬		1.0	2.0	2.0	2.0
	铬（六价）		低于检出线			
	钴		1.0	4.0	4.0	4.0
	铜		25.0	50.0	50.0	50.0
	镍		1.0	4.0	4.0	4.0
	贡		0.02	0.02	0.02	0.02
杀虫剂	总量	mg/kg≤	0.5	1.0	1.0	1.0
含氯酚	五氯苯酚	mg/kg≤	0.05	0.5	0.5	0.5
	2，3，5，6-四氯苯酚		0.05	0.5	0.5	0.5
	邻苯基苯酚		0.5	1.0	1.0	1.0
有机氯载体		mg/kg≤	1.0	1.0	1.0	1.0
PVC 增塑剂	DINP DNOP DEHP DIDP BBP DBP （总量）	%≤	0.1	—	—	—
有机锡化合物	三丁基锡	mg/kg≤	0.5	1.0	1.0	1.0
	二丁基锡		1.0			
有害染料	可分解芳香胺染料	mg/kg≤	禁用			
	致癌染料		禁用			
	致敏染料		禁用			
抗菌整理			禁用			
阻燃整理	普通		禁止			
	PBB TRIS TEPA		禁用			

续 表

项目		单位	婴幼儿用品	直接接触皮肤用品	非直接接触皮肤用品	装饰材料
色牢度 (沾色)	耐水	级≥	3	3	3	3
	耐酸汗液		3~4	3~4	3~4	3~4
	耐碱汗液		3~4	3~4	3~4	3~4
	耐干摩擦		4	4	4	4
	耐唾液		4	4	4	4
挥发性 物质释放	甲醛	mg/kg≤	0.1	0.1	0.1	0.1
	甲苯		0.1	0.1	0.1	0.1
	苯乙烯		0.005	0.005	0.005	0.005
	乙烯基环己烷		0.002	0.002	0.002	0.002
	4-苯基环己烷		0.03	0.03	0.03	0.03
	丁二烯		0.002	0.002	0.002	0.002
	氯乙烯		0.002	0.002	0.002	0.002
	芳香化合物		0.3	0.3	0.3	0.3
	挥发性有机物		0.5	0.5	0.5	0.5
气味	异常气味		无			
	一般气味	级≤	3	3	3	3

(二)《国家纺织产品基本安全技术规范》

1.标准的适用范围

适用于在我国境内生产加工、销售和使用的服用和装饰用纺织产品。不属于标准范畴的产品类型：工程用、工业用、农业用、特种防护用、包装用、医疗用、玩具用、小物件装饰用、室外装饰用、绳网类纺织产品。

2.产品分类

A类：婴幼儿用产品指年龄在24个月以内的婴儿使用的纺织品及纺织制品。

B类：直接接触皮肤的产品：穿着或使用时，产品的大部分面积与人体的皮肤接触的纺织品及纺织制品。

C类：非直接接触皮肤的产品：穿着或使用时，产品不直接与人体的皮肤接触，或仅有产品的较小部分面积与人体的皮肤直接接触的纺织品及纺织制品。

3.标准内容

标准内容如表7-8所示。

表 7 - 8　　　　　　　　　　　　　　纺织品基本安全技术要求

项目	A类	B类	C类
甲醛含量≤（mg·kg^{-1}）	20	75	300
pH 值	4.0～7.5	4.0～7.5	4.0～9.0
色牢度≥（级）			
耐水（变色、沾色）	3～4	3	3
耐酸汗渍（变色、沾色）	3～4	3	3
耐碱汗渍（变色、沾色）	3～4	3	3
耐干摩擦	4	3	3
耐唾液（变色、沾色）	4	—	—
异味	无		
可分解芳香胺染料	禁用		

第三节　禁用染料及生态纺织品检验

一、禁用染料

生态纺织品生产的最大困难是染料和纺织助剂，自德国政府在 1994 年 7 月 15 日发布禁止使用 20 种芳香胺及首批相应的 118 种染料，至今禁止使用的芳香胺是 24 种，禁用和限用的纺织染料已超过 550 种，禁用、限用的纺织助剂涉及 17 大类，还有一些添加剂也受到了冲击。国际上对生态纺织品要求在不断提高，标准在不断地修正，2004 年 1 月 1 日国际生态纺织品研究和检测协会发布了 Oeko-Tex Standard 100 2004 年版本，2005 年 5 月 15 日欧共体发布了纺织品 Eco—lable 标签新标准，该标准在许多方面的要求都超过了 Oeko-Tex Standard 100 的指标，是纺织界迄今为止最严格的纺织品生态标准。

根据新规定的分析，目前市场上涉及的禁用和限用的纺织染料已涉及 550 个左右，主要可以分为以下八类。

（一）在织物上使用还原条件下会分解出 24 种有害芳胺的染料

可分解出有毒芳香胺的偶氮染料本身不会对人体产生有害的影响，但其染色织物长期与人体接触，染料被人体皮肤所吸收，并在人体内扩散，与正常代谢过程中释放的物质混合在一起，并发生还原反应，产生有害的芳香胺，经过人体的活化作用，使人体细胞的脱氧核糖核酸（DNA）发生结构与功能的改变，成为人体病变的诱发因素，从而诱发癌症或引起过敏。

有害芳香胺都是非水溶性的，在结构上大致存在下列规律。

（1）氨基位于萘的 2 位和联苯对位的化合物均有较强的致癌性；萘的 1 位和联苯间位的化合物则具有较弱的活性；而联苯邻位的化合物则无活性。

（2）苯环中氨基的邻位或对位是甲基、甲氧基及氯基所取代的化合物有致癌性。

（3）氯基位于偶氮苯、二苯甲烷、二苯醚及二苯硫醚对位的化合物也有致癌性。

对人体有致癌性的芳胺有 4 种：4－氨基联苯、联苯胺、4－氯－2－甲基苯胺、2－萘胺。

对动物有致癌性、对人体可能有致癌性的芳胺有 20 种：4－氨基－3；2′－二甲基偶氮苯；2－氨基－4－硝基甲苯；2，4－二氨基苯甲醚；4－氯苯胺；4，4′－二氨基二苯甲烷；3，3′－二氯联苯胺；3，3′－二甲氧基联苯胺；3，3′－二甲基联苯胺；3，3′－二甲基－4；4′－二氨基二苯甲烷；2－甲氧基－5－甲基苯胺；4，4′－亚甲基－二（2－氯苯胺）；4，4′－二氨基二苯醚；4，4′－二氨基二苯硫醚；2，4，5－三甲基苯胺；2，4－二氨基甲苯；2－甲基苯胺；2－甲氧基苯胺；4－氨基偶氮苯；2，4－二甲基苯胺；2，6－二甲基苯胺。

它们在纺织品上的允许限量为 30mg/kg（Oeko－Tex Standerd 100 中规定为 20mg/kg），根据德国化学工业协会（VCI）的研究和从 1994 年第二版《Color Index》中所登录的染料结构分析，涉及的禁用偶氮染料有 155 个。按染料的应用类别来区分，其中禁用的直接染料 88 个，酸性染料 34 个，分散染料 9 个，碱性染料 7 个，冰染染料色基 5 个，氧化色基 1 个，媒染染料 2 个和溶剂性染料 9 个等。这些禁用的偶氮染料品种数占世界全部偶氮染料品种数的 7%～8%，产量约占世界全部偶氮染料产量的 5%～8%。

（二）由于非化学结构性因素致使染料中含有会裂解产生致癌芳香胺的各种染料

这类禁用染料指的是从染料制造工艺中发生异种离解或均裂产生致癌芳香胺的偶氮染料、染料制造时所用原料的同分异构体带人致癌芳香胺制成的偶氮染料、在检测条件下产生致癌芳香胺的染料，如吐氏酸脱磺产生乙萘胺的染料和芳烃基酰胺水解释放出致癌芳香胺的染料等，它们在纺织品上的允许限量为 300mg/kg。

（三）不需要分解，本身具有致癌、致敏作用的染料

该类染料不需要经过还原裂解即能对动物致癌，目前已知的染料有 9 个，即酸性红 26、碱性红 9、直接黑 38、直接蓝 6、直接红 28、分散蓝 1、分散黄 3、分散橙 11 和碱性紫 14。

（四）被染色的纤维、纱线或织物的汗渍（酸或碱）牢度小于 4 级（不含 4 级）的潜在过敏的染料

致敏染料有 21 个，均为分散染料，即分散蓝 1、分散蓝 3、分散蓝 7、分散蓝 26、分散蓝 35、分散蓝 102、分散蓝 106、分散蓝 124、分散橙 1、分散橙 3、分散橙 37、分散橙 76、分散红 1、分散红 11、分散红 17、分散黄 1、分散黄 3、分散黄 9、分散黄 39、分散黄 49、分散棕 1。规定在纺织品上的限定值不超过 60mg/kg。

（五）铬媒染染料

根据统计，目前有染料索引号和已知结构的铬媒染染料有 240 个，其中深色品种居多，主要为偶氮结构，占 70％以上。

使用铬媒染染料对纤维或织物进行染色，会产生三种铬污染：第一，染色后排出的残液中含有铬，特别是六价铬离子，会造成严重污染。第二，被染色的纺织品上存在着可萃取的铬，会对人体造成危害。第三，被染色的废弃物，对它们处理时同样会造成严重的铬污染。由于排放的铬特别是六价铬离子对人体和水生生物的危害很大，而且又不容易生物降解，因此，世界各国都对排放的铬含量进行了严格的限制，欧盟明确规定禁用铬媒染料染色。

（六）限制使用含铜、铬和镍的金属络合染料

有染料索引号和已知结构的金属络合酸性染料有 93 个，金属络合活性染料有 23 个，金属络合直接染料有 34 个，共计 150 个。欧盟做出如下规定。

（1）当用于纤维素纤维染色时，使用的每一种金属络合染料染色后被排放到废水中进行处理的量应小于 20％，即金属络合染料的上色率要超过 80％，同时排放到水中进行后处理的铜或镍应不超过 75mg/kg 纤维，铬应不超过 50mg/kg 纤维。

（2）当用于其他纤维染色时，使用的每一种金属络合染料染色后被排放到废水中进行处理的量应小于 7％，即金属络合染料的上色率要超过 93％，同时排放到水中进行后处理的铜或镍应不超过 75mg/kg 纤维，铬应不超过 50mg/kg 纤维。

（七）纺织染料中的重金属含量不能超过规定值

重金属对人体和水生生物体的毒害作用越来越为人们所认识和重视，欧盟规定的纺织染料中重金属含量不能超过下列值（单位为 mg/kg），它们不包括作为染料分子结构组成部分的金属量：Ag100、As50、Ba100、Cd20、Co500、Cr100、Cu250、Fe2500、Hg4、Mn1000、Ni200、Pb100、Se20、Sb50、Sn250、Zn1500。

（八）限制纺织染料中游离的和部分能水解产生的甲醛量

保证在织物上游离的和部分能水解产生的甲醛量对直接与皮肤接触的纺织品

来说不能超过 30mg/kg，而对所有其他纺织品来说不能超过 300mg/kg。

二、生态纺织品的检测方法

生态纺织品检测内容主要包括：纺织品上 pH 值的测定、织物上游离甲醛含量的测定以及染色牢度的测定等。染色牢度测试方法在前面已做介绍。

(一) 纺织品上 pH 值和残留有效氯的测定

1. pH 值的测定

将织物放在蒸馏水中进行萃取，用 pH 计测定萃取液的酸碱度。

2. 残留有效氯的测定

在纺织品上滴 1 滴 30％乙酸溶液，在同一处滴 1 滴淀粉，碘化钾试剂，若有蓝色痕迹出现，证实纺织品上有残留有效氯存在（不显色则表示没有）。

(二) 游离甲醛的测定

织物上游离甲醛含量的测定一般都是采取戊二酮显色法，戊二酮又名乙酰丙酮。它在醋酸及醋酸铵作缓冲剂的条件下，可与甲醛反应，生成二甲基吡啶（简称 DDL）。其反应式为：

$$(CH_3CO)_2CH_2 + HCHO \xrightarrow{NH_4^+} (CH_3)_2C_5H_3N$$

二甲基吡啶呈微黄色，在水中的溶解度很小，其黄色水溶液的最大吸收光谱波长为 412～415nm，并且该水溶液的色泽深度与甲醛含量成正比，因此，可采用比色法来测定游离甲醛的含量。

测定过程共分四步：工作曲线的制作、织物上游离甲醛的萃取、萃取液游离甲醛的测定，最后计算织物上游离甲醛的含量。

1. 工作曲线的制作

配制不同浓度的甲醛标准溶液，以戊二酮在一定条件下显色，生成不同浓度的二甲基吡啶，用分光光度计在波长 412nm 下分别测定各浓度时的光密度值，然后以光密度值对甲醛浓度做图。

2. 织物上游离甲醛的萃取

萃取的方法有水萃取法和蒸汽吸收法两种，常用水萃取法。

(1) 水萃取法测定：精确称取 1g（精确至 10mg）被测试样，剪碎后放入 250mL 带塞子的碘量瓶或三角烧瓶中，加 100mL 水，盖紧盖子，放入（40±2）℃的水浴中（60±5）min，每 5min 摇瓶一次。然后过滤，测定滤液中游离甲醛的浓度，从而计算出织物上游离甲醛的含量。若甲醛含量太低，可以增加试样重量至 2.5g，以保证测试的准确性。

(2) 蒸汽吸收法：将已称重的织物试样坨（精确至 10mg）悬挂在密封瓶中的水面之上，瓶底部放水 50mL，并将瓶子放入恒温的烘箱内，温度（49±2）℃

烘 20h±15min，然后取出瓶子冷却（3±5）min，取出试样，盖紧盖子，将瓶子摇动，以混合瓶侧的任何凝聚物，即得萃取液。

3. 萃取液游离甲醛浓度的测定

取萃取液 5mL 于试管中，加戊二酮溶液 5mL，在（40±2）℃的水浴中（30±5）min，取出在常温下放置（30±5）min。

用分光光度计在 412nm 的波长下测定其光密度值，并用蒸馏水做空白测定。如甲醛萃取液浓度过高，则稀释一定倍数，再测定其光密度值。

4. 计算织物上游离甲醛含量

根据测得的试样的光密度值，在工作曲线上查得对应的溶液游离甲醛浓度，计算织物上游离甲醛含量。

$$织物上游离甲醛含量 = \frac{C \cdot f \cdot d}{W}$$

式中：C——在标准工作曲线上查得的值（mg/L）

f——萃取液总体积（mL）；

d——萃取液稀释倍数；

W——织物重量（g）。

（三）纺织品上禁用染料的检测

早在德国政府正式颁布在纺织品及一些日用品上禁止使用可能含有某些疑致癌芳香胺中间体的偶氮染料法规之前，各国的科学家们就已对如何从纺织品或其他日用品上检测出这些禁用染料的方法进行了广泛的研究，并取得了不少进展。由于纺织品生产标准严格禁止使用此类染料，因此，要检测出纺织品上是否含有违禁物质，只要进行定性检测即可。

对单纯的疑致癌芳香中间体进行定性检测已有许多成熟的方法，但由于纺织品上存在的并不是这种单纯的中间体，因此，在定性分析前，先须以适当的方式将染料从纺织品上剥离下来，再经一定的条件还原成可能存在的违禁芳香胺，然后再选用各种不同的方法进行定性分析。由于检测技术的限制，只有当样品中禁用芳香胺的含量大于一定程度时才认为该样品使用了禁用偶氮染料。

检测的一般过程为：从纺织品上提取染料；用连二亚硫酸钠（保险粉）还原；产生可能存在的禁用芳香胺；检测。

纺织品上实际上染的染料量是很少的，如果是多种染料拼色，则其中某种染料的量更少，若所使用的某种染料为禁用染料，则其经过还原后所得的芳香胺量更可谓微乎其微了。由于欲对纺织品上是否含有违禁染料进行检测，须经过剥色、还原、高集、分离、定性等多道分析步骤，选择适当的样品预处理方法十分重要。

我国纺织品禁用染料检测方法按照《纺织品　禁用偶氮染料的测定》

(GB/T 17592—2011) (GB/T 17592—1998) 执行，该标准规定了染色纺织品禁用偶氮染料的检测方法，由《纺织品、禁用偶氮染料的检测方法　气相色谱—质谱法》GB/T 17592.1—1998、《纺织品　禁用偶氮染料的检测方法　高效液相色谱法》(GB/T 17592.2—1998) 和《纺织品　禁用偶氮染料的检测方法　薄层层析法》(GB/T 17592.3—1998) 共同组成系列标准，三个标准的样品前处理方法基本相同，主要区别在于仪器分析上。

1. 测试产品范围

适用于棉、麻、毛、丝、粘胶纤维经印染加工后的纺织品（除涂层织物除外）上禁用偶氮染料的检验。

2. 原理

纺织品中偶氮染料在柠檬酸缓冲液（pH=6）中用连二亚硫酸钠还原分解，以产生可能存在的禁用芳香胺。用适当的液—液分配柱提取或溶剂直接提取溶液中的芳香胺，浓缩后，用气相色谱—质谱联用仪和气相色谱仪或高效液相色谱仪或薄层层析仪进行检测。

3. 测试方法

（1）试样的预处理：取 10g 有代表性的织物试样，剪成 25mm 以下的碎片，混合，从混合样中称取 1.0g 试样，置于密闭反应器中，加入 16mL 预热至（70±2）℃的柠檬酸缓冲液（pH=6），加热 30min，使所有纤维被充分润湿。然后，打开反应器，加入 3.0mL 连二亚硫酸钠溶液（200mg/mL），立即密闭并有力地振摇。将反应器再次于（70±2）℃加热 30min，并不时摇动，使其充分还原。取出反应器，使其 2min 冷至室温。

（2）棉、麻、粘胶纤维样品的提取和浓缩：还原液中加入 1mL 氢氧化钠溶液（5mol/L），然后将还原液用 15mL 乙醚萃取，共萃取 4 次，每次萃取时需加塞摇动，离心，吸取乙醚层于圆底烧瓶中。将圆底烧瓶置于超声波浴中，边超声处理边滴加 2 滴盐酸溶液（1mol/mL），使其充分生成胺的盐酸盐，置于真空旋转蒸发器中在 50℃以下浓缩至近 0.5mL，用吸管将胺的盐酸盐液移至具塞离心管中，加入 2 滴 1mol/mL NaOH，用约 2mL 乙醚洗涤烧瓶中残物，每次洗涤液均吸入离心管中，用氮气将离心管中乙醚液吹匀，离心分层，立即取乙醚层进行气相色谱—质谱分析或液相色谱分析，暂不分析时将样液深冷保存。

（3）羊毛、丝绸样品的提取和浓缩：用玻璃棒挤压反应器中织物试样，将反应液全部移入预先加入 1mL 氢氧化钠溶液的锥形瓶中，混匀，将其全部倒入硅藻土提取柱中，任其吸收 15min，用 80mL 乙醚分 4 次加入反应器中，每次需在混合器上混匀乙醚和织物试样，然后将乙醚洗涤液移入锥形瓶中，洗涤杯壁后再倒入柱中，提取液流速控制在 3～4mL/min，乙醚提取液收集于圆底烧瓶中。将圆底烧瓶置于超声波浴中，边超声处理边滴加 2 滴盐酸溶液（1mol/mL），使其充分生成胺的盐酸盐，置于真空旋转蒸发器中，在 50℃ 以下浓缩至近 0.5mL，用吸管将胺的盐酸盐液移至具塞离心管中加入 2 滴 1mol/mL NaOH，用约 2mL 乙醚洗涤烧瓶中残物，每次洗涤液均吸入离心管中，用氮气将离心管中乙醚液吹匀，离心分层。立即取乙醚层进行气相色谱—质谱分析、液相色谱分析或薄层层析分析，暂不分析时将样液深冷保存。如需进行液相色谱分析，则用氮气将乙醚吹干，立即准确加入 2mL 甲醇，溶解残留物，立即进行分析，暂不分析时将样液深冷保存。

（4）定性定量分析。此分析包括以下三方面。

①气相色谱—质谱分析：参照 24 种标准芳香胺参考物的保留时间和每个组分的质谱图，判断某一芳香胺是否存在。根据检出的芳香胺和标准物峰面积（或峰高）值定量，结果以 mg/kg 表示。

②液相色谱分析：以标准芳香胺的保留时间与紫外光谱作为定性的依据，判断某一芳香胺是否存在。根据检出的芳香胺和标准物峰面积（或峰高）值定量，结果以 mg/kg 表示。

③薄层层析分析：以标准芳香胺的 Rf 值与肉眼或在紫外灯下观察到的颜色作为定性的依据，根据检出的芳香胺和标准物的斑点大小和亮度（或颜色深浅）概略定量。

该方法所用的提取剂为乙醚也可以用叔丁基甲醚，从方法的回收率和精密度情况来看，两者并无差异。考虑到两种试剂的普及性，使用乙醚更经济。另外，在样品萃取液浓缩前，该方法增加了酸化步骤，即加入 2 滴 1mol/mL HCl，使可能存在的胺形成盐酸盐，增加了浓缩时的稳定性，有利于提高回收率。

（四）纺织品上重金属离子的检测

纺织品上的重金属，可能是来源于天然纤维对土壤、水等周围环境中重金属的吸收，纺织和染色过程中使用金属络合染料以及印染加工中所接触到的含有重金属的助剂等。重金属一旦被人体过量吸收，则会在肝、骨骼、肾及脑中积蓄，积蓄达到一定程度，就会对人体健康造成损害，尤其是对儿童，造成的危害会更大。因此，在《生态纺织品技术要求》和 Oeko-Tex Standad 100 中对各类纺织品中可萃取重金属的限量给予了规定。

纺织品中重金属测定方法分为测定可萃取重金属和测定总量两种方法。对可萃取重金属，可用石墨炉原子吸收分光光度计测定纺织品中可萃取镉、钴、铬、铜、镍、铅的含量，用火焰原子吸收分光光度计测定纺织品中可萃取锌的含量。总量测定方法是用火焰原子吸收分光光度计对纺织品中镉、钴、铬、铜、镍、铅、锌重金属离子总量进行测定。

1. 测定原理

（1）可萃取重金属测定：纺织品试样用模拟酸性汗液、碱性汗液或唾液萃取后，将萃取液用石墨炉或火焰原子吸收分光光度计测定，分别用镉、钴、铬、铜、镍、铅和锌空心阴极灯作为光源，并在对应的各特征波长 228.8nm、240.7nm、357.9nm、324.7nm、232.0nm、283.3nm、213.9nm 处测定其吸光度，然后对照标准曲线确定各重金属离子的含量，最后计算出相应可萃取重金属的含量。

（2）重金属离子总量测定：纺织品试样用硫酸、硝酸湿法溶解后，用火焰原子吸收法测定各种元素的含量。

2. 测试方法

（1）试样萃取：按标准制备模拟酸性汗液和碱性汗液，用 0.07mol/L 盐酸代替模拟唾液。准确称取一定量剪碎的试样于具塞三角瓶中，加入 80mL 相应的萃取液，将纤维充分湿润，在（70±2）℃下不断地摇动 1h，然后在（70±2）℃下放置 1h。然后用漏斗式过滤器将试样过滤到 100mL 的容量瓶中。再用 18mL 水分三次洗涤过滤器的试样至 100mL 的容量瓶中，最后加水至刻度，摇匀。

（2）试样溶解：准确称取一定量剪碎的试样于烧杯中，加入 20mL 硫酸和几滴硝酸，加热。在加热的同时，加进一滴高氯酸，煮沸混合物，直至不再产生黄绿色的烟雾为止。不断重复滴加高氯酸，直至溶液澄清。然后蒸发至湿盐状，取下冷却，加入 5mL 硝酸，微热溶解残渣，溶液移入 25mL 容量瓶中，用水稀释至刻度，摇匀。

（3）原子吸收测定：配制合适浓度的被测元素的系列标准工作液，将仪器调节至最佳工作状态，用石墨炉或火焰原子吸收法测定相应的吸光度，制备吸光度—浓度工作曲线，计算出回归方程。分别测定样液中各元素的吸光度，代入相应的工作曲线回归方程，计算出镉、钴、铬、铜、镍、铅和锌的含量。

参考文献

[1] 王亚超. 纺织服装质量控制与管理 [M]. 北京：中国纺织出版社，2009.

[2] 田恰. 纺织品检验 [M]. 北京：中国纺织出版社，2006.

[3] 万融，邢声远. 服用纺织品质量分析与检测 [M]. 北京：中国纺织出版社，2006.

[4] 张芝萍，田畸. 纺织品外贸跟单实务 [M]. 北京：中国纺织出版社，2008.

[5] 翟亚丽. 纺织品检验学 [M]. 北京：化学工业出版社，2009.

[6] 张毅. 纺织商品检验学 [M]. 上海：东华大学出版社，2009.

[7] 李艳梅. 汽车用纺织品检验标准评述 [J]. 上海纺织科技，2006（5）.

[8] 魏金玉. 谈对棉本色纱线的质量控制 [J]. 中国纤检，2012（7）.

[9] 田金家. 解析：棉本色纱线标准 GB/T 398—2008 [J]. 中国纤检，2009（1）.

[10] 高小亮. 土工布的性能及应用 [J]. 辽宁丝绸，2010（1）.

[11] 黄子伟. 浅析土工布的性能和应用及检测 [J]. 技术与市场，2012（5）.

[12] 中华人民共和国国家质量监督检验检疫总局. 进出口纺织品标识检验规范 SN/T 2827—2011 [M]. 北京：中国标准出版社，2002.

[13] 国家技术监督局. 纱线线密度的测定绞纱法 GB/T 4743—1995 [M]. 北京：中国标准出版社，1996.

[14] 中华人民共和国国家质量监督检验检疫总局，中国国家标准化管理委员会. 生丝试验方法 GB/T 1798—2001 [M]. 北京：中国标准出版社，2002.

[15] 中华人民共和国国家质量监督检验检疫总局，中国国家标准化管理委员会. 纺织品卷装纱单根纱线断裂强力和断裂伸长率的测定 GB/T 3916—1997 [M]. 北京：中国标准出版社，1997.

[16] 中华人民共和国国家质量监督检验检疫总局，中国国家标准化管理委员会. 胶粘长丝 GB/T 1798—2008 [M]. 北京：中国标准出版社，2009.

[17] 中华人民共和国国家质量监督检验检疫总局，中国国家标准化管理委员会. 棉本色纱线 GB/T 398—2008 [M]. 北京：中国标准出版社，2008.

[18] 中华人民共和国国家质量监督检验检疫总局，中国国家标准化管理委员会. 涤纶牵伸丝 GB/T 8960—2008 [M]. 北京：中国标准出版社，2008.

［19］王婉芳．纺织品服装知识与实务［M］．上海：上海财经大学出版社，2013.

［20］王雪梅，李进进．浅谈织物服用性能测试和研究［J］．印染助剂，2010（5）．

［21］金淑娟，闫淑静，杨曙光．如何提高织物的染色牢度［J］．中国纤检，2013（12）．

［22］陈香云．织物舒适性的评判与预测［D］．天津：天津工业大学，2006.

［23］陈巧仙．我国纺织品检测技术发展现状［J］．纺织科技进展，2013（4）．

［24］李小美．浅议我国生态纺织品检测及发展对策［J］．现代丝绸科学与技术，2013（2）．

［25］池海涛，张小莉，周晓晶．我国生态纺织品检测技术进展［J］．毛纺科技，2008（9）．

［26］纪伟娟．影响纺织品色牢度的因素及改进措施的探讨［J］．上海丝绸，2011（1）．

［27］窦明池，姚琦华，殷祥刚．我国生态纺织品标准体系的内容研究［J］．印染助剂，2010（11）．

［28］王府梅．纺织服装商品学［M］．北京：中国纺织出版社，2008.

［29］姚穆．纺织材料学［M］．北京：中国纺织出版社，2009.

［30］中华人民共和国国家质量监督检验检疫总局，中国国家标准化管理委员会．高强化纤长丝拉伸性能试验方法 GB/T 19975—2005［M］．北京：中国标准出版社，2006.